职业教育机电类专业课程改革创新规划教材

电工与电子技术及应用

丛书主编　李乃夫

主　　编　刘海燕　叶勇盛　唐李珍

副 主 编　黄宇婧　伦洪山

電子工業出版社

Publishing House of Electronics Industry

北京・BEIJING

内 容 简 介

本书是根据教育部颁布的职业院校电子技术基础与技能教学大纲，以及国家劳动和社会保障部最新颁布的《维修电工国家职业技能标准》中级、高级工人技术等级标准编制而成的。全书以项目为主线，创设了用电安全技术、认识直流电路、安装照明电路、安装继电控制线路、装调直流稳压电源、装调基本放大电路和装调简单数字电路 7 个项目，每个项目均配有相应的工作任务、习题和参考答案，将职业技能考证的相关内容融入课程教学中。

本书在文字表述上力求简明扼要，通俗易懂，图文并茂，直观形象，便于教学和自学，既可作为职业院校相关专业教材，也可作为岗位培训及自学用书。

图书在版编目（CIP）数据

电工与电子技术及应用 / 刘海燕，叶勇盛，唐李珍主编. —北京：电子工业出版社，2016.5
ISBN 978-7-121-28326-0

Ⅰ. ①电…　Ⅱ. ①刘…　②叶…　③唐…　Ⅲ. ①电工技术－职业教育－教材　②电子技术－职业教育－教材
Ⅳ. ①TM　②TN

中国版本图书馆 CIP 数据核字（2016）第 051033 号

策划编辑：张　凌
责任编辑：靳　平
印　　刷：北京七彩京通数码快印有限公司
装　　订：北京七彩京通数码快印有限公司
出版发行：电子工业出版社
　　　　　北京市海淀区万寿路 173 信箱　邮编　100036
开　　本：787×1 092　1/16　印张：20　字数：512 千字
版　　次：2016 年 5 月第 1 版
印　　次：2024 年 9 月第 3 次印刷
定　　价：37.00 元

凡所购买电子工业出版社图书有缺损问题，请向购买书店调换。若书店售缺，请与本社发行部联系，联系及邮购电话：（010）88254888，88258888。

质量投诉请发邮件至 zlts@phei.com.cn，盗版侵权举报请发邮件至 dbqq@phei.com.cn。

本书咨询服务联系方式：（010）88254583，zling@phei.com.cn。

前　言

《电工与电子技术及应用》一书根据教育部颁发的职业院校电子技术基础与技能教学大纲，以及国家劳动和社会保障部颁布最新的《维修电工国家职业技能标准》中级、高级工人技术等级标准编制而成。

本书解决了长期以来困扰着电子实训教学的“理论与实践相分离”的现状，形成了实践理论一体化的项目式训练体系，对培养学生实践动手能力，创新、创业能力，以及综合素质等具有重要作用。本书具有如下特点。

（1）本书是职业院校机电技术应用、机电设备安装与维修、汽车电子技术应用、电气运行与控制、电气技术应用、电子电器应用与维修等专业的一门取证实训课程。

（2）本书采用项目引领，通过具体完成的任务达到知识目标、技能目标和情感目标，使学生具备较高的劳动素质，掌握上述 6 个专业的中、高级技术应用型人才所必需的维修电工的基本技能，提高学生独立分析问题和解决问题的能力，训练学生的创新能力，为今后从事相关工作打下良好基础。

（3）本书在内容设计方面突出体现职业能力本位，紧紧围绕完成工作任务的需要来选择课程内容；从“任务与职业能力”分析出发，设定职业能力培养目标；变书本知识的传授为动手能力的培养，打破传统的知识传授方式，以项目为主线，创设了用电安全技术、认识直流电路、安装照明电路、安装继电控制线路、装调直流稳压电源、装调基本放大电路和装调简单数字电路 7 个项目，每个项目配有相应的工作任务，每个项目配有习题和参考答案，将职业技能考证的相关内容融入课程教学中，培养学生的实践动手能力。

本书在文字表述上力求简明扼要、通俗易懂、图文并茂、直观形象，便于学生理解和接受。

本书适用于职业院校，也可作为职业岗位培训教材，总学时为 120 学时，各部分的内容课时分配建议如下。

项目名称	项目目标	参考学时
项目 1 用电安全技术	理解触电的形式。 熟悉触电急救知识。掌握安全用电知识。能安全防护，防止触电事故的发生。能使触电者迅速脱离电源，并给予及时救护。掌握安全用电技术。树立安全第一的意识，养成良好的操作习惯	6
项目 2 认识直流电路	掌握直流电路的基本定律；掌握电路中电阻的串、并、混联。认识并会绘制电路图；能测量电路的基本物理量；能对简单的直流电路进行分析；认识电路中电阻串、并、混联的作用，能计算阻值；能对简单的直流电路进行检测与维修。培养学生良好的学习习惯、科学严谨的工作态度	10
项目 3 安装照明电路	理解正弦交流电的三要素及表示方法，理解三相负载的联结及电路功率计算方法。掌握额定值的简单计算；理解几种常用典型变压器的工作原理及应用；理解电阻、电感和电容元件的电压与电流关系，理解 *RL* 串联电路的阻抗概念，理解电压三角形、阻抗三角形和功率三角形；掌握单相交流电压和三相交流电压的测量方法；掌握变压器同名端的判别；能够按要求对简单照明电气线路进行设计、安装和检修。养成安全操作的习惯，培养动手能力，培养协作精神	24

续表

项目名称	项目目标	参考学时
项目4 安装继电控制线路	掌握三相异步电动机的基本知识；掌握常用低压电器的基本知识；掌握三相异步电动机典型控制电路的工作原理。正确熟练地拆装三相异步电动机；会选用合适的低压电器；会绘制三相异步电动机典型控制电路原理图；会安装并调试三相异步电动机典型控制电路。培养学生具有良好的责任意识、质量意识、安全意识和环保意识	22
项目5 装调直流稳压电源	掌握晶闸管可控整流电路工作原理；掌握稳压二极管电路的构成；掌握整流滤波电路的工作原理；识读集成稳压电源电路图，掌握其工作原理；会检测电阻器、电容器、二极管、晶闸管等元器件；绘制整流滤波电路图；会制作整流滤波电路，并对电路故障进行排除；绘制集成稳压电源电路原理图；会制作集成稳压电源电路，并对电路进行调试与维修。培养学生具有良好的道德品质、职业素养、竞争和创新意识	14
项目6 装调基本放大电路	理解放大电路的基本概念；掌握典型放大电路的原理与元器件的作用；理解集成运放的概念和应用。会用万用表判别三极管的类型、极性和好坏；识读典型放大电路的电路原理图；会装接与调试典型集成运算放大器应用电路。培养学生具有良好的责任心、进取心和坚强的意志	18
项目7 装调简单数字电路	熟悉基本逻辑门、复合逻辑门的逻辑功能，能识别其电路符号；熟悉二进制编码器、译码器的逻辑功能；掌握计数器的基本功能及应用；熟悉RS触发器、JK触发器、D触发器的逻辑功能；掌握数制表示方法及其相互转换。熟练掌握CMOS门电路的安全操作方法；掌握逻辑门电路的逻辑功能测试方法。掌握组合逻辑电路的设计方法。会设计并制作四路抢答器。掌握时序逻辑电路的分析方法；掌握24s倒计时器电路的组装及调试。培养学生具有职业道德、职业素养和团队协调能力	26
合　计		120

本书由刘海燕、叶勇盛、唐李珍担任主编，由黄宇婧、伦洪山担任副主编，参加编写的人员有罗贤、梁海葵、姚壮、黄纬维、赵洪涛、黄静华。

限于水平，书中难免出现不妥之处及错误，恳请各位专家、老师批评指正，以便我们进一步完善，不断提高。

编　者

目　录

项目 1 用电安全技术

项目目标

知识目标

（1）了解电流对人体的危害。
（2）理解触电的形式。
（3）熟悉触电急救知识。
（4）掌握安全用电知识。

能力目标

（1）能安全防护，防止触电事故的发生。
（2）能使触电者迅速脱离电源，并给予及时救护。
（3）掌握安全用电技术。

素质目标

树立安全第一的意识，养成良好的操作习惯。

项目描述

电能是一种方便的能源，它的广泛应用有力地推动了人类社会的发展，给人类创造了巨大的财富，改善了人类的生活。对于电能的应用，安全性是首要的问题。安全操作很大程度上取决于个人是否拥有相应的专业知识，以及是否能够在紧急情况下采取正确的应对处理措施。本项目主要介绍触电的形式、安全防护措施、触电解救方法和安全用电技术。

任务1 认识触电的形式

任务目标

知识目标

（1）了解电流对人体的危害。
（2）了解触电的形式及规律。

（3）掌握安全用电规范。

能力目标

（1）能描述触电的形式及规律。

（2）在工作中能采取必要的安全防护措施，防止触电事故的发生。

任务分析

触电事故往往发生得很突然，而且在极短的时间内容易造成极为严重的后果。本任务对触电的定义、常见的触电形式、触电对人体的伤害等问题展开讨论。

知识准备

一、触电对人体的伤害

1. 触电的定义

人身直接接触电源，简称触电。当人体接触了通电物体，引起了一系列生理效应，都称为触电。

2. 人体触电的种类

触电是电流对人体的伤害作用，有电击和电伤两种。

（1）电击是指电流通过人体时所造成的内伤。人体通过电流的安全值为 30mA 以下，对人体危险的电流值至少为 50 mA，至人死亡的电流值至少为 100 mA。触电死亡中绝大部分是电击造成的。

（2）电伤是指电流的热效应、化学效应、机械效应对人体的外伤，如电弧烤伤、烫伤、和电烙伤等。

3. 电流伤害人体的因素

人体能感知的触电与电流、电压、时间、频率、人体电阻等因素有关。

1）电流的大小

人体内存在生物电流，一定限度的电流不会对人体造成伤害。触电时，通过人体的电流越大，人体的生理反应越强烈，感觉就越明显，对人体的伤害越严重。

2）时间的长短

电流对人体的伤害与电流的作用时间密切相关。触电时电流通过人体的时间越长，一方面会使伤害人体的能量积累越来越多；另一方面会使人体的电阻下降，导致通过人体的电流进一步增大，其伤害程度就越大。

3）频率的高低

电流的频率不同，对人体的伤害也不同。其中，40～60Hz 的交流电对人体的伤害最严重。随着频率的增高，触电的危险程度下降。

4）人体电阻的大小

人体对电流有一定的阻碍作用，这种阻碍表现为人体电阻。人体还是非线性电阻，随着

电压的升高，电阻值减小。人体电阻越大，受电流伤害越小。

二、常见的触电形式

按照人体触及带电体的方式和电流通过人体的途径不同，触电可分为单相触电、两相触电和跨步电压触电等几种。

1．单相触电

单相触电是指在中性点接地的电网中，人体与大地之间互不绝缘，当人体接触到带电设备或线路中的某一导体时，电流由相线经人体流入大地的触电现象，如图 1-1-1 所示。

2．两相触电

两相触电是指人体的不同部位分别接触带电设备或线路中两相导体时，电流从一相导体通过人体流入另一相的触电现象，如图 1-1-1 所示。

图 1-1-1　单相触电和两相触电现象

3．跨步电压触电

跨步电压触电是指当带电体接触地面有电流流入大地时，或雷击电流经设备接地体流入大地时，在接地点附近的大地表面具有不同数值的电位，人进入该范围，两脚之间形成跨步电压而引起的触电现象，如图 1-1-2 所示。

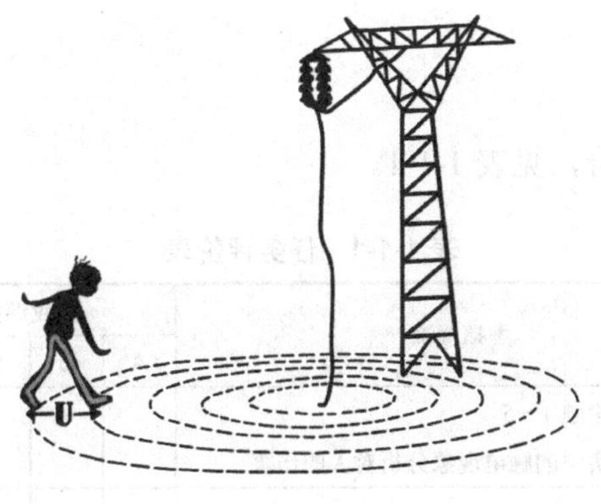

图 1-1-2　跨步电压触电现象

任务实施

四人一组讨论以下问题。

1．当电流路径通过人体（　　）时，其电击伤害程度最大。

A．肺　　B．肝脏　　C．心脏　　D．胃

2．电流流过人体，造成对人体的伤害称为（　　）。

A．电伤　　B．触电　　C．电击　　D．电烙印

3．以下（　）属于电伤。

A．电击　　B．灼伤　　C．电烙印　　D．皮肤金属化

4．人体对交流电流的最小感知电流约为（　　）。

A．0．5mA　　B．2mA　　C．5 mA　　D．10mA

5．当人体电阻一定时，作用于人体的电压越高，则流过人体的电流越（　　）。

A．大　　B．小　　C．无关

6．人体在地面或其他接地导体上，人体某一部分触及一相带电体的电击事故称为（　　）。

A．两相电击　　B．直接接触电击　　C．间接接触电击　　D．单相电击

7．某下雨天，一电线杆被风吹倒，引起一相电线断线掉地，路上某人在附近走过时被电击摔倒，他所受到的电击属于（　　）。

A．单相电击　　B．两相电击　　C．接触电压电击　　D．跨步电压电击

8．人体与带电体直接接触电击，以（　　）对人体的危险性最大。

A．中性点直接接地系统的单相电击　　B．两相电击

C．中性点不直接接地系统的单相电击

参考答案：

题号	答案	题号	答案
1	C	5	A
2	C	6	D
3	BCD	7	D
4	A	8	B

任务评价

对本学习任务进行评价，见表 1-1-1。

表 1-1-1　任务评价表

考核内容	考核标准	自我评价				小组评价			
		A	B	C	D	A	B	C	D
触电对人体的伤害	1．完成讨论题 1～5 2．能对现实中的触电现象分析对人的伤害								
触电的形式	1．完成讨论题 6～8 2．能对现实中的触电事故进行原因的分析								

续表

考核内容	考核标准				自我评价				小组评价			
					A	B	C	D	A	B	C	D
综合评价	自我评价		等级		签名							
	小组评价		等级		签名							
教师评价	签名： 日期：											

任务 2　触电急救

任务目标

知识目标

掌握触电急救的常识。

能力目标

学会触电急救的方法。

任务分析

工人在现场工作时，一旦出现触电事故，在专业医护人员未到达时，对触电者必须进行现场紧急救护，如果处理得及时和准确，就可能使因触电而呈假死的人获救。本次任务就是介绍使触电者脱离电源的方法和触电急救的方法。

知识准备

一、使触电者脱离电源的方法

1．低压触电

低压触电时，将触电者脱离电源的步骤如图 1-2-1 所示。

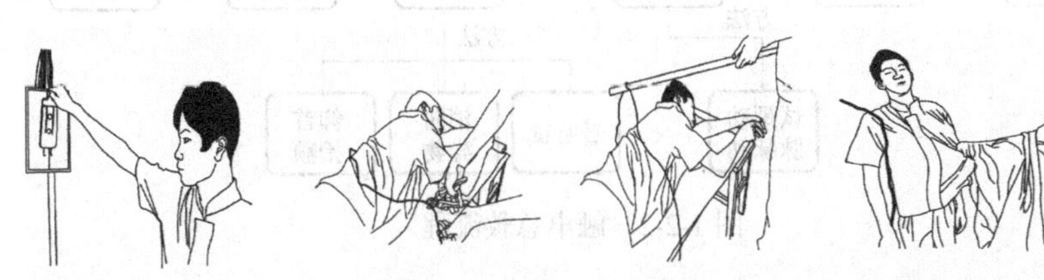

① 切断电源 → ② 割断电源线 → ③ 挑拉电源线 → ④ 拉开触电者

图 1-2-1　将触电者脱离电源的步骤

低压触电时，使触电者脱离电源的方法及注意事项如下。

（1）电源开关或插销在触电地点附近时，可立即拉开或拔出插头，断开电源。

（2）如果电源开关或插销距离较远时，可用有绝缘柄的电工钳等工具切断电线，从而断开电源，还可以用于木板等绝缘物插入触电者身下，以隔断电流的通道。

（3）若电线搭落在触电者身上或被压在身下，可用干燥的绳索、木棒等绝缘物作为工具，拉开触电者或排开电线，使触电者脱离电源。

（4）如果触电者的衣服是干燥的，又没有紧缠在身上，可以用一只手抓住触电者的衣服，拉离电源。这时因触电者的身体是带电的，鞋的绝缘也可能遭到破坏，所以救护人不得接触触电者的皮肤，也不能抓触电者的鞋。

2．高压触电

高压触电时，使触电者脱离电源的方法如下。

（1）立即通知有关部门停电。

（2）戴上绝缘手套，穿上绝缘鞋，采用相应等级的绝缘工具拉开开关或切断电源。

（3）采用抛掷搭挂裸金属线使线路短路接地，迫使保护装置动作而断开电源。

上述触电者脱离电源的办法，应根据具体情况，以快为原则选择采用。

高压触电时，使触电者脱离电源的注意事项。

（1）救护队员不可直接用手、金属及潮湿的物件作为救护工具，必须使用适当的绝缘工具。救护人员最好一只手操作，以防自身触电。

（2）防止触电者脱离电源后可能的摔伤，特别是触电者在高处时，应采取防坠落措施。即使触电者在平地，也要注意触电者倒下的方向，注意防摔。

（3）如事故发生在夜里，应迅速解决临时照明，以利抢救，避免事故扩大。

要视触电现场，灵活选用急救方法。

二、触电急救方法

触电者脱离电源之后，应根据实际情况，采取正确的救护方法，迅速进行抢救。

触电急救流程如图 1-2-2 所示。

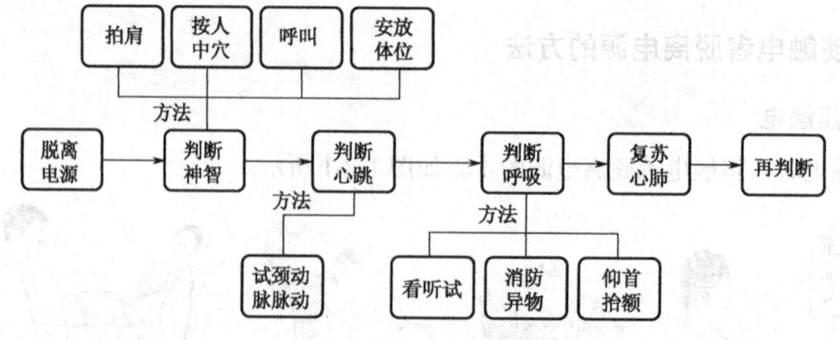

图 1-2-2　触电急救流程

（1）触电者神智清醒，应让其就地躺平，保持空气流通。

（2）触电者神智不清醒，应一方面请医生救治，一方面让其仰面躺平，轻拍其肩部或呼叫，禁止摆动头部。

（3）触电者已失去知觉，但有呼吸、心跳。应在迅速请医生的同时，解开触电者的衣领裤带，平卧在阴凉通风的地方。如果出现痉挛，呼吸衰弱，应立即施行人工呼吸，并送医院救治。如果出现“假死”，应边送医院边抢救。

（4）触电者呼吸停止，但有心跳，则应对触电者施行口对口人工呼吸法；如果触电者心跳停止，呼吸尚存，则应采取胸外心脏挤压法；如果触电者呼吸、心跳均已停止，则采用心肺复苏法进行抢救。

三、心肺复苏法

1. 心肺复苏操作步骤（如图 1-2-3 所示）

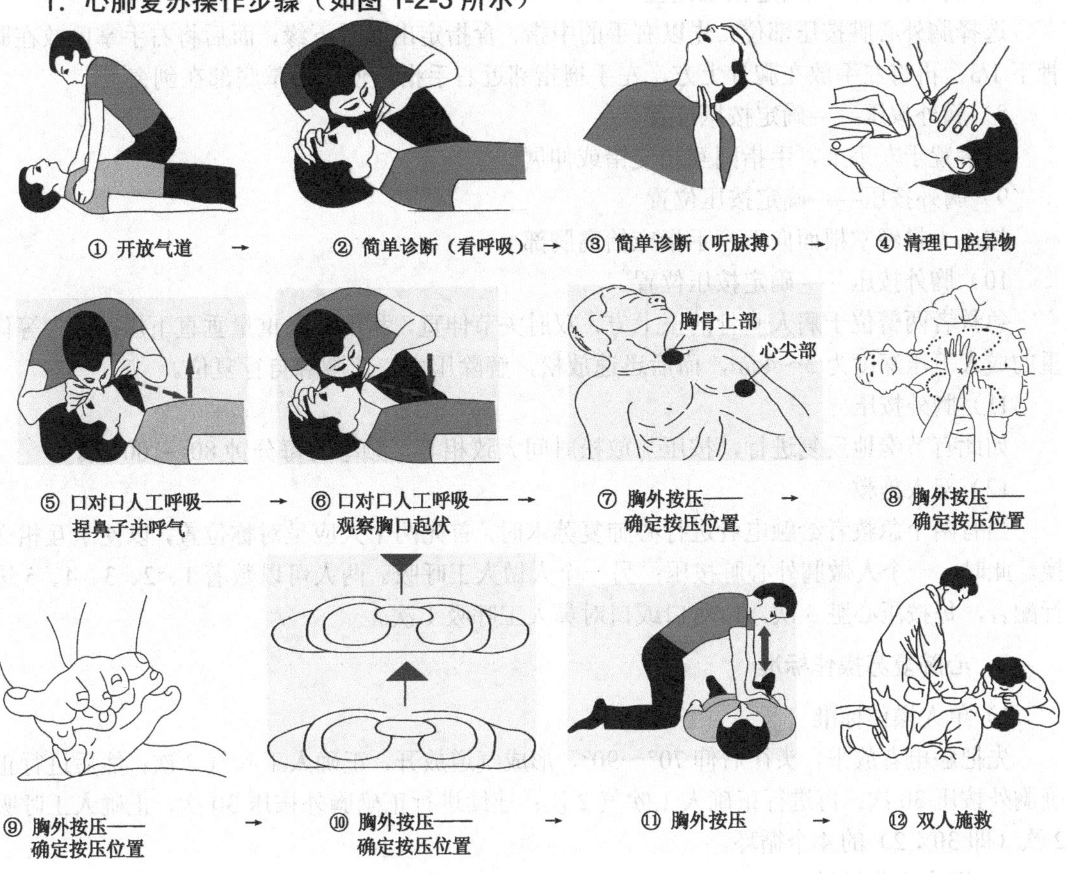

图 1-2-3　心肺复苏操作步骤

1）开放气道

把触电者放平，头往后仰 70～90°，形成气道放开。

2）简单诊断（看呼吸）

将耳朵凑近触电者鼻子观察是否还有呼吸。

3）简单诊断（听脉搏）

右手食、中二指并拢，由喉结向内侧滑移 2～3 ㎝，检查颈动脉搏动。

4）清理口腔异物

查看触电者口中有无食物、呕吐物、假牙等异物，然后置病人为侧卧位或平卧，将头部侧向一边。

5）口对口人工呼吸——捏鼻子并呼气

急救者用颈部抬高法保持触电者的气道通畅，同时用压前额的那只手的拇指、食指捏紧病人的鼻孔，以防止吹气时气体从鼻孔逸出。急救者深吸一口气后，用自己的双唇包绕封住病人的口外部，形成一个封闭腔，然后用力吹气，使胸廓扩张。

6）口对口人工呼吸——观察胸口起伏

吹气完毕，急救者的头稍抬起并侧转换气，松开捏鼻孔的手，观察触电者的胸廓和肺依靠其弹力自行回缩，排出肺内二氧化碳。

7）胸外按压——确定按压位置

选择胸外心脏按压部位：先以右手的中指、食指定出肋骨下缘，而后将右手掌侧放在胸骨下1/3，再将左手放在胸骨上方，左手拇指邻近右手指，使左手掌底部在剑突上。

8）胸外按压——确定按压位置

右手置于左手上，手指间互相交错或伸展。

9）胸外按压——确定按压位置

按压力量经掌根而向下，手指应抬离胸部

10）胸外按压——确定按压位置

急救者两臂位于病人胸骨的正上方，双肘关节伸直，利用上身重量垂直下压，对中等体重的成人下压深度为3～4cm，而后迅速放松，解除压力，让胸廓自行复位。

11）胸外按压

如此有节奏地反复进行，按压与放松时间大致相等，频率为每分钟80～100次。

12）双人施救

当有两个急救者给触电者进行心肺复苏术时，首先两个人应呈对称位置，以便于互相交换。此时，一个人做胸外心脏按压；另一个人做人工呼吸。两人可以数着1、2、3、4、5进行配合，每按压心脏5次，口对口或口对鼻人工呼吸1次。

2. 心肺复苏操作标准

1）单人操作标准

先把触电者放平，头往后仰70°～90°，形成气道放开，正确人工吹气2次；然后进行正确胸外按压30次；再进行正确人工吹气2次；连续进行正确胸外按压30次，正确人工呼吸2次（即30∶2）的4个循环。

2）双人操作标准

先把触电者放平，头往后仰70°～90°，形成气道放开，正确人工吹气2次；然后一人进行正确胸外按压5次；再进行另一人正确人工吹气1次；连续进行正确胸外按压5次，正确人工呼吸1次（即5∶1）的12个循环。

3. 注意事项

（1）“急救”要尽快的进行，不能只等候医生的到来，在送往医院的途中也不能中断急救。

（2）生命支持（BLS）的“黄金时刻”：在死亡边缘的患者，BLS的初期4～10min是病人能否存活关键的“黄金时刻”，决定着抢救程序是否继续进行。每延误1min，室颤性心搏骤停的存活率便降低7%～10%；若有“第一救护者”，心搏骤停的存活率可显著提高。

（3）触电者救活以后，其特征表现：能自主呼吸，心脏恢复跳动，瞳孔缩小，颈动脉恢复连续搏动。

任务实施

触电急救模拟操作

一、所需工具

心肺复苏护理人模型。

二、准备工作

（1）操作者的准备：洗手、戴口罩。

（2）环境的准备：安静、光线充足、安全。

三、操作步骤

（1）将假人转移到安全的环境。

（2）站于假人右侧并进行判断意识。

（3）无意识马上呼叫 120。

（4）假人体位：平卧位，背部垫木板，暴露胸部。

（5）开放气道，保持气道通畅。使用“一看、二听、三感觉”判断是否有呼吸，判断时间大于 5s 而小于 10s。

（6）人工呼吸：

① 吹气：一手托下颌，另一手食指和中指捏病人的鼻孔，深呼吸后紧贴病人口部用力吹气至胸廓抬起。

② 吹气、排气有节奏。吹起时间持续 1s，然后松开鼻翼，吹两口气。

（7）触摸颈动脉，无搏动，进行心脏按压。

① 按压部位：胸骨中下 1/3 交界处。

② 按压方法：一手的掌根部按在病人胸骨中下部 1/3 交界处，另一手压在该手的手背部，肘关节伸直，手指翘起，不接触胸壁，利用体重和肩臂部力量垂直向下用力挤压，使胸骨下陷 4～5cm，再原位放松，掌根不离开胸壁。

③ 按压频率：80 次/分。

（8）人工呼吸与胸外心脏按压操作。

（9）观察操作后的有效指证（意识、肢体运动、呼吸、循环、面色、瞳孔等）。

（10）整理假人和清理用物。

任务评价

对本学习任务进行评价，见表 1-2-1。

表 1-2-1　任务评价表

考核内容	考核标准	自我评价				小组评价			
		A	B	C	D	A	B	C	D
仰卧姿势、呼救	1．有呼唤被触电者动作 2．有摆好手脚等动作								
检查有无呼吸、心跳	1．手指或耳朵检测有无呼吸 2．把脉位置正确								
检查口中有无异物、松开衣物、站位	1．检查口中有无异物 2．松开紧身衣物 3．站位正确								
畅通气道	1．打开气道方法正确、一手扶颈一手抬额头 2．吹气，眼睛要观察胸部的动作								
口对口人工呼吸抢救过程	1．呼吸动作 2．有捏鼻子动作 3．吹气长短及气量合适 4．时间节奏、次数合适								
按压动作	1．一次正确找到压力点 2．手臂直、用掌根 3．按压力度大小合适 4．按压方向垂直 5．稍带冲击力按压，然后迅速松开 6．频率每秒 60～80 次								
协调性	整个过程连贯、协调								
综合评价	自我评价　　　等级　　　签名								
	小组评价　　　等级　　　签名								
教师评价	签名： 日期：								

任务3　安全用电防护

任务目标

知识目标

（1）了解安全电压。

（2）熟悉安全工具。

（3）掌握安全用电规范及预防。

能力目标

掌握电气设备灭火方法。

电能的应用十分广泛，电工技术要求也越来越高，加强用电安全防护显得尤为重要。为了预防触电事故的发生，本次任务讨论安全电压、工具、用电规范，触电、电气火灾的预防，消防知识等问题。

知识准备

一、安全电压、工具、规范

1. 安全电压

电流通过人体时，人体承受的电压越低，触电伤害越轻。当电压低于某一定值后，就不会造成触电了。这种不带任何防护设备，对人体各部分组织均不造成伤害的电压值，称为安全电压。

世界各国对于安全电压的规定不尽相同，有 50V、40V、36V、25V、24V 等，其中以 50V、25V 居多。国际电工委员会（IEC）规定安全电压限定值为 50V，25V 以下电压可不考虑防止电击的安全措施。

我国规定工频有效值的额定值有 42V、36V、24V、12V 和 6V。特别危险环境中使用的手持电动工具应采用 42V 安全电压；在有电击危险环境中，使用的手持照明灯和局部照明灯应采用 36V 或 24V 安全电压；在金属容器内、特别潮湿处等特别危险环境中，使用的手持照明灯应采用 12V 安全电压；在水下作业等场所，使用的手持照明灯应采用 6V 安全电压。当电气设备采用 24V 以上安全电压时，必须采取直接接触电击的防护措施。

安全电压的规定是从总体上考虑的，对于某些特殊情况、某些人也不一定绝对安全。所以，即使在规定的安全电压下工作，也不可粗心大意。

2. 安全用具

电工安全用具是用来直接保护电工人员人身安全的基本用具，常用的有绝缘手套、绝缘靴、绝缘棒三种。

（1）绝缘手套。由绝缘性能良好的特种橡胶制成，有高压、低压两种，用于操作高压隔离开关和油断路器等设备，以及在带电运行的高压电器和低压电气设备上工作时，预防接触电压。使用前要进行外观检查，检查有无穿孔、损坏；不能用低压手套操作高压等。

（2）绝缘靴。是由绝缘性能良好的特种橡胶制成的，用于带电操作高压电气设备或低压电气设备时，防止跨步电压对人体的伤害。使用前要进行外观检查，不能有穿孔损坏，要保持在绝缘良好的状态。

（3）绝缘棒。又称绝缘杆、操作杆或拉闸杆，一般用电木、胶木、塑料、环氧玻璃布棒等材料制成，绝缘棒主要用于操作高压隔离开关、跌落式熔断器，安装和拆除临时接地线，以及测量和试验等工作。使用时要注意：一是棒表面要干燥、清洁；二是操作时应带绝缘手套，穿绝缘靴，站在绝缘垫上；三是绝缘棒规格应符合规定，不能任意取用。

3．安全用电规范

1）安全用电规定

作业人员上岗前须取得特殊工种操作证；严禁酒后上岗；具备必要的电气知识，熟悉电工安全工作规程；学会紧急救护法，特别是触电急救。

2）电气安全距离

为了防止人体触及或过分接近带电体，或防止车辆和其他物体碰撞带电体，以及避免发生各种短路、火灾和爆炸事故，在人体与带电体之间、带电体与地面之间、带电体与带电体之间、带电体与其他物体和设施之间，都必须保持一定的距离。

根据各种电气设备的性能、结构和工作的需要，安全间距大致可分为：各种线路的安全间距；变、配电设备的安全间距；各种用电设备的安全间距；检修、维护时的安全间距四种。

各种线路、变配电设备及各种用电设备的间距，在电力设计规范及相关资料中均有明确而详细的规定。检修、维护时的安全间距标准见表 1-3-1。

表 1-3-1　检修、维护时的安全间距标准

分类 电压范围	安全间距		备注
	10kV 及以下	20～35kV	
在低压操作中	0.1m		
在高压无遮栏操作中	0.7m	0.1m	当不足上述距离时，应装设临时遮栏，并应符合相关要求
用绝缘杆操作时	0.4m	0.6m	不足上述距离时，临近的线路应当停电
在线路上工作时	1.0m	2.5m	
用水冲洗时	0.4m		小型喷嘴与带电体之间的最小距离

3）安全色

安全色是表达安全信息含义的颜色，表示禁止、警告、指令、提示等。国家规定的安全色有红、蓝、黄、绿四种颜色。红色表示禁止、停止；蓝色表示指令、必须遵守的规定；黄色表示警告、注意；绿色表示指示、安全状态、通行。

在电气上用黄、绿、红三色分别表示 L_1、L_2、L_3 三个相序；涂成红色的电器外壳是表示其外壳有电；灰色的电器外壳是表示其外壳接地或接零；线路上淡蓝色代表工作零线；用黄、绿双色绝缘导线代表保护线。直流电中红色代表正极，蓝色代表负极，信号和警告回路用白色。保护中性线为竖条间隔淡蓝色。

4）安全操作规范

（1）作业前的准备。工作前要穿好绝缘鞋、工作服等劳保用品。

（2）作业中的安全操作程序及要求。在全部停电或部分停电的电气设备上工作，必须完成停电、验电、装设接地线、悬挂标志牌和装设遮拦后，方能开始工作。上述安全措施由值班员实施，无值班人员的电气设备由断开电源人执行，并应有监护人在场。

（3）收尾工作。工作完毕后，必须拆除临时地线，并检查是否有工具等物漏忘；检查完工后，送电前必须认真检查，看是否合乎要求，并和有关人员联系好，方能送电；工作结束

后，必须全部工作人员撤离工作地段，拆除警告牌，所有材料、工具、仪表等随之撤离，原有防护装置随时安装好；操作地段清理后，操作人员要亲自检查，如要送电试验一定要和有关人员联系好，以免发生意外。

二、触电、电气火灾的预防

1．触电的预防

触电的预防措施见表 1-3-2。

表 1-3-2 触电的预防措施

序号	预防方法		预防措施
1	直接触电的预防	绝缘措施	选用绝缘材料必须与电气设备的工作电压、工作环境和运行条件相适应。不同的设备或电路对绝缘电阻的要求不同。例如，新装或大修后的低压设备和线路，绝缘电阻不应低于 0.5MΩ；运行中的线路和设备，绝缘电阻要求每伏工作电压 1kΩ 以上；高压线路和设备的绝缘电阻不低于每伏 1000MΩ
		屏护措施	采用屏护装置，如常用电器的绝缘外壳、金属网罩、金属外壳、变压器的遮栏、栅栏等将带电体与外界隔绝开来，以杜绝不安全因素。凡是金属材料制作的屏护装置，应妥善接地或接零
		间距措施	为防止人体触及或过分接近带电体，在带电体与地面之间、带电体与其他设备之间，应保持一定的安全间距。安全间距的大小取决于电压的高低、设备类型、安装方式等因素
2	间接触电的预防	加强绝缘	对电气设备或线路采取双重绝缘的措施，可使设备或线路绝缘牢固，不易损坏。即使工作绝缘损坏，还有一层加强绝缘，不致发生金属导体裸露而造成间接触电
		电气隔离	采用隔离变压器或具有同等隔离作用的发电机，使电气线路和设备的带电部分处于悬浮状态。即使线路或设备的工作绝缘损坏，人站在地面上与之接触也不易触电。注意，被隔离回路的电压不得超过 500V，其带电部分不能与其他电气回路或大地相连
		自动断电保护	在带电线路或设备上采取漏电保护、过流保护、过压或欠压保护、短路保护、接零保护等自动断电措施，当发生触电事故时，在规定时间内能自动切断电源，起到保护作用

2．电气火灾的预防

所谓电气火灾一般是指由于电气线路、用电设备、器具及供电设备出现故障，如电热器具的炽热表面，在具备燃烧条件下引燃本体或其他可燃物造成的火灾，包括由雷电引起的火灾。

电气火灾的预防措施见表 1-3-3。

表 1-3-3　电气火灾的预防措施

序号	预防方法	预防措施
1	制定安全制度	为了预防事故的发生，制定各种安全制度，制定相应的电气消防安全检查规定，培养良好的工作习惯。定期按时对用电线路进行巡视，以便及时发现问题
2	合理选择电气设备的各项参数	电气设备的额定电压必须与供电电压相匹配。还要考虑环境对安全用电的影响，严禁违章用电。购买电气设备时，不要选择无“三无”产品，导线的额定的电流比实际传送的电流要大一些。开关和熔断器选用时，其额定电压大于电路的工作电压，其额定电流为负载电流的 2～3 倍，并按规程进行安装
3	重视设备接地	所谓电气接地，是指电气设备的金属外壳与保护接地线相连接，安装时一定要执行国家现行的电气安装安全规范
4	按规范安装施工	在线路安装和施工过程中，不得损伤导线的绝缘层，导线连接要规范。严禁私拉、乱接导线，线路负荷要合理分配，要选择合适的导线截面积。在潮湿、高温或有腐蚀性物质的场所，严禁绝缘导线明敷，要采用套管敷设
5	定期检查线路的熔断器	定期检查线路熔断器，要选择合适的熔体，不准用铜线和铝线等替代熔体。定期检查线路上所连接点是否牢固可靠，电气设备周围不得存放易燃、可燃物品
6	安装电气火灾监控系统	电气火灾监控系统通俗理解就是监控预防电气火灾的装置，提前报警

三、电气消防知识

1. 电气设备导致火灾的原因

（1）电路短路。由于绝缘损坏、装设不当、机械损伤等原因引起电路短路，当电气设备发生短路时，短路电流很大，电气设备严重发热，引起火灾。

（2）过负荷。由于导线截面小、设备发热、增加用电负荷、漏电等原因，会使电气设备温度慢慢升高，引起火灾。

（3）接触不良。当电气设备接触不好，接触电阻增大，电气设备严重发热，引起火灾。

（4）电火花或电弧。使用电气设备不规范，电气设备发生漏电时，都会产生电弧，也会引起火灾。

2. 电气设备灭火方法

1）电气设备灭火方法（如图 1-3-1 所示）

注意：人体及所持灭火器材都不能触及带电导线和电气设备，以防触电；人要站在上风位置灭火，防止烧伤、窒息和中毒。

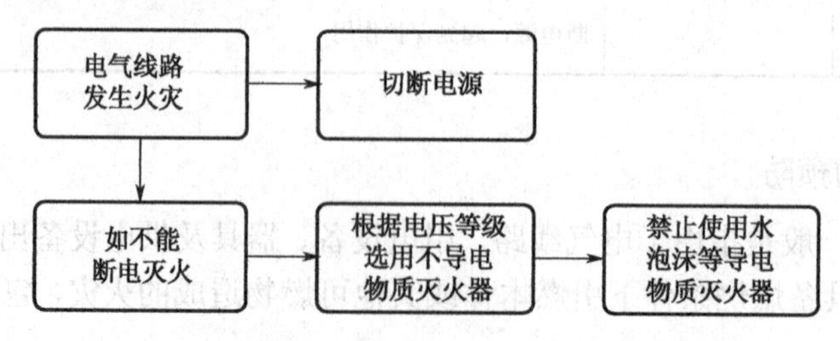

图 1-3-1　电气设备灭火方法

2）灭火器简介

常见的灭火器有 1211 灭火器、二氧化碳灭火器、干粉灭火器和泡沫灭火器，如图 1-3-2 所示。

1211 灭火器利用装在筒内的氮气压力将 1211 灭火剂喷射出灭火，它属于储压式一类，但由于该灭火剂对臭氧层破坏力强，我国已于 2005 年停止生产 1211 灭火剂。

二氧化碳灭火器主要用于扑救贵重设备、档案资料、仪器仪表、600V 以下电气设备及油类引起的火灾。

干粉灭火器内充装的是磷酸铵盐干粉灭火剂。干粉灭火剂由用于灭火的干燥且易于流动的微细粉末、具有灭火效能的无机盐和少量的干粉组成。

泡沫灭火器能喷射出大量二氧化碳及泡沫，它们能粘附在可燃物上，使可燃物与空气隔绝，破坏燃烧条件，达到灭火的目的。

电气设备发生火灾不能断电灭火，应根据电压等级选用干粉、1211 等不导电物质的灭火器。

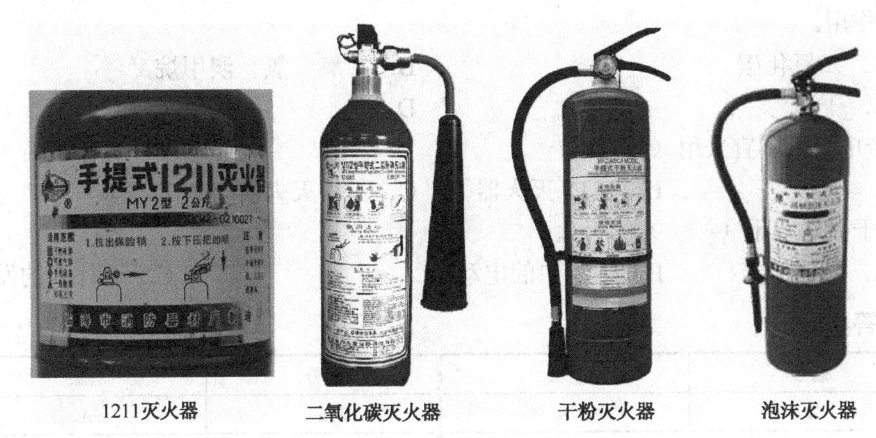

图 1-3-2　几种常见的灭火器

3）使用灭火器的安全事项

使用灭火器灭火时，将灭火器对准火源，打开阀门（或拔出保险销）向火源喷射；干粉灭火器不适用于旋转的发电机、电机等灭火；二氧化碳易使人窒息，注意人处位置有足够通风和人站在上风侧；注油设备发生火灾，切断电后，最好用泡沫灭火器或干砂灭火。

任务实施

四人一组讨论以下问题。

1．进网作业电工，应认真贯彻执行（　　）的方针，掌握电气安全技术，熟悉电气安全的各项措施，预防事故的发生。

A．安全第一，预防为主　　B．科学技术是第一生产力

C．人民电业为人民

2．我国规定的交流安全电压为 42V、36V、（　　）。

A．220V、380V　B．380V、12V　C．220V、6V　D．12V、6V

3．我国规定的直流安全电压的上限为（　　）。

A．72V　　B．220V　　C．380V　　D．10kV

4．下列（　　）三种用具是在电气操作中使用的绝缘安全用具。

A．绝缘手套、验电器、携带型接地线　B．绝缘鞋、验电器、绝缘垫

C．验电器、绝缘鞋、标志牌　D．绝缘手套、绝缘鞋、临时遮栏

5．绝缘手套和绝缘鞋应放在通风、阴凉的专用柜子里，温度一般在（　　）范围内。

A．0～5 ℃　　B．5～20 ℃　　C．20～40 ℃　　D．40～60 ℃

6．装设临时接地线的顺序是（　　）。

A．先接接地端，后接设备导体部分　B．先接设备导体部分，后接接地端

C．同时接接地端和设备导体部分

7．引发电气火灾要具备的两个条件：有易燃的环境和（　　）。

A．易燃物质　　B．引燃条件　　C．温度　　D．干燥天气

8．“1211”灭火器的灭火剂为（　　），其灭火作用在于阻止燃烧连锁反应并有一定的冷却窒息作用。

A．二氧化碳　　B．二氧一氯一澳甲烷

C．干冰　　D．水

9．带电灭火不宜采用（　　）。

A．干砂　　B．1211 灭火器　　C．干粉灭火器　　D．水

10．干砂适宜于（　　）的灭火。

A．油类　　B．运行中的电动机　　C．运行中的发电机

参考答案：

题号	答案	题号	答案
1	A	6	A
2	D	7	B
3	A	8	B
4	B	9	D
5	B	10	A

任务评价

对本学习任务进行评价，见表 1-3-4。

表 1-3-4　任务评价表

考核内容	考核标准	自我评价				小组评价			
		A	B	C	D	A	B	C	D
安全电压	1．完成讨论题 1～3 2．了解安全常识								
安全工具	1．完成讨论题 4～5 2．了解安全工具的保管和使用								

续表

<table>
<tr><th rowspan="2">考核内容</th><th rowspan="2" colspan="4">考核标准</th><th colspan="4">自我评价</th><th colspan="4">小组评价</th></tr>
<tr><th>A</th><th>B</th><th>C</th><th>D</th><th>A</th><th>B</th><th>C</th><th>D</th></tr>
<tr><td>安全接地</td><td colspan="4">1. 完成讨论题 6
2. 了解接地线的安装常识</td><td></td><td></td><td></td><td></td><td></td><td></td><td></td><td></td></tr>
<tr><td>电气设备灭火</td><td colspan="4">1. 完成讨论题 7～10
2. 知道火灾产生的原因，根据火灾原因选用合适的灭火器</td><td></td><td></td><td></td><td></td><td></td><td></td><td></td><td></td></tr>
<tr><td rowspan="2">综合评价</td><td>自我评价</td><td></td><td>等级</td><td></td><td colspan="4">签名</td><td colspan="4"></td></tr>
<tr><td>小组评价</td><td></td><td>等级</td><td></td><td colspan="4">签名</td><td colspan="4"></td></tr>
<tr><td>教师评价</td><td colspan="12">签名：
日期：</td></tr>
</table>

项目总结

（1）触电有电击和电伤两种。常见的触电形式有单相触电、两相触电和跨步电压触电等几种。

（2）触电急救步骤：脱离电源→判断神智→判断心跳→判断呼吸→复苏心肺→再判断。

（3）心肺复苏操作步骤：开放气道→简单诊断（看呼吸）→简单诊断（听脉搏）→清理口腔异物→口对口人工呼吸——捏鼻子并呼气→口对口人工呼吸——观察胸口起伏→胸外按压——确定按压位置→胸外按压——确定按压位置→胸外按压——确定按压位置→胸外按压——确定按压位置→胸外按压→双人施救。

（4）我国规定工频有效值的额定值有 42V、36V、24V、12V 和 6V。

（5）预防触电的主要措施：直接触电的预防（绝缘措施、屏护措施、间距措施），间接触电的预防（加强绝缘、电气隔离、自动断电保护）。

（6）常见的灭火器有 1211 灭火器、二氧化碳灭火器、干粉灭火器和泡沫灭火器。

思考与练习题

一、填空题

1. 电流对人体的伤害分为_________和_________。
2. 电路的触电事故分为_________触电和_________触电。
3. 电流对人体的危险与_________、_________、_________、_________因素有关。

二、选择题

1. 在死亡边缘的患者，BLS 的初期（　　）min 是病人能否存活关键的 “黄金时刻”。

A．1～2　　　　B．3～5　　　　C．4～10　　　　D．10～15

2．（　　）的电流对人体的伤害最严重。

A．10Hz　　　　B．50Hz　　　　C．1kHz　　　　D．5kHz

3．发现有人触电，应立即（　　）。

A．大声呼救　　　　B．切断电源　　　　C．拨打 120　　　　D．去拉触电者

三、简答题

1．通常，多大的电流、电压被视为危险？

2．列出进行口对口人工呼吸时应采取的重要步骤。

3. 采取哪些措施可以防止触电事故的发生？

4. 发生电气火灾时应如何扑救？

5. 什么叫工作接地？它包括哪些内容？

6. 什么是两线制？有什么优点？

项目 2 认识直流电路

项目目标

知识目标

（1）了解电路的定义、组成、状态。
（2）了解电路的基本物理量并掌握测量方法。
（3）掌握直流电路的基本定律。
（4）掌握电路中电阻的串、并、混联。

能力目标

（1）认识并会绘制电路图。
（2）能测量电路的基本物理量。
（3）能对简单的直流电路进行分析。
（4）认识电路中电阻串、并、混联的作用，能计算阻值。
（5）能对简单的直流电路进行检测与维修。

素质目标

培养学生良好的学习习惯、科学严谨的工作态度。

项目描述

直流电简称DC，其大小和方向都不变。在比较简单的直流电路中，电源电动势、电阻、电流及任意两点电压之间的关系可根据欧姆定律及电动势的定义得出。复杂的直流网络可根据基尔霍夫方程组求解。本项目主要介绍测量直流电路的基本物理量，分析安装简单直流电路。

任务 1 直流电路的测量

知识目标

（1）了解电路的组成。

（2）认识电路模型。
（3）掌握直流电路中的基本物理量。

能力目标

（1）能绘制电路原理图。
（2）会测量直流电路中的基本物理量。

电路是由金属导线和电气、电子部件组成的导电回路。要分析电路状态，必须了解电路中的基本物理量，学会测量电路的基本物理量。本次任务，将在认识电路基本物理量的基础上，介绍直流电路中电流、电压等基本物理量的测量方法。

知识准备

一、电路和电路模型

1．电路

电流通过的路径称为电路。

在电路输入端加上电源使输入端产生电势差，电路即可工作。按照流过的电流性质，一般分为直流电路和交流电路两种。直流电通过的电路称为直流电路，交流电通过的电路称为交流电路。

2．电路的组成

电路一般由电源、负载、连接导线和控制装置四部分组成，以手电筒电路为例，如图 2-1-1 所示。

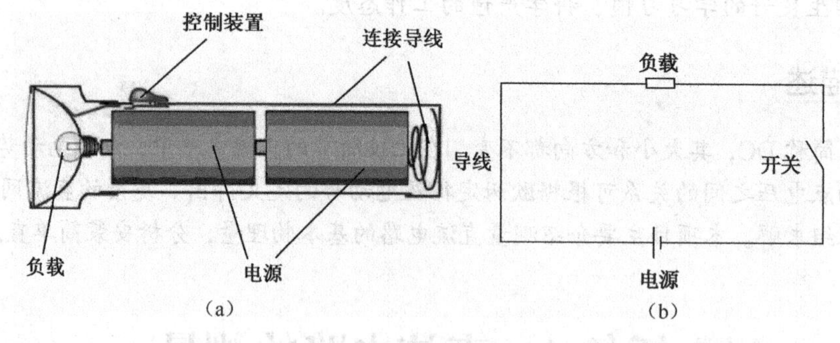

图 2-1-1　简单电路的组成

3．电路模型

由理想元件组成的与实际电气元件相对应的电路，并用统一规定的符号表示而构成的电路，就是实际电路模型。如图 2-1-1（b）所示，就是手电筒电路的电路模型。

电路模型具有表征电路元件的特性和元件间的连接关系两个作用。

4. 电路的状态

电路有通路、开路和短路三种工作状态。

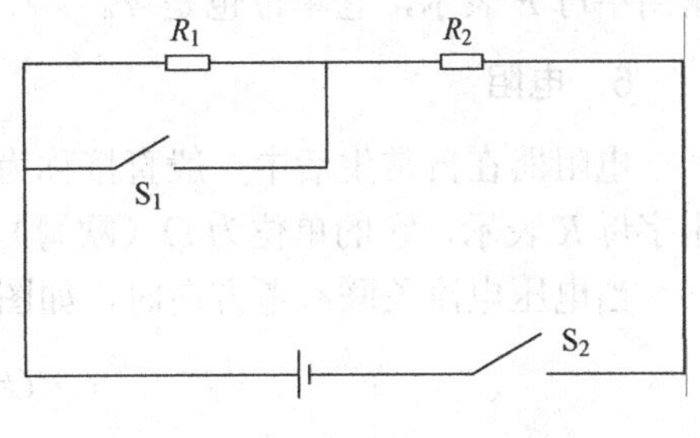

图 2-1-2　电路的三种状态

（1）通路：接通的电路，如图 2-1-2 所示，开关 S_1 打开、开关 S_2 闭合时。

特征：电路中有电流，用电器正常工作。

（2）开路：断开的电路，也叫断路，如图2-1-2所示，开关 S_2 打开时。

特征：电路中无电流，用电器不能工作。

（3）短路：电源两端或用电器两端直接用导线连接起来（电流不经过用电器），如图 2-1-2 所示，开关 S_1、S_2 都闭合时，负载 R_1 处于短路状态。

特征：电源短路，电路中有很大的电流，可能烧坏电源或电气设备等，应尽量避免。

二、直流电路中的基本物理量

1. 电流

科学上把单一横截面的电量称为电流强度，简称电流，通常用字母 I 表示，它的单位是 A（安培）。

常用的单位有 mA（毫安）、μA（微安），它们之间的转换关系：$1A=10^3\ mA=10^6 \mu A$。

2. 电压和电位

电压又称为电势差或电位差，是衡量单位电荷在静电场中由于电势不同所产生的能量差的物理量。通常用字母 U 表示，它的单位是 V（伏特，简称伏）。

常用的单位有 mV（毫伏）、μV（微伏）、kV（千伏），它们之间的转换关系：$1V=10^3 mV=10^6 \mu V$，$1kV=10^3 V$。

电压的大小等于单位正电荷因受电场力作用从 A 点移动到 B 点所做的功，电压的方向规定为从高电位指向低电位的方向。

电位又称为电势，是指单位电荷在静电场中的某一点所具有的电势能。通常用字母 U 或 φ 表示，它的单位也是 V。

电势大小取决于电势零点的选取，其数值只具有相对的意义。通常，选取无穷远处为电势零点，这时其数值等于电荷从该处经过任意路径移动到无穷远处所做的功与电荷量的比值。

3. 电功率

电流在单位时间内做的功称为电功率，是用来表示消耗电能快慢的物理量，通常用字母 P 表示，它的单位是 W（瓦特，简称瓦）。

4. 电能

电能是指电以各种形式做功（即产生能量）的能力，通常用字母 W 表示，它的单位是度，学名称为千瓦时（kW・h）。在物理学中，常用的能量单位是焦耳，简称焦（J）。

它们之间的关系：$1kW \cdot h=3.6\times10^6 J$。电能公式：$W=UIt=Pt$（$t$ 为时间）。

5. 电动势

电动势反映了电源把其他形式的能转换成电能的能力。电动势使电源两端产生电压，通

常用字母 E 表示，它单位也是 V。

6．电阻

电阻器在日常生活中一般直接称为电阻，它是一个限流元件，也是一个耗能元件，通常用字母 R 表示，它的单位为 Ω（欧姆）。

当电压电流关联参考方向时，如图 2-1-3（a）所示，其相关关系为

$$U=IR，或 I=\frac{U}{R}$$

当电压电流关联参考方向时，如图 2-1-3（b）所示，其相关关系为

$$U=-IR$$

（a）关联参考方向　　（b）非关联参考方向

图 2-1-3　部分电阻电路

三、直流电路的测量

1．测量电流

（1）测量电流如图 2-1-4 所示。

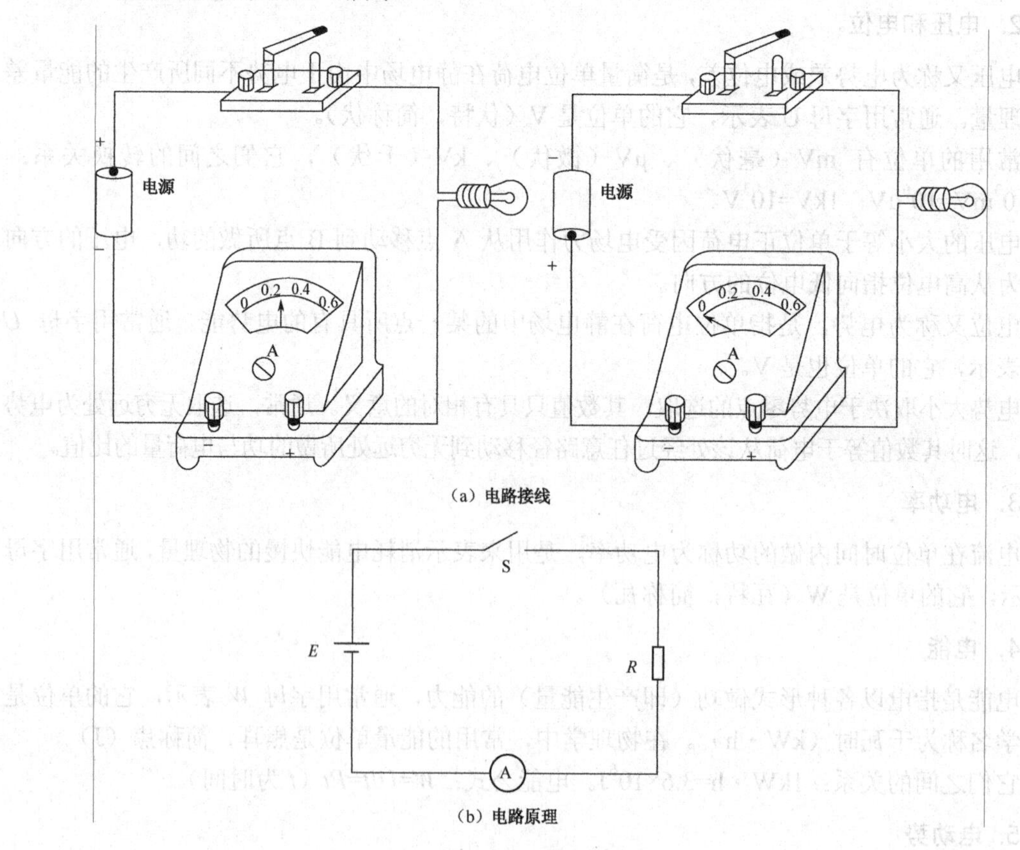

（a）电路接线

（b）电路原理

图 2-1-4　测量电流

（2）测量方法。

将表的两个接线端串联在电路中，表的“+”端为电流的流入端，表的“–”端为电流的流出端。根据指针所指示的刻度，读出电流的大小。

（3）测量注意事项。

用万用表测量时，注意正确选择量程和直流电流的挡位。

2．测量电压

（1）测量电压如图 2-1-5 所示。

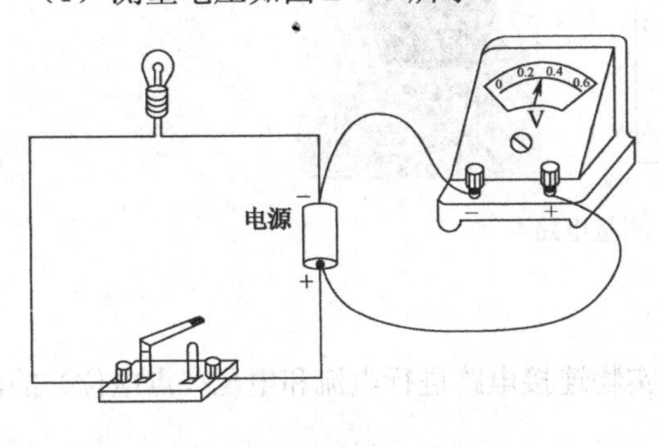

（a）电路接线

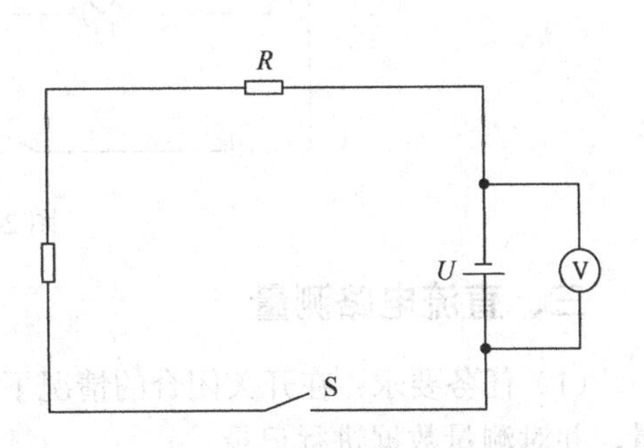

（b）电路原理

图 2-1-5　测量电压

（2）测量方法。

将表的两个接线端并联在被测电压的两端，表的“+”端接被测电压的正极，表的“–”端接被测电压的负极。根据指针所指示的刻度，读出电压的大小。

（3）测量注意事项。

用万用表测量时，注意正确选择量程和直流压的挡位。测量电路的点电位时，方法相同。

3．测电阻

（1）测量电阻的接线如图 2-1-6 所示。

（2）测量方法。

测量时，两表笔搭在被测电阻的两端，表针指示的刻度即是被测电阻的阻值。

（3）测量注意事项。

用指针式万用表测量时，先选择电阻挡位，然后校零，注意正确选择量程。如果被测电阻连接在电路中，测量时必须将电阻与电路断开，更不允许电路带电测量。

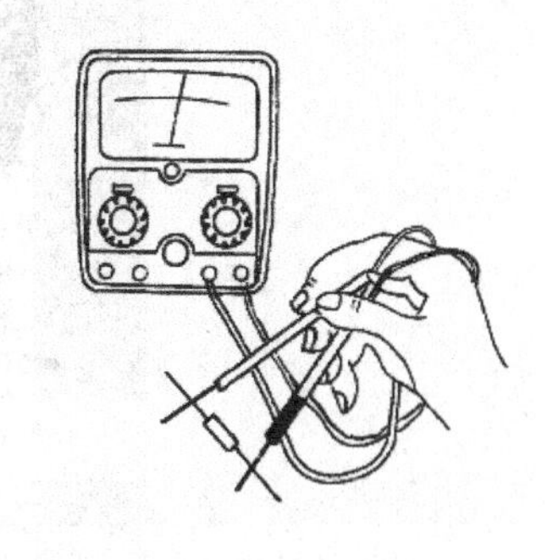

图 2-1-6　测量电阻的接线

任务实施

一、准备工作

（1）设备：电工试验台 1 张；12V 稳压电源（或蓄电池、干电池组）1 个。

（2）材料：12V 灯泡 3 只；闸刀开关 1 个；1.5mm2 导线 10m；绝缘胶布 1 卷；接线

座 2 个。

（3）工具：十字螺丝刀 1 把；一字螺丝刀 1 把；剥线钳 1 把；尖嘴钳 1 把；万用表 1 个。

（4）检查校对量具。

二、根据直流电路图连接电路实物。

要求将两只灯泡串联，再与另一只灯泡并联，测量电路如图 2-1-7 所示。

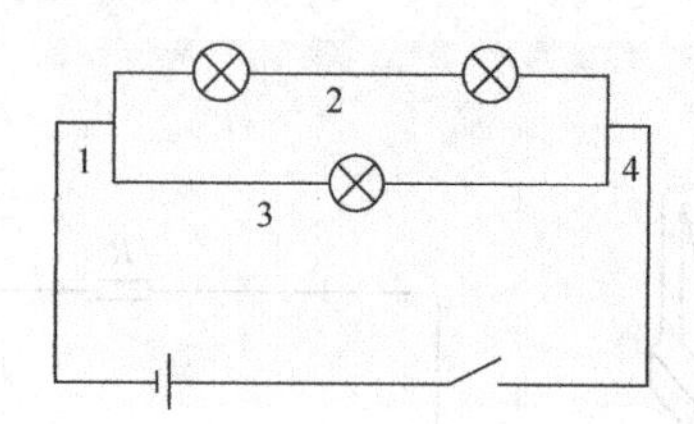

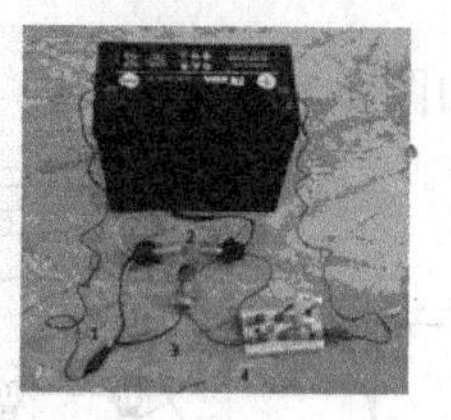

图 2-1-7　测量电路

三、直流电路测量

（1）任务要求：在开关闭合的情况下，对实物连接电路进行电流和电压（点电位）的测量，并对测量数据进行记录。

（2）测量方法：根据电路图测量实际电路各点电流。

（3）注意：每次测量前应先将电源切断，再将万用表接入电路中。

（4）测量步骤。

① 按要求连接测量接线图。

② 标注实验电路各测量点。

③ 测量“1”点电流。切断电路电源和开关，断开“1”点接线头，连接万用表，接入电源，接通开关，如图 2-1-8 所示。

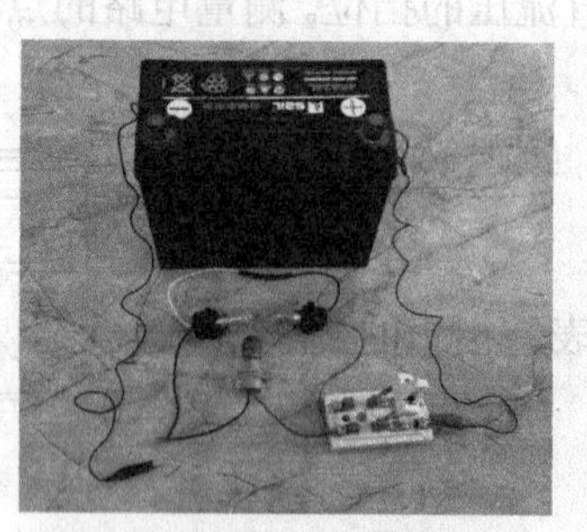

（a）断开“1”点接线头

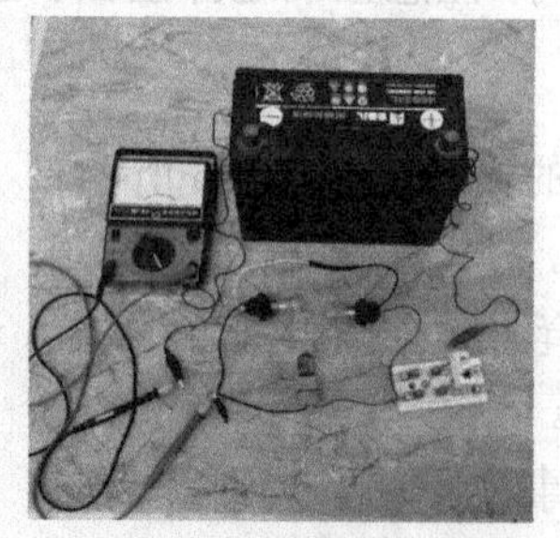

（b）连接万用表

（c）接入电源

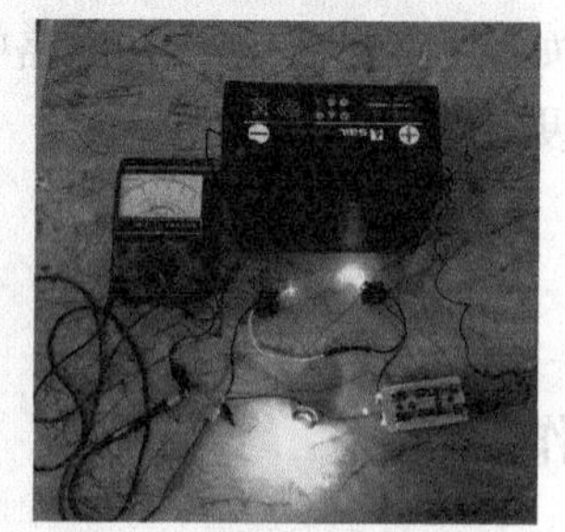

（d）接通开关

图 2-1-8　测量电流接线图

④ 测量各测量点的电位，如图 2-1-9 所示。

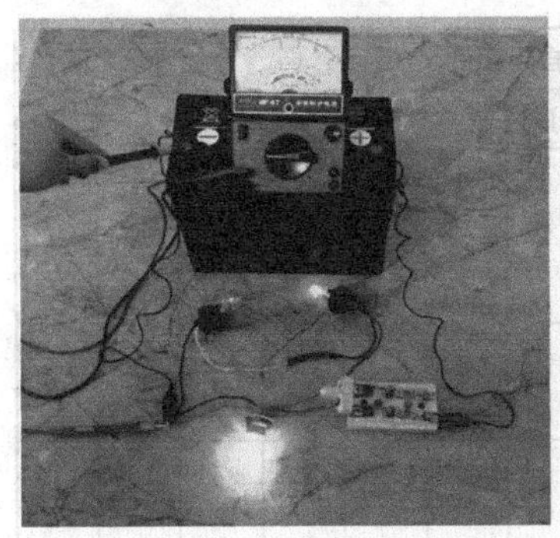

（a）测量“1”点电压

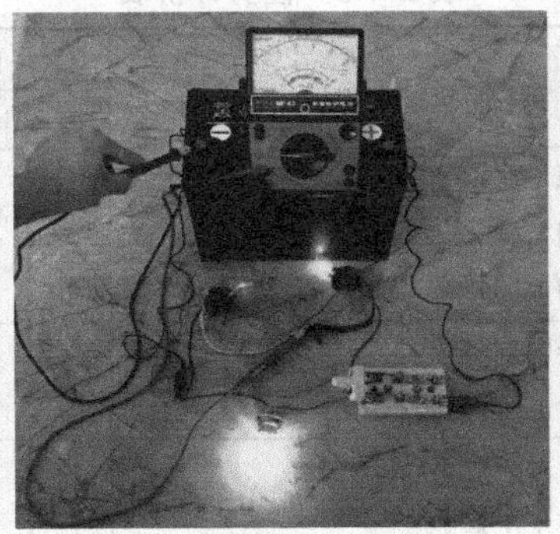

（b）测量“2”点电压

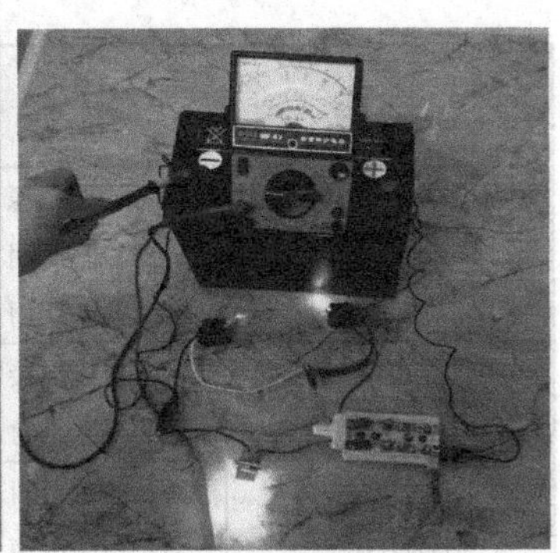

（c）测量“3”点电压

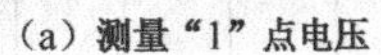

图 2-1-9　测量各点电压的接线

四、记录测量结果

（1）根据测量“1”点方法，分别测量实验电路其他各点电流，并记录到表 2-1-1 中。

（2）测量直流电路的电压（点电位），将测量数据填写到表 2-1-2 中。

表 2-1-1　测量电流记录表

测量点	电流值（A）	测量点	电流值（A）
1		3	
2		4	

表 2-1-2　测量电压记录表

测量点	电压值（V）
1	
2	
3	

五、任务思考

（1）测量电流时，如何选择万用表量程？如果改变量程，会造成什么影响？

（2）测量电压时，如何选择万用表量程？如果改变量程，会造成什么影响？

（3）如何正确使用万用表，测量电流、电压时有什么注意事项？

（4）如何分别测量 3 个灯泡的电压？

任务评价

对本学习任务进行评价，见表 2-1-3。

表 2-1-3 任务评价表

考核内容	考核标准	自我评价				小组评价			
		A	B	C	D	A	B	C	D
准备工作	1. 检查电源正常 2. 检查所用材料正常 3. 检查所用工具正常								
连接电路	1. 正确连接电路 2. 电路正常工作								
连接万用表	1. 校对万用表 2. 切断电源及开关 3. 正确接入万用表								
读取数据	正确读出所测点电流值								
清洁整理	1. 清洁整理工具复位 2. 清洁整理材料复位 3. 关闭或切断电源 4. 清洁整理工位复位								
安全工作	1. 实验过程无人员受伤事故 2. 实验过程无损坏事故								
协调性	整个过程连贯、协调								
综合评价	自我评价		等级		签名				
	小组评价		等级		签名				
教师评价	签名： 日期：								

任务 2 安装简单直流电路

知识目标

（1）掌握欧姆定律和基尔霍夫定律。

（2）理解电阻的串、并、混联。

能力目标

熟练运用基本定理对简单电路进行分析和检测。

任务分析

电路中某些用电设备不正常工作，排除用电设备本身故障外，要对电路进行分析、检测和维修。本次任务就是运用基本定理对简单电路进行分析和检测。

知识准备

一、电阻的串、并、混联

1．电阻的串联

1）电路

电阻的串联电路如图 2-2-1 所示。将两个或两个以上电阻首尾依次相连组成，并且无支路，即为电阻的串联。电阻串联在电路中起到限流分压的作用。

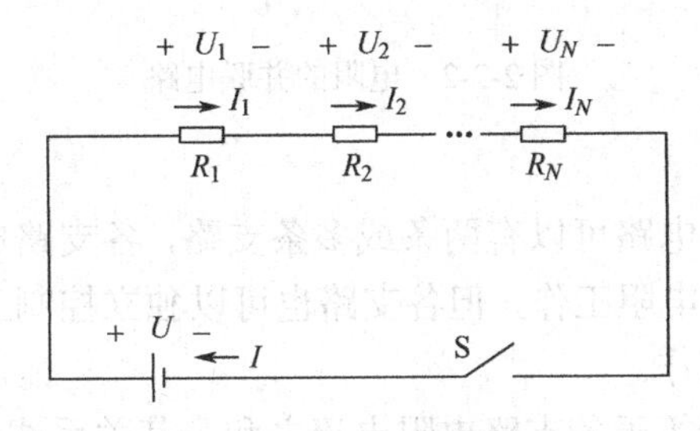

图 2-2-1　电阻的串联电路

2）特点

（1）电流关系：流经各个电阻的电流相等，关系式为

$$I=I_1=I_2=\cdots=I_N$$

（2）电压关系：串联电阻各电阻两端的电压之和等于总电路两端电压，关系式为

$$U=U_1+U_2+\cdots+U_N$$

各串联电阻在电路中起分压作用，各电阻的分电压与电阻值大小成正比，关系式为

$$U_1:U_2:\cdots:U_N=R_1:R_2:\cdots:R_N$$

（3）电功率、电功关系：串联之后各个电阻的电功率、电功与电阻值大小成正比，关系式为

$$P_1:P_2:\cdots:P_N=W_1:W_2:\cdots:W_N=R_1:R_2:\cdots R_N$$

3）应用

电路中使用电阻串联，可以起到对电路的保护作用，防止某个电阻短路时造成电流过大。在调速电路中串联多个电阻，可以对电流进行控制和调节，从而起到调速作用。同时，串联电阻的电路可以增加电路对电压的承载能力。电阻串联在电路中起到限流分压的作用。

但是在电阻串联的电路中，只要有某一个电阻断开，整个电路就成为断路，即所有串联的电阻都不能正常工作。

2．电阻的并联

1）电路

电阻的并联电路如图 2-2-2 所示。将两个或两个以上电阻采用首首相接，同时尾尾也相连的连接方式连接起来，构成多个支路，即为电阻的并联。电阻并联可使电路中总电阻减小，从而使总电流变大，同时还可以分流，使原来电路电流分流，减小支路电流。

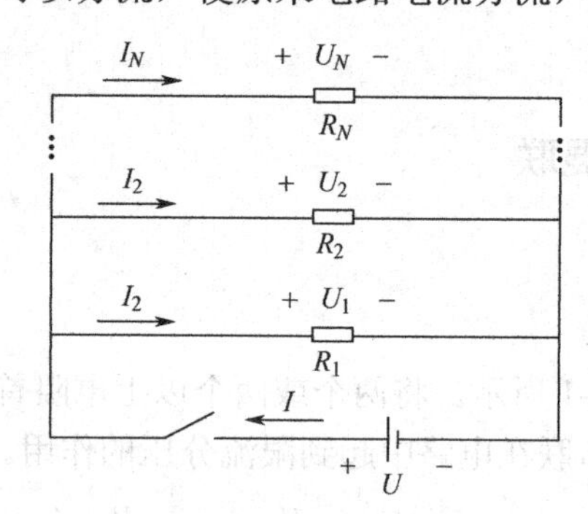

图 2-2-2　电阻的并联电路

2）特点

在电阻的并联电路中，电路可以有两条或多条支路，各支路电阻可以独立工作，互不影响。主干电路可以控制所有电阻工作，但各支路也可以独立控制工作。一个支路电阻断开工作，不影响其他支路电阻工作。

（1）电流关系：总电流等于各支路电阻电流之和，其关系式为

$$I=I_1+I_2+\cdots+I_N$$

电流的分配跟电阻成反比，其关系式为

$$I_1:I_2:\cdots:I_N=\frac{1}{R_1}:\frac{1}{R_2}:\cdots:\frac{1}{R_N}。$$

（2）电压关系：各电阻电压都相等，其关系式为

$$U=U_1=U_2=\cdots=U_N$$

（3）总电阻：总电阻的阻值倒数等于各支路电阻阻值的倒数之和，其关系式为

$$\frac{1}{R}=\frac{1}{R_1}+\frac{1}{R_2}+\cdots+\frac{1}{R_N}$$

3）应用

民用照明灯泡都是并联接到 220V 额定电压的电源上，因此每只灯泡所承受的电压均为 220V，而外电路的总电流则是流过所有灯泡的电流之和。这样各个电阻可以独立工作，如果一个电阻断开，其他电阻不受影响。但如果一个电阻短路，整个电路都被短路，此时电流很大，应尽量避免。

3．电阻的混联

1）电路

电阻的混联电路如图 2-2-3 所示。在此电路中既有电阻串联也有电阻并联，即为电阻的混联。

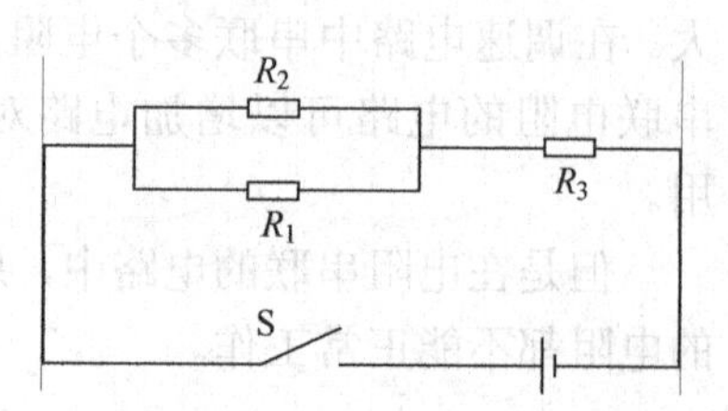

图 2-2-3　电阻的混联电路

2）特点

电阻的混联主要特点就是串联分压、并联分流。

3）应用

可以单独使某个电阻工作或不工作，但如果干路上有一个电阻损坏或断路会导致整个电阻电路无效。

二、欧姆定律

1. 定律

欧姆定律可以简述为在同一电路中，导体中的电流跟导体两端的电压成正比，跟导体的电阻成反比。

2. 关系式

欧姆定律的标准式为

$$I=\frac{U}{R}$$

式中 I——电流，单位是 A；

U——电压，单位是 V；

R——电阻，单位是 Ω。

3. 适用范围

欧姆定律适用于纯电阻电路、金属导电电路和电解液导电电路。在气体导电和半导体元件等电路中欧姆定律将不适用。

4. 应用举例

例 1：如图 2-2-4 所示，开关 S 闭合后，电压表 V 的示数为 6 V，电压表 V_2 的示数为 3.6 V，R_2 的电阻为 6Ω。

求：（1）R_1 两端的电压 U_1；（2）通过 R_2 中的电流 I_2；（3）R_1 的电阻值。

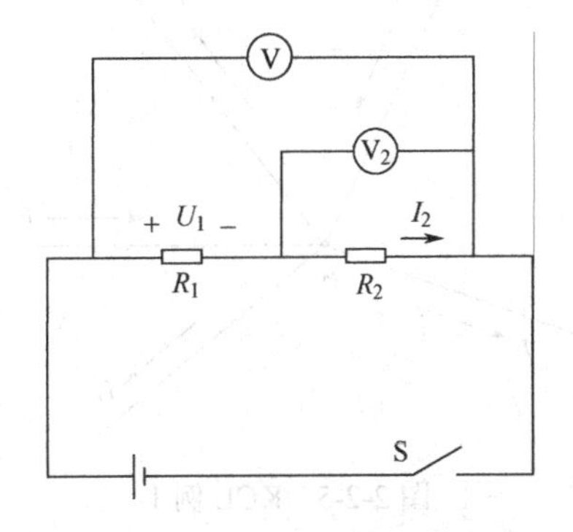

图 2-2-4 欧姆定律举例电路

思路导航：图 2-2-4 中，R_1、R_2 串联，电压表 V 测得的是电源电压，这里也就是 R_1、R_2 两端的总电压 U，电压表 V_2 测得的是 R_2 两端的电压 U_2，根据串联电路电压的特点，$U=U_1+U_2$，所以 $U_1=U-U_2$ 可求出 R_1 两端的电压；根据欧姆定律 $I_2=U_2/R_2$，代入 U_2、R_2 数值，可求出 R_2 中的电流；根据串联电路的电流特点 $I_1=I_2$ 和已经求出的 R_2 两端的电压，根据

$R_1=U_1/I_1$，可求出 R_1 电阻的值。

解：∵R_1、R_2 串联，∴$U=U_1+U_2$，$I_1=I_2$。

$U_1=U-U_2==2.4\text{V}$；

$I_2=U_2/R_2==0.6\text{A}$；

$I_1=I_2=0.6\text{A}$；

$R_1=U_1/I_1=4\Omega$。

三、基尔霍夫定律

基尔霍夫定律是电路理论中最基本也是最重要的定律之一，它概括了电路中电流和电压分别遵循的基本规律，它包括基尔霍夫电流定律和基尔霍夫电压定律。

1．基尔霍夫电流定律（简称 KCL）

1）定律

在任一瞬时，流入某一节点的电流之和恒等于由该节点流出的电流之和，其表达式为

$$\Sigma I_{\text{流入}}=\Sigma I_{\text{流出}}$$

移项得

$$\Sigma I_{\text{流入}}-\Sigma I_{\text{流出}}=0$$

若规定流入节点的电流为正，流出节点的电流为负，则可得出下面的结论：

$$\Sigma I=0$$

即在任一时刻，连接在电路中任一节点上的各支路电流代数和等于零。

2）举例

例 1：如图 2-2-5 中，已知 $I_1=2\text{A}$，$I_3=-5\text{A}$，$I_4=1\text{A}$，$I_5=-1\text{A}$，计算 I_2。

解：由 KCL 可知，$\Sigma I_{\text{流入}}=\Sigma I_{\text{流出}}$；

在本例中，$I_1+I_3=I_2+I_4+I_5$；

∴由 $I_2=I_1+I_3-I_4-I_5$，经计算得 $I_2=-3\text{A}$。

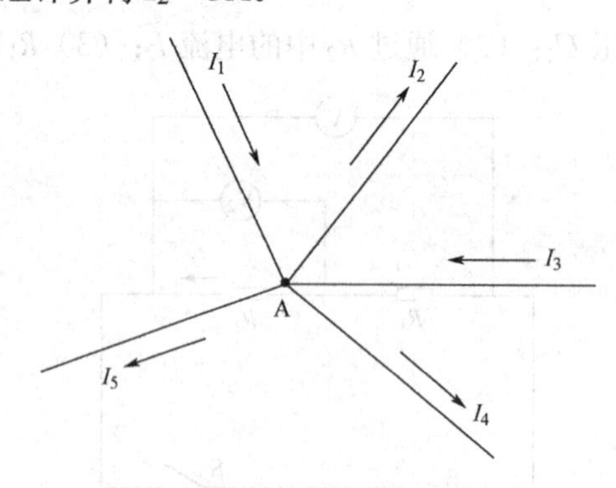

图 2-2-5　KCL 例 1

例 2：如图 2-2-6 所示电桥电路，已知 $I_1=25\text{mA}$，$I_3=16\text{mA}$，$I_4=12\text{mA}$，试求其余电阻中的电流 I_2、I_5、I_6。

解：节点 a 的 KCL 方程为 $I_1=I_2+I_3$，则 $I_2=I_1-I_3=25-16=9\text{mA}$；

节点 d 的 KCL 方程为 $I_1=I_4+I_5$，则 $I_5=I_1-I_4=25-12=13\text{mA}$；

节点 b 的 KCL 方程为 $I_2=I_6+I_5$，则 $I_6=I_2-I_5=9-13=-4\text{mA}$。

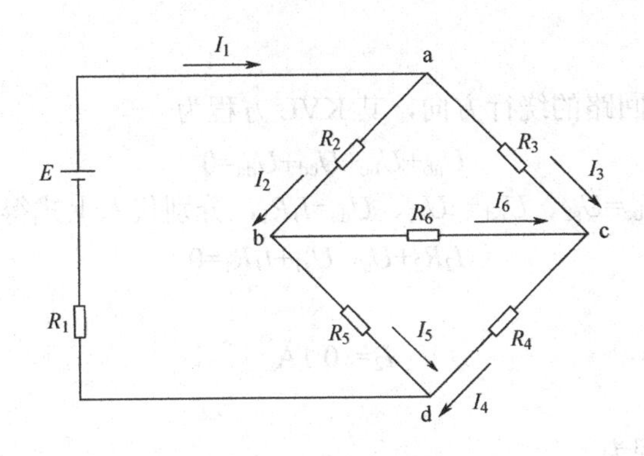

图 2-2-6　KCL 例 2

3）注意事项

应用基尔霍夫电流定律时，必须首先假设电流的参考方向。例 1 中，I_2和I_3电流为负值，说明该电流实际方向与假设的参考方向相反。例 2 中，I_2和I_5电流均为正数，表明它们的实际方向与图 2-2-6 中所标定的参考方向相同。

2. 基尔霍夫电压定律（简称 KVL）

1）定律

在任意回路中，从一点出发绕回路一周回到该点时，各段电压（电压降）的代数和等于零，其表达式为

$$\Sigma U=0$$

2）方法

列回路电压方程的方法：任意选定未知电流的参考方向；任意选定回路的绕行方向；确定电阻、电压的正、负（若绕行方向与电流参考方向相同，电阻电压取正值；反之取负值）；确定电源电动势正、负（若绕行方向与电动势方向（电压升）相反，电动势取正值；反之取负值）。

因此，可以得出下面的结论：

$$\Sigma E=\Sigma IR$$

其中，E 为电压升。

3）举例

例 1：如图 2-2-7 所示，已知 I_1=1A，U_{S1}=24V，U_{S2}=12V，R_1=10Ω，R_2=20Ω，试计算 I_2、I_3、R_3 的值。

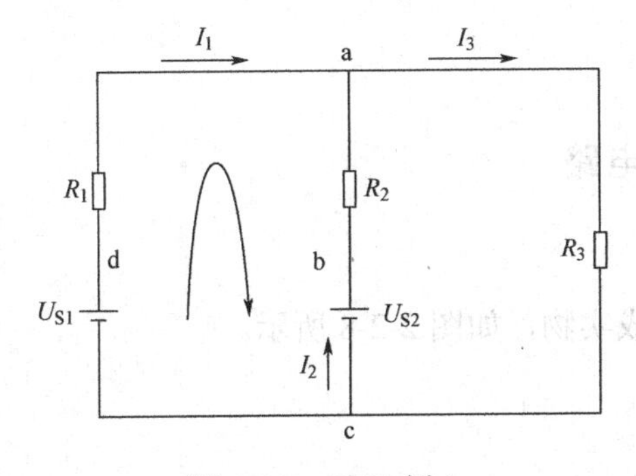

图 2-2-7　KVL 例 1

解：① 计算 I_2。

选顺时针为 abcda 回路的绕行方向，其 KVL 方程为

$$U_{ab}+U_{bc}+U_{cd}+U_{da}=0$$

由于 $U_{ab}=-I_2R_2$、$U_{bc}=U_{s2}$、$U_{cd}=-U_{s1}$、$U_{da}=I_1R_1$，分别代入上式得

$$-I_2R_2+U_{s2}-U_{s1}+I_1R_1=0$$

解得

$$I_2=-0.1\text{A}$$

② 计算 I_3

节点 a 的 KCL 方程为

$$I_1+I_2=I_3 \qquad I_3=0.9\text{A}$$

③ 计算 R_3。

选顺时针为 acba 回路的绕行方向，其 KVL 方程为

$$I_3R_3-U_{S2}+I_2R_2=0$$

解得

$$R_3\approx 16\Omega$$

3. 用基尔霍夫定律解题的一般步骤

（1）标出各支路的电流方向和网孔电压的绕向。

（2）用基尔霍夫电流定律列出节点电流方程式。若电路有 m 个节点，只要列出任意（$m-1$）个独立节点的电流方程）。

（3）用基尔霍夫电压定律列出网孔的回路电压方程，n 条支路列 $n-(m-1)$ 个方程。

（4）联立方程求解支路的电流，n 条支路列 n 个方程。

（5）确定各支路电流的实际方向。

任务实施

一、任务准备

（1）设备：电工试验台 1 张；蓄电池（或 12V 稳压电源、干电池组）1 个。

（2）材料：12V 灯泡 3 只；闸刀开关 1 个；1.5mm^2 导线 10m；绝缘胶布 1 卷。

（3）工具：十字螺丝刀 1 把；一字螺丝刀 1 把；剥线钳 1 把；尖嘴钳 1 把；万用表：1 个。

（4）检查校对量具。

二、分析简单直流电路

1. 串联电路分析

（1）按照电路图连接成实物，如图 2-2-8 所示。

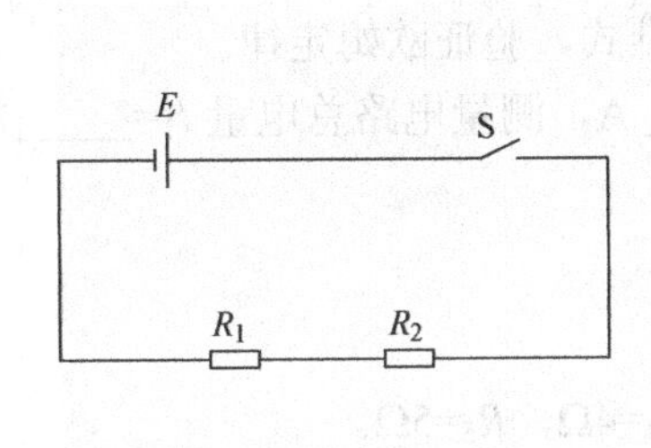

（a）电路图

（b）接线图

图 2-2-8 串联电路分析图

（2）测量相应物理量，填写表 2-2-1。

表 2-2-1 串联电路测量分析

测量物理量	测量值（V）	结论	测量物理量	测量值（A）	结论	测量物理量	测量值（Ω）	结论
测量 R_1、R_2 总电压 U_{12}			测量 R_1、R_2 总电流 I_{12}			测量 R_1、R_2 总电阻 R_{12}		
测量 R_1 电压 U_1			测量 R_1 电流 I_1			测量 R_1 电阻		
测量 R_2 电压 U_2			测量 R_2 电流 I_2			测量 R_2 电阻		

利用表 2-2-1 所测数据，代入欧姆定律标准式，验证欧姆定律。

$U_{总}$=______V，$R_{总}$=______Ω，计算 $I_{总}$=______A，测量电路总电量 $I_{总}$=_____A。

2．并联电路分析

（1）按照电路图连接成实物，如图 2-2-9 所示。

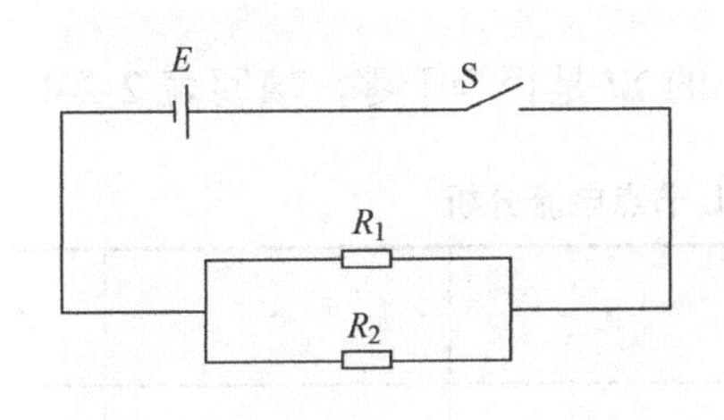

（a）电路图

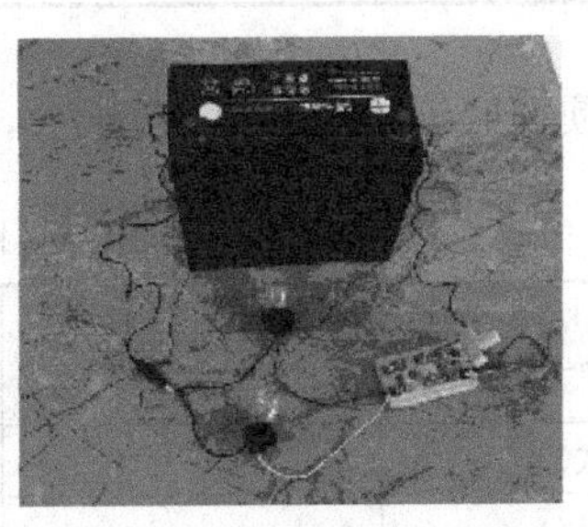

（b）接线图

图 2-2-9 并联电路的分析

（2）测量相应物理量，填写表 2-2-2。

表 2-2-2 并联电路测量分析

测量物理量	测量值（V）	结论	测量物理量	测量值（A）	结论	测量物理量	测量值（Ω）	结论
电源电压 U_{12}			R_1、R_2 总电流 I_{12}			R_1、R_2 总电阻 R_{12}		
R_1 电压 U_1			R_1 电流 I_1			电阻 R_1		
R_2 电压 U_2			R_2 电流 I_2			电阻 R_2		

利用表 2-2-2 所测数据，代入欧姆定律标准式，验证欧姆定律。

U_1=______V，R_1=______Ω，计算 I_1=_____A，测量电路总电量 I_1=_____A。

三、验证基尔霍夫定律

电路如图 2-2-10 所示。

已知 E=12V，R_1=1Ω，R_2=2Ω，R_3=3Ω，R_4=4Ω，R_5=5Ω。

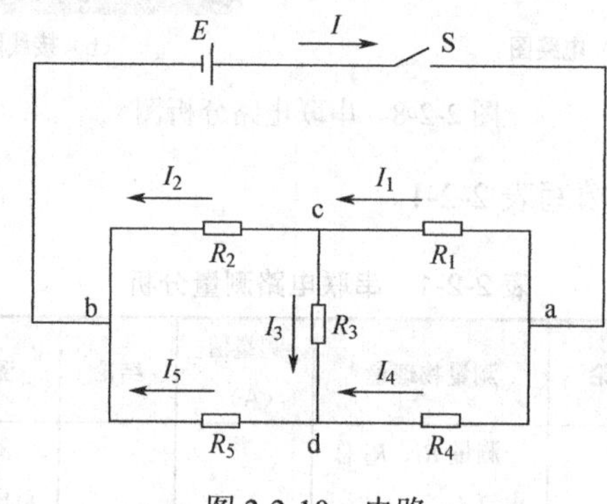

图 2-2-10　电路

1．验证基尔霍夫电流定律（KCL）。

（1）测量各条支路电流，注意电流表量程及支路电流流向，填写表 2-2-3。

表 2-2-3　KCL 支路电流分析表

支路电流	I	I_1	I_2	I_3	I_4	I_5
计算值						
测量值						

（2）通过实验验证 4 个节点 a、b、c、d 的 ΣI 是否等于零，填写表 2-2-4。

表 2-2-4　KCL 节点电流分析

相加 / 节点	a	b	c	d
ΣI（公式）				
ΣI（测量值）				
误差 ΔI				

2．验证基尔霍夫电压定律（KVL）。

（1）测量各条支路电压及总电压，注意电压表量程及电压方向，填写表 2-2-5。

表 2-2-5　KVL 支路电压分析

支路电压	U_{ad}	U_{ac}	U_{dc}	U_{db}	U_{cb}	E
计算值						
测量值						

（2）通过实验验证 4 个节点 a、b、c、d 的回路 ΣU 是否等于零，并填写表 2-2-6。

表 2-2-6　KVL 回路电压分析

相加 回路	acd	cbd	acbd	E_+acbE_-
ΣU（公式）				
ΣU（测量计算值）				
误差 ΔU				

任务评价

对本学习任务进行评价，见表 2-2-7。

表 2-2-7　任务评价表

考核内容	考核标准	自我评价				小组评价			
		A	B	C	D	A	B	C	D
设备检查	1. 检查设备的好坏 2. 检查工具正常 3. 校准量具								
操作规范	1. 制作过程中注重环保、节约耗材 2. 遵守安全操作规范								
电路分析	1. 能画出集成稳压电路图，并描述其工作原理 2. 能根据原理图连接实际电路 3. 能正确使用万用表测量物理量								
定律运用	会验证所学定律，并能正确计算								
清洁整理	1. 清洁整理工具复位 2. 清洁整理材料复位 3. 关闭或切断电源 4. 清洁整理工位复位								
安全工作	1. 实验过程无人员受伤事故 2. 实验过程无损坏事故								
综合评价	自我评价		等级		签名				
	小组评价		等级		签名				
教师评价	签名： 日期：								

知识拓展

一、电压源与电流源

1．电压源

1）定义

电压源即理想电压源，如图 2-2-11 所示，是从实际电源抽象出来的一种模型，在其两端总能保持一定的电压而不受流过的电流多少的影响。也就是说，电源电压 U 恒等于电动势 E，是一定值，而其中的电流 I 是任意的，由负载电阻 R_L 及电源电压 U 本身确定，这样的电源称为理想电压源或恒压源。电压源是一个理想元件，因为它能为外电路提供一定的能量，所以又称为有源元件。

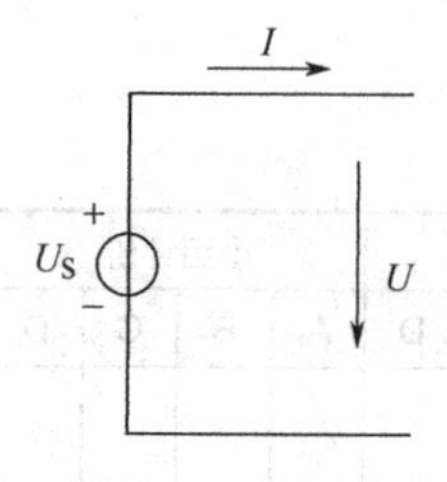

图 2-2-11　电压源模型

电压源的基本性质：它的端电压定值 U 与流过的电流无关；电压源自身电压是确定的，而流过它的电流是任意的。

2）特点

（1）理想电压源端电压固定不变，与外电路无关。

（2）通过理想电压源的电流取决于它所联结的外电路。实际电压源的端电压随电流的变化而变化，因为它有内阻。

（3）也可理解内阻为 0Ω，输出的电压是一定值，恒等于电动势。

3）电压源的应用

电流从电压源的低电位流向高电位，外力克服电场力移动正电荷做功；电压源发出功率起电源作用。反之，吸收功率，起负载作用。如果给蓄电池充电时，它就成为一个负载。

常见的电压源有干电池、蓄电池、发电机等。

2．电流源

1）定义

电流源即理想电流源，如图 2-2-12 所示，是从实际电源抽象出来的一种模型，电源电流 I 恒等于电流 I_s 是一定值，而其两端的电压 U 则是任意的，由负载电阻 R_L 及电流 I_s 本身确定，这样的电源称为理想电流源或恒流源。电流源具有直流电阻小而交流电阻大的特点，在集成电路中作为负载使用，称为有源负载。

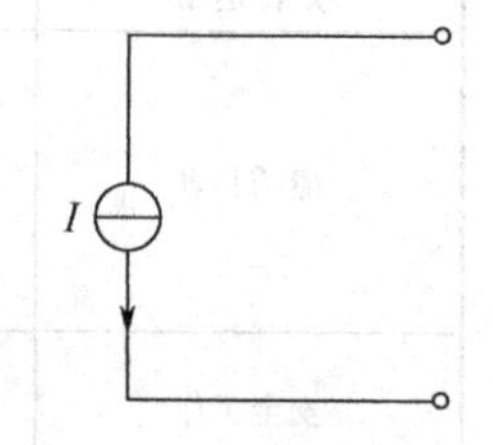

图 2-2-12　电流源模型

电流源的基本性质：它提供的电流是定值 I 与两端的电压无关；电流源自身电流是确定的，而它两端的电压是任意的。

2）特点

（1）输出的电流恒定不变。

（2）直流等效电阻很小。

（3）交流等效电阻无穷大。

3）电流源的应用

电流源纯粹是电路理论中虚拟出来的东西，引入电流源的概念是为了理论分析的需要。对于固定电流源，通常用作充电器的主要组成部分。多数有源器件，包括晶体三级管、场效

应管、电子三极管和多极管，在电路分析时通常等效为一个可控电流源。

3. 电压源与电流源的相互等效变换

电流源与电压源是可以等效转换的，一个电流源与电阻并联可以等效成一个电压源与电阻串联，如图 2-2-13 所示。但是，理想电压源和理想电流源不能互相等效。

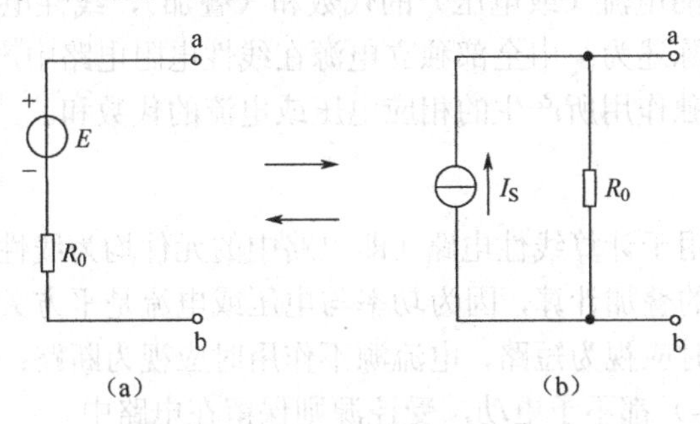

图 2-2-13 电压源与电流源的等效变换

一个电压源与一个电流源对同一个负载如果能提供等值的电压、电流和功率，则这两个电源对此负载是等效的。换言之，即如果两个电源的外特性相同，则对任何外电路它们都是等效的。具有等效条件的电源互为等效电源。在电路中用等效电源互相置换后，不影响外电路的工作状态。两个电路等效必须使两个电路的对外电特性相同。

二、戴维南定理

1. 定理

一个含有独立电压源、独立电流源及电阻的线性网络的两端，就其外部形态而言，在电性上可以用一个独立电压源 V 和一个松弛二端网络的串联电阻组合来等效，如图 2-2-14 所示。在单频交流系统中，此定理不仅只适用于电阻，也适用于广义的阻抗。

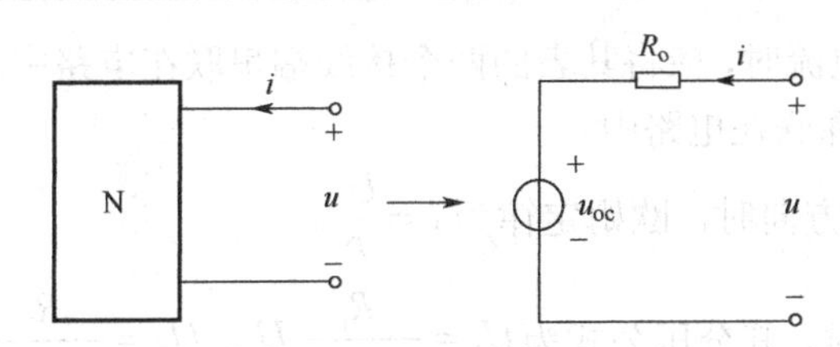

图 2-2-14 戴维南定理

2. 注意事项

（1）戴维南定理只对外电路等效，对内电路不等效。也就是说，不可应用该定理求出等效电源电动势和内阻之后，又返回来求原电路（即有源二端网络内部电路）的电流和功率。

（2）应用戴维南定理进行分析和计算时，如果待求支路后的有源二端网络仍为复杂电路，可再次运用戴维南定理，直至成为简单电路。

（3）戴维南定理只适用于线性的有源二端网络。如果有源二端网络中含有非线性元件时，则不能应用戴维南定理求解。

（4）戴维南定理和诺顿定理的适当选取将会大大化简电路。

三、叠加定理

1. 定理

在线性电路中，任一支路的电流（或电压）可以看成电路中每一个独立电源单独作用于电路时，在该支路产生的电流（或电压）的代数和（叠加），线性电路的这种叠加性称为叠加定理。叠加定理可以陈述为：由全部独立电源在线性电阻电路中产生的任一电压或电流，等于每一个独立电源单独作用所产生的相应电压或电流的代数和。

2. 注意事项

（1）叠加定理只能用于计算线性电路（即电路中的元件均为线性元件）的支路电流或电压（不能直接进行功率的叠加计算，因为功率与电压或电流是平方关系，而不是线性关系）。

（2）电压源不作用时应视为短路，电流源不作用时应视为断路；电路中的所有线性元件（包括电阻、电感和电容）都不予更动，受控源则保留在电路中。

（3）叠加时要注意电流或电压的参考方向，正确选取各分量的正、负号。

项目总结

（1）电路有通路、开路和短路三种工作状态。

（2）直流电路中的基本物理量见表 2-2-8。

表 2-2-8 直流电路中的基本物理量

物理量	单位	单位换算	物理量	单位	单位换算
I	A	$1A=10^3\ mA=10^6\mu A$	P	W	
U	V	$1V=10^3mV=10^6\mu V$，$1kV=10^3V$	W	J	$1kW\cdot h=3.6\times10^6J$
E	V		R	Ω	

（3）用电流表测量电流时，应将其表的两个接线端串联在电路中；用电压表测量电压时，应将其表的两个接线端并联在电路中。

（4）U、I 关联参考方向时，欧姆定律为 $I=\dfrac{U}{R}$。

（5）两个电阻串联时，其分压公式为 $U_1=\dfrac{R_1}{R_1+R_2}U$，$U_2=\dfrac{R_2}{R_1+R_2}U$；两个电阻并联时，其分流公式为 $I_1=\dfrac{R_2}{R_1+R_2}I$，$I_2=\dfrac{R_1}{R_1+R_2}I$。

（6）KCL 方程：$\Sigma I_{流入}=\Sigma I_{流出}$；KVL 方程：$\Sigma U=0$。

思考与练习题

一、判断题

1.（　　）在分析电路中可先任意设定电压的参考方向，再根据计算所得值的正、负来

确定电压的实际方向。

2.（　　）在用基尔霍夫电流定律列节点电流方程式时，若解出的电流为负，则表示实际电流方向与假定的电流正方向相反。

3.（　　）全电路欧姆定律是指在全电路中电流与电源的电动势成正比，与整个电路的内外电阻之和成反比。

4.（　　）基尔霍夫电压定律表明流过任意节点的瞬间电流的代数和为零。

二、选择题

1. 如果所测直流电路中某处的电流值为 0A，则可说明此处所在电路为（　　）状态。

A．断路　　B．短路　　C．通路　　D．以上答案都不对

2. 如果所测直流电路中用电器两端的电压值都为 0V，则可说明此用电器所在电路为（　　）状态。

A．断路　　B．短路　　C．通路　　D．以上答案都不对

3. 造成电路中熔断丝极易烧断的物理量可能是（　　）。

A．电势　　B．电能　　C．电流　　D．电压

4. 在一个简单的电路中，我们要想保护电源免受短路的损坏，可以采用（　　）方式来解决这个问题。

A．并联一个电阻　B．串联一个电阻　C．混联一个电阻　D．增加一个电源

5. 电阻 R_1 与电阻 R_2 并联后得到一个总电阻 R，它们的关系是（　　）。

A．$R<R_1<R_2$　　B．$R_1>R_2>R$　　C．$R_1<R<R_2$　　D．$R_1>R$，$R_2>R$

三、简答题

1. 已知电阻 R_1=5Ω，R_2=3Ω，R_3=1Ω，将它们串联在一起后得到的总电阻是多少？并联在一起后得到的总电阻是多少？

2. 测量电流时，如何选择万用表量程？如果改变量程，会造成什么影响？

3. 测量电压时，如何选择万用表量程？如果改变量程，会造成什么影响？

4. 如何正确使用万用表，测量电流、电压时有什么注意事项？

项目3 安装照明电路

项目目标

知识目标

（1）了解正弦交流电的产生，理解正弦交流电的三要素及表示方法，理解三相负载的连接及电路功率计算方法。

（2）了解变压器铭牌中型号和额定值的含义，掌握额定值的简单计算；理解变压器的工作原理、变压比、变流比及功率的计算；理解几种常用典型变压器的工作原理及应用。

（3）了解白炽灯的结构、优缺点及适用安装场所。

（4）掌握照明灯具、插座及白炽灯的安装规程。

（5）理解电阻元件的电压与电流关系，了解有功功率。

（6）理解电感元件的电压与电流关系，了解感抗、有功功率和无功功率。

（7）理解电容元件的电压与电流关系，了解容抗、有功功率和无功功率。

（8）理解 RL 串联电路的阻抗概念，理解电压三角形、阻抗三角形和功率三角形的概念。

（9）了解荧光灯照明电路的组成及各部件的结构和作用。

（10）理解荧光灯照明电路的工作原理和电路分析。

能力目标

（1）能够熟练使用电工常用工具和仪器仪表。

（2）掌握单相交流电压和三相交流电压的测量方法。

（3）掌握小型电源变压器的检测方法，掌握变压器同名端的判别。

（4）能够检验灯具及其他材料的质量与安全性能。

（5）会绘制简单照明控制电路电气原理图。

（6）能够按要求对简单照明电气线路进行设计、安装和检修。

素质目标

养成安全操作的习惯，培养动手能力及协作精神 。

项目描述

电的出现让人类的生产力得到一次飞跃，而白炽灯的出现也开创了人类用电来照明的历史。照明用电是人们生活、工厂企业最为基本的电力需求，照明质量的好坏对人们生活质量

基本保障、生产安全、劳动生产率、产品质量和劳动卫生都有着直接关系。本项目主要介绍交流电和变压器的相关知识，绘制并安装白炽灯和荧光灯电气电路。

任务 1 认识正弦交流电

任务目标

知识目标

（1）了解电磁感应现象及右手螺旋定则。
（2）了解正弦交流电的产生。
（3）理解正弦交流电的三要素及表示方法。
（4）理解三相负载的连接及电路功率计算方法。

能力目标

（1）掌握单相交流电压、电流的测量方法。
（2）掌握三相交流电压的测量方法。

任务分析

宿舍突然停电，一片漆黑，几位同学坐下讨论，想探究："电"从哪里来？家居照明用的"电"如何产生？有什么特点？如何测量？

知识准备

一、交流电的概念

交流电简称 AC，是其大小和方向随时间做周期性变化的电流，称为交变电流，简称交流电。交流电常见的有家庭电路中的正弦交流电、示波器的扫描电压锯齿波、电子计算机中的矩形脉冲、激光通信中的尖脉冲等，如图 3-1-1 所示。我们在这里着重讨论正弦交流电。

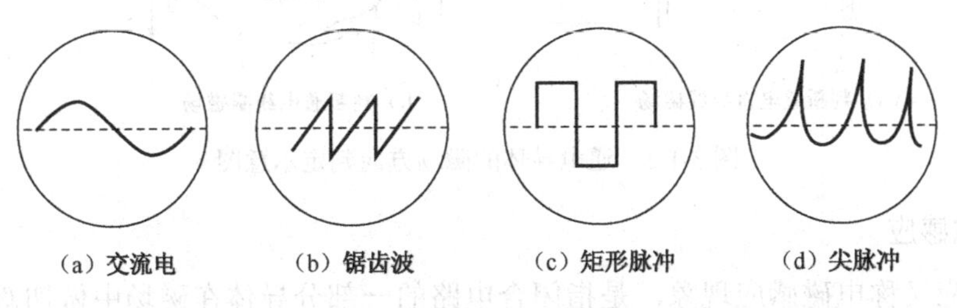

图 3-1-1 交流电的波形

二、正弦交流电的产生

1. 磁场的概念

把物体具有吸引铁、镍、钴等物质的性质称为磁性，具有磁性的物质称为磁体。磁体两端具有最强磁性的称为磁极，两个磁极分别为南（S）极和北（N）极。磁极之间存在相互的作用力，具有同名磁极相互排斥，异名磁极相互吸引的特性。磁体周围空间存在磁场，通常用磁力线来表示磁场的规律，如图 3-1-2 所示。

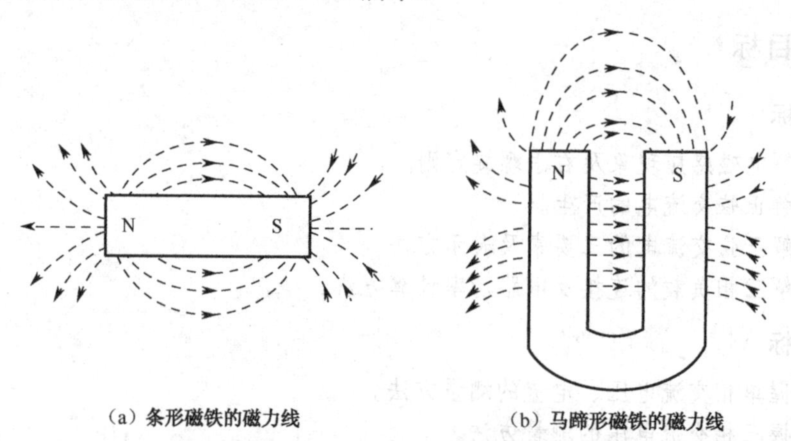

（a）条形磁铁的磁力线　（b）马蹄形磁铁的磁力线

图 3-1-2　磁场磁力线分布情况

2. 磁场的方向

实验发现，通电导体周围存在磁场，磁场方向与电流方向之间的关系用安培定则来判定，也称为右手螺旋定则。

通电直导体磁场方向的判定：右手握住导线，拇指指向电流方向，弯曲四指的指向即为磁力线方向，如图 3-1-3（a）所示。通电线圈磁场方向的判定：右手握住线圈，弯曲的四指指向电流方向，拇指的指向即为磁力线方向，如图 3-1-3（b）所示。

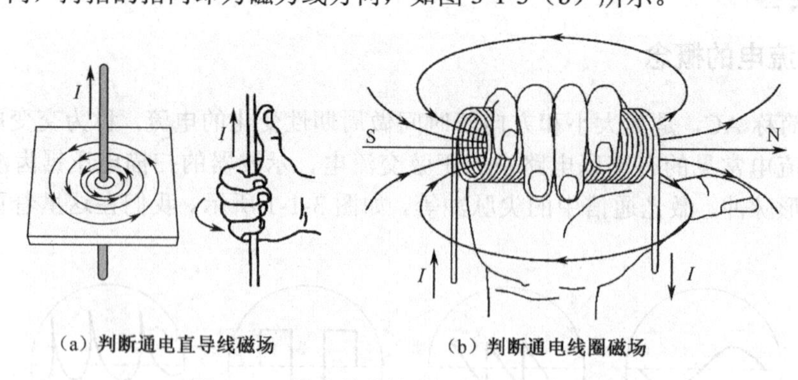

（a）判断通电直导线磁场　（b）判断通电线圈磁场

图 3-1-3　通电导体的磁场方向判定示意图

3. 电磁感应

电磁感应又称电磁感应现象，是指闭合电路的一部分导体在磁场中做切割磁感线运动时，导体中产生电流的现象。电磁感应所产生的电流称为感应电流，产生感应电流的电动势称为感应电动势。

4．自感和互感现象

1）自感现象

由线圈本身的电流发生变化而引起的电磁感应现象称为自感现象，简称自感。由自感产生的电动势称为自感电动势。

自感现象得到广泛应用，如家用照明日光灯电路中的镇流器，就是利用自感现象获得高电压来点燃灯管，并使日光灯稳定工作。

2）互感现象

电流变化引起邻近线圈（回路）中产生感应电动势的现象称为互感现象，简称互感。由互感产生的感应电动势称为互感电动势。

互感现象在电子技术中应用很广，通过互感可以实现能量或信号由一个线圈传递到另外一个线圈，如图 3-1-4 所示。利用互感现象原理可以制成变压器、感应圈等。

5．正弦交流电的产生原理

使闭合线圈在均匀磁场中绕垂直于磁场的轴匀速运动，在线圈中产生正弦交流电，如图 3-2-5 所示，为发电机构造简图。

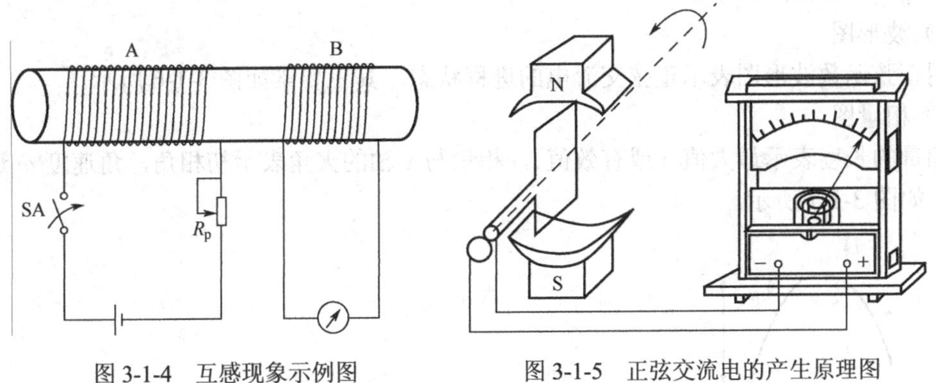

图 3-1-4　互感现象示例图　　图 3-1-5　正弦交流电的产生原理图

三、正弦交流电的表示方法

1．正弦交流电三要素

正弦交流电有最大值、角频率、初相角三要素。使用这三个物理量可表示正弦交流电的大小、快慢、先后等特性。

1）最大值

最大值又称为振幅，表示正弦交流电变化的幅度。交流电流最大值用 I_m 表示；交流电的有效值用 I 表示；交流电的瞬时值用 i 表示。

有效值与最大值的关系为

$$I=\frac{I_m}{\sqrt{2}}\approx 0.707I_m$$

2）角频率

角频率表示正弦交流电变化的快慢。角频率用 ω 表示，单位为 rad/s（弧度/秒）。1s 内交流电变化的次数称为频率，用 f 表示，单位为 Hz（赫兹）。正弦交流电完成一次周期性变化所需的时间称为周期，用 T 表示，单位为 s（秒）。

角频率、频率、周期之间的关系为

$$\omega=2\pi f=\frac{2\pi}{T} \qquad T=\frac{1}{f}$$

3）初相位

初相位又称为初相角，表示正弦交流电变化的起始状态，用 φ_0 表示，单位为弧度（或度），通常 $-\pi<\varphi_0\leqslant\pi$。

两个正弦交流电相位之差称为相位差，用 $\Delta\varphi_0$ 表示。

2．正弦交流电的表示方法

正弦交流电的表示方法通常有解析式、波形图及矢量图（向量图）三种。

1）解析式

通过三角函数式表示正弦交流电的进程状态，称为解析式表示法，即

$$i=I_{\mathrm{m}}\sin(\omega t+\varphi_0)$$

式中 I_{m}——最大值；

ω——角频率；

φ_0——初相位。

2）波形图

用正弦函数波形图表示正弦交流电的进程状态，其三要素如图 3-1-6 所示。

3）相量图

相量的长度表示最大值（或有效值），相量与 x 轴的夹角表示初相角，角速度 ω 逆时针旋转，如图 3-1-7 所示。

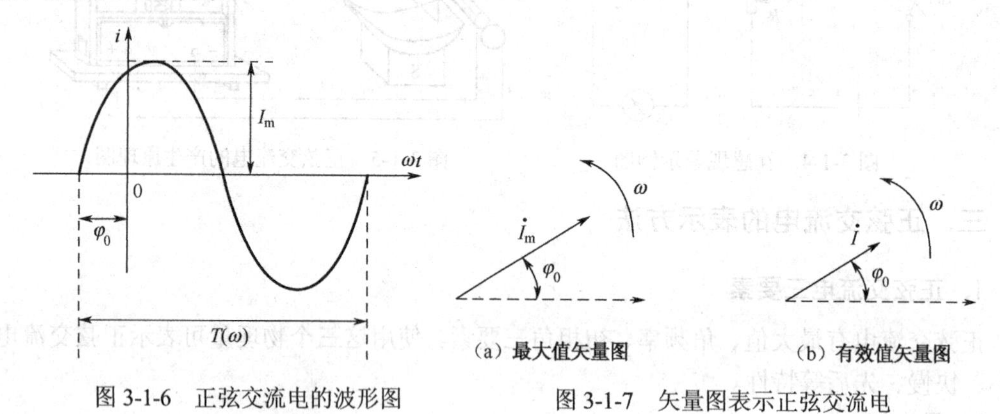

图 3-1-6 正弦交流电的波形图　　图 3-1-7 矢量图表示正弦交流电

四、单相交流电的测量

我国单相交流电的有效值是 220V，频率（工频）是 50Hz，解析式为

$$\mu=311\sin（314t+\varphi_0）$$

下面介绍使用较为广泛的指针式万用表、钳形电流表来进行单相交流电的相关测量。

1．用 MF47 万用表测量交流电压

（1）使用前准备：上好电池，插好表笔（“–”黑、“+”红），机械调零，将选择开关旋至交流电压档相应的量程进行测量。

（2）开始测量：将两表笔并在被测电压两端进行测量，如图 3-1-8（a）所示。交流电不分正、负。

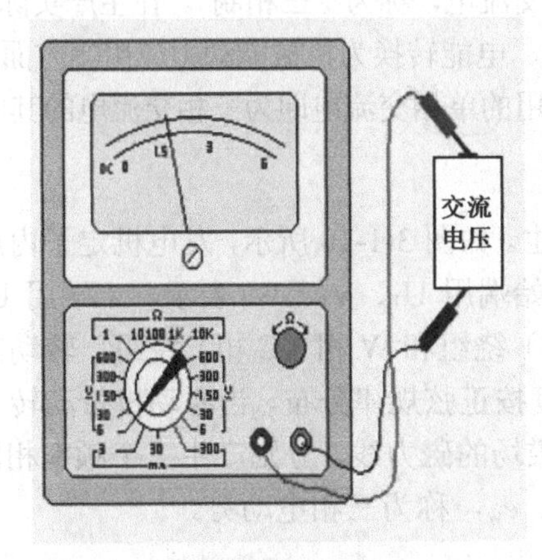

（a）测量接线图　　（b）测量读数

图 3-1-8　用 MF47 万用表测量交流电压

（3）读数：读数时要选择第二条刻度，并根据所选择的量程来选择刻度读数。如图 3-1-8（b）所示，交流电压的档位（量程）为 250V，此时的电压读数为 85V。

（4）挡位复位：测量结束应将挡位开关拨至 off 挡或交流电压最大挡处。

（5）注意：测量时人体不要接触表笔的金属部分。

2．用钳形电流表测量交流电流

钳形电流表按显示方式分有指针式和数字式，如图 3-1-9 所示。

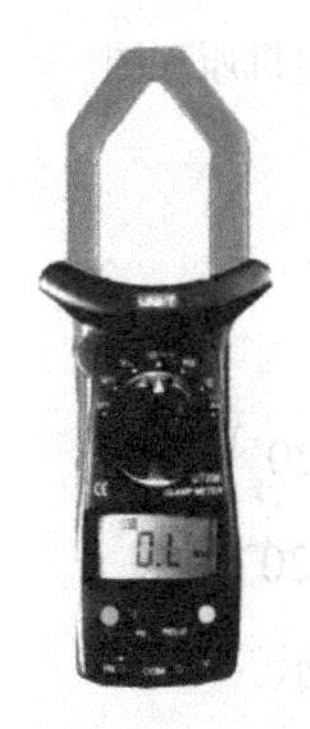

（a）数字式　　（b）指针式

图 3-1-9　钳形电流表

（1）使用前准备：进行机械调零，检查钳口的开合情况，估计被测电流的大小，选择合适的量程。

（2）开始测量：被测载流导线应放在钳口内的中心位置，以免误差增大。

（3）读数：当指针稳定，进行读数。电路电流=选择量程÷满刻度数×指针读数。

（4）挡位复位：测量完毕，钳形表不用时，应将量程选择开关旋至最高量程档 。

（5）注意：在带电线路上测量时，要十分小心，不要去测量无绝缘的导线。

五、三相交流电

目前，我国电能的产生和配送普遍采用三相交流电，称为“三相制”。在生产实际中，三相交流电在产生容量、发电机制造成本、工作性能、电能转换为机械能动力应用等方面较单相交流电具有明显的优越性，获得广泛应用。日常使用的单相交流电即为三相交流电的其中一相。

1. 三相交流电的产生

三相交流电动势由三相正弦交流发电机产生。如图 3-1-10 所示，发电机定子内放置结构相同、空间位置上彼此相差 120°的三对绕组，始端用 U_1、V_1、W_1 表示，末端用 U_2、V_2、W_2 表示，称为 U 相（A 相）绕组、V 相（B 相）绕组和 W 相（C 相）绕组。转动的磁极是转子，通过选择极面，使转子表面的磁感应强度按正弦规律分布。当原动机带动转子按顺时针方向做匀速转动时，各相绕组相对切割转子磁场的磁力线，分别产生三个频率相同、振幅相等、相位互差 120°的正弦交流电动势 e_U、e_V、e_W，称为三相电动势。

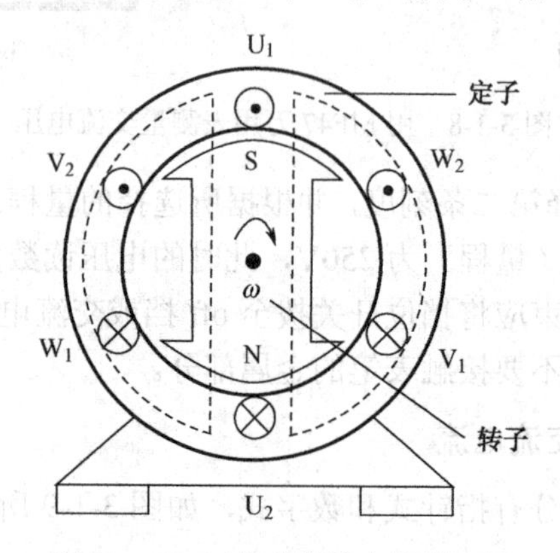

图 3-1-10　三相交流发电机原理图

2. 三相交流电的表示方法

三相交流电动势的瞬时表达式为

$$e_U = E_m \sin \omega t$$
$$e_V = E_m \sin(\omega t - 120^\circ)$$
$$e_W = E_m \sin(\omega t + 120^\circ)$$

三相交流电动势波形图和矢量图如图 3-1-11 所示。

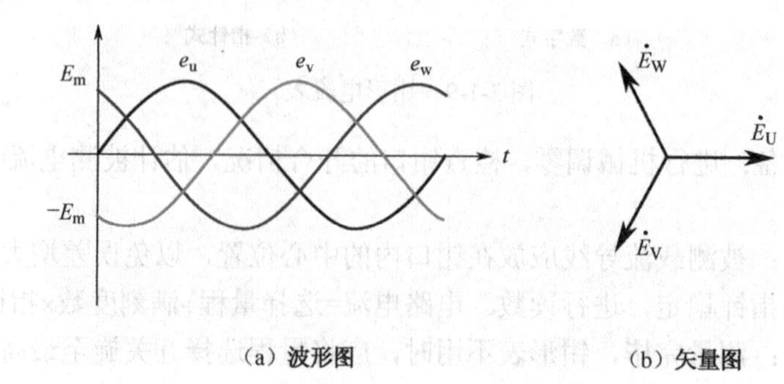

（a）波形图　（b）矢量图

图 3-1-11　三相交流电动势波形图和矢量图

3．三相电源绕组的联结方式

在实际应用中，须将三相电源的绕组进行连接，使其输送电压满足负载的额定电压要求。常用的联结方式有星形（Y）和三角形（△）两种。

1）星形联结

（1）联结及输电线命名。

如图 3-1-12 所示为三相电源绕组的Y联结。该方法将三相绕组的末端 U_2、V_2、W_2 连接成一点，始端 U_1、V_1、W_1 分别引出输电线。

中性点：末端连接成的一点称为中性点，简称中点，记为 N。

相线（端线或火线）：由始端 U_1、V_1、W_1 引出的输电线。

中性线（中线或零线）：由中性点引出的输电线。

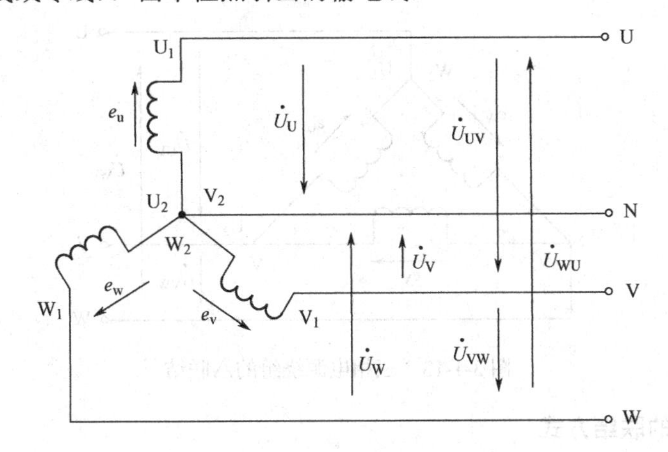

图 3-1-12 三相电源绕组的Y联结

（2）输电线线束颜色。

三根相线和一根零线组成“三相四线制”供电配送方式，工程上常用的线束颜色见表 3-1-1。

表 3-1-1 输电线对应的线束颜色表

输电线	线束颜色
A（U）	黄
B（V）	绿
C（W）	红
中性线（零线）	蓝
地线	黄绿

（3）相电压和线电压。

相电压为每相绕组间的电压，即相线与零线间的电压称为相电压。规定参考方向从始端指向末端，如图 3-1-12 的 $\dot{U}_{UN}$、$\dot{U}_{VN}$、$\dot{U}_{WN}$。

电源相电压有效值记为 U_p，其关系式为

$$\dot{U}_{UN}=e_U=\sqrt{2}U_p\sin\omega t$$

$$\dot{U}_{VN}=e_V=\sqrt{2}U_p\sin(\omega t-120^\circ)$$

$$\dot{U}_{WN}=e_W=\sqrt{2}U_p\sin(\omega t+120^\circ)$$

线电压为两根相线间的电压称为线电压，如图 3-1-12 的$\dot{U}_{UV}$、$\dot{U}_{VW}$、$\dot{U}_{WU}$。

线电压 U_l与相电压 U_p之间的关系为

$$U_l=\sqrt{3}U_p$$

在日常生活与生产中，多数用户的电压等级为 U_l=380V、U_p=220V，可供不同电源系统负载使用。

2）三角形联结

如图 3-1-13 所示为三相电源绕组的△联结。该方法将三组线圈首尾依次连接成为三角形，此时线电压与相电压相等。

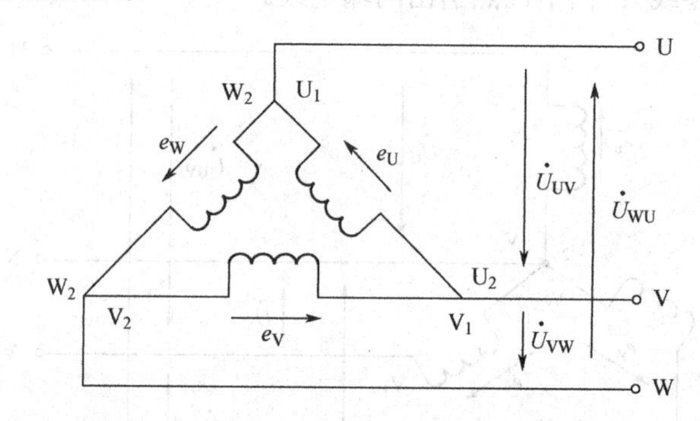

图 3-1-13　三相电源绕组的△联结

4．三相负载的联结方式

三相电源和负载通过输电导线连接在一起就构成三相交流电路。各相接入负载特性（阻抗、阻抗角等）均相等时，称为三相对称负载，如三相电动机；反之，称为三相不对称负载，如三相照明电路中的负载。三相电路中负载的联结方式有星形（Y）联结和三角形（△）联结。

1）星形联结

（1）联结及电流命名。

如图 3-1-14（a）、（b）所示为三相负载的星形联结。其中，图 3-1-14（a）为三相四线制，图 3-1-14（b）为三相三线制。若输电线阻抗忽略不计，则负载两端的电压 U_{YP} 等于电源的相电压 U_p，线电压 U_l与负载两端电压的关系式：

$$U_l=\sqrt{3}U_{YP}$$

流过相线的电流称为线电流，有效值记为 I_l（I_U、I_V、I_W）；流过中线的电流称为中线电流，记为 I_N；流过负载的电流称为相电流，有效值记为 I_p（I_{UN}、I_{VN}、I_{WN}）。

（2）线电流和相电流。

由图 3-1-14（a）可知，线电流等于相电流，即

$$I_U=I_{UN};\ \ I_V=I_{VN};\ \ I_W=I_{WN}$$

由以上关系式及基尔霍夫电流定律可知：

$$\dot{I}_N=\dot{I}_{UN}+\dot{I}_{VN}+\dot{I}_{WN}=\dot{I}_U+\dot{I}_V+\dot{I}_W$$

对称三相负载：中线电流 I_N=0，可以省去中线，采用图 3-1-14（b）的三相三线制星形接法。

不对称三相负载：中线电流不为零，中线不能省去，采用图 3-1-14（a）的三相四线制星形接法。

2）三角形联结

如图 3-1-14（c）所示为三相负载的三角形联结。线电压与相电压相等，线电流与相电流有关系式：

$$I_l = \sqrt{3} I_p$$

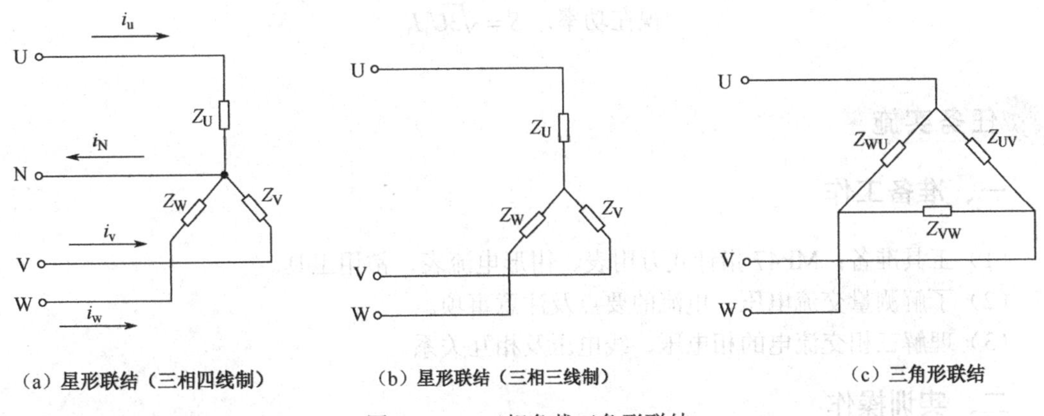

图 3-1-14　三相负载三角形联结

3）负载联结方式的选择

负载联结方式的选择可根据三相负载的额定电压大小来选取。具体可采用如图 3-1-15 所示的流程进行选择。

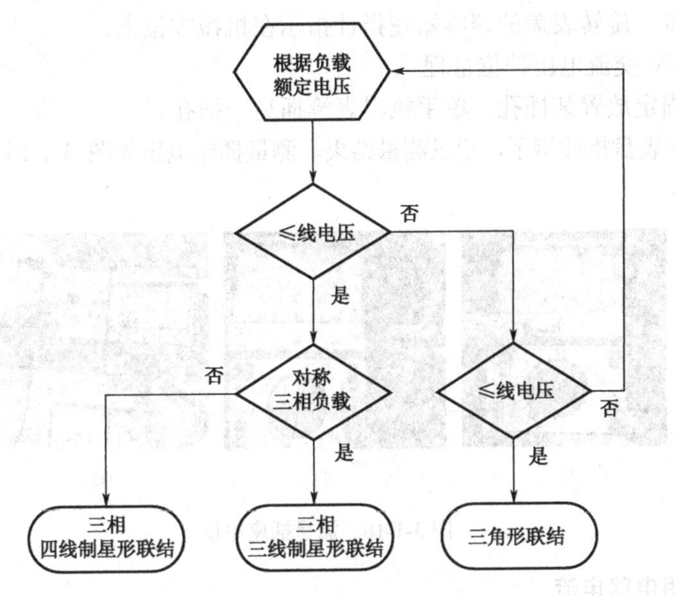

图 3-1-15　负载联结方式选择流程图

5. 三相电路的功率

电路中负载消耗的总功率为各相负载消耗的功率之和。

以对称三相负载为例，各相负载的功率相等，则总功率为

$$P = 3P = 3U_p I_p \cos\varphi$$

式中　$\overline{RBI} = 0$——相电压与相电流的相位差。

不论采用星形联结，还是三角形联结，都如下关系式（可以根据线电压相电压线电流相电流的关系式进行推导）：

$$总有功功率：P = \sqrt{3}U_1 I_1 \cos\varphi$$

$$无功功率：Q = \sqrt{3}U_1 I_1 \sin\varphi$$

$$视在功率：S = \sqrt{3}U_1 I_1$$

任务实施

一、准备工作

（1）工具准备：MF47 指针式万用表、钳形电流表、常用工具。

（2）了解测量交流电压、电流的要点及注意事项。

（3）理解三相交流电的相电压、线电压及相互关系。

二、实训操作

1．测量插座电压

测量步骤如下。

① 检查万用表外观及表笔接口。

② 机械调零。旋转表盖的调零器使指针指示在机械零位上。

③ 选择 250V 交流电压挡位量程。

④ 红表笔固定放置某插孔，单手执黑表笔插另一插孔。

⑤ 读取相应表盘指针指示，记录测量结果。测量插座电压如图 3-1-16 所示。所测插座电压值：________V。

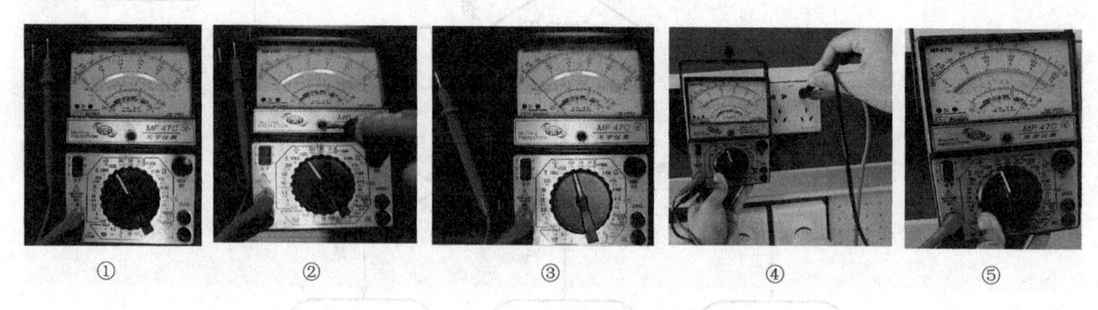

图 3-1-16　测量插座电压

2．测量照明电路电流

测量步骤如下。

① 检查钳表外观。

② 预估电流大小，选择合适量程。

③ 手持手柄，打开铁芯开关，将待测风扇线束引入，松开开关使铁芯闭合。

④ 记录测量值。

⑤ 开铁芯开关，取出被测风扇线束。如图 3-1-17 所示。

详细操作过程

①

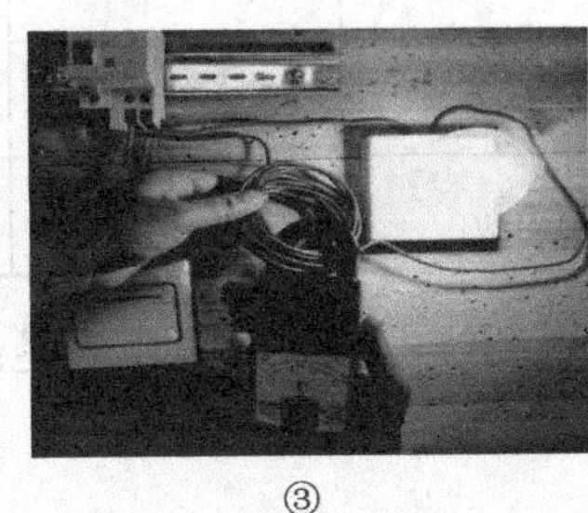
③

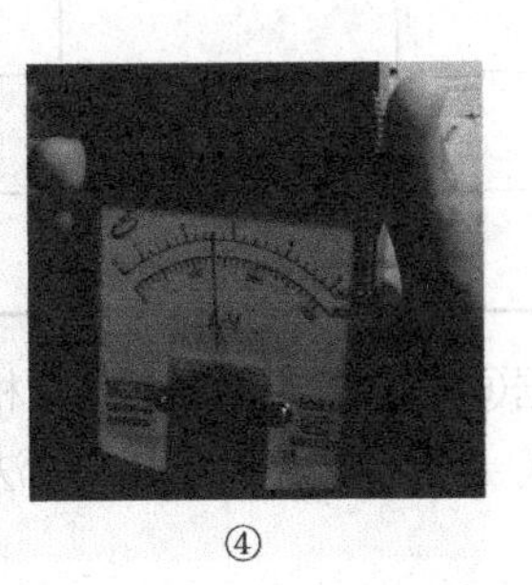
④

图 3-1-17 测量照明电路电流

预估电流大小，选择合适量程。

白炽灯电阻 R=______Ω，U=220V，则电流 $I=\frac{U}{R}=$ ________A。

因电流过小，利用互感原理，线束绕制 15 圈，则 $I_{测}=I\times15=$________A。

根据计算，选择________挡位进行测量。

测试电流 $I_{测}$=______A。

计算实际线束电流 $I=I_{测}/15=$________A。

3．测量三相交流电压

测量步骤如下

① 检查万用表外观及表笔接口。

② 机械调零。旋转表盖的调零器使指针指示在机械零位上。

③ 选择 1000V 交流电压挡位量程进行测量。

④ 测量相电压。红表笔固定放置在中点，手执黑表笔接触三根相线填写表 3-1-2。

⑤ 测量线电压。红表笔固定某相线，手执黑表笔接触另一相线，填写表 3-1-2。

⑥ 计算相电压、线电压测量结果数值关系，填写表 3-1-2。

⑦ 根据⑥结果分析得出结论。

测量三相交流电压如图 3-1-18 所示。

①

②

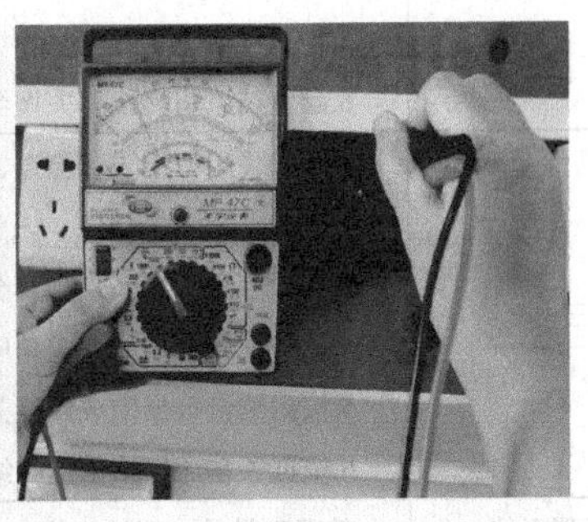

④

图 3-1-18 测量三相交流电压

表 3-1-2　测量三相交流电压记录表

相电压	测量值（V）	线电压	测量值（V）	计算内容	计算值
U_{UN}		U_{UV}		$\frac{U_{UV}}{U_{UN}}$	
U_{VN}		U_{VW}		$\frac{U_{VW}}{U_{VN}}$	
U_{WN}		U_{WU}		$\frac{U_{WU}}{U_{WN}}$	

根据⑥结果分析可知，三相电源线电压与相电压满足：U_l=_______U_p，电源绕组采用接线方式（星形接法/三角形接法）。

任务评价

对本学习任务进行评价，见表 3-1-3。

表 3-1-3　任务评价表

考核内容	考核标准	自我评价				小组评价			
		A	B	C	D	A	B	C	D
准备工作	准备实训任务中使用到的仪器仪表，做基本的清洁、保养及检查，酌情评分								
测量交流电压	1.检查万用表（外观、指针、表笔插口等） 2.正确机械调零 3.正确选择测量挡位，合理调整测量挡位 4.电转换操作 5.测量手法正确（未触及金属部分、单手操作） 6.正确读取测量数值 7.结束测量时正确选择万用表挡位								
测量交流电流	1.检查钳表 2.正确读取钳表的使用电压 3.选择正确挡位（由大至小），合理调整测量挡位，脱离待测导线后再转换挡位 4.测量手法正确（待测导线位于钳口中央） 5.正确读取测量数值 6.测量结束将转换开关调至最大挡								
测量三相交流电	1.正确使用万用表（检查、调零、转换挡位、关闭等） 2.正确选择测量挡位 3.测量手法正确（未触及金属部分、单手操作） 4.正确读取数据并完成相应记录表格 5.根据测量数据完成数量关系运算 6.根据关系运算给出正确结论								
整理工位	整理工量具，清洁工位								
总备注	造成设备、工具人为损坏或人身伤害的本学习任务不计成绩								

续表

<table>
<tr><th rowspan="2">考核内容</th><th rowspan="2" colspan="4">考核标准</th><th colspan="4">自我评价</th><th colspan="4">小组评价</th></tr>
<tr><th>A</th><th>B</th><th>C</th><th>D</th><th>A</th><th>B</th><th>C</th><th>D</th></tr>
<tr><td rowspan="2">综合评价</td><td>自我评价</td><td></td><td>等级</td><td></td><td colspan="4">签名</td><td colspan="4"></td></tr>
<tr><td>小组评价</td><td></td><td>等级</td><td></td><td colspan="4">签名</td><td colspan="4"></td></tr>
<tr><td>教师评价</td><td colspan="12">签名：
日期：</td></tr>
</table>

任务2　认识变压器

任务目标

知识目标

（1）了解变压器的基本结构、用途和分类。

（2）掌握变压器额定值的计算。

（3）理解变压器的工作原理、变压比、变流比及功率的计算。

（4）理解几种常用变压器的工作原理及应用。

能力目标

（1）掌握小型电源变压器的检测方法。

（2）掌握变压器同名端的判别方法。

任务分析

电力系统中，在向远方传输电力时，为了减少线路上的电能损失和增加输送容量，须要升高电压；为了满足用户用电的要求，又须要降低电压，这就须根据工作要求选择升压、降压的变压器。

知识准备

一、变压器的基础知识

1. 概述

为了供电、输电、配电的需要，就必须使用一种电气设备把发电厂内交流发电机发出的交流电压变换成不同等级的电压，这种电气设备就是变压器。

变压器是在法拉第电磁感应原理的基础上设计制造的一种静止的电气设备，它可以将输入的一种等级电压的交流电能变换成同频率的另一种等级电压的交流电能输出，如图 3-2-1 所示。

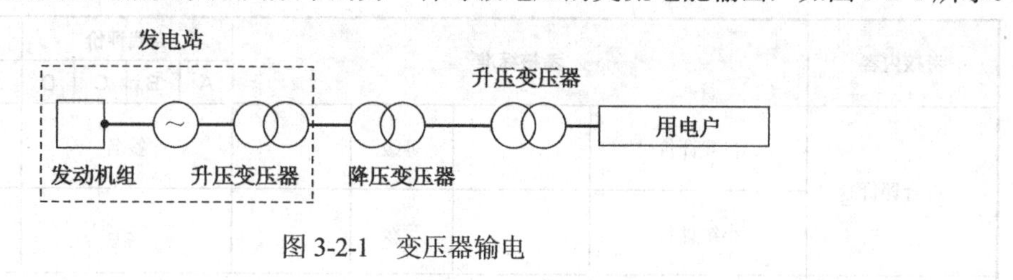

图 3-2-1　变压器输电

2．分类及其命名

（1）变压器可按用途、相数、铁芯机构、工作频率、冷却方式和容量。变压器的分类表见表 3-2-1。

表 3-2-1　变压器的分类表

分类依据	变压器种类	分类依据	变压器种类
用途	电力、特种	工作频率	低频、中频、高频、行输出
相数	单相、三相、多相	冷却方式	干式、油浸式、充气式
铁芯结构	心式、壳式	容量	小型、中型、大型

几种变压器外观如图 3-2-2 所示。

（a）电力变压器　（b）单相变压器　（c）三相变压器　（d）高频变压器

（e）干式变压器　（f）油浸式变压器　（g）充气式变压器　（h）行灯变压器

图 3-2-2　几种变压器外观

（2）低频变压器的命名方法。

低频变压器的命名方法及示例如图 3-2-3 所示。变压器命名的主称字母含义见表 3-2-2。

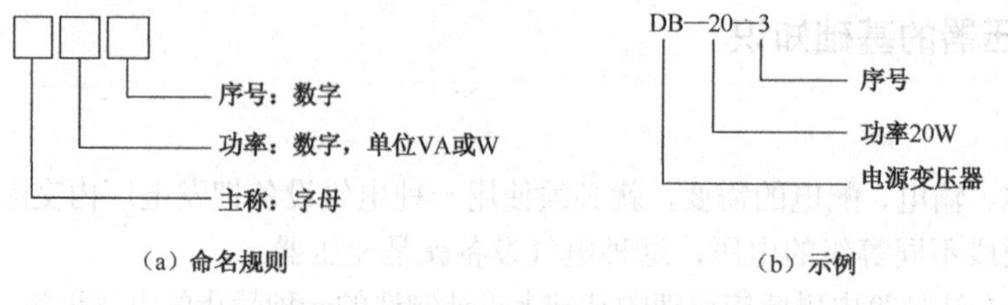

（a）命名规则　（b）示例

图 3-2-3　低频变压器的命名方法及示例

表 3-2-2 变压器命名的主称字母含义

字母	含义	字母	含义
DB	电源变压器	HB	灯丝变压器
CB	音频输出变压器	SB 或 ZB	音频（定阻式）输送变压器
RB 或 TB	音频输入变压器	SB 或 EB	音频（定压式或自耦式）输送变压器
GB	高压变压器	KB	开关变压器

3. 基本结构

如图 3-2-4（a）所示，与电源相连的称为一次绕组（原绕组或初级绕组），同侧称为一次侧（或原边）；与负载相连的称为二次绕组（副绕组或次级绕组），同侧称为二次侧（或副边）。绕组与绕组之间、绕组与铁芯之间是绝缘的。绕组一般用绝缘铜线或铝线（编线或圆线）绕制而成。

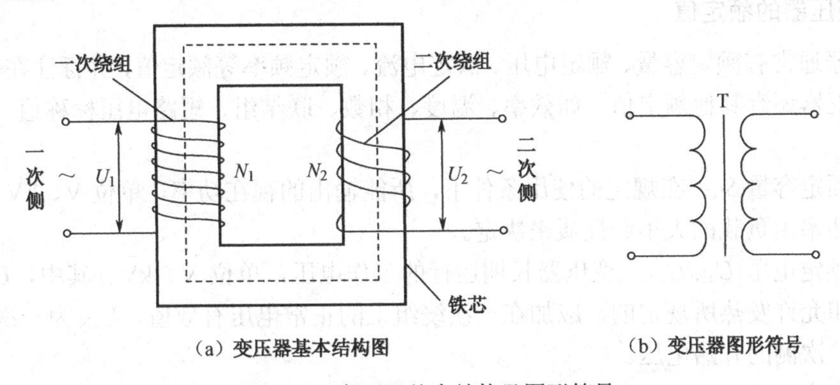

（a）变压器基本结构图　　（b）变压器图形符号

图 3-2-4 变压器基本结构及图形符号

4. 基本功能

变压器是一种静止电器，利用电磁感应原理将交流电转换成同频率、不同电压等级的交流电，变压器的图形符号如图 3-2-4（b）所示，文字符号为 T。变压器的应用十分广泛，它具有转换交流电压、交流电流、阻抗、相位及隔离电路功能，但是不能改变直流电压。

5. 工作原理

变压器的工作原理是电磁感应原理，利用“电生磁，磁生电”在两个或多个的绕组之间，变换交流电压和电流来传输电能。

1）能量传输

互感现象是变压器的工作基础。变压器能量传输过程如图 3-2-5 所示，实质上是磁势平衡的作用，以此实现一次侧、二次侧的能量传递。

2）主要特点

（1）变压器只能传递交流电能，无法产生电能。

（2）主磁通大小由电源电压、频率及一次线圈匝数决定。

（3）负载变化对一次侧的影响是由二次侧磁势引起的。

（4）通过电势与磁势的平衡，能量从一次侧传递到二次侧。

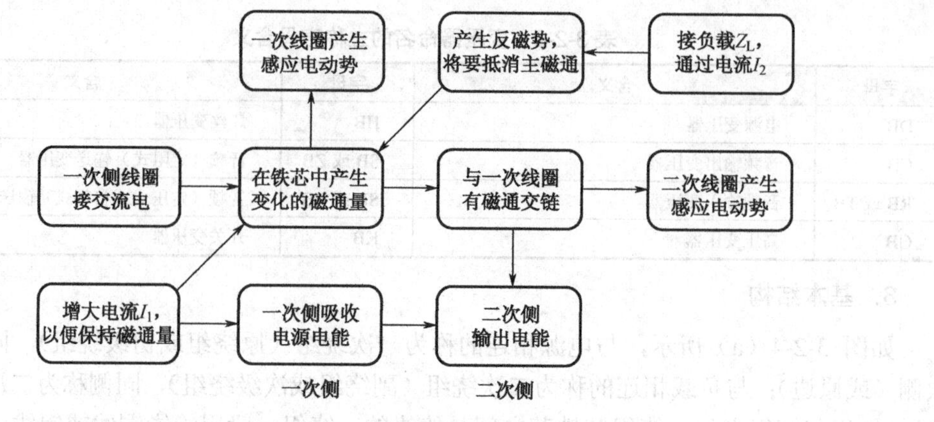

图 3-2-5　变压器能量传输过程

6．变压器的额定值

变压器通常有额定容量、额定电压、额定电流、额定频率等额定值，并标注在其铭牌上。当然，变压器还有其他额定值，如效率、温度、相数、联结组、短路电压标称值、冷却方式等。

（1）额定容量 S_N：在规定的使用条件下，所能输出的视在功率，单位 V、kV、MV，其实际输出功率由负载的大小和性质来决定。

（2）额定电压 U_{1N}/U_{2N}：变压器长期运行的工作电压，单位 V、kV。其中，U_{1N} 为依据绝缘强度和允许发热所规定的，应加在一次绕组上的正常电压有效值。U_{2N} 为一次侧加额定电压时，二次侧的开路电压。

（3）额定电流 I_{1N}/I_{2N}：在额定容量下，变压器连续运行时允许通过的最大电流有效值，单位 A。

（4）额定频率 f_N：电源频率，我国规定标准工频为 50Hz。

7．理想变压器的变比

（1）由 $E_1 = 4.44 fN_1\Phi_m$，$E_2 = 4.44 fN_2\Phi_m$，则

$$k = \frac{E_1}{E_2} = \frac{4.44 fN_1\Phi_m}{4.44 fN_2\Phi_m} = \frac{N_1}{N_2}$$

式中　k——变压器的变压比

（2）由一次侧有功功率=二次侧有功功率，得

$$U_1 I_1 = U_2 I_2$$

$$\frac{I_1}{I_2} = \frac{U_2}{U_1} = \frac{N_2}{N_1} = \frac{1}{k}$$

式中　$\frac{1}{k}$——变压器的变流比。

由上式可知，端电压与匝数成正比，电流与匝数成反比。变压器作用与变比的关系见表 3-2-3。

表 3-2-3　变比与变压器作用对应关系

变比	物理量关系		变压器作用
	U	I	
$k>1$	$U_1>U_2$	$I_1<I_2$	降压变压器
$k<1$	$U_1<U_2$	$I_1>I_2$	升压变压器
$k=1$	$U_1=U_2$	$I_1=I_2$	隔离变压器

（3）由 $Z_1=\dfrac{\dot{U}_1}{\dot{I}_1}$，$Z_2=\dfrac{\dot{U}_2}{\dot{I}_2}$，有

$$Z_1/Z_2=\frac{\dot{U}_1}{\dot{I}_1}\times\frac{\dot{I}_2}{\dot{U}_2}=\frac{\dot{U}_1}{\dot{U}_2}\times\frac{\dot{I}_2}{\dot{I}_1}=k\times k=k^2$$

$$Z_1=k^2Z_2$$

由此可见，变压器不仅能变换电压、变换电流，还能变换阻抗。

8．变压器的效率

效率 η：在额定负载条件下，输出功率 P_2 与输入功率 P_1 的比值。通常变压器的额定功率越大，效率就越高。

$$\eta=\frac{P_2}{P_1}\times100\%$$

二、几种常用变压器

1．单相变压器

1）概述

一次绕组和二次绕组均为单相绕组的变压器称为单相变压器。变压器运行原理如图 3-2-6 所示。单相变压器具有结构简单、体积小、损耗低的特点，适于在负荷密度较小的低压配电网中使用。

2）单相变压器的运行分析

变压器各电磁量正方向如图 3-2-6 所示。

$$u_1=-e_1=N_1\frac{\mathrm{d}\varPhi}{\mathrm{d}t}\qquad u_2=-e_2=N_2\frac{\mathrm{d}\varPhi}{\mathrm{d}t}$$

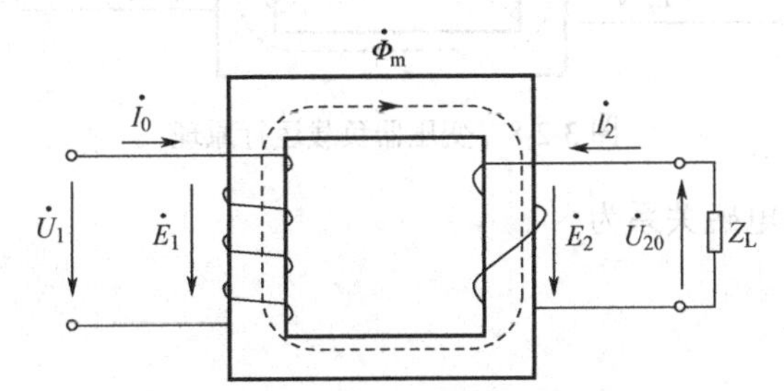

图 3-2-6　变压器运行原理

（1）变压器的空载运行。

变压器空载运行：变压器的一次绕组加上额定电压，二次绕组开路。

变压器空载运行原理如图 3-2-7 所示。

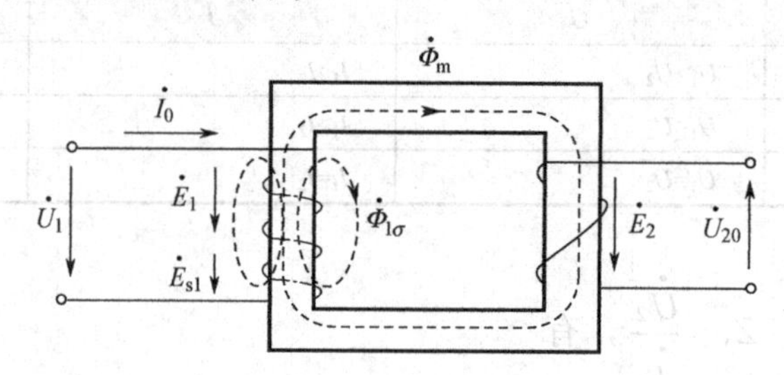

图 3-2-7　变压器空载运行原理

变压器空载运行的电磁关系为

$$\dot{U}_1 \rightarrow \dot{I}_0 \rightarrow \dot{F}_0 = N_1\dot{I}_0 \rightarrow \begin{cases} \dot{\Phi}_m \rightarrow \begin{cases} \dot{E}_1 \\ \dot{E}_2 \end{cases} \\ \dot{\Phi}_{s1} \rightarrow \dot{E}_{s1} \end{cases}$$

$$\dot{I}_0 \rightarrow \dot{I}_0 R_1$$

空载时的电压方程为

$$\dot{U}_1 = -\dot{E}_1 + \dot{I}_0 Z_1 \approx -\dot{E}_1$$

$$\dot{U}_{20} = \dot{E}_2$$

$$U_1 \approx E_1 = 4.44 f N_1 \Phi_m$$

（2）变压器的负载运行。

变压器一次绕组接电源，二次绕组接负载，称为负载运行。

变压器负载运行原理如图 3-2-8 所示。

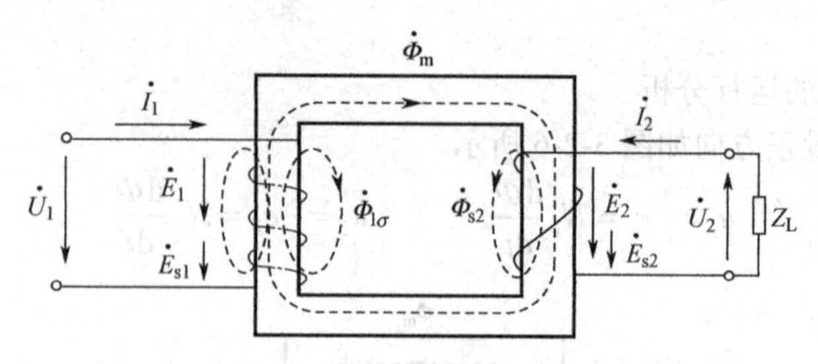

图 3-2-8　变压器负载运行原理

变压器负载运行的电磁关系为

$$\dot{U}_1 \to \dot{I}_1 \to \dot{F}_1 = N_1\dot{I}_1 \searrow \quad \dot{I}_1 \to \dot{I}_1 R_1, \quad \dot{F}_1 \to \dot{\Phi}_{s1} \to \dot{E}_{s1}$$

$$\dot{F}_0 = N_1\dot{I}_0 \to \dot{\Phi}_m \begin{cases} \dot{E}_1 \\ \dot{E}_2 \end{cases}$$

$$\dot{U}_2 \to \dot{I}_2 \to \dot{F}_2 = N_2\dot{I}_2 \nearrow \quad \dot{I}_2 \to \dot{I}_2 R_2, \quad \dot{F}_2 \to \dot{\Phi}_{s2} \to \dot{E}_{s2}$$

变压器的负载运行时电压方程为

$$\dot{U}_1 = -\dot{E}_1 + \dot{I}_1 Z_1$$

$$\dot{U}_2 = \dot{E}_2 - \dot{I}_2 Z_2$$

$$\dot{U}_2 = \dot{I}_2 Z_L$$

2．小型电源变压器

电源变压器具有升压、降压及隔离的作用。小型电源变压器被广泛应用于电子仪器中，如稳压电源、家电产品等。

1）主要特性参数

① 额定功率：在规定的频率、电压及温升下，变压器能长期工作的输出功率。

② 效率 η。

③ 绝缘电阻：各绕组之间、绕组与铁芯及外壳之间的绝缘电阻值。所使用的绝缘材料性能、温度和湿度都会影响变压器的绝缘性能。若绝缘电阻过低，可能发生壳体带电甚至变压器击穿烧毁的情况。

2）工作原理

有多个绕组和电压等级的变压器称为多绕组变压器。三相绕组变压器如图 3-2-9 所示，其变比公式为

$$\frac{U_1}{U_2} = \frac{N_1}{N_2} = k_{12}$$

$$\frac{U_1}{U_3} = \frac{N_1}{N_3} = k_{13}$$

$$\frac{U_2}{U_3} = \frac{N_2}{N_3} = k_{23}$$

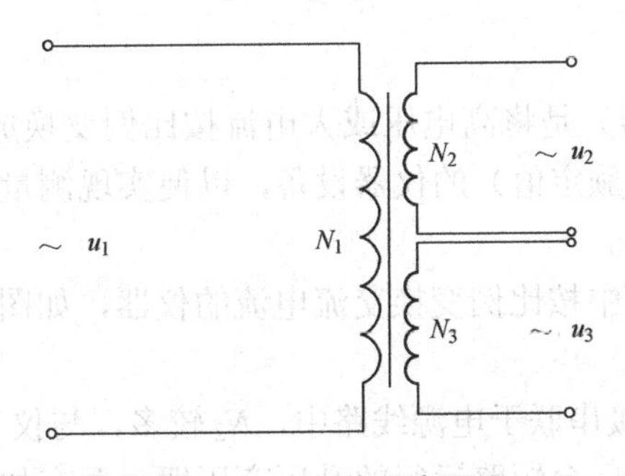

图 3-2-9　三相绕组变压器

3）同名端判断

在变压器同一铁芯上的不同绕组，在同一磁势作用下，产生同样极性感应电势的出线端，称为变压器的同名端，反之称为变压器的异名端。不同二次绕组，异名端串联，电压相加；同名端串联，电压相减。在使用多绕组变压器时，须弄清同名端，才能正确地将绕组并联或串联使用。

同名端判断方法如下。

（1）将指针式万用表转换开关拨至直流电压 5V 或直流电流 5mA 挡。

（2）如图 3-2-10 所示，接好测量电路；万用表接在匝数较多绕组的两端上，将干电池接在另一侧。

（3）接通开关 S，观察万用表的偏转方向。

（4）若接通瞬间表针正偏、断开时表针反偏，则 A、a 为同名端；若接通瞬间表针反偏，则 A、b 为同名端。

注意：开关不可长时间接通且测试时人体不要触及变压器端子，防止被电击。

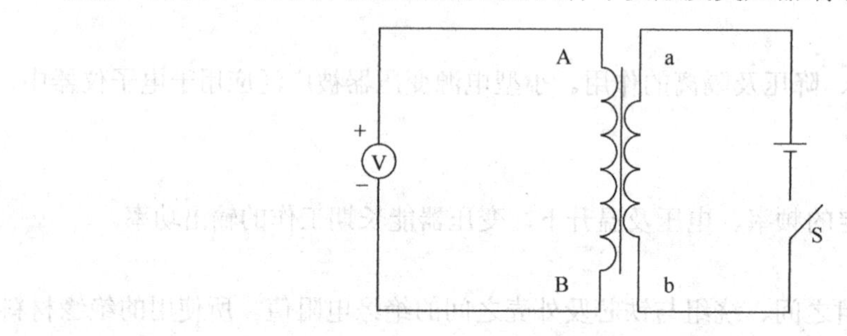

图 3-2-10 直流法测变压器同名端

4）变压器检测

变压器检测内容及结果分析见表 3-2-4。

表 3-2-4　变压器检测内容及结果分析

检测内容	测量位置	测量工具	结果	分析判断
绕组线圈电阻值	同侧的绕组两端	万用表（R×1Ω）	0	绕组内部短路
			表针不动	绕组内部断路
绝缘电阻	不同侧的绕组两端	兆欧表	≥0.5MΩ	正常
	各绕组端与铁芯		<0.5MΩ	绝缘性能差（损坏）

3. 互感器

互感器（或仪用变压器）是将高电压或大电流按比例变换成标准低电压（100V）或标准小电流（5A 或 1A，均指额定值）的仪器设备，以便实现测量或保护设备及人身安全。

1）电流互感器

电流互感器是电工测量中按比例变换交流电流的仪器，如图 3-2-11 所示。

（1）工作原理。

互感器的 N_1 较少，直接串联于电源线路中，N_2 较多，与仪表（或继电器、变送器等）串联形成闭合回路，相当于一台短路运行的升压变压器，并有如下关系：

$$\frac{I_{待测}}{I_2} = \frac{N_2}{N_1} = k_{\mathrm{i}}$$

$$I_{待测} = k_{\mathrm{i}} I_2$$

国产互感器的标准电流为 5A。

（a）外形

负载

I_1

N_1

N_2

I_2

A

（b）电路原理

图 3-2-11　电流互感器

（2）量程与读数。

电流表量程一般为 5A。实际已经换算成一次电流（标尺按照一次电流分度），可直接读数，无须换算。

（3）使用注意事项。

二次绕组禁止开路。开路时：I_2=0，I_1 不变→Φ 增大→E_2 增大。

铁芯及二次绕组一端必须可靠接地。

2）电压互感器

电压互感器是电工测量中按比例变换交流电压的仪器，如图 3-2-12 所示。

（a）外形

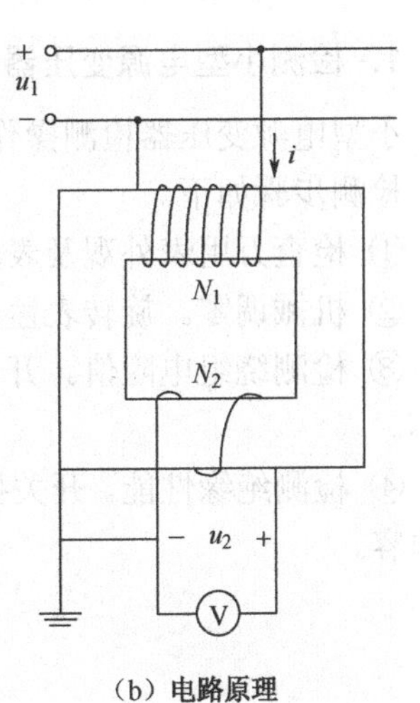

（b）电路原理

图 3-2-12　电压互感器

（1）工作原理。

互感器的 N_1 较多，直接并联于电源线路中，N_2 较少，与仪表串联形成闭合回路，相当于一台空载运行的降压变压器，并有如下关系式：

$$\frac{U_{待测}}{U_2}=\frac{N_1}{N_2}=k_u$$

$$则U_{待测}=U_2k_u$$

（2）量程与读数。

电压表量程一般为100V。实际已经换算成一次电压（标尺按照一次电压分度），可直接读数，无须换算。

（3）使用注意事项。

二次绕组禁止短路。避免低压线圈端出现的大电流而损坏设备。

铁芯及二次绕组一端必须可靠接地，防止线圈绝缘损坏而危及操作人员安全。

二次侧应串入熔体电流小于2A的熔断器。

使用时，二次绕组回路不宜接入过多仪表，以免影响测量精度。

任务实施

一、准备工作

（1）工具准备：MF47指针式万用表、干电池、连接导电、常用工具。

（2）了解测量交流电压、电流的要点及注意事项。

（3）了解变压器检测的相关内容和判断方法。

（4）了解变压器同名端判断方法及注意事项。理解三相交流电的相电压、线电压及相关关系量运算。

二、实训操作

1．检测小型电源变压器

小型电源变压器检测操作如图3-2-13所示。

检测步骤如下。

① 检查万用表外观及表笔接口。

② 机械调零。旋转表盖的调零器，使指针指示在机械零位上。

③ 检测绕组电阻值。开关拨至______挡位，检测绕组电阻值，填写如表3-2-15的相关内容。

④ 检测绝缘性能。开关拨至_____挡位，检测变压器绝缘性能，完成如图3-2-14所示相关内容。

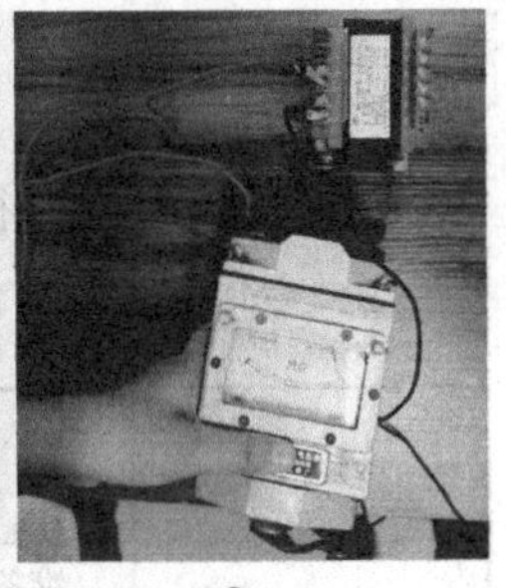

① ② ③ ④

图 3-2-13 小型电源变压器检测操作

表 3-2-5 绕组电阻值记录表

检测项目	数据	结果分析（打√）		
		短路	断路	良好
一次绕组电阻				
二次绕组电阻				
结论				

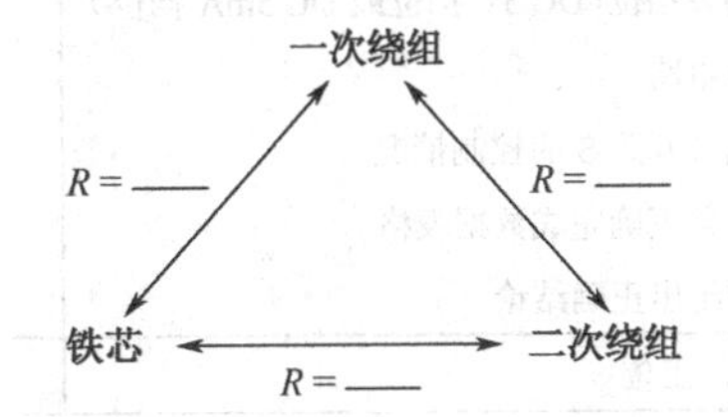

图 3-2-14 绝缘性能检测记录图

结论：由检测结果可知，变压器的绝缘性能_______（正常/不良/很差）。

2．变压器同名端判断。

测量电路如图 3-2-10 所示。判断变压器同名端操作如图 3-2-15 所示。

测量步骤如下。

① 检查万用表外观及表笔接口。

② 机械调零。旋转表盖的调零器，使指针指示在机械零位上。

③ 开关拨至______挡位。

④ 连接万用表至变压器的______绕组（一次/二次）。

⑤ 连接干电池、开关 S 至变压器的_____绕组（一次/二次）。

⑥ 快速接通/断开开关 S，万用表指针_____（正偏/反偏），则____和____是变压器的同名端。

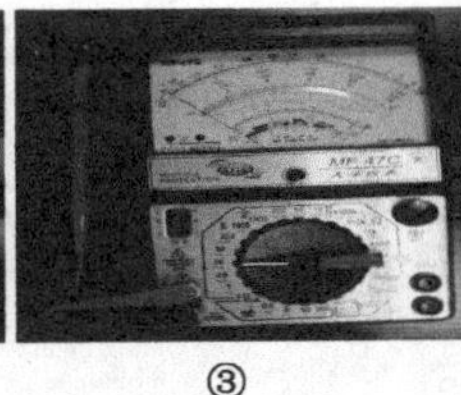

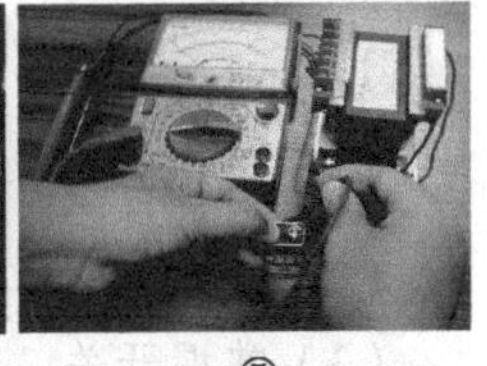

① ② ③ ④ ⑤

图 3-2-15 判断变压器同名端操作

任务评价

对本学习任务进行评价，见表 3-2-5。

表 3-2-5　任务评价表

考核内容	考核标准	自我评价				小组评价			
		A	B	C	D	A	B	C	D
准备工作	准备实训任务中使用到的仪器仪表，做基本的清洁、保养及检查，酌情评分								
检测变压器	1. 正确使用万用表（检查、调零、换挡、关闭等） 2. 正确选择 $R\times1\Omega$ 挡位检测绕组 3. 正确选择 $R\times10k\Omega$ 挡位检测绝缘电阻 4. 正确读取万用表读数 5. 正确记录数据 6. 根据检测数据正确给出判断结论								
判断同名端	1. 正确使用万用表（检查、调零、换挡、关闭等） 2. 正确选择万用表挡位（DC 5V 挡位或 DC 5mA 挡位） 3. 正确连接测量电路 4. 测量手法正确（开关 S 的控制情况） 5. 观察检测结果并正确完成数据表格 6. 根据测试结果给出正确结论								
整理工位	整理工量具，清洁工位								
总备注	造成设备、工具人为损坏或人身伤害的，本学习任务不计成绩								
综合评价	自我评价		等级		签名				
	小组评价		等级		签名				
教师评价	签名： 日期：								

任务 3　安装白炽灯照明电路

任务目标

知识目标

（1）了解白炽灯的结构、优缺点及适用安装场所。

（2）掌握照明灯具、插座及白炽灯的安装规程。

（3）掌握开关、白炽灯、插座的图形符号。

（4）掌握白炽灯照明线路的安装、接线方法及故障检修方法。

能力目标

（1）熟练掌握简单电工工具的使用方法。

（2）会绘制白炽灯控制电路电气原理图。

（3）会根据设计方案进行白炽灯照明线路的安装、接线和故障检修。

任务分析

家里买了三室两厅的新房子，你有了属于自己的小空间，父亲为检验你的学习成果，让你自己设计和安装自己房间的照明线路，为了安全、经济和方便使用，你打算怎样解决这个问题？需要从哪些方面入手？

知识准备

一、基础知识

1. 白炽灯

白炽灯（incandescent lamp）是用耐热玻璃制成泡壳，内装钨丝，泡壳内抽去空气，以免灯丝氧化，或再充入惰性气体（如氩），减少钨丝受热蒸发，将灯丝（钨丝）通电加热到白炽状态，利用热辐射发出可见光的电光源。

白炽灯具有显色性好，结构简单，使用灵活，能瞬间点燃，无频闪现象，可调光，可在任意位置点燃，价格便宜等特点，但发光效率及使用寿命短，且耐震性较差，适用于照明要求较低、开关次数频繁的室内外场所。白炽灯的结构及符号如图 3-3-1 所示。

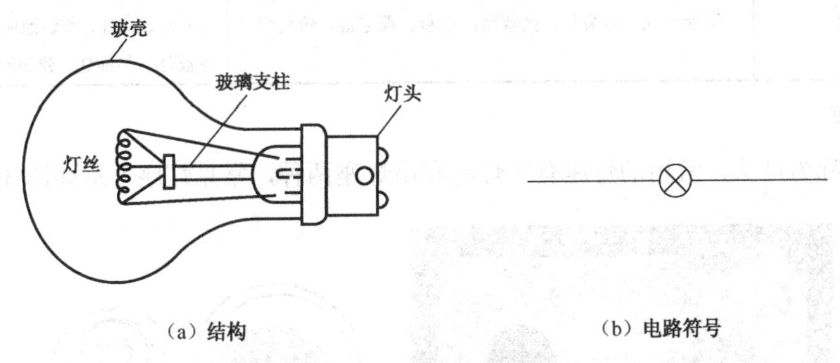

图 3-3-1　白炽灯的结构及符号

为便于比较，现将常用照明电光源进行列表以说明其特点及适用场合，供选用时参考，见表 3-3-1 和表 3-3-2。

表 3-3-1　常用电光源的功率、效率及寿命

名称	功率范围（W）	发光效率（lm/W）	平均寿命（h）
白炽灯	15～1000	7～16	1000
碘钨灯	50～2000	19～21	1500
荧光灯	20～100	40～60	3000

续表

名称	功率范围（W）	发光效率（lm/W）	平均寿命（h）
高压水银灯（镇流器式）	50～1000	35～50	5000
高压水银灯（自镇流式）	50～1000	22～30	3000
氙灯	1500～20000	20～37	1000
钠铊铟灯	400～1000	60～80	2000

表 3-3-2　常用电光源的特点及使用场合

<table>
<tr><th colspan="2">名称</th><th colspan="2">特点</th><th>使用场合</th></tr>
<tr><td colspan="2">白炽灯</td><td colspan="2">结构简单，装卸简单，价格便宜，效率低，寿命较短</td><td>照明要求较低、开关次数频繁的室内外场所</td></tr>
<tr><td colspan="2">碘钨灯</td><td colspan="2">效率高于白炽灯，光色好，寿命较长，灯座温度高，安装要求高，偏角不得大于 4°，价格贵</td><td>照明要求高、悬挂高度较高的室内外场所</td></tr>
<tr><td rowspan="3">荧光灯</td><td>日光灯</td><td>接近于自然光</td><td rowspan="3">效率高，寿命短，功率因数低，需镇流器、启动器等附件</td><td>办公室、教室、图书馆等</td></tr>
<tr><td>冷色灯</td><td>光效较高、光色柔和</td><td>商店、医院、候车室等</td></tr>
<tr><td>暖白灯</td><td>白炽灯光色相近</td><td>家庭、宾馆的客房等</td></tr>
<tr><td colspan="2">高压水银灯（镇流器式）</td><td colspan="2">效率高，寿命短，耐震动，功率因数低，需镇流器，启动时间长</td><td>适用于悬挂高度较高的大面积室内外场所</td></tr>
<tr><td colspan="2">高压水银灯（自镇流式）</td><td colspan="2">效率高，寿命长，安装简单，光色好，再启动时间长，价格贵</td><td>同上</td></tr>
<tr><td colspan="2">氙灯</td><td colspan="2">功率大，光色好，亮度大，价格贵，需镇流器和触发器</td><td>广场、建筑工地、体育馆</td></tr>
<tr><td colspan="2">钠铊铟灯</td><td colspan="2">效率高，亮度大，体积小，重量轻，价格贵，需镇流器和触发器</td><td>工厂、车间、广场、车站、码头</td></tr>
<tr><td colspan="2">LED 灯</td><td colspan="2">节能环保，寿命长，光效高，色彩表现丰富，价格贵</td><td>仪器仪表指示、信息显示屏幕、交通信号灯、台灯、普通照明、庭院灯、天花板灯、装饰灯、建筑照明、灯塔灯</td></tr>
</table>

2. 灯座

灯座又称为灯头，常用的灯座有平灯座和吊灯座两种，常见灯座外形如图 3-3-2 所示。

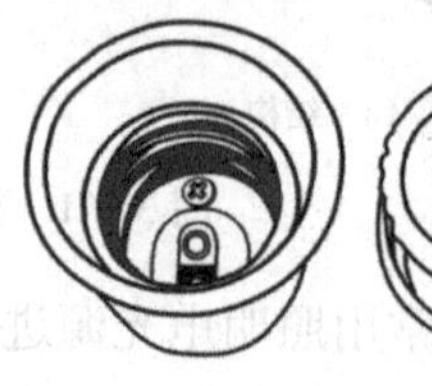

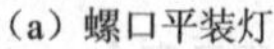
（a）螺口平装灯

（b）螺口吊灯座

图 3-3-2　灯座外形

3. 开关

单联开关是相对于双联开关而言的，是单开、单关的一种开关，共有两个接线柱，分别

接入进线和出线，在按动或拉动开关按钮时，存在接通或断开两种状态，从而把电路变成通路或断路，如图 3-3-3 所示。

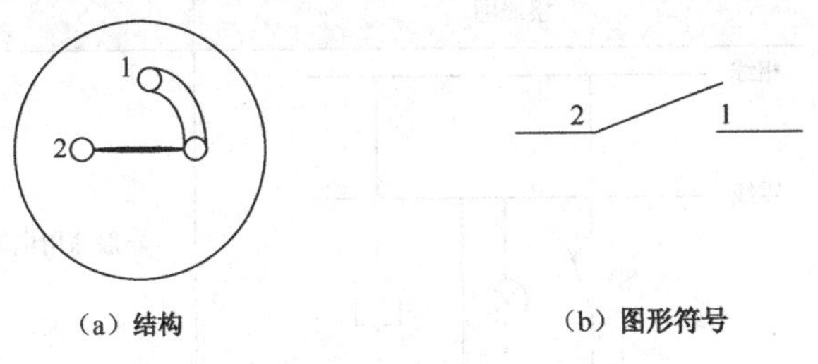

图 3-3-3 单联开关

单联双控开关（双联开关）有三个接线柱，三个触电点的开关，按动按钮时会使得一组开关接通，而同时另外一组开关断开。单联开关可以当普通开关使用，一般用于两处控制一只灯的线路，如图 3-3-4 所示。

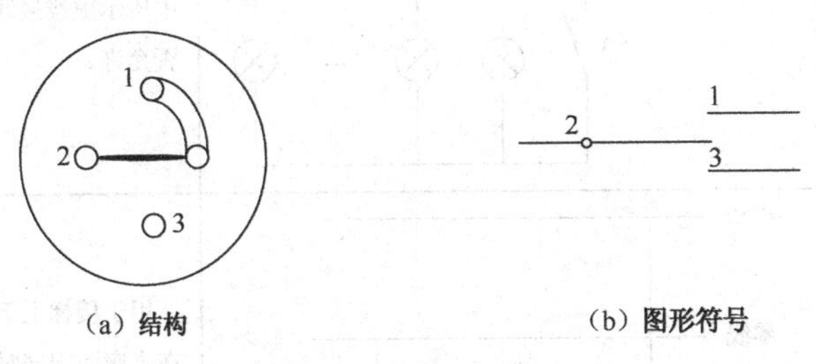

图 3-3-4 单联双控开关

4. 插座

插座又称为电源插座，开关插座是指有一个或一个以上电路接线可插入的座，通过它可插入各种接线，便于与其他电路接通。根据实际用电器需要常用家用插座有单相两孔和单相三孔两种。

二、白炽灯照明电路

1. 白炽灯照明电路的接线及控制方式

白炽灯常用照明电路及接线见表 3-3-3。

表 3-3-3 白炽灯常用照明电路及接线

线路名称和用途	接线图	说明
一只单联开关控制一盏灯	相线 零线 SA	开关应安装在相线上，修理安全

续表

线路名称和用途	接线图	说明
一只单联开关控制一盏灯并与插座连接	相线 零线 SA	一般家用电器的插座应与照明分路设计
一只单联开关控制两盏灯（或多盏灯）	相线 零线 SA …	一只单联开关控制多盏灯时，可如左图中所示虚线接线，但应注意开关的容量是否允许
两只双联开关控制一盏灯	相线 零线 SA2 SA1	用于楼梯上下楼同时控制电灯；走廊灯在走廊两端同时控制；房间灯进门、床头同时控制

2. 白炽灯照明电路的分析

在交流电路中，只含有电阻的电路，称为纯电阻电路，白炽灯为电阻性负载，则可把白炽灯照明电路视为纯电阻电路，纯电阻电路分析如图 3-3-5 所示。

选择电压为参考正弦量，设初相位等于零，则

$$u = U_{\mathrm{m}}\sin\omega t$$

由于欧姆定律对电阻电路的每一瞬间都成立，因此电阻中的电流为

$$i = \frac{u}{R} = \frac{U_{\mathrm{m}}}{R}\sin\omega t$$

比较电压、电流两式可看出：纯电阻电路在正弦交流电压作用下，电阻中的电流也是与电压同频、同相的正弦量，其波形图如图 3-3-5（b）所示，其矢量关系如图 3-3-5（c）所示。

电流的最大值为

$$I_{\mathrm{m}} = \frac{U_{\mathrm{m}}}{R}$$

两边同除以 $\sqrt{2}$ 可得电流有效值为

$$I = \frac{U}{R}$$

说明纯电阻电路中，电压和电流有效值之间的关系符合欧姆定律。白炽灯的平均功率为

$$P = UI = I^2R = \frac{U^2}{R}$$

白炽灯铭牌所标的“220V/100W”是指电压有效值和平均功率。习惯上把平均功率称为有功功率，即电路所消耗的功率。

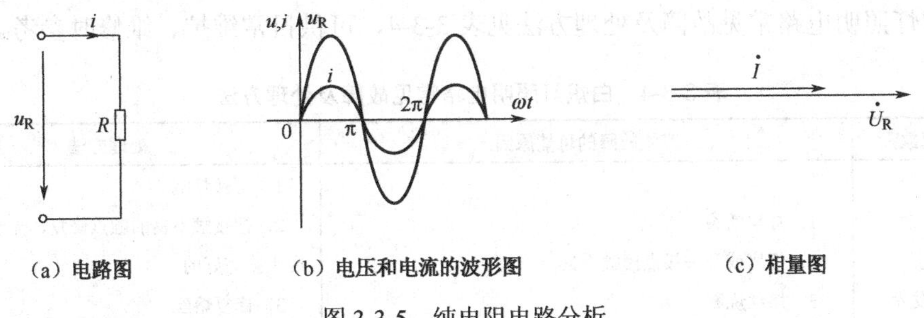

图 3-3-5　纯电阻电路分析

三、照明设备的安装

照明设备包括电光源与照明灯具、照明开关和插座。

1. 灯具的安装要求

（1）在安装灯泡时，注意灯泡的工作电压与线路电压必须一致。

（2）照明灯具的安装高度：对于正常干燥场所室内照明不得低于 1.8m；对于潮湿、危险场所及户外不低于 2.5m。

（3）照明电路应有短路保护。

照明灯具的相线必须经开关进入灯座，接在螺口灯座中心弹簧片的接线桩上，零线直接接到螺口灯座螺纹的接线桩上，且在灯泡装上后，灯泡的金属螺口不应外露。

（4）灯泡功率在 100W 及以下者，可用塑料灯头或胶木灯头；灯泡功率在 100W 以上或潮湿场所，用防潮封闭式灯具并且用瓷质灯头。

（5）灯具安装应牢固，灯具质量在 1kg 以下可采用线吊，1kg 以上采用链吊、管吊，大于 3kg 须采用预埋件。

（6）照明每一回路配线容量不得大于 2kW。

2. 照明开关的安装要求

（1）室内照明开关安装在门边便于操作的位置，开关边缘距门框为 0.15～0.2m，开关距地面应为 1.2～1.4m。

（2）开关应串联在通往灯座的相线上，安装在同一室内的开关应采用统一的系列产品，距地面的高度应一致。

（3）按钮开关一般向下按为闭合，向上按为断开。

3. 插座的安装要求

（1）家用电器的插座应与照明分路设计。

（2）明装插座距地面不应低于 1.8m，暗装插座距地面不应低于 30cm，儿童活动场所的插座应用安全插座，或高度不低于 1.8m，同一场所的安装高度应一致。

（3）插座的容量应与用电设备负荷相适应，每一插座只允许接用一个电器。

（4）不同电压的插座应有明显区别，不能互用。

（5）安装插座应根据“面对面板左零右相上地，或者上相下零”的原则。

四、白炽灯照明电路常见故障分析

白炽灯照明电路常见故障及处理方法见表 3-3-4，可供日常维护、维修时参考。

表 3-3-4　白炽灯照明电路常见故障及处理方法

故障现象	产生故障的可能原因	处理方法
灯泡不发光	1. 灯丝断裂 2. 灯座或开关接点接触不良 3. 熔丝烧断 4. 电路开路 5. 停电	1. 更换灯泡 2. 把接触不良的触点修复，无法修复时，应更换完好的 3. 修复熔丝 4. 修复线路 5. 开启其他用电器给以验明或观察邻近不是同一个进户点用户的情况
灯泡发光强烈	灯丝局部短路（俗称搭丝）	更换灯泡
灯光忽亮忽暗或忽亮忽熄	1. 灯座或开关触点（或接线）松动，或因表面存在氧化层（铝质导线、触点易出现） 2. 电源电压波动（通常附近有大容量负载经常启动） 3. 熔丝接触不良 4. 导线连接不妥，连接处松散	1. 修复松动的触头或接线，去除氧化层后重新接线，或去除触点的氧化层 2. 更换配电变压器，增加容量 3. 重新安装，或加固压接螺钉 4. 重新连接导线
不断烧断熔丝	1. 灯座或吊线盒连接处两线头互碰 2. 负载过大 3. 熔丝太小 4. 线路短路 5. 胶木灯座两触点间胶木严重烧毁（碳化）	1. 重新接妥线头 2. 减轻负载或扩大线路的导线容壁 3. 正确选配熔丝规格 4. 修复线路 5. 更换灯座
灯光暗红	1. 灯座、开关或导线对地严重漏电 2. 灯座、开关接触不良，或导线连接处接触电阻增加 3. 线路导线太长太细、电压降太大	1. 更换完好的灯座、开关或导线 2. 修复接触不良的触点，重新连接接头 3. 缩短线路长度，或更换较大截面的导线

一、准备工作

（1）材料和工具清单见表 3-3-5。

表 3-3-5　材料及工具清单

序号	名称	型号	数量	备注
1	灯泡	220V/25W	2	
2	螺口平灯座	3A　250V～	2	
3	单联开关		2	
4	双联开关		2	

续表

序号	名称	型号	数量	备注
5	插座		1	
6	万用表	MF47	1	
7	电工工具		1	

（2）了解电气照明图中的图形符号、文字符号，识读电气照明图。

（3）照明设备的检测。

（4）按图施工安装和调试，了解塑料线槽线路的安装工艺、电源插座的安装方法和工艺、照明线路的安装工艺和要求。

二、实训操作

1. 实训任务要求

房间照明所用白炽灯由两个双联开关控制（进门开关控制，床头开关控制）实现两地控一灯的照明功能，并在室内安装两个插座。

请你根据实际照明基本需求，以小组为单位（每组两人），用 A3 图纸认真绘制室内综合照明原理图，检测安装所需元器件，并在实训安装板上模拟室内照明线路安装接线，经检查无误后通电试验。

2. 安装白炽灯照明电路步骤

安装步骤如下。

① 元器件检测：白炽灯、灯座、双联开关、插座。

② 固定线槽。

③ 安装电气元件。

④ 连接电气线路。

⑤ 通电前线路检测，通电试验。

白炽灯照明电路安装过程如图 3-3-6 所示。

3. 记录相关数据和结论

（1）检查白炽灯外观:________________(完好/有损坏/其他说明)；万用表拨至 R×100Ω 挡，两只表笔分别接触灯泡底部金属和螺纹金属，测量灯泡阻值是_________Ω。

结论 1：白炽灯检测结果_______（正常/损坏）。

（2）检查灯座外观:________________(完好/有损坏/其他说明)；万用表拨至 R×1Ω 挡，检测灯座中心弹簧片与金属螺纹间的电阻值是_________Ω，灯座_______（是/否）短路。

结论 2：灯座检测结果_______（正常/损坏）。

（3）检查双联开关外观：________________(完好/有损坏/其他说明)；万用表拨至 R×1Ω 挡，测量双联开关通断情况，记录测量值，填写表 3-3-6。双联开关图形符号如图 3-3-7 所示。

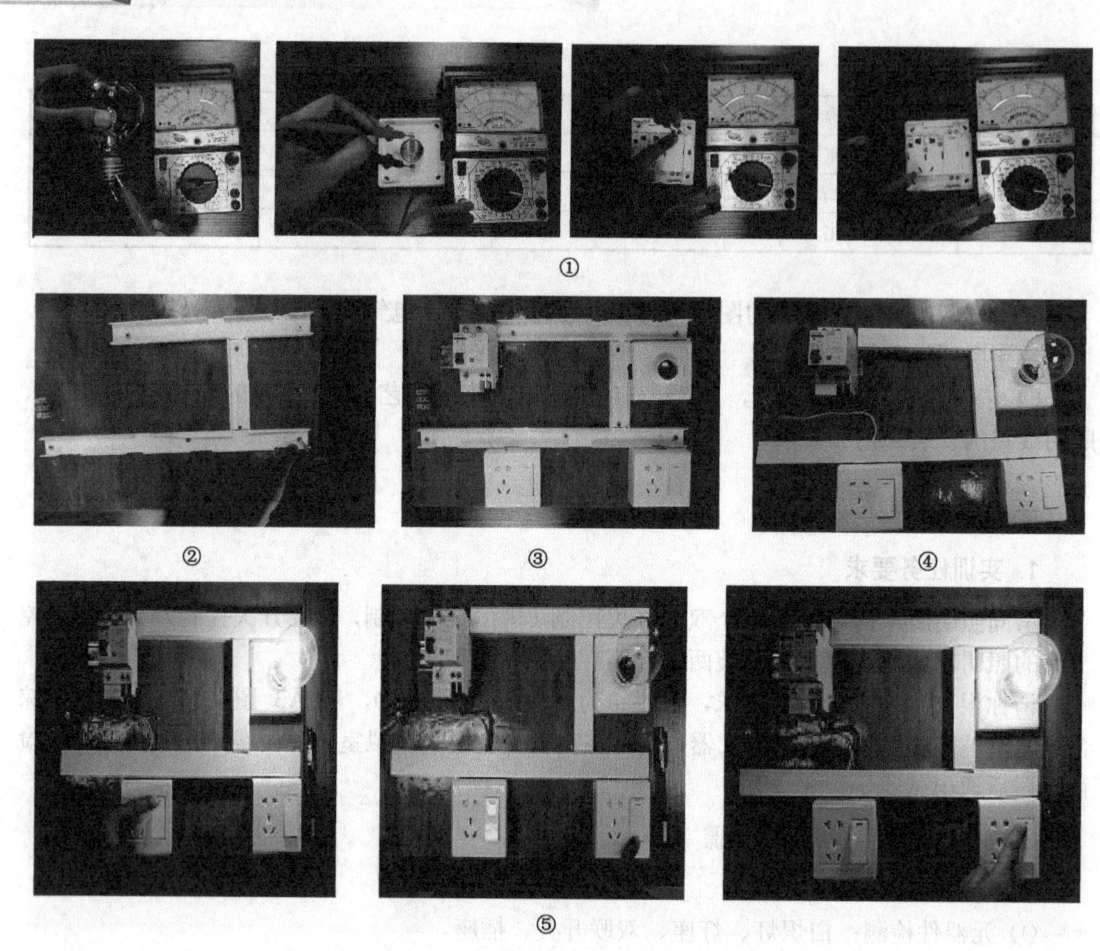

图 3-3-6　白炽灯照明电路安装过程

图 3-3-7　双联开关图形符号

表 3-3-6　测量双联开关阻值记录表

接通	电阻值（Ω）	
A-a	A-a	
	A-b	
A-b	A-a	
	A-b	

结论 3：双联开关通、断__________（正常/异常/其他情况说明）

（4）检查插座外观：____________________（完好/有损坏/其他说明）；万用表拨至 $R\times1\Omega$ 挡，测量插座零线端口间电阻值是________Ω，相线端口间电阻是_______Ω，三个接线柱之间两两电阻为_____、_____、_____Ω。

结论 4：插座零线端口_______（正常/异常）；相线端口 _______（正常/异常）；接线柱_____（有/无）短路；插座检测结果________（正常/损坏）。

任务评价

对本学习任务进行评价，见表 3-3-7。

表 3-3-7　任务评价表

考核内容	考核标准	自我评价				小组评价			
		A	B	C	D	A	B	C	D
准备工作	准备实训任务中使用到的仪器仪表，做基本的清洁、保养及检查，酌情评分								
安装设计	绘制电路图								
白炽灯照明线路的安装	1.正确使用万用表 2.元器件好坏检查判断 3.元器件布置合理 4.线路连接正确								
通电试验	安装线路错误，造成短路、断路故障，每通电 1 次降低等级								
安全文明生产	违反安全文明操作规程为 D 等								
整理工位	整理工具，清洁工位								
总备注	造成设备、工具人为损坏或人身伤害的，本学习任务不计成绩								
综合评价	自我评价		等级		签名				
	小组评价		等级		签名				
教师评价						签名： 日期：			

任务 4　安装荧光灯照明电路

任务目标

知识目标

（1）了解荧光灯照明电路的组成及各部件的结构和作用。

（2）理解荧光灯照明电路的工作原理和电路分析。

（3）掌握荧光灯照明线路的安装、接线方法及故障检修方法。

能力目标

（1）进一步熟练掌握电工工具的使用方法。

（2）会绘制荧光灯控制电路电气原理图。

（3）会根据荧光灯照明线路原理图安装接线并进行故障检修。

任务分析

荧光灯是日常生活中常见的一种光源，它具有发光效率高、光线柔和、使用寿命长等特点，常作为大范围照明使用。安装和检修荧光灯照明电路是维修电工的一项基本技能。

知识准备

一、基础知识

1. 纯电感电路

1）电感的基本概念

通常当一个线圈的电阻小到可以忽略不计的程度，这个线圈在交流电路中便可以看成一个纯电感元件，电路符号为—⌒⌒⌒—，文字符号为L，将它接到交流电源上就构成纯电感电路。

自感电势用e_L表示，其大小为

$$e_L = -N\frac{\Delta\phi_L}{\Delta t} = -L\frac{\Delta_i}{\Delta_t}$$

式中 N——线圈匝数；

$\frac{\Delta\phi_L}{\Delta t}$——每匝线圈自感磁通的变化率；

–（负号）——自感电势的方向；

L——自感，自感L的单位是亨利，简称亨（H），有时用单位毫亨（mH）或微亨（μH）表示。

$$1\text{H} = 10^3\text{mH} = 10^3\text{H}$$

当交流电通过电感线圈时，要受到感抗的作用，其感抗表达式为

$$X_L = 2\pi fL$$

式中 X_L——感抗（Ω）；

L——电（自）感（H）；

f——交流电频率（Hz）。

2）纯电感电路

如图3-4-1（a）所示为一纯电感电路，为分析方便，以电流为参考正弦量，且初相为零，则纯电感电路中的电压、电流的波形如图3-4-1（b）所示。可见，纯电感电路的电压和电流是同频率的正弦量，而且电压的相位超前电流90°，即电流$i = I_m\sin\omega t$，电压$u = U_m\sin(\omega t + \frac{\pi}{2})$。电压、电流的相量图如图3-4-1（c）所示。

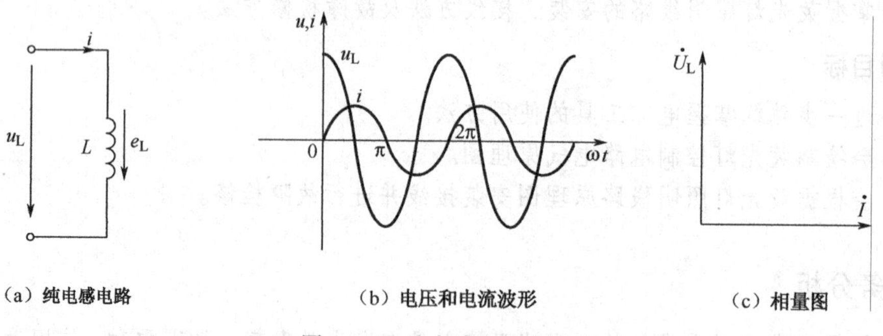

（a）纯电感电路　（b）电压和电流波形　（c）相量图

图3-4-1 纯电感电路分析

在纯电感电路中，瞬时功率可为

$$p = ui = U_{\mathrm{m}}\sin(\omega t+\frac{\pi}{2})\cdot I_{\mathrm{m}}\sin\omega t = U_{\mathrm{m}}\cos\omega t\cdot I_{\mathrm{m}}\sin\omega t = \frac{1}{2}U_{\mathrm{m}}I_{\mathrm{m}}\sin 2\omega t$$

可见，纯电感电路的瞬时功率为两倍电源频率变化的的正弦量，其平均功率（即有功功率）为零。当 $p>0$ 时，电感从电源吸收电能转换成磁场能储存在电感中；当 $p<0$ 时，电感中储存的磁场能转换成电能释放能量。

纯电感电路只发生能量交换，没有能量的消耗，它是一个储能元件。为了衡量能量交换的大小，用电感的无功功率 Q_{L} 表示，无功功率为能量交换过程中瞬时功率的最大值，即

$$Q_{\mathrm{L}} = UI = I^2X_{\mathrm{L}} = \frac{U^2}{X_{\mathrm{L}}}$$

在电工技术中，无功功率 Q 常以（乏）var 为单位。

2. 纯电容电路

1）电容器的基本概念

电容器（简称电容，用字母 C 表示）是由绝缘材料隔开的两块导体组成的电子元件。电容器结构与图形符号如图 3-4-2 所示。电容器的电容量单位有 F（法拉）、mF（毫法）、μF（微法）、nF（纳法）、pF（皮法）。

$$1\text{F}=10^3\text{mF}；\ 1\text{mF}=10^3\mu\text{F}；\ 1\mu\text{F}=10^3\text{nF}；\ 1\text{nF}=10^3\text{pF}$$

最常用的单位是 μF 和 pF，它们之间换算关系是：

$$1\text{F}=10^6\mu\text{F}；\quad 1\mu\text{F}=10^6\text{pF}$$

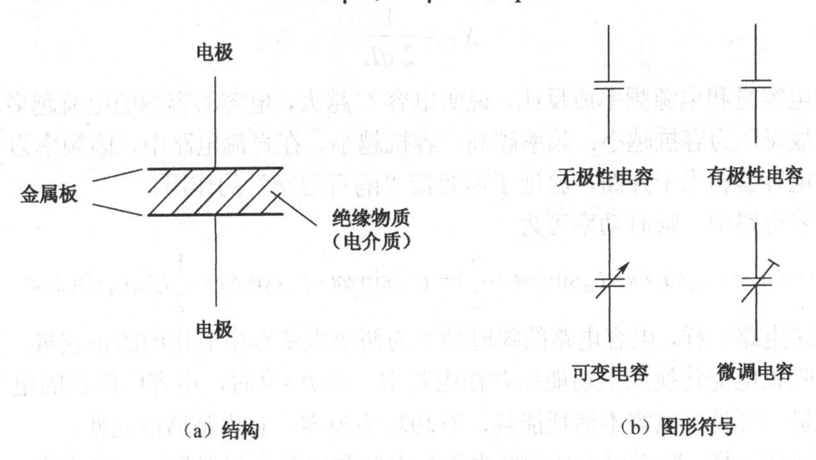

图 3-4-2 电容器结构与图形符号

电容器的主要特性是充电、放电，以及通交流、隔直流。由于电容两极板间是绝缘物质，所以两电极是绝缘的，直流无法通过电容。对于交流而言，利用电容的充电、放电特性来“通过”电容。

电容器的主要作用是储存电荷和电能。电容器接通电源时，两极板间就会积聚电荷，建立电场，形成电压，是一种储能元件。

如果加在电容器两个极板间的电压过高，就会使极间绝缘材料击穿，造成电容器的损坏，为了保证电容器正常工作，制造厂对电容器的正常工作电压有一定的规定。电容器允许使用的最大电压称为电容器的耐压。电容量和耐压是电容器的两个主要技术指标，在工作中选用

电容器时，应满足以上两个要求。

2）纯电容电路

如图 3-4-3（a）所示为一纯电容电路，为分析方便，以电压为参考正弦量，且初相为零，则纯电容电路中的电压、电流的波形如图 3-4-3（b）所示。可见，纯电容电路的电流与电压是同频率的正弦量，而且电流的相位超前电压 90°，即电压 $u = U_{\mathrm{m}}\sin\omega t$，电流 $i = I_{\mathrm{m}}\sin(\omega t + \frac{\pi}{2})$。电压、电流的相量图如 3-4-3（c）所示。

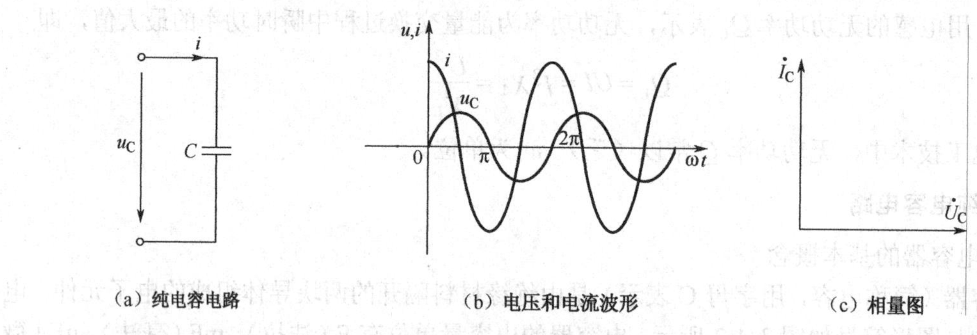

（a）纯电容电路　（b）电压和电流波形　（c）相量图

图 3-4-3　纯电容电路分析

在电容电路中由于电容器的充、放电作用，在电路中形成电流。电流的大小与电压变化的快慢及电容量的大小有关。为了表示电容器在交流电路中对电流的作用，引入电容电抗 X_C，X_C 简称容抗，单位为 Ω。表达式为

$$X_C = \frac{1}{2\pi fL}$$

容抗与电容量和电源频率成反比，说明电容 C 越大，电容器容纳的电荷越多，充放电电流就越大，故表现为容抗越小；频率越高，容抗越小。在直流电路中，因频率为零，容抗趋向无穷大，电容器相当于开路，验证了电容器“隔直通交”的作用。

在纯电容电路中，瞬时功率可为

$$p = ui = U_{\mathrm{m}}\sin\omega t \cdot I_{\mathrm{m}}\sin(\omega t + \frac{\pi}{2}) = U_{\mathrm{m}}\sin\omega t \cdot I_{\mathrm{m}}\cos\omega t = \frac{1}{2}U_{\mathrm{m}}I_{\mathrm{m}}\sin 2\omega t$$

和纯电感电路一样，电容电路的瞬时功率为两倍电源频率变化的的正弦量。当 $p > 0$ 时，电容从电源吸收电能转换成电场能储存在电容中；当 $p < 0$ 时，电容中储存的电场能转换成电能释放能量。可见，电容不消耗能耗，有功功率为零，它也是储能元件。

和电感元件一样，同样用无功功率来衡量电容与电源之间能量的交换规模。电容的无功功率为

$$Q_C = UI = I^2 X_C = \frac{U^2}{X_C}$$

3. *RL* 串联电路

一个实际线圈在它的电阻不能忽略不计时，可以等效成电阻与电感的串联电路，如图 3-4-4（a）所示，由于串联电路中，各元件通过的电流是相同的，所以为分析方便，以电流为参考正弦量，且初相为零，即

$$i = I_{\mathrm{m}}\sin\omega t$$

由两种元件的电压、电流关系可知，电阻上产生一个与电流同相的电压降，即

$$U_{\mathrm{R}} = RI_{\mathrm{m}}\sin\omega t = U_{\mathrm{Rm}}\sin\omega t$$

电感电压超前电流，即

$$U_{\mathrm{L}} = X_{\mathrm{L}}I_{\mathrm{m}}\sin(\omega t + \frac{\pi}{2}) = U_{\mathrm{Lm}}(\omega t + \frac{\pi}{2})$$

且

$$u = U_{\mathrm{R}} + U_{\mathrm{L}} = U_{\mathrm{Rm}}\sin\omega t + U_{\mathrm{Lm}}\sin(\omega t + \frac{\pi}{2})$$

$$u = U_{\mathrm{m}}\sin(\omega t + \frac{\pi}{2})$$

RL 串联电路的相量图如图 3-4-4（b）所示。

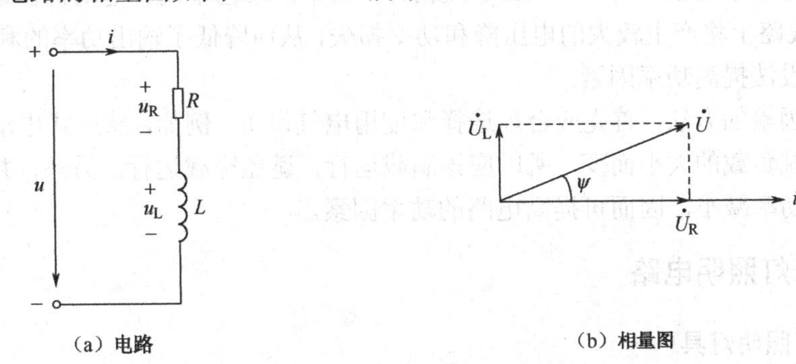

（a）电路　　（b）相量图

图 3-4-4 *RL* 串联电路及相量图

根据相量图可见，电源电压相量为电阻电压和电感电压相量之和，即

$$U = \sqrt{U_R^2 + U_L^2}$$

由此，可得电压三角形，如图 3-4-5（a）所示。

根据 $U_{\mathrm{R}}=IR$，$U_{\mathrm{L}}=X_{\mathrm{L}}I$，则

$$U = \sqrt{U_{\mathrm{R}}^2 + U_{\mathrm{L}}^2} = \sqrt{R^2 + X_{\mathrm{L}}^2}I$$

其中，$|Z| = \sqrt{R^2 + X_{\mathrm{L}}^2}$，称为电阻和电感串联电路的阻抗，单位是Ω（欧姆）。则阻抗$|Z|$，电阻 R 和感抗 X_{L} 也可构成一个与图 3-4-5（a）所示相似的三角形，如图 3-4-5（b）所示。

在电阻和电感串联电路中，只有电阻是耗能元件，即电阻消耗的功率就是该电路的有功功率，即

$$P = U_{\mathrm{R}}I = UI\cos\varphi$$

其中，$\cos\varphi$ 称为功率因数，用字母 λ 表示，即 $\lambda = \cos\varphi$，φ 称为功率因数角。

在电阻和电感串联电路中，只有电感才和电源进行能量交换，所以无功功率为

$$Q = U_{\mathrm{L}}I = UI\sin\varphi$$

电路中电流和总电压的乘积定义为视在功率，即

$$S = UI = \sqrt{P^2 + Q^2}$$

则 S、P 和 Q 也可构成功率三角形，如图 3-4-5（c）所示。

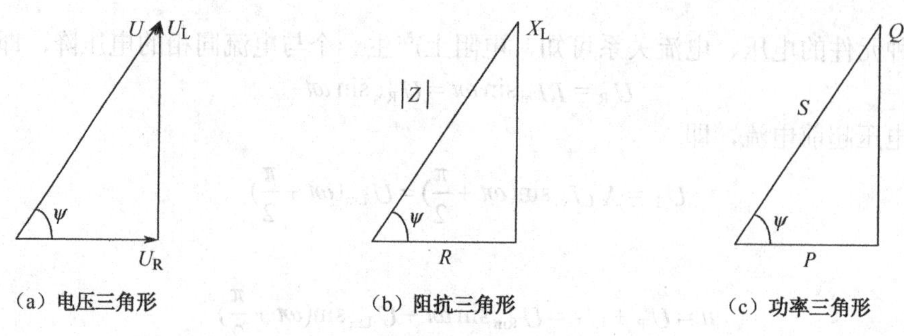

图 3-4-5　RL 串联电路电压、阻抗、功率三角形

电力系统的大多数负荷是感应电动机，在正常运行时，$\cos\varphi$ 一般在 0.7～0.85 之间。但在电动机空载时功率因素只有 0.2～0.3。轻载时，功率因素也不高。电动机在这两种状态下工作时，输电线路上将产生较大的电压降和功率损失，从而降低了输出功率的利用率。因此，实际工作中应设法提高功率因素。

提高功率因素的方法，首先应合理选择和使用电气设备。例如，感应式电动机的功率因素随所带的机械负载的大小而变，所以应该满载运行，避免空载运行。另外，并联电容器会使电路总无功功率减小，因而可提高电路的功率因素。

二、荧光灯照明电路

1．荧光灯照明灯具

荧光灯俗称日光灯，是应用比较普遍的一种电光源，荧光灯照明电路由灯管、镇流器、启动器三个主要部件组成。

（1）灯管：是一根 15～18mm 直径的真空玻璃管，管内壁上涂上一层荧光粉，灯管两端各装一组用钨丝制成的灯丝，灯丝通有电流时，发射大量电子。管内抽成真空后充有一定量的氩气和少量水银。当管内产生弧光放电时，发出一种波长极短的不可见光，这种光被荧光粉吸收后转换成近似日光的可见光，如图 3-4-6 所示。

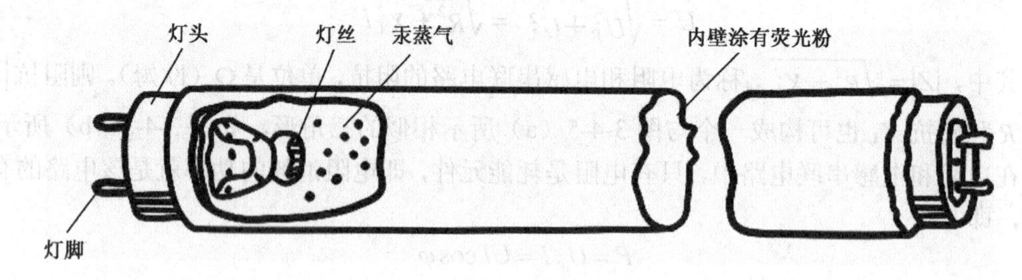

图 3-4-6　荧光灯灯管的结构

（2）镇流器：是带有铁芯的电感线圈，具有自感作用，与启动器配合产生脉冲高压使灯管起辉工作；另外，当荧光灯管工作后，灯管的电阻减小，电流增大，此时镇流器起分压限流作用，以免电流过大而烧坏灯管，如图 3-4-7 所示。

（3）启动器：由氖泡和纸质电容组成，氖泡里面封入动、静触片（呈 U 形的双金属片）。启动器的作用是使起辉支路接通和自动断开，它相当于一个开关，如图 3-4-8 所示。

（4）灯座、灯架。

常用的灯座有开启式和插入式，灯座、灯架如图 3-4-9 所示。

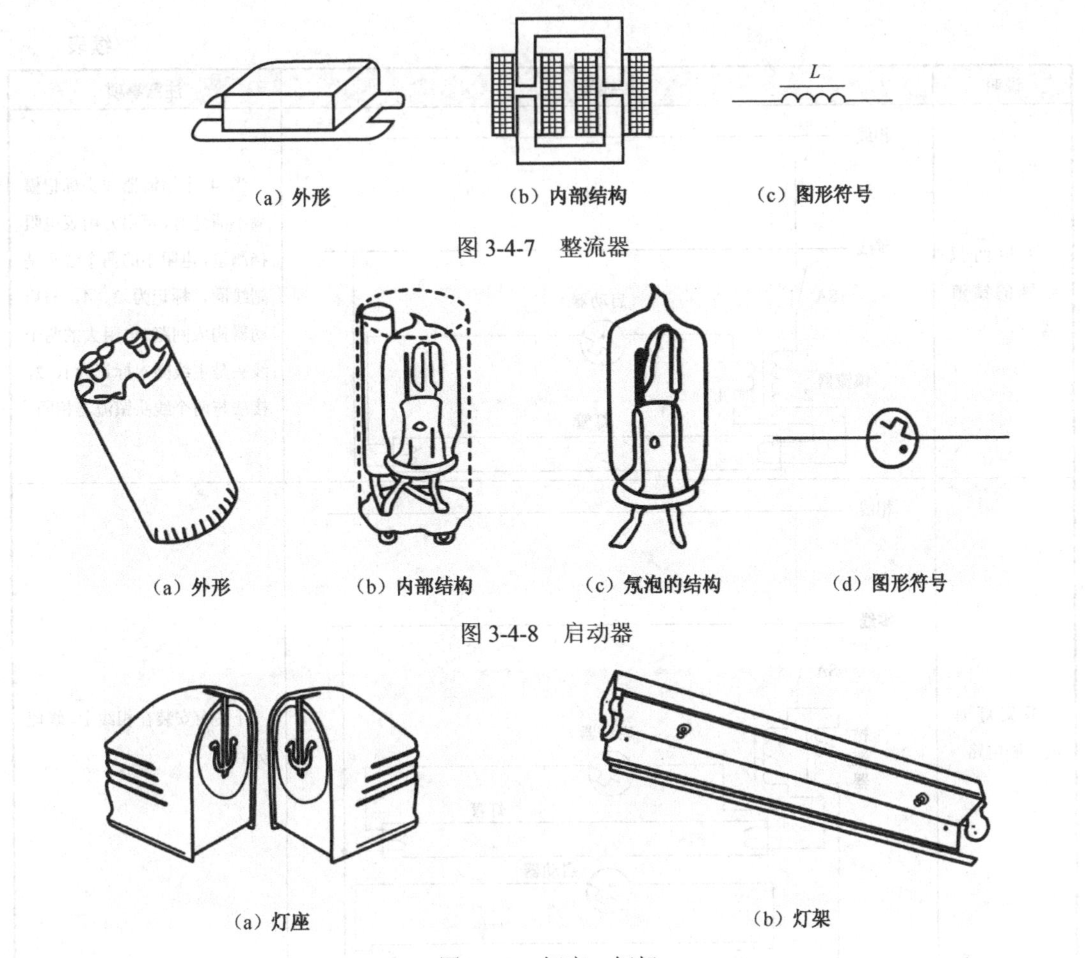

(a) 外形　(b) 内部结构　(c) 图形符号

图 3-4-7　整流器

(a) 外形　(b) 内部结构　(c) 氖泡的结构　(d) 图形符号

图 3-4-8　启动器

(a) 灯座　(b) 灯架

图 3-4-9　灯座、灯架

2. 荧光灯照明电路的接线方式

荧光灯照明电路及接线见表 3-4-1。

表 3-4-1　荧光灯照明电路及接线

说明	接线图	注意事项
采用一般镇流器	相线 零线 SA 镇流器 灯管 启动器	开关应安装在相线上，修理安全

续表

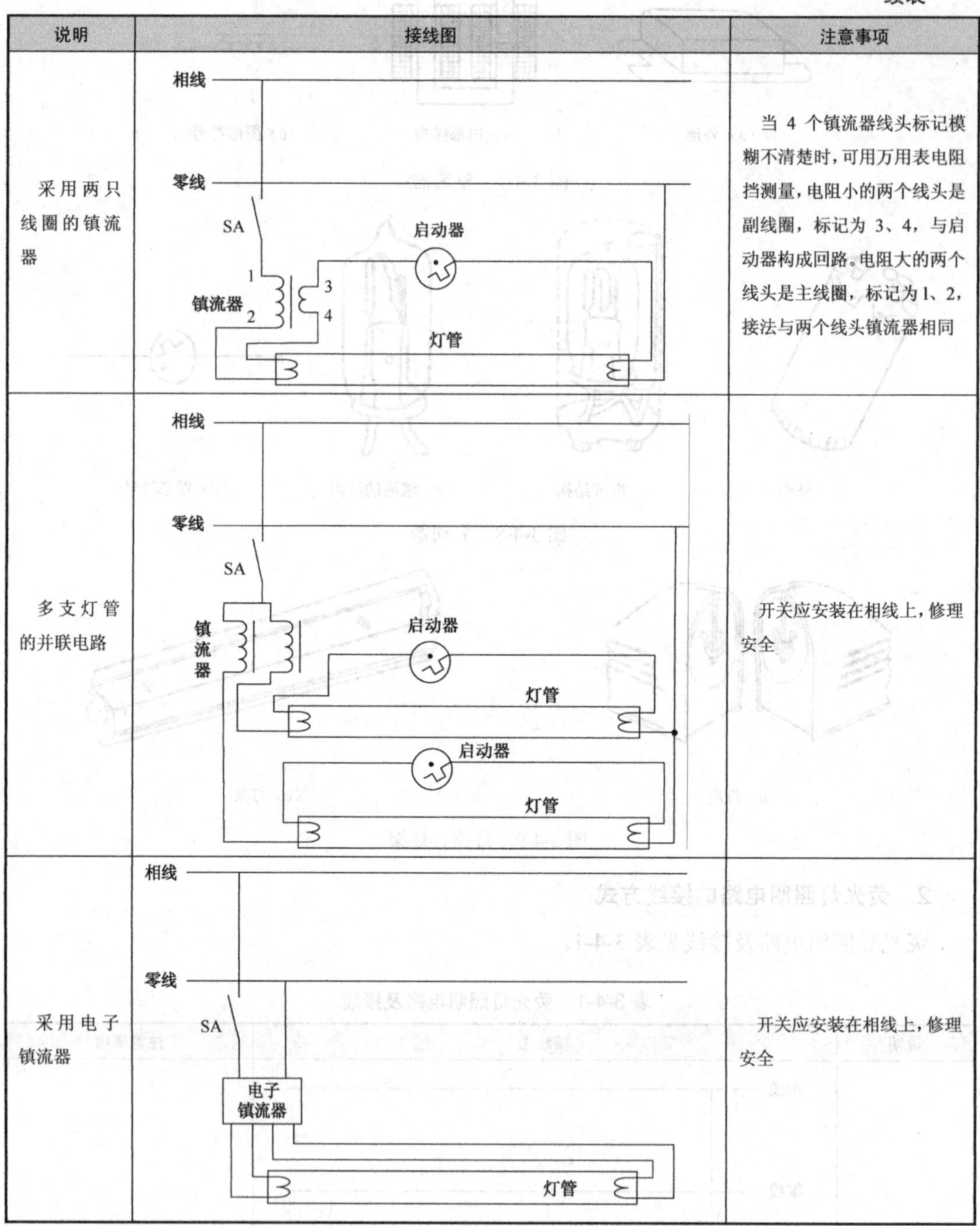

说明	接线图	注意事项
采用两只线圈的镇流器		当 4 个镇流器线头标记模糊不清楚时，可用万用表电阻挡测量，电阻小的两个线头是副线圈，标记为 3、4，与启动器构成回路。电阻大的两个线头是主线圈，标记为 1、2，接法与两个线头镇流器相同
多支灯管的并联电路		开关应安装在相线上，修理安全
采用电子镇流器		开关应安装在相线上，修理安全

3. 荧光灯照明电路的工作原理

荧光灯工作全过程分起辉和工作两个阶段，其工作原理如下。

1）起辉阶段

如图 3-4-10（a）所示，接通电源，可以把开关、镇流器、灯丝和启动器看成串联在一起的。灯丝通电后发热，但荧光灯属长管放电发光类型，起辉前内阻较高，灯丝预热发射的

电子不能使灯管内形成回路，须要施加较高的脉冲电压。此时灯管内阻很大，镇流器接近空载，其线圈两端的电压降极小，电源电压大部分加在启动器的动、静触片之间，在较高电压的作用下，氖泡内动、静两触片之间就产生辉光放电而逐渐发热，U 形双金属片因温度上升而动作，触及静触片，于是就形成起辉状态的电流回路。动静触片接通后，氖气停止放电，U 形双金属片随温度下降而复位，动、静触片分离。于是，在电路中形成了一个触发，使镇流器电感线圈中产生较高的感应电动势，出现瞬时高压脉冲；在脉冲电动势作用下，促使管内氩气首先电离而引起弧光放电，随着弧光放电而使管内温度升高，热量又使管内水银蒸发，变成水银蒸气。当水银蒸气被电离而导电时，能发出大量紫外线，辐射出来的紫外线激励管壁上的荧光粉，使它发出柔和而近似日光的白色光，如图 3-4-10（b）所示。

2）工作阶段

灯管起辉后，内阻下降，镇流器由于其高电抗，两端的电压降随即增大，加在氖泡两极间的电压也就大为下降，已不足以引起极间辉光放电，两触片保持分断状态，不起作用；电流即由灯管内气体电离而形成通路，灯管进入工作状态，如图 3-4-10（c）所示。

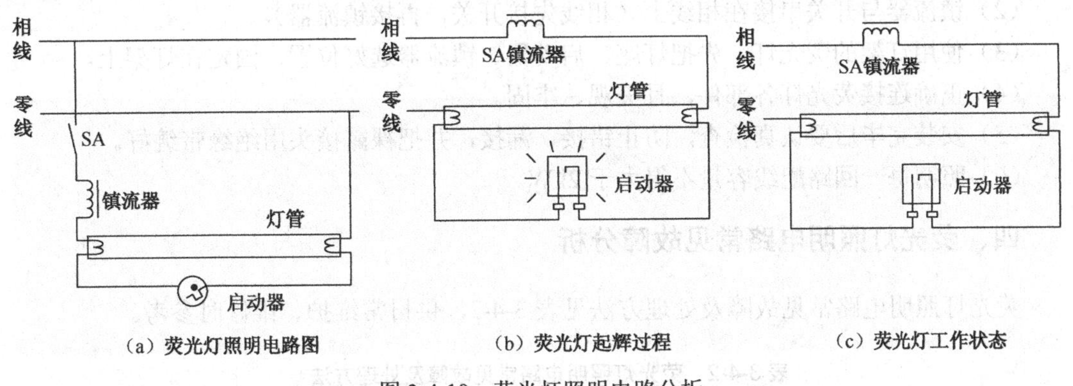

（a）荧光灯照明电路图　（b）荧光灯起辉过程　（c）荧光灯工作状态

图 3-4-10　荧光灯照明电路分析

从上面分析可以看出，启动器实质上就是一个自动开关，在没有它的时候，也可以用一个手动开关代替。

4. 荧光灯照明电路的分析

灯管可视为电阻性负载，镇流器是一个电感线圈，因此在工作状态下荧光灯照明电路可以看成电阻、电感串联的单相交流电路，即 RL 串联电路，其等效电路如图 3-4-11 所示。

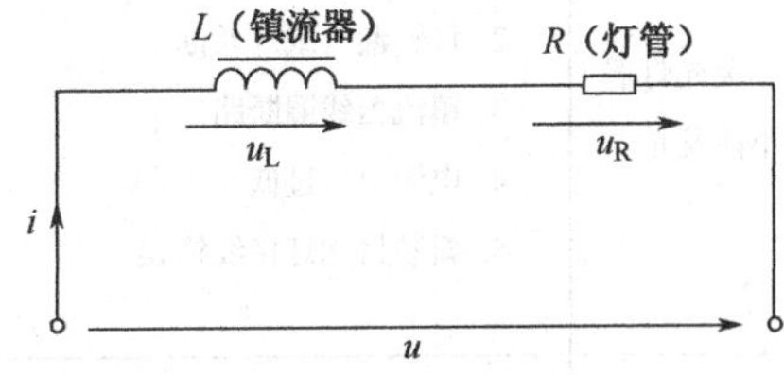

图 3-4-11　荧光灯照明电路等效电路

RL 串联电路存在以下关系。

电压：

$$U=\sqrt{U_R^2+U_L^2}$$

电路的总阻抗：

$$Z=\sqrt{R^2+X_L^2}$$

电路的总视在功率：

$$S=\sqrt{P^2+Q_L^2}$$

上述电压、阻抗和功率的关系，符合直角三角形关系，如图 3-4-12 所示。

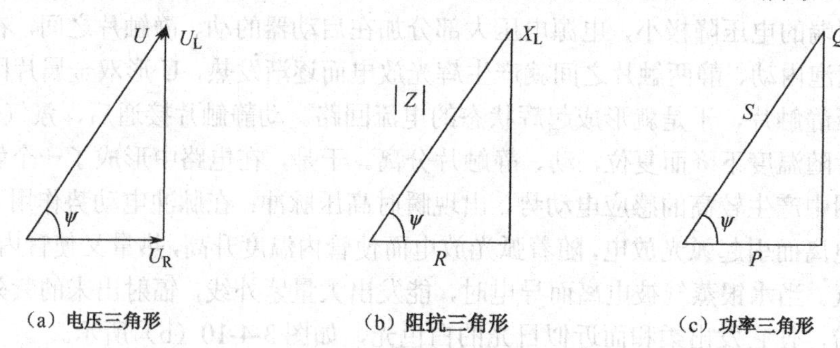

图 3-4-12　荧光灯照明电路电压、阻抗、功率三角形

三、荧光灯照明电路的安装要求

（1）灯管、镇流器、启动器三者功率一致必须配套。

（2）镇流器与开关串接在相线上（相线先接开关，再接镇流器）。

（3）使用灯架的荧光灯，先把灯座、启动器、镇流器选好位置，固定在灯架上。

（4）正确连接荧光灯各部件，且美观、牢固。

（5）安装完毕后要认真检查，防止错接、漏接，并把裸露接头用绝缘带缠好。

（6）照明每一回路配线容量不得大于 2kW。

四、荧光灯照明电路常见故障分析

荧光灯照明电路常见故障及处理方法见表 3-4-2，供日常维护、维修时参考。

表 3-4-2　荧光灯照明电路常见故障及处理方法

故障现象	产生故障的可能原因	处理方法
荧光灯管不能发光	1. 灯座或启动器底座接触不良 2. 灯管漏气或灯丝断 3. 镇流器线圈断路 4. 电源电压过低 5. 新装日光灯接线错误	1. 转动灯管，使灯管四极和灯座四夹座接触，使启动器两极与底座二铜片接触，找出原因并修复 2. 用万用表检查或观察荧光粉是否变色，若确认灯管坏，可换新灯管 3. 修理或调换镇流器 4. 不必修理 5. 检查线路并正确接线
荧光灯灯光抖动或两头发光	1. 接线错误或灯座灯脚松动 2. 启动器氖泡内动、静触片不能分开或电容器击穿 3. 镇流器配用规格不合适或接头松动 4. 灯管陈旧，灯丝上电子发射物质将放尽，放电作用降低 5. 电源电压过低或线路电压降过大 6. 气温过低	1. 检查线路或修理灯座 2. 将启动器取下，用两把螺丝刀的金属头分别触及启动器底座两块铜片，然后相碰，并立即分开，如灯管能跳亮，则判断启动器已坏，应更换启动器 3. 调换适当镇流器或加固接头 4. 调换灯管 5. 如有条件应升高电压或加粗导线 6. 用热毛巾对灯管加热

续表

故障现象	产生故障的可能原因	处理方法
灯管两端发黑或生黑斑	1. 灯管陈旧，寿命将终的现象 2. 如为新灯管，可能因启动器损坏使灯丝发射物质加速挥发 3. 灯管内水银凝结是灯管常见现象 4. 电源电压太高或镇流器配用不当	1. 调换灯管 2. 调换启动器 3. 灯管工作后即能蒸发或将灯管旋转 180° 4. 调整电源电压或调换适当的镇流器
灯光闪烁或光在管内滚动	1. 新灯管暂时现象 2. 灯管质量不好 3. 镇流器配用规格不符或接线松动 4. 启动器损坏或接触不好	1. 开用几次或对调灯管两端 2. 换一根灯管试一试有无闪烁 3. 调换合适的镇流器或加固接线 4. 调换启动器或使启动器接触良好
灯管广度减低或色彩转差	1. 灯管陈旧的必然现象 2. 灯管上积垢太多 3. 电源电压太低或线路电压降太大 4. 气温过低或冷风直吹灯管	1. 调换灯管 2. 清除灯管积垢 3. 调整电压或加粗导线 4. 加防护罩或避开冷风
灯管寿命短或发光后立即熄灭	1. 镇流器配用规格不合或质量较差，或镇流器内部线圈短路，致使灯管电压过高 2. 受到剧震，使灯丝震断 3. 新装灯管因接线错误将灯管烧坏	1. 调换或修理镇流器 2. 调换安装位置或更换灯管 3. 检修线路
镇流器有杂音或电磁声	1. 镇流器质量较差或其铁芯的硅钢片未夹紧 2. 镇流器过载或其内部短路 3. 镇流器受热过度 4. 电源电压过高引起镇流器发出声音 5. 启动器不好，引起开启时辉光杂音 6. 镇流器有微弱声音，但影响不大	1. 调换镇流器 2. 调换镇流器 3. 检查受热原因并消除 4. 如有条件设法降压 5. 调换启动器 6. 是正常现象，可用橡皮垫衬，以减少震动
镇流器过热或冒烟	1. 电源电压过高或容量过低 2. 镇流器内线圈短路 3. 灯管闪烁时间长或使用时间太长	1. 有条件可调低电压或换用容量较大的镇流器 2. 调换镇流器 3. 检查闪烁原因或减少连续使用的时间

一、准备工作

（1）材料和工具清单见表 3-4-3。

表 3-4-3 材料及工具清单

序号	名 称	型 号	数 量	备 注
1	荧光灯	220V/20W	1	
2	启动器	4-40W	1	
3	镇流器	20W	1	
4	开关	220V/5A	1	
5	荧光灯座	220V/3A	2	

续表

序号	名　称	型　号	数　量	备　注
6	万用表	MF47	1	
7	电工工具		1	

（2）理解日光灯照明电路原理及工作原理，了解各元器件的图形符号、文字符号。

（3）照明灯具的检测。

（4）按图安装接线，了解荧光灯照明线路的安装工艺和要求。

二、实训操作

1. 实训任务要求

检查荧光灯照明灯具，绘制荧光灯照明电路图，按图接线，并通电试验。

请你根据实际照明基本需求，以小组为单位（每组两人），用 A3 图纸绘制荧光灯照明电路原理图，检测安装所需元器件，并在实训安装板上模拟室内照明线路安装接线，经检查无误后通电试验。

2. 安装荧光灯照明电路步骤

安装步骤如下。

① 元器件检测：荧光灯、灯座、开关、镇流器、启动器。

② 安装电气元件。

③ 连接电气线路。

④ 通电前线路检测，通电试验。

荧光灯照明电路安装过程如图 3-4-13 所示。

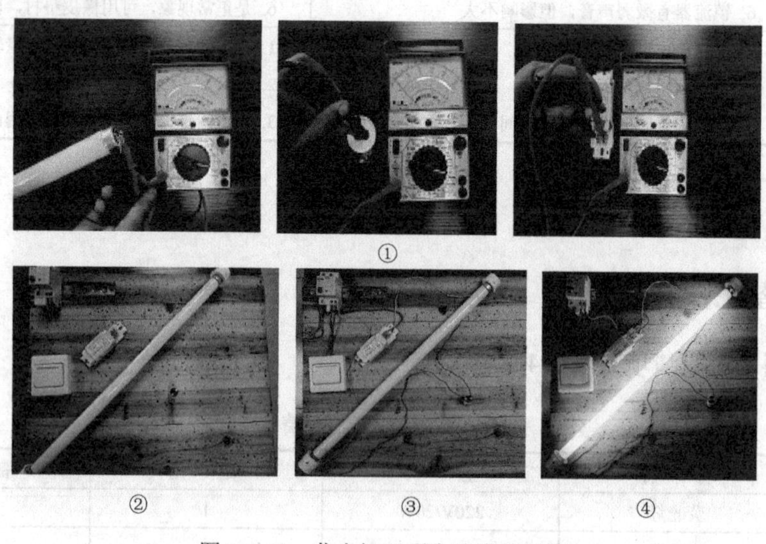

图 3-4-13　荧光灯照明电路安装过程

3. 测量并记录相关数据。

（1）检查荧光灯外观:＿＿＿＿＿＿＿＿＿＿（完好/有损坏/其他说明）；万用表拨至 $R\times100\Omega$

挡，两只表笔分别接触灯管两侧两灯脚，测量灯丝阻值是 ________、 _______Ω。

结论 1：荧光灯检测结果________（正常/损坏）。

（2）检查灯座外观:________________（完好/有损坏/其他说明）；万用表拨至 $R\times 1\Omega$ 挡，检测灯座两插孔间的电阻值是_________Ω，灯座________（是/否）短路。

结论 2：灯座检测结果_______（正常/损坏）。

（3）检查开关外观：________________（完好/有损坏/其他说明）；万用表拨至 $R\times 1\Omega$ 挡，测量开关通断情况，记录测量值，填写表 3-4-4。开关图形符号如图 3-4-14 所示。

A a

图 3-4-14 开关图形符号

表 3-4-4 测量开关阻值记录表

开关通断情况	电阻值（Ω）	
拨动按钮（接通）	A-a	
拨动按钮（断开）	A-a	

结论 4：开关通、断_________（正常/异常/其他情况说明）。

（4）检查镇流器外观：____________（完好/有损坏/其他说明）；万用表拨至 $R\times 100\Omega$ 挡，分别测量镇流器两组线圈电阻，$R_{12}=$_______Ω，$R_{34}=$______Ω。

结论 5：镇流器检测结果_______（正常/损坏）。

（5）检查启动器外观：______________（完好/有损坏/其他说明）。

结论 6：启动器结果_______（完好/损坏）。

任务评价

对本学习任务进行评价，见表 3-4-5。

表 3-4-5 任务评价表

考核内容	考核标准	自我评价				小组评价			
		A	B	C	D	A	B	C	D
准备工作	准备实训任务中使用到的仪器仪表，做基本的清洁、保养及检查，酌情评分								
安装设计	绘制电路图								
荧光灯照明线路的安装	1. 正确使用万用表 2. 元器件好坏检查判断 3. 元器件布置合理 4. 线路连接正确								
通电试验	安装线路错误，造成短路、断路故障，每通电 1 次降低等级								
安全文明生产	违反安全文明操作规程为 D 等								
整理工位	整理工量具，清洁工位								
总备注	造成设备、工具人为损坏或人身伤害的本学习任务不计成绩								

续表

<table>
<tr><th rowspan="2">考核内容</th><th rowspan="2" colspan="4">考核标准</th><th colspan="4">自我评价</th><th colspan="4">小组评价</th></tr>
<tr><th>A</th><th>B</th><th>C</th><th>D</th><th>A</th><th>B</th><th>C</th><th>D</th></tr>
<tr><td rowspan="2">综合评价</td><td>自我评价</td><td></td><td>等级</td><td></td><td colspan="8">签名</td></tr>
<tr><td>小组评价</td><td></td><td>等级</td><td></td><td colspan="8">签名</td></tr>
<tr><td>教师评价</td><td colspan="12">签名：
日期：</td></tr>
</table>

项目总结

（1）正弦交流电有最大值、角频率、初相角三要素，其相互关系式为$\omega=2\pi f=\frac{2\pi}{T}$。

（2）三相电源绕组常用的联结方式有星形（Y）和三角形（△）两种。星形联结时有$U_1=\sqrt{3}U_p$，三角形联结时有$U_1=U_p$。

（3）三相电路的功率关系式为$P=\sqrt{3}U_1I_1\cos\varphi$，$Q=\sqrt{3}U_1I_1\sin\varphi$，$S=\sqrt{3}U_1I_1$。

（4）变压器具有变电压、变电流、变阻抗的功能，其关系式为$I_2=kI_1$，$U_1=kU_2$，$Z_1=k^2Z_2$。

（5）同名端判断方法：将指针式万用表转换开关拨至直流电压 5V；万用表接在匝数较多绕组的两端上，将干电池接在另一侧；接通干电池测开关，观察万用表的偏转方向；若接通瞬间表针正偏、断开时表针反偏，则电压表正极端与干电池正极端为同名端；若接通瞬间表针反偏，则电压表正极端与干电池负极端为同名端。

（6）白炽灯照明电路为纯电阻电路，其相关关系式为$I=\frac{U}{R}$，$P=UI=I^2R=\frac{U^2}{R}$。

（7）白炽灯照明电路的安装步骤：① 元器件检测→② 固定线槽→③ 安装电气元件→④ 连接电气线路→⑤ 通电前线路检测，通电试验。

（8）荧光灯照明电路是 RL 串联电路，其主要关系式为$Z^2=R^2+X_L^2$，$U^2=U_R^2+U_L^2$，$S^2=P^2+Q^2$，即阻抗△、电压△和功率△。

（9）荧光灯照明电路的安装步骤：① 元器件检测→② 安装电气元件→③ 连接电气线路→④ 通电前线路检测，通电试验。

思考与练习题

一、填空题

1. 磁体的两个磁极分别为______ 极和______极，磁极间的相互作用力表现为同名磁极相互____，异名磁极相互______。

2．正弦交流电的三要素是指正弦量的______、______和______。

3．已知正弦量 $i = 7\sqrt{2}\sin(314t + 60°)$ A，则该正弦交流电的最大值是_____A，有效值是A，角频率是____ rad/s，频率是_____ Hz，周期是 _____ s，初相是____ 。

4．我国电能的产生和配送普遍采用三相交流电，称为“ ______ ”。

5．三相电路中，负载的连接方式有_________联结和______联结。

6．变压器接电源部分的绕组称为________ ，同侧称为________ ；与负载相连的绕组称为_______ ，同侧称为________ 。

7．用于测量的变压器称为互感器 ，按用途分为_________和 ________。

8．为确保安全，使用螺口白炽灯时，应把_____线接到灯头的顶级上。

9．荧光灯电路中，启动器的作用是 _____。

二、选择题

1．反映正弦交流电振荡幅度的量是（　　）。

A．最大值　　B．初相位　　C．频率　　D．有效值

2．确定正弦量计时开始位置的是（　　）。

A．幅值　　B．初相位　　C．频率　　D．有效值

3．反映正弦量随时间变化快慢程度的量是（　　）。

A．振幅　　B．初相位　　C．频率　　D．瞬时值

4．在照明电路中，我们使用单相交流电，该交流电有效值和工频分别是（　　）。

A．200 V、55 Hz　　B．220 V、50 Hz　　C．380 V、50 Hz　　D．311 V、55 Hz

5．使用钳形电流表测量交流电时，以下（　　）描述正确。

A．测量结束应将挡位开关拨至最小挡位处

B．转换挡位前，不必脱离待测线路，直接转换量程开关

C．待测线路电压不能超过该钳形电流表规定的使用电压

D．若无法估计待测电流大小，应从小至大逐级选择合适挡位

6．对于（　　）负载而言，可采用三相三线制星形联结。

A．不对称　　B．对称　　C．照明　　D．电阻

7．星形联结电路的线电压和相电压的数量关系为（　　）。

A．$U_l = \sqrt{3}U_p$　　B．$U_l = \sqrt{2}U_p$　　C．$U_l = U_p$　　D．以上答案都不对

8．三角形联结电路的线电流和相电流的数量关系为（　　）。

A．$I_l = \sqrt{3}I_p$　　B．$I_l = \sqrt{2}I_p$　　C．$I_l = I_p$　　D．以上答案都不对

9．按照变压器的用途，可分为电力变压器和（　　）变压器。

A．单相　　B．三相　　C．大型　　D．特种

10．以下关于变压器工作原理的描述，正确的是（　　）。

A．变压器只能传递交流电能，无法产生电能

B．主磁通大小只由一次线圈匝数决定

C．负载变化对一次侧无影响

D．以上答案均正确

11．一理想变压器，一次线圈匝数为N_1，电压为U_1，电流为I_1，功率为P_1；二次线圈匝数为N_2，电压为U_2，电流为I_2，输出功率为P_2，则（　　）。

A．$\frac{U_2}{U_1}=\frac{N_2}{N_1}$　　B．$\frac{I_2}{I_1}=\frac{N_2}{N_1}$　　C．$\frac{P_2}{P_1}=(\frac{N_2}{N_1})^2$　　D．$\frac{P_2}{P_1}=\frac{N_2}{N_1}$

12．电流互感器的二次绕组电流通常为（　　）。

A．1A　　B．5A　　C．25A　　D．100A

13．电压互感器的二次绕组电压通常为（　　）。

A．1V　　B．5V　　C．25V　　D．100V

14．在感性负载电路中，提高功率因数最有效、最合理的方法是（　　）。

A．串联电阻负载　　B．并联适当的电容器

C．并联感性负载　　D．串联纯电感

三、判断题

1．（　　）正弦交流电的三要素是周期、频率和初相角。

2．（　　）用交流电压表测得某元件两端电压为6V，则该电压的最大值是6V。

3．（　　）电感线圈在直流电路中不呈感抗，因为此时电感量为零。

4．（　　）电容在交流电路中，交流电的频率越高，其容抗越大。

5．（　　）电容元件的容抗是电容电压与电流的瞬时值之比。

6．（　　）灯管工作时，启动器处于断开位置。

四、简答题

1．某变压器容量为150V·A，效率为80%，电压为220V/36V，则最多能向几台“36V/40W”的设备供电？

2．插座安装的注意事项有哪些？

3．电器照明的基本要求是什么？

4．导线连接的基本要求是什么？

5．使用钳形电流表测量电流时应注意什么？

6．使用低压验电器（笔）应注意什么？

项目 4 安装继电控制线路

项目目标

知识目标

（1）掌握三相异步电动机的基本知识。

（2）掌握常用低压电器的基本知识。

（3）掌握三相异步电动机典型控制电路的工作原理。

能力目标

（1）正确熟练地拆装三相异步电动机。

（2）会选用合适的低压电器。

（3）会绘制三相异步电动机典型控制电路原理图。

（4）会安装并调试三相异步电动机典型控制电路。

素质目标

培养学生具有良好的责任意识、质量意识、安全意识和环保意识。

项目描述

电动机是将电能转换成机械能的装置，广泛应用于现代各种机械中作为驱动。工业生产中广泛应用着交流电动机，特别是三相异步电动机，它具有结构简单、易于控制、效率高和功率大等许多优点。本项目主要介绍异步电动机的基本知识、常用低压电器的基本知识，以及安装与调试典型的继电控制电路。

任务 1 认识交流电动机

任务目标

知识目标

（1）掌握三相异步电动机的结构、工作原理。

（2）掌握三相异步电动机拆装方法。

能力目标

（1）正确熟练地拆装三相异步电动机。

（2）会对组装电动机进行通电试运行。

任务分析

某班级的学生到企业参观，看见企业维修部门的小组正在对异步电动机进行常规保养，很多同学看见异步电动机内部结构以后，不由得提出很多疑问：电动机是如何转动起来的？电动机有几种类型？内部结构有哪些？

知识准备

交流电机主要分为异步电机和同步电机两大类。异步电机分为异步发电机和异步电动机。异步电动机又分为三相异步电动机和单相异步电动机。本项目主要介绍三相异步电动机。

三相异步电动机具有结构简单、制造方便、价格低廉、运行可靠等优点，还具有较高的运行效率和较好的工作特性，从空载到满载范围内接近恒速运行，能满足大多数生产机械的传动要求。

一、三相异步电动机的基本结构

三相异步电动机的内部结构如图 4-1-1 所示。

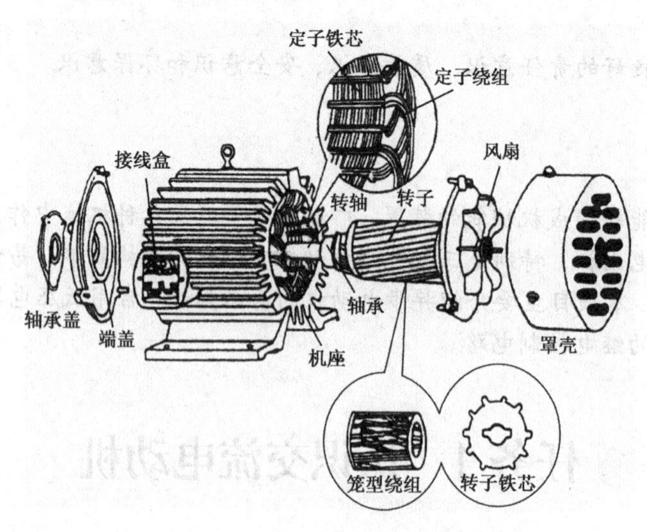

图 4-1-1　三相异步电动机的内部结构

三相异步电动机主要由定子和转子两大部分组成。

1．定子

电动机的静止部分称为定子。定子的作用是产生旋转磁场。

定子由机座、定子铁芯和定子绕组等部件，如图 4-1-1 所示。

机座主要起支撑保护作用。

定子铁芯是电动机磁路的一部分，装在机座里。为了降低定子铁芯里的铁损耗，定子铁芯用 0.5mm 厚的硅钢片叠压而成，在硅钢片的两面涂上绝缘漆，以减小涡流损耗。

定子绕组为三相对称绕组，其嵌放在定子铁芯的圆槽内，三相绕组在空间相差 120°电角度，每相绕组的两端分别用 A-X、B-Y、C-Z 或 U1-U2、V1-V2、W1-W2 表示，高压大、中型容量的异步电动机三相定子绕组通常接成星形，只有三根引出线，对中、小容量的低压异步电动机，通常把定子三相绕组的六根出线头都引出来，根据需要可接成星形或三角形。

2. 转子

转子是电动机的旋转部分。转子的作用是产生感应电流，输出电磁转矩。

转子由转子铁芯、转子绕组和转轴等组成，如图 4-1-1 所示。

转子铁芯是电动机磁路的一部分，用来安放转子绕组，它用 0.5mm 厚的硅钢片叠压而成。铁芯固定在转轴或转子支架上，整个转子的外表呈圆柱形。

转子绕组：分为绕线型和笼型两类。

绕线转子绕组：也是一个三相绕组，三相引出线分别接到转轴上的三个与转轴绝缘的集电环上，通过电刷装置与外电路相连，通过外串电阻改善电动机的启动、调速等性能，如图 4-1-2 所示。

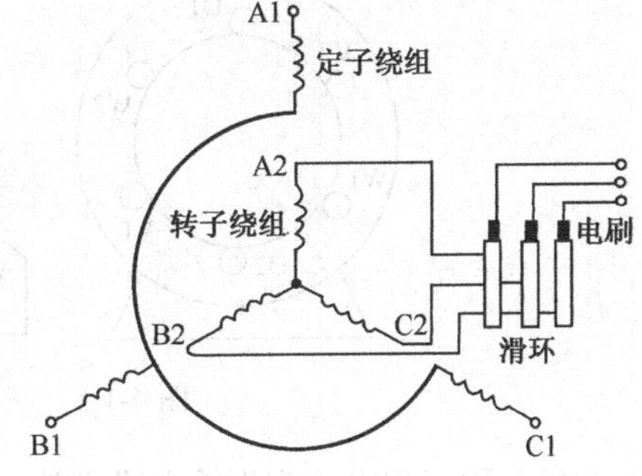

图 4-1-2　绕线转子绕组与外加变阻器连接

笼型绕组：在转子铁芯的每一个槽中插入一根铜条，在铜条两端各用一个铜环（称为端环）把导条连接起来，称为铜排转子，如图 4-1-3 所示。也可用铸铝的方法，把转子导条和端环、风扇叶片用铝液一次浇铸而成，称为铸铝转子，如图 4-1-3 所示。100kW 以下的异步电动机一般采用铸铝转子。笼型绕组结构简单、坚固、成本低。

图 4-1-3　笼型绕组

二、异步电动机的工作原理

1. 三相交流电动机的旋转磁场

旋转磁场就是一种极性和大小不变，且以一定转速旋转的磁场。从理论分析和实践证明，在对称三相绕组中流过对称三相交流电时会产生这种旋转磁场。

（1）对称的三相电流大小相等，相位互差120°，其函数表达式为

$$i_U = I_m \cos\omega t$$

$$i_V = I_m \cos(\omega t - 120^\circ)$$

$$i_W = I_m \cos(\omega t + 120^\circ)$$

对称三相电流的波形如图4-1-4所示。

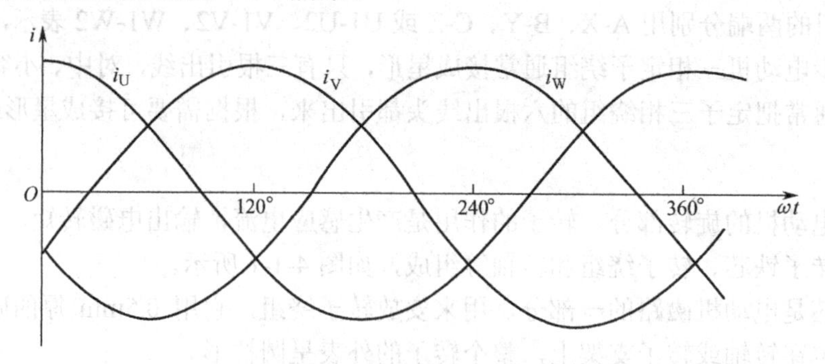

图4-1-4　对称三相电流波形图

（2）三相对称绕组：三个外形、尺寸、匝数都完全相同、首端彼此互隔120°、对称地放置到定子槽内的三个独立的绕组，如图4-1-5所示。

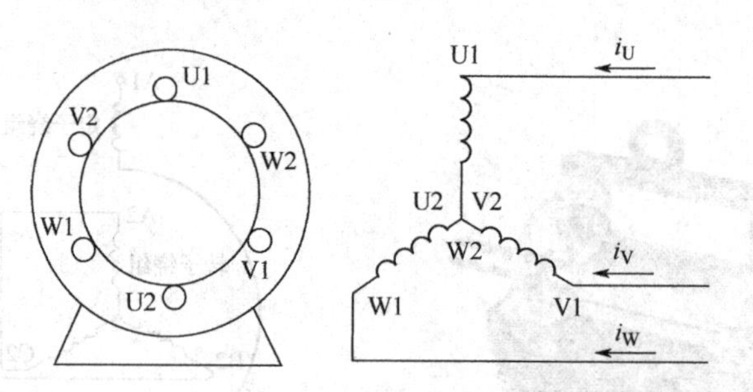

图4-1-5　三相对称绕组

为便于考察对称三相电流产生的合成磁效应，我们通过几个特定瞬间，选择t=60°，t=120°，t=180°三个瞬间，并规定：电流为正时，从每相线圈的首端（U1、V1、W1）流入，由线圈末端（U2、V2、W2）流出；电流为负时，从每相线圈首端（U1、V1、W1）流出，由线圈的末端（U2、V2、W2）流入。用（•）表示流出，用（×）表示流入，如图4-1-6所示。

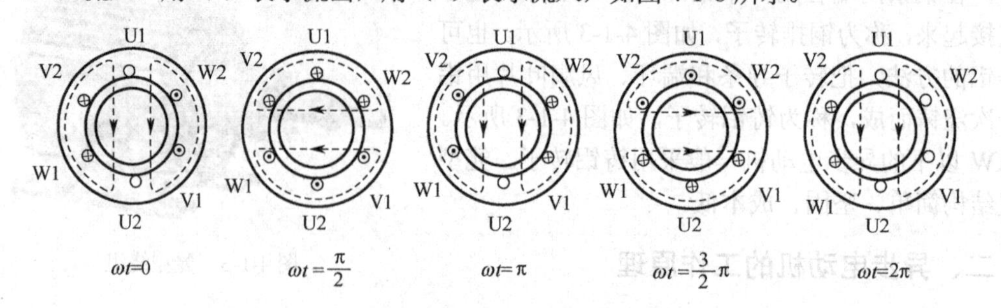

图4-1-6　旋转磁场示意图

由图4-1-6可以看出，当电流从t=0°变化到t=180°时，旋转磁场在空间相应地转过180°，相应地，电流变化一个周期，旋转磁场转过一周。

结论：定子对称三相绕组通入对称三相电流产生旋转磁场。

旋转磁场的转速为

$$n_1=60f/p$$

式中　n_1——同步转速（r/min）。

2．三相异步电动机的工作原理

三相异步电动机定子三相对称交流绕组通入三相对称交流电流时，将在电动机气隙空间产生旋转磁场，转子绕组的导体处于旋转磁场中，转子导体切割磁力线会产生感应电势，根据右手定则可以判断感应电势方向，又因为转子导体通过端环自成闭路，所以转子导体中会通过感应电流。感应电流与旋转磁场相互作用产生电磁力，根据左手定则可以判断电磁力的方向。电磁力作用在转子上将产生电磁转矩，并驱动转子旋转。

三、三相异步电动机定子绕组的接线方式

三相绕组的六个出线端（U1、V1、W1，U2、V2、W2）都引至接线盒上。为了接线方便，这六个出线端在接线板上的排列如图 4-1-7 所示，根据需要可采用星形联结或三角形联结。

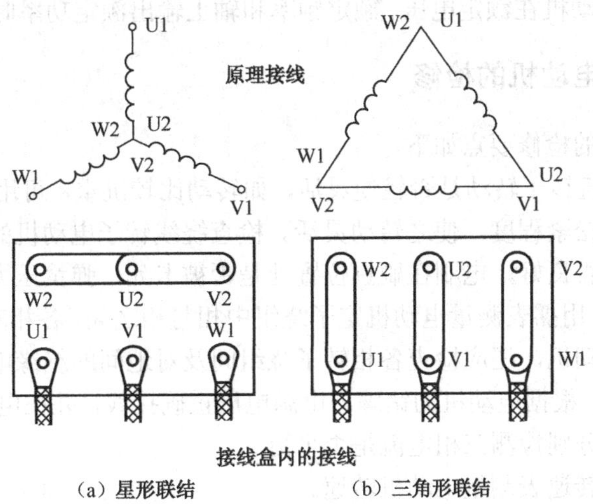

（a）星形联结　　（b）三角形联结

图 4-1-7　三相异步电动机定子绕组的接线方式

四、异步电动机的铭牌

在每一台三相异步电动机的机座上都有一块铭牌，铭牌上标注有型号、额定值等。某电动机铭牌如下：

<table>
<tr><th colspan="4">三相异步电动机</th></tr>
<tr><td colspan="2">型号 Y112M-2</td><td colspan="2">编号××××</td></tr>
<tr><td colspan="2">4kW</td><td colspan="2">8.2A</td></tr>
<tr><td>380V</td><td>2890 r/min</td><td colspan="2">LW 79dB (A)</td></tr>
<tr><td>接法△</td><td>防护等级 IP44</td><td>50Hz</td><td>××kg</td></tr>
<tr><td>JB/T9616—1999</td><td>工作制 s1</td><td>B 级绝缘</td><td>××年××月</td></tr>
<tr><td colspan="4">××电机厂</td></tr>
</table>

1．电动机型号

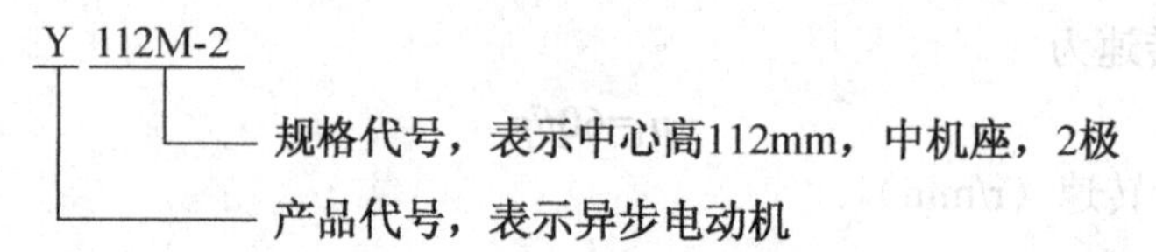

2．额定值

额定值规定了电动机正常运行状态和条件，它是选用、安装和维修电动机时的依据。异步电动机的铭牌上标注的主要额定值如下。

额定功率 P_N：额定运行时，轴上输出的机械功率（kW）。

额定电压 U_N：额定运行状态时，定子绕组应加的线电压（V）。

额定电流 I_N：电动机在额定电压下运行，轴上输出额定功率，流入定子绕组的线电流（A）。

三相异步电动机输出功率为

$$P_N = \sqrt{3} U_N I_N \cos\varphi_N \eta_N$$

额定频率 f_N：电动机所接交流电源的频率。我国电力网的频率（工频）规定为 50Hz。

额定转速 n_N：电动机在额定电压、额定频率和轴上输出额定功率时的转子转速（r/min）。

五、三相异步电动机的检修

三相异步电动机的检修要点如下。

（1）查转子。检查转子转动是否轻便灵活，如转动比较沉重，可用纯铜棒敲端盖，同时调整端盖紧固螺栓的松紧程度，使之转动灵活。检查绕线转子电动机的刷握位置是否正确，电刷与集电环接触是否良好，电刷在刷握位置处是否被卡死，弹簧压力是否均匀等。

（2）测绝缘电阻。用摇表测量电动机定子绕组中相与相之间、各相对地之间的绝缘电阻。对于绕线转子异步电动机，还应检查各相转子绕组间及对地间的绝缘电阻。

（3）测三相电流。根据电动机的铭牌与电源电压正确接线，并在电动机外壳上安装好接地线，用钳形电流表分别检测三相电流是否平衡。

（4）测转速。用转速表测量电动机转速。

（5）其他事项。让电动机空转运行 0.5 h 后，检测机壳和轴承处的温度，观察震动和噪声。对于绕线转子电动机，在空载时还应检查电刷有无火花及过热现象。

任务实施

一、任务准备

工具：拆装工具套装。

仪表：MF47 型万用表、兆欧表、钳形电流表。

器材：三相笼型异步电动机。

二、三相异步电动机的拆装

1. 拆卸方法

（1）准备工具：榔头、打板等。

（2）做好拆卸前的记录、标记和检查。

（3）按照拆卸步骤依次拆卸。

2. 拆卸步骤

拆开端接头，拆卸皮带轮或联轴器，拆卸风罩和风叶，拆卸轴承盖和端盖，抽出转子。三相异步电动机拆卸后的零部件如图 4-1-8 所示。

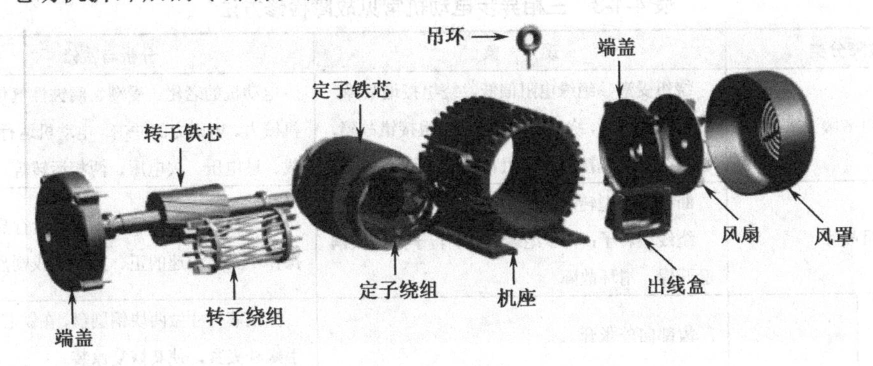

图 4-1-8 三相异步电动机拆卸后的零部件

三、三相异步电动机的检修

1. 准备

维修手动工具：榔头、打板、划线板、压线板、刮线刀、清槽刀。

量具：塞尺、钢板尺、半径量规、游标卡尺、外径千分尺。

常用仪器：兆欧表、万用表、钳形电流表、转速表。

常用仪表：短路侦察器、轴承故障测试仪、单臂电桥、双臂电桥、直流高压试验仪、交流耐压试验仪。

2. 三相异步电动机的检修步骤

（1）外观检查。电动机外观______（良好/破损/其他情况说明）。

（2）转子检查。转子转动______（是/否灵活等）。

（3）测量绝缘电阻值。断开电源，对地放电→校对兆欧表：兆欧表校对________（正常/异常/其他说明）→测量对地绝缘电阻，填写表 4-1-1→测量相间绝缘电阻，填写表 4-1-2→电动机对地放电→恢复线路。

表 4-1-1 对地绝缘电阻

测量内容	阻　值	结　论
L_1—外壳		
L_2—外壳		
L_3—外壳		

表 4-1-2　相间绝缘电阻

测量内容	阻　　值	结　　论
L_1—L_2		
L_1—L_3		
L_2—L_3		

3. 三相异步电动机故障检修

三相异步电动机故障主要有定子绕组故障、转子绕组故障、机械部分故障。三相异步电动机常见故障检修方法见表 4-1-3。

表 4-1-3　三相异步电动机常见故障检修方法

故障分类		现　　象	分析与检修
定子绕组故障		绕组受潮、绝缘电阻偏低，绕组接地故障，绕组短路故障，绕组断路故障，绕组接错故障，极相组嵌反或接反，绕组首尾端接错	电动机的老化、受潮、腐蚀性气体的侵入，机械力、电磁力的冲击，电动机运行中长期过载、过电压、欠电压、两相运转等
转子绕组故障		断条（笼型转子） 绕线型转子：转子绝缘下降、转子并接头铜套开焊、滑环故障	转子材料或制造质量不佳，运行启动频繁、操作不当，急速的正、反转造成剧烈冲击
机械部分故障	铁芯故障	齿部向外张开	按铁芯尺寸做两块钢圆盘，在铁芯两端用双手螺杆夹紧，使其恢复原装
		齿根烧断	将断齿凿掉，清除毛刺后，填上绝缘胶
		铁芯松动	在机壳上另加固定螺钉，或用电焊焊牢，将铁芯固定
		铁芯烧伤	用小铲子修理“铁瘤”，然后将碎屑清扫干净，再涂上一层绝缘漆
	轴承故障	明显的滚动或振动声	轴承间隙过大
		声音发哑	润滑油有杂质
		不规则的撞击声	滚珠或轴承圈有破裂现象
		轴承有尖叫声，并夹有滚动声	严重缺油

任务评价

对本学习任务进行评价，见表 4-1-4。

表 4-1-4　任务评价表

考核内容	考核标准	自我评价				小组评价			
		A	B	C	D	A	B	C	D
准备工作	准备实训任务中使用到的仪器仪表，做基本的清洁、保养及检查，酌情评分								
异步电动机检前的检查	1. 检查电动机机座与端盖有无裂缝 2. 检查电动机转子有无轴向窜动 3. 检查电动机转轴转动情况 4. 在冷态下测量定子绕组的直流电阻 5. 在冷态下测量定子绕组的绝缘电阻								

续表

考核内容	考核标准	自我评价				小组评价			
		A	B	C	D	A	B	C	D
电动机的拆卸	1. 拆开对轮螺栓做好记号 2. 使用专用拉具拆卸靠背轮，不准用铁锤敲下靠背轮 3. 拆卸端盖时，必须在端盖接缝处打上记号，两边端盖的记号要有区别 4. 抽出转子，不擦伤铁芯和绕组 5. 使用专用拉具拆卸轴承，不准用铁锤敲打轴承								
电动机的组装	1. 套内轴承盖、盖的凹槽内应加黄油，套轴承至轴颈肩胛为止 2. 转子放入定子膛内，不擦伤铁芯和绕组								
异步电动机定子绕组检修	1. 绘图（异步电动机定子绕组展开图） 2. 记录电动机铭牌上额定数据 3. 定子绕组的拆卸，应尽量保持导线的完整 4. 将铁芯清理干净								
安全文明生产	违反安全文明操作规程为 D 等								
整理工位	整理工具，清洁工位								
总备注	造成设备、工具人为损坏或人身伤害的，本学习任务不计成绩								

综合评价					
综合评价	自我评价		等级		签名
	小组评价		等级		签名
教师评价	签名： 日期：				

任务2　安装单向连续控制线路

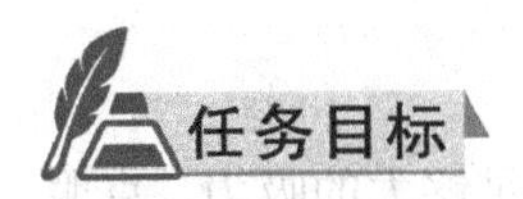

任务目标

知识目标

（1）掌握各种常用低压电器的基本知识。

（2）掌握点动和单向连续运行控制线路的工作原理。

能力目标

（1）正确选用低压元器件。

（2）绘制点动和单向连续运行的电气控制原理图。

（3）会安装调试三相异步电动机的点动和单向连续运行控制线路。

任务分析

某班级的学生到企业参观，正好看到企业人员自如地对电动机进行操控，不由得提出一个疑问，电动机是如何被控制的？

知识准备

常用的低压电器有交流接触器、继电器、按钮开关、螺旋式熔断器等。

一、交流接触器

交流接触器是在按钮或继电器的控制下，运用电磁铁的吸引力使动、静触点闭合或断开的控制电器，主要用来频繁地接通或分断交、直流电路及远距离控制电器。接触器大多用来控制电动机，还可用来控制其他负载，如照明设备、电焊机、电热器等。

1．交流接触器的分类

交流接触器的分类见表4-2-1。

表4-2-1　交流接触器的分类

序　　号	分类方法	种　　类
1	电压等级	高压和低压接触器
2	电流种类	交流和直流接触器
3	操作机构	电磁式、液压式和气动式接触器
4	动作方式	直动式、转动式接触器
5	主触点的极数	单极、双极和三极接触器

电磁式交流接触器应用比较广泛，我们主要介绍电磁式交流接触器。

2．交流接触器的结构和符号

交流接触器的结构、图形符号和文字符号如图4-2-1所示。

3．交流接触器的工作原理

当接触器的线圈通电后，线圈中流过的电流产生磁场，使铁芯产生足够大的吸力，克服反作用弹簧的反作用力，将衔铁吸合，通过传动机构带动三对主触点和辅助常开触点闭合，辅助常闭触点断开。当接触器线圈断电或电压下降时，由于电磁吸力消失或过小，衔铁在反作用弹簧力的作用下复位，带动各触点恢复原始状态。

4．交流接触器的主要技术参数

交流接触器的主要技术参数见表4-2-2。

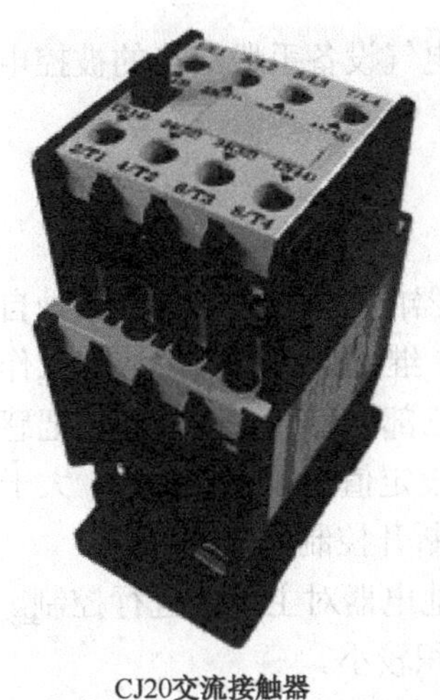

CJ20交流接触器

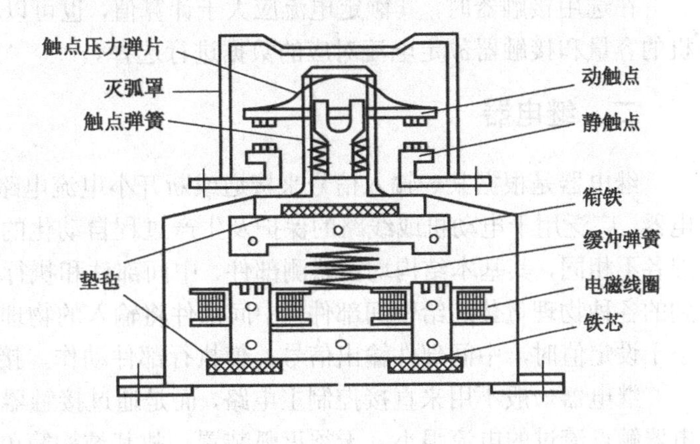

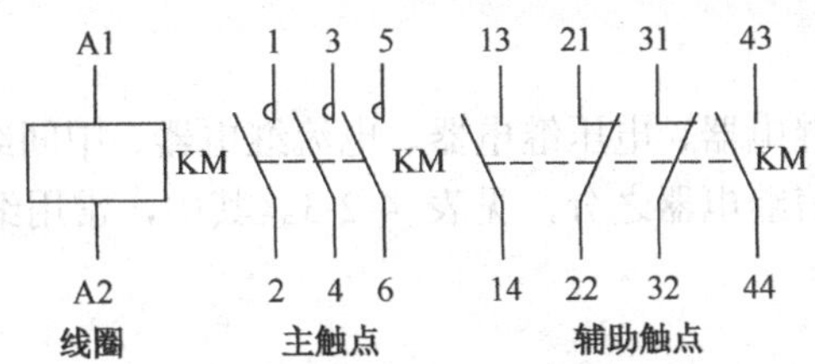

图 4-2-1 交流接触器的结构、图形符号和文字符号

表 4-2-2 交流接触器的主要技术参数

参数	符号	含义及标准
额定电压	u_N	在规定条件下，保证接触器正常工作的电压值。通常，最大工作电压即为额定绝缘电压，指主触点的额定工作电压
额定电流	I_N	主触点的额定工作电流，指在规定的额定电压等条件下，能保证电器正常工作的电流值
通断能力	I	主触点在规定条件下能可靠接通和分断的最大电流，在此电流值不发生触点熔焊、飞弧和过分磨损等
动作值		接触器的吸合电压值和释放电压值。一般规定：吸合电压≥85%U_N，释放电压≤70%U_N，U_N为线圈额定电压
寿命		机械寿命和电寿命。电寿命是指在正常操作条件下，无须修理和更换零件的操作次数。机械寿命数百万次以上，电寿命不小于机械寿命的 1/20
操作频率	f	每小时允许操作的次数，一般为 300、600、1200 次/小时

5. 接触器的选择

（1）接触器的类型应根据电路中负载电流的种类来选择，即交流负载应选用交流接触器，直流负载应选用直流接触器。

（2）被选用的接触器主触点的额定电压应大于或等于负载的额定电压。

在确定接触器主触点电流等级时，如果接触器的使用类别与所控制负载的工作任务相对应时，一般应使主触点的电流等级与所控制的负载相当，或者稍大一些。

（3）对于电动机负载，接触器主触点额定电流为

$$I_N = \frac{P_N \times 10^3}{\sqrt{3}U_N \cos\varphi \times \eta}$$

在选用接触器时，其额定电流应大于计算值，也可以根据电气设备手册给出的被控电动机的容量和接触器额定电流对应的数据进行选择。

二、继电器

继电器是根据某一输入信号来接通或断开小电流电路和电器的控制元件，它是一种自动电器，广泛用于电动机或线路的保护及生产过程自动化的控制。继电器的输入信号和工作原理各不相同，其基本结构均由感测部件、中间部件和执行部件三部分组成。感测部件把感测到的各种物理量传递给中间部件，中间部件将输入的物理量和设定值比较，当达到、大于或小于设定值时，中间部件输出信号，使执行部件动作，接通或断开控制电路。

继电器一般不用来直接控制主电路，而是通过接触器或其他电器对主电路进行控制。继电器触点流过的电流很小，无须灭弧装置，故其结构简单，体积较小。

1. 继电器的分类

控制继电器有保护继电器、电压继电器、电流继电器、中间继电器、时间继电器、热继电器、温度继电器、通信继电器之分，见表 4-2-3。其中，常用继电器有热继电器、中间继电器、时间继电器。

表 4-2-3　继电器的分类

类　型	动作特点	用　途
保护继电器	线圈和触点的控制电流较小，电路通断频率低，要求动作准确可靠，灵敏度高，热稳定性和电稳定性好	用于发电机、变压器和输电线路的保护
电压继电器	热继电器的线圈是并联在电路的感测元件，主电路的电压值达到规定的数值时，继电器动作	主要用于电动机的失电压和过电压保护
电流继电器	其线圈作为电感元件串联在电路中，当电路过流值达到规定的数值，继电器动作	多用于电动机的过载和短路保护
中间继电器	通过它可以增加控制回路数目或使弱信号放大	属于电压继电器
时间继电器	从收到信号到触点动作，使输出电路产生跳跃式改变，有一个比较准确的延时	用于实现控制系统的时序控制
热继电器	当电路中的电流达到规定值时，继电器串联在电路中的发热元件变形而动作	属于电流继电器，用作电动机的过载和断相运行的保护
温度继电器	当温度达到整定值时动作	用于通信运动系统
通信继电器	操作频率高、动作速度快、寿命长、体积小、触点容量小	

2. 热继电器

热继电器是依靠电流通过发热元件所产生的热量，使金属片受热变形（弯曲），从而推动机构动作的电器。它具有反时限特性，主要用于电动机的过载保护、断相及电流不平衡运行的保护。热继电器的热元件与被保护电动机的主电路相串联，其触点则串接在接触器线圈所在的控制回路中，如图 4-2-2 所示。

3. 中间继电器

中间继电器实质上是电压继电器。它的触点数量多、容量小，可在继电保护装置中作为辅助继电器。其作用有两个：一是当电压和电流继电器的触点容量不够时，借助中间继电器

接通较大容量的执行回路；二是当需要控制几条独立电路时，可用它增加触点数目，如图 4-2-3 所示。

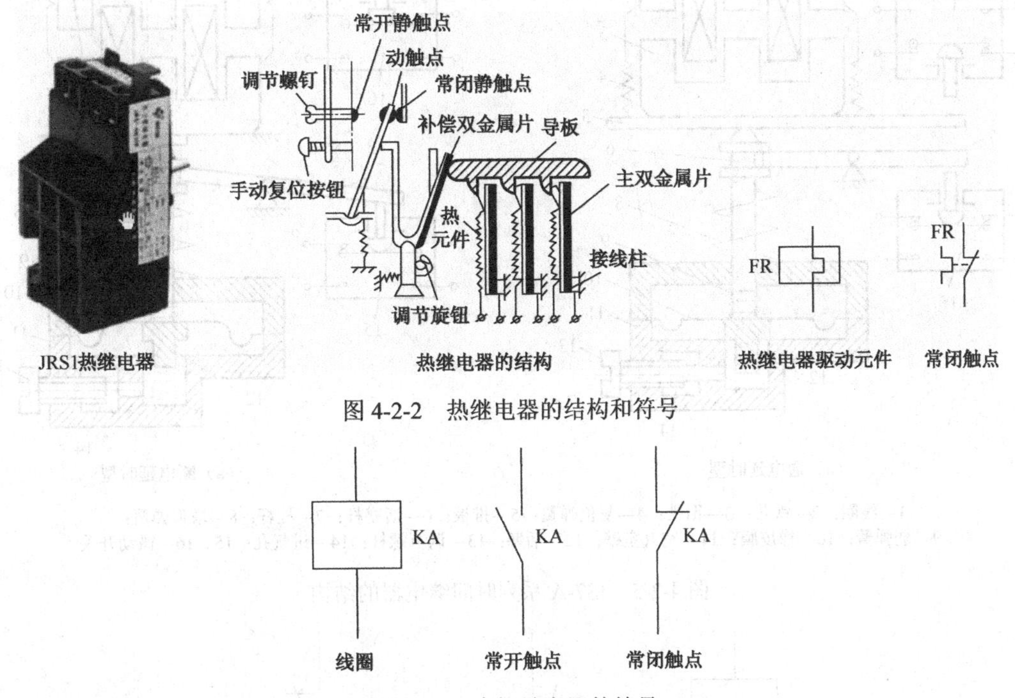

图 4-2-2　热继电器的结构和符号

图 4-2-3　中间继电器的符号

4．时间继电器

时间继电器是在电路中对触点动作时间起控制作用的继电器，如图 4-2-4 所示。当接到输入信号后，要经过一定的时间延时，进行响应，输出信号，操纵控制回路。JS7-A 系列时间继电器的结构如图 4-2-5 所示。

时间继电器根据动作原理不同可以分为电磁式、空气阻尼式、电动式和电子式继电器；还可以根据延时方式的不同分为通电延时和断电延时时间继电器。时间继电器的符号如图 4-2-6 所示。

图 4-2-4　JS7-A 系列时间继电器

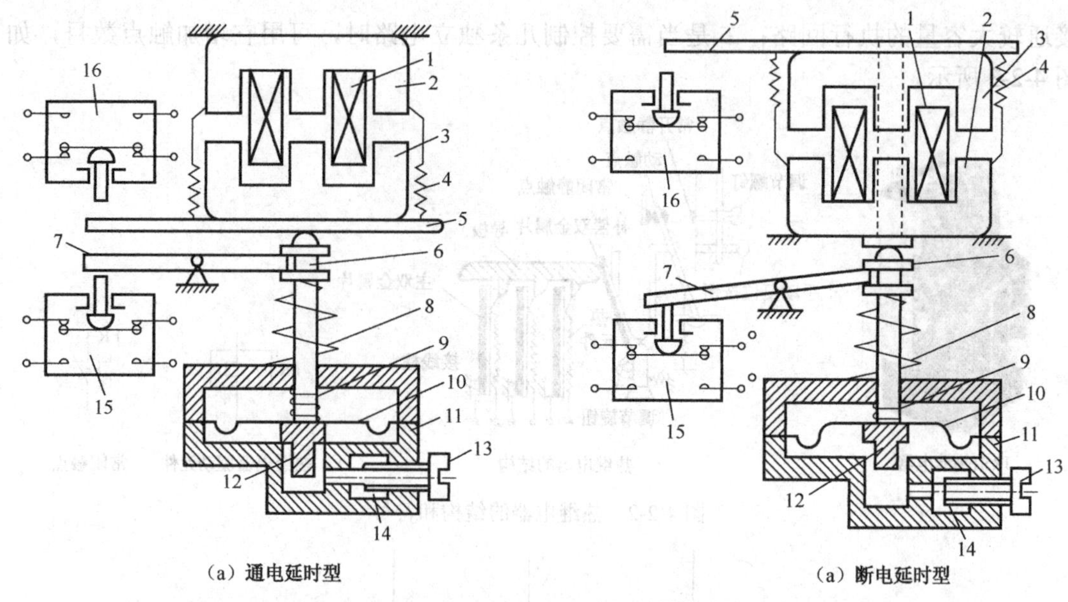

（a）通电延时型　　　　　　　　　（a）断电延时型

1—线圈；2—铁芯；3—衔铁；4—复位弹簧；5—推板；6—活塞杆；7—杠杆；8—塔形弹簧；9—弱弹簧；10—橡皮膜；11—空气室壁；12—活塞；13—调节螺杆；14—进气孔；15、16—微动开关

图 4-2-5　JS7-A 系列时间继电器的结构

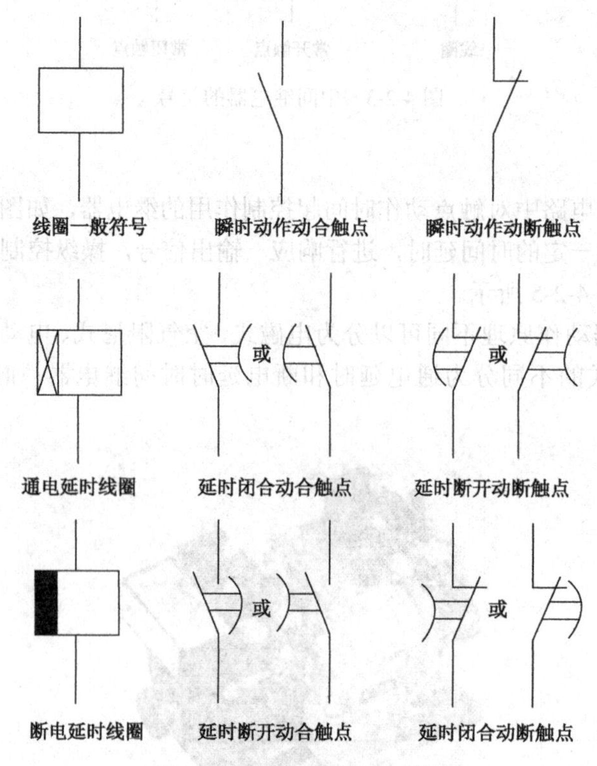

图 4-2-6　时间继电器的符号

三、按钮开关

按钮又叫按钮开关或控制按钮，主要由按钮帽、复位弹簧、动断触点、动合触点等组成。

在电路中按钮用文字符号 SB 表示，如图 4-2-7 所示。

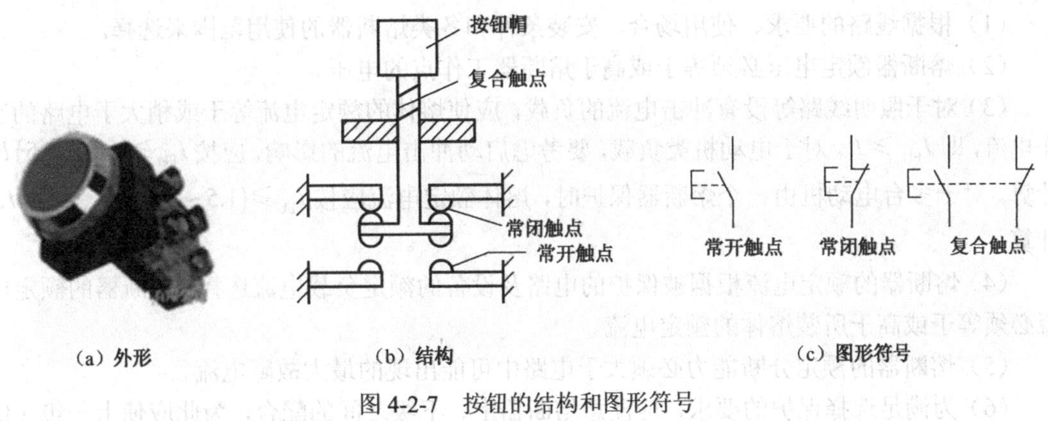

图 4-2-7　按钮的结构和图形符号

四、螺旋式熔断器

螺旋式熔断器主要用于电动机的控制线路中，作为电动机的短路保护，但不用作过载保护。

1．螺旋式熔断器的结构

螺旋式熔断器主要包括瓷帽、熔管、瓷套、瓷座、下接线端、上接线端，如图 4-2-8 所示。

熔管：熔管里面装有石英砂，还装有铜丝。它的一端有色标，有色标的这一端是朝上放的，可通过万用表测量是否导通来判断它的好坏。

2．螺旋式熔断器接线要求

电源进线接下接线柱，负载接上接线柱，即“低进高出”。

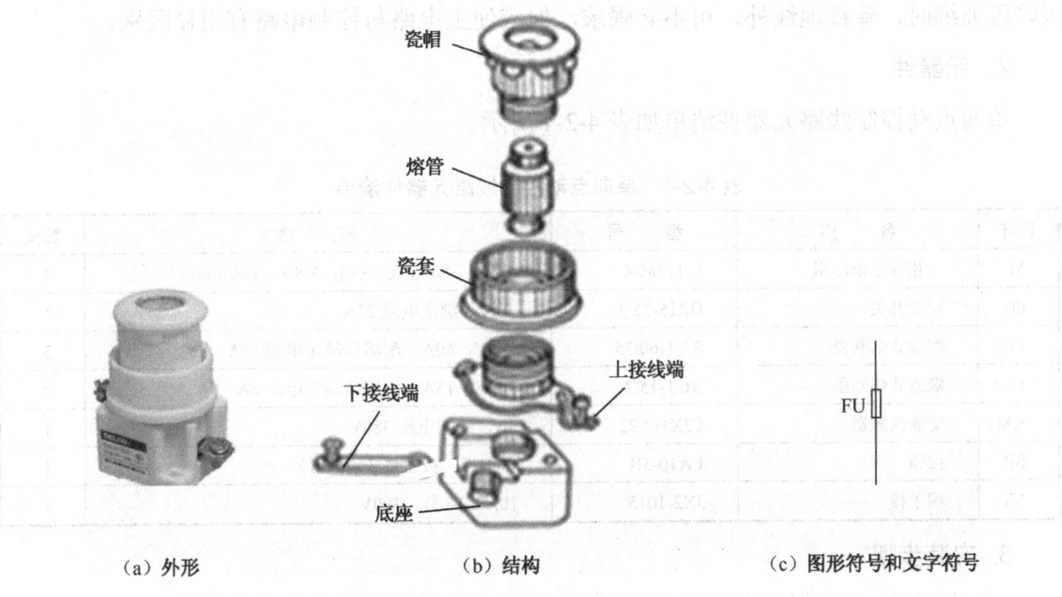

图 4-2-8　螺旋式熔断器的结构和符号

3. 熔断器的选择

（1）根据线路的要求、使用场合、安装条件和各类熔断器的使用范围来选择。

（2）熔断器额定电压必须等于或高于熔断器工作点的电压。

（3）对于照明线路等没有冲击电流的负载，应使熔体的额定电流等于或稍大于电路的工作电流，即$I_{FU} \geqslant I$。对于电动机类负载，要考虑启动冲击电流的影响，应按$I_{FU} \geqslant (1.5 \sim 2.5) I_N$计算。对于多台电动机由一个熔断器保护时，熔体额定电流应按$I_{FU} \geqslant (1.5 \sim 2.5) I_{N\max} + \sum I_N$计算。

（4）熔断器的额定电流根据被保护的电路及设备的额定负载电流选择。熔断器的额定电流必须等于或高于所装熔体的额定电流。

（5）熔断器的额定分断能力必须大于电路中可能出现的最大故障电流。

（6）为满足选择保护的要求，应注意熔断器上、下级之间的配合，为此应使上一级（供电干线）熔断器的熔体额定电流比下一级（供电支线）大1～2个级差。

一、单向点动控制线路的安装

1. 工具、仪表及器材

工具：螺钉旋具、尖嘴钳、平口钳、斜口钳、剥线钳等。

仪表：MF47型万用表。

器材：控制板一块。

导线规格：主电路采用BV1.5 mm^2；控制回路采用BV1mm^2；按钮线采用BVR0.75 mm^2；接地线采用BVR1.5 mm^2（黄绿双色）。导线数量由教师根据实际情况确定。导线的颜色在初级阶段训练时，除接地线外，可不必强求，但应使主电路与控制电路有明显区别。

2. 元器件

单向点动控制线路元器件清单如表4-2-4所示。

表4-2-4 单向点动控制线路元器件清单

代号	名　称	型　号	规　格	数量
M	三相异步电动机	Y-112M-4	4kW，380V，△联结，8.8A，1440r/min	1
QS	组合开关	HZ15-25/3	三极，额定电流25A	1
FU1	螺旋式熔断器	RL 1-60/25	500V，60A，配熔体额定电流25A	3
FU2	螺旋式熔断器	RL 1-15/2	500V，15A，配熔体额定电流2A	2
KM	交流接触器	CJX1-9/22	9A，线圈电压380V	1
SB	按钮	LA10-3H	保护式，按钮数3（代用）	1
XT	端子排	JX2-1015	10A，15节，380V	1

3. 安装步骤

（1）识读点动正转控制线路，明确线路所用元器件及作用，熟悉线路的工作原理。

（2）按元器件明细表配齐所用元器件，并进行检验。

（3）在控制板上按布置图安装元器件，并贴上醒目的文字符号。

（4）按接线图的走线方法进行板前明布线和套编码管。

（5）根据电路原理图检查控制板布线的正确性。

（6）安装电动机。

（7）连接电动机和按钮金属外壳的保护接地线。

（8）连接电源、电动机等控制板外部的导线。

（9）自检。

（10）交验：交指导教师检查无误后，方可通电试车。

（11）通电试车。

4. 工艺要求

1）安装工艺要求

（1）熔断器的受电端子应安装在控制板的外侧，并使熔断器的受电端为底座的中心端。

（2）各元器件的安装位置应整齐、匀称、间距合理，便于元器件的更换。

（3）紧固各元器件时，要用力均匀、紧固程度适当。

2）板前明布线的工艺要求

（1）布线通道尽可能少，同路并行导线按主、控电路分类集中，单层密排，紧贴安装面布线。

（2）布线顺序一般以接触器为中心，由里到外，由低至高，先控制电路，后主电路进行，以不妨碍后续布线为原则。

（3）同一平面的导线应高低一致或前后一致，不能交叉。非交叉不可时，该根导线应在接线端子引出时，就水平架空跨越，也属于走线合理。

（4）布线时应横平竖直，分布均匀。变换走向时应垂直。

（5）同一元器件、同一回路的不同接点的导线间距应保持一致。

（6）布线时严禁损伤线芯和导线绝缘。

（7）导线与接线端子或接线桩连接时，不得压绝缘层，不反圈，不露铜过长。

（8）一个元器件接线端子上的连接导线不得多于两根，每节接线端子板上的连接导线一般只允许连接一根。

（9）在每根剥去绝缘层导线的两端套上编码套管。所有从一个接线端子（或接线桩）到另一个接线端子（或接线桩）的导线必须连续，中间无接头。

5. 自检方法

（1）按电路图或接线图从电源端开始，逐端核对接线及接线端子处线号是否正确，有无漏接、错接之处。检查接点是否符合要求，压接是否牢固。接触应良好，以免带负载运行时产生闪弧现象。

（2）用万用表检查线路的通断情况，检查时，应选用倍率适当的电阻挡，并进行校零，以防短路故障发生。对控制电路进行检查（可断开主电路）时，将表棒分别搭在 L_{21}、L_{22} 线端上，读数应为∞。按下 SB 时，读数应为接触器线圈的直流电阻值。然后断开控制电路，检查主电路有无开路或短路现象。人为按下 KM 主触点架，测量 L_{11}—U、L_{12}—V、L_{13}—W 的导通情况，它们都应该导通。

6．线路原理图

三相异步电动机控制线路如图 4-2-9 所示，其动作过程如下。

按下按钮 SB→线圈 KM 通电→触点 KM 闭合→电动机转动

按钮 SB 松开→线圈 KM 断电→触点 KM 打开→电动机停转

参考布局如图 4-2-10 所示。

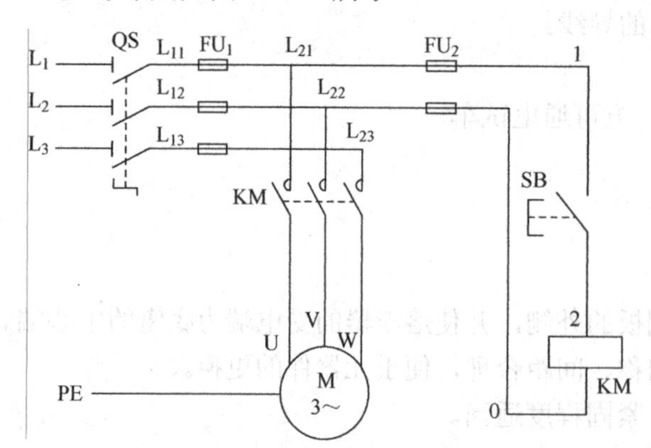

图 4-2-9　三相异步电动机控制线路

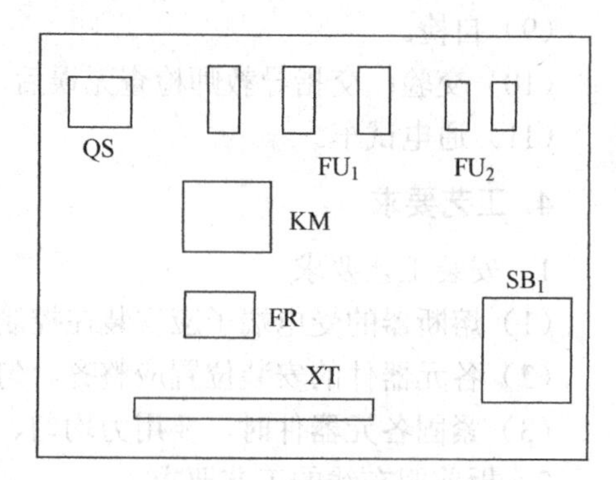

图 4-2-10　单向点动控制参考布局

二、单向连续运行控制线路

1．工具、仪表及器材

工具：螺钉旋具、尖嘴钳、平口钳、斜口钳、剥线钳、测电笔、电工刀等。

仪表：MF47 型万用表、兆欧表、钳形电流表。

器材：控制板一块（500mm×400mm×2mm）。

导线规格：主电路采用 BV1.5mm^2 和 BV1.5mm^2 塑铜线；控制回路采用 BV1mm^2 塑铜线；按钮线采用 BVR0.75mm^2；接地线采用 BVR1.5mm^2（黄绿双色）。导线数量由教师根据实际情况确定。导线的颜色在初级阶段训练时，除接地线外，可不必强求，但应使主电路与控制电路有明显区别。

2．元器件

单向连续运行控制线器元器件清单见表 4-2-5。

表 4-2-5　单向连续运行控制线器元器件清单

代号	名　称	型　号	规　格	数　量
M	三相异步电动机	Y-112M-4	4kW，380V，△联结，8.8A，1440r/min	1
QS	组合开关	HZ15-25/3	三极，额定电流 25A	1
FU_1	螺旋式熔断器	RL 1-60/25	500V，60A，配熔体额定电流 25A	3
FU_2	螺旋式熔断器	RL 1-15/2	500V，15A，配熔体额定电流 2A	2
KM	交流接触器	CJX1-9/22	9A，线圈电压 380V	1
SB	按钮	LA10-3H	保护式，按钮数 3（代用）	1
FR	热继电器	JRS2-12.5/z	三极、额定电流 12.5A	1
XT	端子排	JX2-1015	10A，15 节，380V	1

3. 安装步骤和工艺要求（与单向点动控制线路基本一致）

用万用表检查线路的通断情况，检查时，应选用倍率适当的电阻挡，并进行校零，以防短路故障发生。对控制电路进行检查（可断开主电路）时，将表棒分别搭在 FU_1 和 FU_2 的进线端，读数应为∞。按下 SB_2 或 KM 辅助触点时，读数应为接触器线圈的直流电阻值。按下 SB_1 能控制电路断开（即万用表读数为∞），然后断开控制电路，检查主电路有无开路或短路现象。人为按下 KM 主触点架，测量 L_1—U、L_2—V、L_3—W 的导通情况，它们都应该导通。

4. 线路原理图

三相异步电动机单向连续运行控制线路如图 4-2-11 所示，其动作过程如下。

按下常开按钮 SB_2→线圈 KM 通电→KM 3 个主触点闭合
- →电动机单向运转
- →电动机主电路接通
- →KM 辅助常开触点闭合

按钮 SB_2 松开→线圈 KM 辅助常开触点自锁→控制回路仍然闭合→电动机连续运行

按下 SB_1→线圈 KM 断电
- →KM 主触点断开
- →KM 辅助触点断开
- →电动机断电停车

单向连续运行控制参考布局如图 4-2-12 所示。

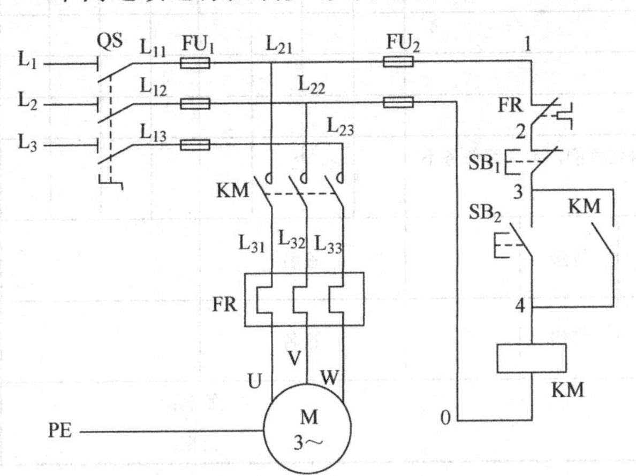

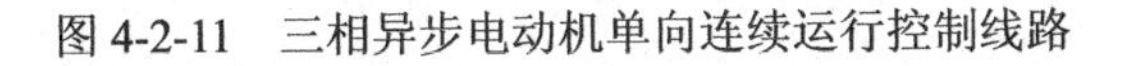
图 4-2-11　三相异步电动机单向连续运行控制线路

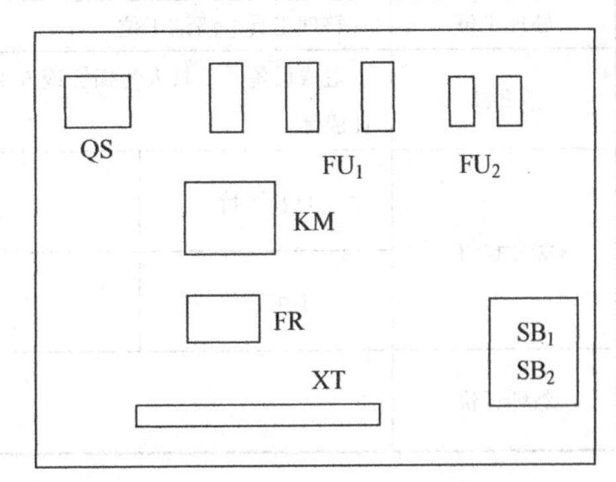

图 4-2-12　单向连续运行控制参考布局

任务评价

对本学习任务进行评价，见表 4-2-6。

表 4-2-6　任务评价表

考核内容	考核标准	自我评价				小组评价			
		A	B	C	D	A	B	C	D
准备工作	准备实训任务中使用到的仪器仪表，做基本的清洁、保养及检查，酌情评分								
装前检查	1．电动机质量检查 2．低压电器质量检查								
元器件安装	1．元器件布置整齐、匀称、合理 2．元器件安装牢固、安装元器件时不漏装螺钉 3．不损坏元器件 4．电动机安装符合要求 5．控制板或开关安装符合要求								
接线质量	1．按电路图接线 2．接线符合要求 3．接点符合要求 4．不损伤导线绝缘或线芯 5．不漏接接地线								
通电试车	1．主、控制电路熔体配备正确 2．一次试车成功得 A 等 3．二次试车成功降等 4．三次试车成功为 D 等								
小组合作	小组成员分工协作明确、积极参与								
完成报告	按照报告要求完成、内容正确								
安全文明生产	违反安全文明操作规程为 D 等								
整理工位	整理工具，清洁工位								
总备注	造成设备、工具人为损坏或人身伤害的，本学习任务不计成绩								
综合评价	自我评价		等级		签名				
	小组评价		等级		签名				
教师评价					签名： 日期：				

任务 3　安装正、反转控制线路

任务目标

知识目标

掌握异步电动机正、反转控制线路的工作原理。

能力目标

（1）正确选用低压元器件。
（2）绘制三相异步电动机正、反转控制线路电路图。
（3）会安装与调试三相异步电动机正、反转控制线路。

任务分析

由电动机的原理可以知道，改变通入电动机定子绕组的三相电源相序，即把接入电动机三相电源进线中的任意两根对调接线，电动机就可以改变转向。所以，正、反转运行控制电路实质上是两个方向相反的单向运行电路。

下面我们对三相异步电动机正、反转控制线路进行安装与调试。

任务实施

一、单向控制线路的安装

1．工具、仪表及器材

工具：螺钉旋具、尖嘴钳、平口钳、斜口钳、剥线钳、测电笔、电工刀等。

仪表：MF47 型万用表、兆欧表、钳形电流表。

器材：控制板一块（500mm×400mm×2mm）。

导线规格：主电路采用 BV1.5mm^2 和 BV1.5mm^2 塑铜线；控制回路采用 BV1mm^2 塑铜线；按钮线采用 BVR0.75mm^2；接地线采用 BVR1.5mm^2（黄绿双色）。导线数量由教师根据实际情况确定。导线的颜色在初级阶段训练时，除接地线外，可不必强求，但应使主电路与控制电路有明显区别。

2．元器件

正、反转控制线路元器件清单见表 4-3-1。

表 4-3-1 正、反转控制线路元器件清单

代号	名 称	型 号	规 格	数量
M	三相异步电动机	Y-112M-4	4kW，380V，△联结，8.8A，1440r/min	1
QS	组合开关	HZ15-25/3	三极，额定电流 25A	1
FU_1	螺旋式熔断器	RL 1-60/25	500V，60A，配熔体额定电流 25A	3
FU_2	螺旋式熔断器	RL 1-15/2	500V，15A，配熔体额定电流 2A	2
KM	交流接触器	CJX1-9/22	9A，线圈电压 380V	1
SB	按钮	LA10-3H	保护式，按钮数 3（代用）	1
FR	热继电器	JRS2-12.5/z	三极、额定电流 12.5A	1
XT	端子排	JX2-1015	10A，15 节，380V	1

3．安装步骤和工艺要求

（1）识读电路图，熟悉线路所用元器件和作用，以及线路的工作原理。

（2）检查元器件的质量是否合格。

（3）绘制布置图，经教师检查合格后，在控制板上按布置图固定元件，并贴上文字符号。

（4）绘制接线图，在控制板上按接线图的走线方法进行板前明布线和套编码管。做到布线横平竖直、整齐、分布均匀、紧贴安装面、走线合理；套编码管要正确；严禁损伤线芯和导线绝缘；接点牢固，不得松动，不得压绝缘层，不反圈及不露铜过长等。

（5）根据电路原理图检查控制板布线的正确性。

（6）安装电动机。

（7）连接电动机和按钮金属外壳的保护接地线。

（8）连接电源、电动机等控制板外部的导线。

（9）自检：安装完毕的控制线路板，必须经过认真检查后，才允许通电试车，以防止接错、漏接，造成不能正常运转或短路事故。

（10）交验：交指导教师检查无误后方可通电试车。

（11）通电试车完毕，停转、切断电源。先拆除三相电源线，再拆除电动机负载线。

4. 线路原理图

三相异步电动机正、反转控制线路如图 4-3-1 所示。

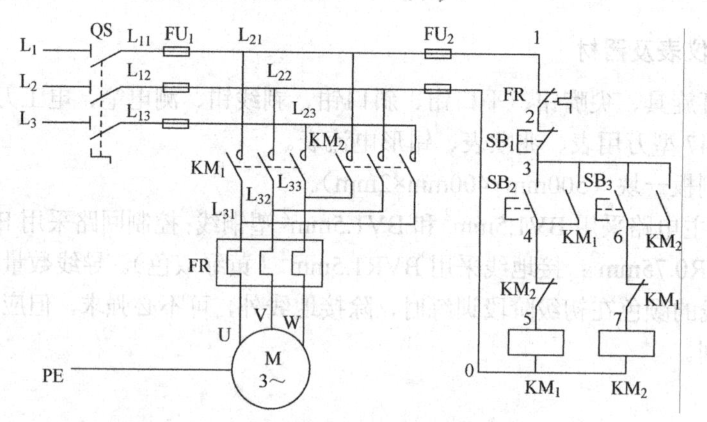

图 4-3-1　三相异步电动机正、反转控制线路

二、工作原理

如图 4-3-1 所示，主回路采用两个接触器，即正转接触器 KM_1 和反转接触器 KM_2。当接触器 KM_1 的三对主触点接通时，三相电源的相序按 U—V—W 接入电动机。当接触器 KM_1 的三对主触点断开，接触器 KM_2 的三对主触点接通时，三相电源的相序按 W—V—U 接入电动机，电动机就向相反方向转动。电路要求接触器 KM_1 和接触器 KM_2 不能同时接通电源，否则它们的主触点将同时闭合，造成 U、W 两相电源短路。为此在 KM_1 和 KM_2 线圈各自支路中相互串联对方的一对辅助常闭触点，以保证接触器 KM_1 和 KM_2 不会同时接通电源，KM_1 和 KM_2 的这两对辅助常闭触点在线路中所起的作用称为连锁或互锁作用，这两对辅助常闭触点就叫连锁或互锁触点。

正向启动过程：按下启动按钮 SB_2，接触器 KM_1 线圈通电，与 SB_2 并联的 KM_1 的辅助常开触点闭合，以保证 KM_1 线圈持续通电，串联在电动机回路中的 KM_1 的主触点持续闭合，电动机连续正向运转。

停止过程：按下停止按钮 SB_1，接触器 KM_1 线圈断电，与 SB_2 并联的 KM_1 的辅助触点断开，以保证 KM_1 线圈持续失电，串联在电动机回路中的 KM_1 的主触点持续断开，切断电动机定子电源，电动机停转。

反向启动过程：按下启动按钮 SB_3，接触器 KM_2 线圈通电，与 SB_3 并联的 KM_2 辅助常开触点闭合，以保证 KM_2 线圈持续通电，串联在电动机回路中的 KM_2 主触点持续闭合，电动机连续反向运转。

正、反转控制线路参考布局如图 4-3-2 所示。

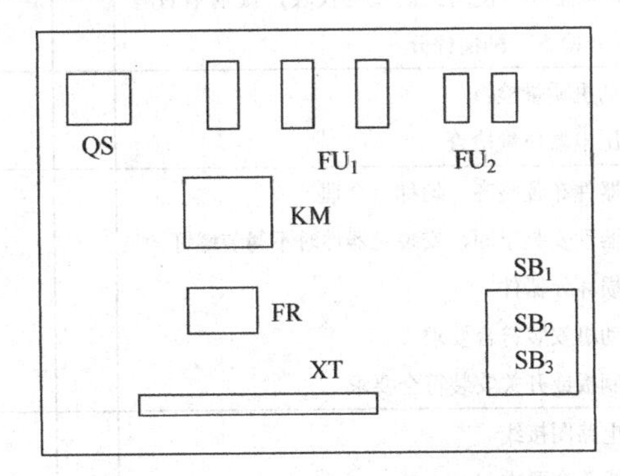

图 4-3-2 正、反转控制线路参考布局

三、故障检查

电路故障检查方法有直接观察法、电压测量法、电阻测量法、对比法、置换元器件法等。实际检查中要综合运用这些方法，根据电气控制电路的原理，对故障进行分析判断，准确地找到故障部位，采用适当的方法加以排除。

电路故障检查方法见表 4-3-2。

表 4-3-2 电路故障检查方法

序号	方法分类	故障检查方法
1	直接观察法	根据故障的外部表现，通过目测、鼻闻、耳听等手段来判断故障。 用观察火花的方法检查故障，如导线松动、触电电弧（表示正常）、电动机相间短路或接地都能产生火花 从电器动作顺序来检查故障，继电接触控制电路中，各电器的工作顺序、工作状态、工作时间都必须符合控制要求，过早、过晚或不动作，说明该电路或电器有故障
2	电压测量法	主电路断路故障检查和控制电路断路故障检查：均可用万用表的交流电压 500V 挡，测其电路中各段电路的电压，可以查出断路故障点
3	电阻测量法	采用测量电阻法来寻找电路断路故障点前，应断开电源，并将储能元件线圈两端短接放电。 然后用万用表欧姆挡测量各段元件的电阻值，根据测量结果可以判定断路故障点
4	对比法	把检查测量的数据与正常状况下的数据相对比，或与同型号的完好电器相比较，来分析判断故障。对比法在检查故障时经常使用，如比较继电器、接触器的线圈电阻、弹簧压力、动作时间、工作时发出的声音等
5	置换元器件法	当某些电器的故障不易确定或检查时间过长时，可置换同一型号性能良好的元器件试验，以证实故障是否由此元器件引起。运用置换元器件法检查时应注意，只有肯定是由于该元器件本身因素造成损坏时，才能换上新元器件，以免换新元器件再次损坏

任务评价

对本学习任务进行评价，见表4-3-3。

表4-3-3　任务评价表

考核内容	考核标准	自我评价				小组评价			
		A	B	C	D	A	B	C	D
准备工作	准备实训任务中使用到的仪器仪表，做基本的清洁、保养及检查，酌情评分								
装前检查	1．电动机质量检查 2．低压电器质量检查								
元器件安装	1．元器件布置整齐、匀称、合理 2．元器件安装牢固，安装元器件时不漏装螺钉 3．不损坏元器件 4．电动机安装符合要求 5．控制板或开关安装符合要求								
接线质量	1．按电路图接线 2．接线符合要求 3．接点符合要求 4．不损伤导线绝缘或线芯 5．不漏接接地线								
通电试车	1．主控制电路熔体配备正确 2．一次试车成功得A等 3．二次试车成功降等 4．三次试车成功为D等								
故障检查	选用正确的方法排除故障								
小组合作	小组成员分工协作明确、积极参与								
完成报告	按照报告要求完成、内容正确								
安全文明生产	违反安全文明操作规程为D等								
整理工位	整理工具，清洁工位								
总备注	造成设备、工具人为损坏或人身伤害的，本学习任务不计成绩								
综合评价	自我评价		等级		签名				
	小组评价		等级		签名				
教师评价					签名： 日期：				

项目总结

（1）定子对称三相绕组通入对称三相电流产生旋转磁场。

（2）三相异步电动机的检修要点：查转子、测绝缘电阻、测三相电流、测转速、其他事项。

（3）电动机的拆卸要求：拆开对轮螺栓做好记号；使用专用拉具拆卸靠背轮，不准用铁锤敲下靠背轮；拆卸端盖时，必须在端盖接缝处打上记号，两边端盖的记号要有区别；抽出转子不擦伤铁芯和绕组；使用专用拉具拆卸轴承，不准用铁锤敲打轴承。

（4）点动控制线路的动作过程。

启动过程：

按下按钮 SB→线圈 KM 通电→触点 KM 闭合→电动机转动

停止过程：

按钮 SB 松开→线圈 KM 断电→触点 KM 打开→电动机停转

（5）连续控制线路的动作过程。

启动过程：

按下常开按钮 SB_2→线圈 KM 通电→KM 3 个主触点闭合 {→电动机单向运转；→电动机主电路接通；→KM 辅助常开触点闭合}

连续运行：按钮 SB_2 松开→线圈 KM 辅助常开触点自锁→控制回路仍然闭合→电动机连续运行

停止过程：

按下 SB_1→线圈 KM 断电→KM 主触点断开 {→KM 辅助触点断开；→电动机断电停车}

（6）正、反转控制线路的动作过程

正向启动过程：按下启动按钮 SB_2→接触器 KM_1 线圈通电→与 SB_2 并联的 KM_1 的辅助常开触点闭合，KM_1 的主触点持续闭合→电动机连续正向运转

停止过程：

按下停止按钮 SB_1→接触器 KM_1 线圈断电→与 SB_2 并联的 KM_1 辅助触点断开→KM_1 的主触点持续断开→切断电动机定子电源→电动机停转

反向启动过程：

按下启动按钮 SB_3→接触器 KM_2 线圈通电→与 SB_3 并联的 KM_2 辅助常开触点闭合，并自锁→KM_2 的主触点持续闭合→电动机连续反向运转

思考与练习题

一、判断题

1. （　　）电动机的额定电压是指输入定子绕组的每相电压而不是线间电压。

2. （　　）电动机启动时的动稳定和热稳定条件体现在制造厂规定的电动机允许启动条件和连续启动次数上。

3. （　　）电动机铭牌上标有 220/380V 两个电压数值，是表示定子绕组的两种不同联

结方式（△/Y）的线电压额定值。

4.（　　）交流电动机的额定电流是指电动机在额定工作状态下运行时，电源输入电动机绕组的线电流。

5.（　　）交流电动机的额定电压是指电动机额定工作状态下定子绕组规定使用的线电压。

6.（　　）异步电动机定子绕组有一相开路时，对三角形联结的电动机，如用手转动后即能启动。

7.（　　）三相异步电动机的绝缘电阻低于0.2MΩ，说明绕组与地间有短路现象。

8.（　　）异步电动机中的“异步”的意思是同步转速与电动机转速不同步。

9.（　　）在交流电动机的三相绕组中，通以三相相等电流，可以形成圆形旋转磁场。

10.（　　）随着电网容量的增大，电动机制造技术的发展，允许全压直接启动的电动机容量将会提高。

11.（　　）绕线转子异步电动机的启动方法，通常采用Y-△减压启动。

12.（　　）绕线转子异步电动机采用转子串电阻启动时，所串电阻越大，启动转矩越大。

13.（　　）电动机的“短时运行”工作制是指电动机在额定负载下只能限定在短时间内运行，其短时持续时间分为10、30、60、90min四种类型。

14.（　　）三相异步电动机的转速取决于电源频率和极对数，而与转差率无关。

15.（　　）三相异步电动机转子的转速越低，电动机的转差率越大，转子电动势频率越高。

16.（　　）按下复合按钮时，其常开触点和常闭触点同时动作。

17.（　　）当按下常开按钮然后再松开时，按钮便自锁接通。

18.（　　）接触器按线圈通过的电流种类，分为交流接触器和直流接触器。

19.（　　）接触器的电磁线圈通电时，常开触点先闭合，常闭触点再断开。

20.（　　）所谓触点的常开和常闭是指电磁系统通电动作后的触点状态。

21.（　　）接线图主要用于接线、线路检查和维修，不能用来分析线路的工作原理。

22.（　　）画电路图、接线图、布置图时，同一电器的各元件都要按其实际位置画在一起。

23.（　　）安装控制线路时，对导线的颜色没有具体要求。

24.（　　）所谓点动控制是指点一下按钮就可以使电动机启动并连续运转的控制方式。

25.（　　）为了保证三相异步电动机实现正、反转，正、反接触器的主触点必须按相序并联后串接在主电路中。

26.（　　）在安装定子绕组串接电阻减压启动控制线路时，电阻器产生的热量对其他电器无任何影响，故安装在箱体内或箱体外的电阻器不需采取防护措施。

27.（　　）主回路中的两个接触器主触点出线端中任两相调换位置，可实现正、反转控制。

28.（　　）接触器常开辅助触点闭合时接触不良，则自锁电路不能正常工作。

29.（　　）复合连锁正、反转控制线路中，复合连锁是由控制按钮和接触器的辅助常开触点复合连锁的。

二、选择题

1. 三相异步电动机的额定转速（　　）。

A. 大于同步转速　B. 等于同步转速　C. 小于同步转速　D. 小于转差率

2. 一台 8 极交流三相异步电动机电源频率为 60Hz，则同步转速为（　　）r/min。

A. 900　　B. 3600　　C. 450　　D. 750

3. 为保证同一线路上熔断器上、下级的选择性要求，一般应保证在同一故障电流下，从熔断器的安秒特性曲线上查得的上一级熔体熔断时间比下一级熔体熔断时间大（　　）倍。

A. 1　　B. 2　　C. 3　　D. 4

4. 热继电器可作为电动机的（　　）。

A. 短路保护　　B. 过载保护　　C. 失电压保护　　D. 过电压保护

5. 交流电动机在额定工作状态下的额定功率是（　　），单位是 W 或 kW。

A. 电源输入的功率　　B. 电动机轴上输出的机械功率

C. 有功功率　　D. 无功功率

6. 三相异步电动机采用三角减压启动时，其启动电压是全压启动电压的 $1/\sqrt{3}$，启动转矩减小到△联结全压启动时的（　　）。

A. 1/2　　B. 1/3　　C. $1/\sqrt{3}$　　D. $\sqrt{3}$

7. 当异步电动机的定子电源突然降低为原来电压的 80%瞬间，其转差率维持不变，其电磁转矩会（　　）。

A. 减小到额定电压下的电磁转矩 80%　B. 减小到原来电磁转矩的 64%

C. 减小到原来电磁转矩的 20%　　D. 不变

8. 交流异步电动机，在运行中电源电压与额定电压的偏差不应超过±3%，电源频率额定值的偏差不应超过（　　）。

A. ±1%　　B. ±2%　　C. ±3%　　D. ±4%

9. 自耦变压器减压启动方式适宜于（　　）。

A. 小容量电动机　B. 绕线式电动机　C. 大容量电动机　D. 笼型电动机

10. 对要求启动次数频繁、启动时间很短、启动转矩较大的生产机械，常选择（　　）。

A. 笼型转子异步电动机　　B. 直流电动机

C. 线绕转子异步电动机　　D. 小容量电动机

11. 改变三相异步电动机的旋转磁场方向就可以使电动机（　　）。

A. 停速　　B. 减速　　C. 反转　　D. 减压启动

12. 正、反转控制线路在实际工作中最常用、最可靠的是（　　）。

A. 倒顺开关　　B. 接触器连锁

C. 按钮连锁　　D. 按钮、接触器双重连锁

三、简答题

1. 试设计画出一台电动机的双重连锁正、反转点动控制线路。
2. 异步电动机电气控制线路中常用的环节有哪些？
3. 实现对三相笼型异步电动机的正、反转控制有哪些方法？

4．异步电动机启动前应做哪些检查？

5．常见笼型异步电动机减压启动方法有哪些？

6．电动机有异常噪声或震动过大的原因有哪些？

7．电动机运转时，轴承温度过高，可能是由哪些原因引起的？怎样解决？

8．电动机温升过高或冒黑烟，可能由哪些原因引起？

9．PLC 控制与继电器控制有何区别？

项目 5 装调直流稳压电源

项目目标

知识目标

（1）了解电阻器、电容器、二极管、晶闸管等元件的结构、参数与用途。

（2）掌握晶闸管可控整流电路工作原理。

（3）了解稳压二极管的原理，掌握稳压二极管电路的构成。

（4）掌握整流滤波电路的工作原理。

（5）识读集成稳压电源（CW7800/CW7900 系列及 CW317 系列典型电路）电路图，掌握其工作原理。

能力目标

（1）会检测电阻器、电容器、二极管、晶闸管等元件。

（2）绘制整流滤波电路图。

（3）会制作整流滤波电路，并对电路故障进行排除。

（4）绘制集成稳压电源电路原理图。

（5）会制作集成稳压电源电路，并对电路进行调试与维修。

素质目标

培养学生具有良好的道德品质、职业素养、竞争和创新意识。

项目描述

当今社会人们极大地享受着电子设备带来的便利，但是任何电子设备都需要一个共同的电路——电源电路。从平板计算机到普通音响，所有的电子设备都必须在电源电路的支持下才能正常工作。一般的电子设备内部电路所需的工作电压为直流电压，如+5V、+12V、+36V等，而市电为220V交流电，因此需要合适的电源电路将市电的交流电转换成合适、稳定的直流电。

在本项目中，我们将重点学习常用电子元器件的识别、直流稳压电源的构成、工作原理等，并制作调试整流滤波电路、集成稳压电源电路，把市电提供的220V交流电转换成稳定的直流电。

任务1　识别常用电子元器件

任务目标

知识目标

（1）了解电阻器、电容器、二极管、晶闸管的特性，并识别与检测。

（2）掌握晶闸管可控整流电路工作原理。

（3）了解稳压二极管的原理，掌握稳压二极管电路的构成。

（4）理解整流滤波电路工作原理，能进行简单的计算。

能力目标

（1）认识并会检测电阻器、电容器、二极管。

（2）绘制整流滤波电路图。

（3）会制作整流滤波电路，并对电路故障进行排除。

任务分析

电子元器件是组成电路、构成电子产品的基本单元，要对电子产品进行设计、维修必须能正确识别并检测常用的电子元器件。了解元器件特性，能正确识别元器件，才能避免出现选错、接反和误损元器件的现象。

知识准备

一、元器件的识别与检测

1．电阻器

利用导体的电阻特性制成具有一定阻值的实体元件，称为电阻器，它是各种电路中常用的基本元件之一。

1）认识电阻器

固定电阻器：这类电阻器的阻值固定，一般有碳膜电阻器、金属膜电阻器等，常见固定电阻器实物如图 5-1-1 所示。

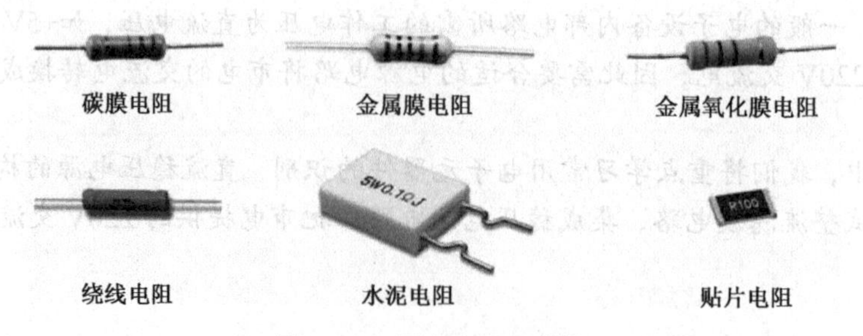

图 5-1-1　固定电阻器实物

可调电阻器：这类电阻器的阻值可在一定的范围内调节，通常有三个引脚，如图 5-1-2 所示。

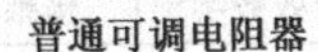

普通可调电阻器　　精密可调电阻器　　电位器

图 5-1-2　可调电阻器实物

敏感电阻器：这类电阻器的阻值对温度、电压、光、机械力、湿度及气体浓度等表现敏感，根据对应表现敏感的物理量不同，可分为热敏、压敏、光敏、力敏、湿敏及气敏等类型。常见的敏感电阻器实物如图 5-1-3 所示。

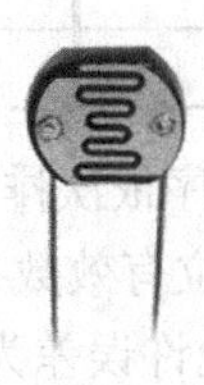

压敏电阻　　光敏电阻　　热敏电阻

图 5-1-3　敏感电阻器实物

2）电阻器的主要指标

电阻器的主要指标有标称阻值、允许误差、额定功率等。一般都用数字或色环标注在表面。

标称阻值：电阻器上所标注的电阻值称为标称阻值。为了便于生产，同时考虑到满足使用需要，国家规定了一系列数值作为产品标准，这一系列数值称为电阻器的标称系列值。电阻器的标称系列值见表 5-1-1，电阻器的标称阻值应为表中所列数值的 10^n 倍，其中 n 为正整数、负整数或零。

表 5-1-1　电阻器的标称系列值

系　列	误　差	标称系列值							
E24	±5%（J）	1.0	1.1	1.2	1.3	1.5	1.6	1.8	2.0
		2.2	2.4	2.7	3.0	3.3	3.6	3.9	4.3
		4.7	5.1	5.6	6.2	6.8	7.5	8.2	9.1
E12	±10%（K）	1.0	1.2	1.5	1.8	2.2	2.7	3.3	3.9
		4.7	5.6	6.8	8.2				
E6	±20%（M）	1.0	1.5	2.2	3.3	4.7	6.8		

允许误差：指电阻器实际阻值相对于标称阻值所允许的最大误差范围，它标示着产品的精度，常用百分比或字母表示。表 5-1-1 中列出了三个等级精度，Ⅰ级精度是±5%（J）；Ⅱ级精度是±10%（K）；Ⅲ级精度是±20%（M）。

额定功率：指在额定环境温度下，电阻器长期安全连续工作所允许消耗的最大功率。

3）电阻器色环标示方法

电阻器色环标示方法（色标法）是把电阻器的主要参数用不同颜色直接标示在产品上的一种方法。采用色环标注电阻器，颜色醒目，标示清晰，从各方位都能看清阻值和误差，有利于电子设备的装配、调试和检修，因此在国际上被广泛采用。固定电阻器的色标符号及其意义见表 5-1-2。

表 5-1-2　电阻器的色标符号及其意义

色环颜色	有效数字	倍乘	允许误差	色环颜色	有效数字	倍乘	允许误差
银	—	10^{-2}	±10%	绿	5	10^5	±0.5%
金	—	10^{-1}	±5%	蓝	6	10^6	±0.2%
黑	0	10^0	—	紫	7	10^7	±0.1%
棕	1	10^1	±1%	灰	8	10^8	—
红	2	10^2	±2%	白	9	10^9	±5%
橙	3	10^3	—	无标识	—	—	±20%
黄	4	10^4	—				

色环电阻的色环是按从左至右的顺序依次排列的，最左边为第一环。一般电阻器有四环，第一、第二色环代表电阻器的第一、二位有效数字，第三色环代表倍乘（即 10^n），第四色环代表允许误差。例如，阻值是 36kΩ、允许误差为±5%的电阻器，其色环标示如图 5-1-4（a）所示。精密电阻器用三位有效数字表示，所以它一般有五环。例如，阻值为 1.87kΩ、允许误差为±1%的精密电阻器，其色环标示如图 5-1-4（b）所示。

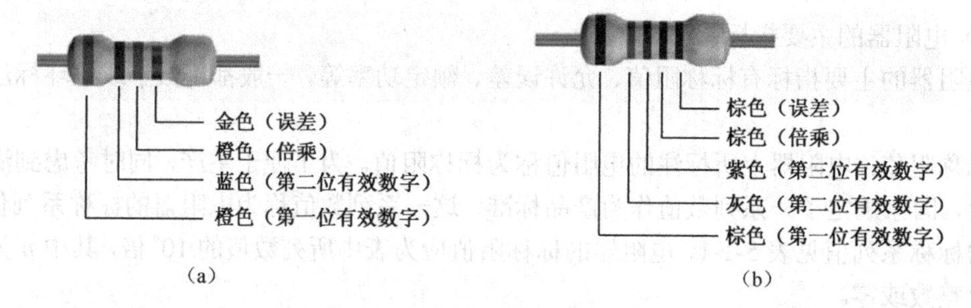

图 5-1-4　电阻器的色环标示

4）电阻器选用

电阻器应根据其规格、性能指标，以及在电路中的作用和技术要求来选用。具体原则：电阻器的标称阻值与电路的要求相符；额定功率要比电阻器在电路中实际消耗的功率大 1.5～2 倍；允许误差应在要求的范围之内。

5）电阻器的检测

电阻器阻值可以用万用表的电阻挡进行检测：测量未知阻值电阻器时，先不用调零，倍率挡任意；可先粗测电阻，看指针偏转范围，若指针偏转角度较小（在 100 格左侧），说明该电阻器阻值较大，应提高倍率挡；反之，若指针偏转角度较大（在 0 格附近），说明该电阻器阻值小，应降低倍率挡。倍率挡合适之后，再进行电阻调零，然后测量阻值，读取数据。

万用表电阻调零，即把红、黑表笔短接，同时调节电阻调零旋钮，使指针对准电阻挡刻度线零位置，如图 5-1-5 所示。

倍率挡×1、×10、×100、×1k 由表内 1.5V 电池供电；×10k 由表内 9V 电池供电。当选择电阻挡时，万用表黑表笔与表内电池的正极连接；红表笔与电池负极连接。

测量电阻时，选择合适量程的准则：读数时尽量使指针偏转在万用表的中间或偏右的范围内。

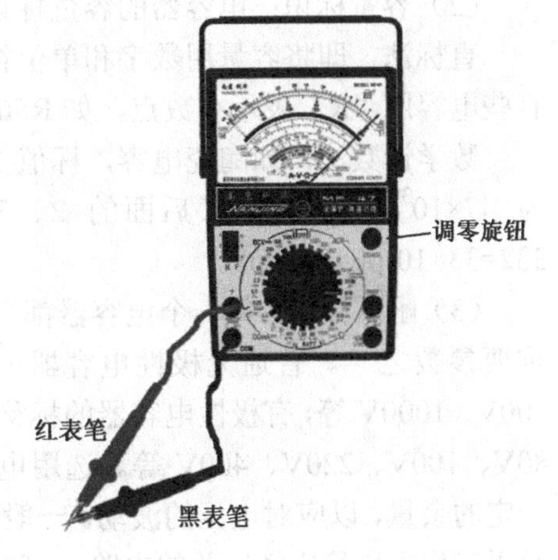

图 5-1-5 万用表电阻挡调零

2. 电容器

1）认识电容器

电容器是电子设备中大量使用的电子元器件之一，广泛应用于隔直、耦合、旁路、滤波、调谐等电路中。按照介质材料的不同，电容器可分为电解电容、独石电容、聚酯薄膜电容、陶瓷电容等；按极性可分为有极性电容、无极性电容。常见的电容器如图 5-1-6 所示。

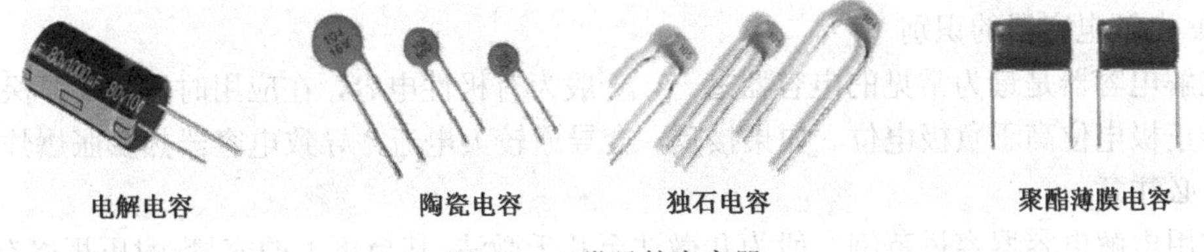

图 5-1-6 常见的电容器

（1）电容器的型号：各国电容器的型号命名并不统一，国产电容器的型号命名一般由四部分组成（不适用于压敏、可变、真空电容器），如图 5-1-7 所示。

第一部分：名称，用字母表示，电容器用 C 表示。

第二部分：材料，用字母表示。A——钽电解、B——聚苯乙烯等非极性薄膜、C——高频陶瓷、D——铝电解、E——其他材料等。

第三部分：分类，一般用数字表示，个别用字母表示。

第四部分：序号，用数字表示。

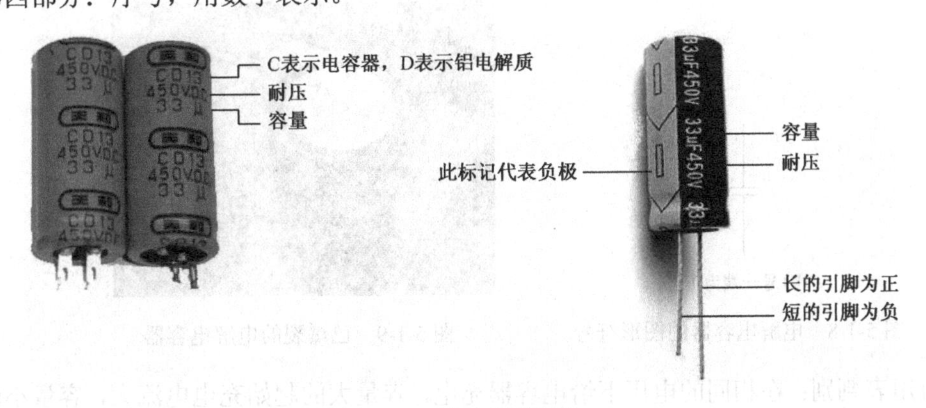

图 5-1-7 电容器的标识

（2）容量标识：电容器的容量标识常采用直标法及数字计数法。

直标法，即将容量用数字和单位符号直接标出。如 33μF 表示 33μF，如图 5-1-7 所示。有些电容用“R”表示小数点，如 R56 表示 0.56μF。

数学计数法，如陶瓷电容，标值 272，容量就是 27×10^2pF=2700pF。如果标值 473，即为 47×10^3pF=47000pF（后面的 2、3 表示 10 的多少次方，单位为 pF）。又如：标值 332=33×10^2pF=3300pF。

（3）耐压标识：每一个电容器都有它的耐压值，即电容器的额定电压值，这是电容器的重要参数之一。普通无极性电容器的标称耐压值有 63V、100V、160V、250V、450V、600V、1000V 等，有极性电容器的标称耐压值有 4V、6.3V、10V、16V、25V、35V、50V、63V、80V、100V、220V、400V 等。选用电容器时，应使额定电压高于实际工作电压，并要预留一定的余量，以应对电压的波动。一般情况下，额定电压应高于实际工作电压的 10%～20%，对于工作电压稳定性较差的电路，可酌情预留更大的余量。

（4）正、负标识：普通电解电容器外面有一条很粗的白线，白线里面有一行负号，表示负极，另一边为正极。直插式电容器的正、负极在一般的情况下都是长的引脚是正极，短的引脚是负极，如图 5-1-7 所示。

2）电解电容器的识别

电解电容器是最为常见的电容器之一，一般为有极性电容，在应用时，一定要保证电解电容器正极电位高于负极电位。如果接反，会导通较大电流，导致电容器热膨胀爆炸，在应用时务必注意。

常用电解电容器容量范围一般为几微法至几千微法，甚至更大的容量。耐压规格有 6.3V、10V、16V、25V、35V、50V、160V、250V、450V 等。

（1）电路图符号。

电解电容器的图形符号如图 5-1-8 所示。

（2）电解电容器质量判别。

电解电容器质量判别主要有感观判别和万用表判别两种方法。

感观判别：损坏特征较明显的电容器，如爆裂、电解质渗出、引脚锈蚀等情况，可以直接观察到损坏特征，如图 5-1-9 所示。

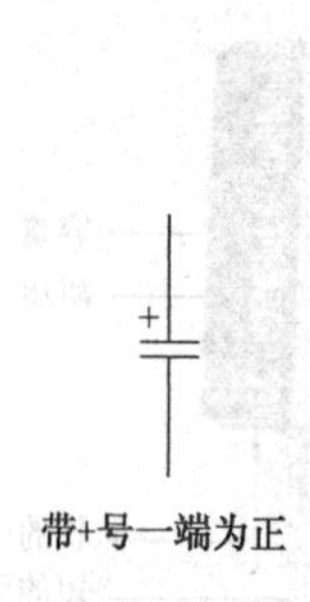

图 5-1-8　电解电容器的图形符号

图 5-1-9　已爆裂的电解电容器

万用表判别：在相同的电压下给电容器充电，容量大的起始充电电流大，容量小的起始充电电流小。根据这个原理，用万用表的电阻挡，通过观察指针偏转角度大小可判别起始充电电流的大小。

万用表判别方法的操作：取一只新的电解电容器，它应与待检电容器规格相同，用这只新电容器作为基准。选择万用表电阻挡×100（或×1k，视容量大小而定），先将新的电解电容器放电（无论原来是否充电），然后黑表笔接电容器正极，红表笔接电容器负极，可看到指针发生偏转（起始偏转角度最大，随充电进行指针回落至无穷大附近，这是充电电流逐渐减小直至零的过程），粗略记下指针偏转最大位置；再将待检电容器先放电（检测电容器之前必须先放电），然后黑表笔接电容器正极，红表笔接电容器负极，可看到指针发生偏转。与前一次进行比较，如果偏转最大位置基本一样，说明待检电容器的容量足够；如果偏转角度小于前者，则说明待检电容器容量下降，可考虑更换；如果指针基本不偏转，说明待检电容器容量消失，应更换。

注意：给容量较大、电路工作电压较高的电解电容器放电时，不可直接短路放电，因直接短路放电会产生很大的放电电流，容易损坏电解电容器。可采用功率较大的电阻器，或借用电烙铁的电源插头（加热芯电阻）连接两引脚使电容器放电。

3. 二极管

二极管是用半导体材料制成的，通常又叫晶体二极管，其核心是一个 PN 结，被广泛应用于各种电路中。

1）PN 结及其特性

在 P 型半导体上采用一定的工艺，再生成 N 型半导体，P 型半导体的多数载流子是空穴，N 型半导体的多数载流子是电子，P 型半导体与 N 型半导体之间产生一个交结区，这个交结区就称为 PN 结，如图 5-1-10 所示。

PN 结最基本的特性就是单向导电，即通过 PN 结的电流在正常情况下只能沿单一方向流动。

2）二极管的外形

在 PN 结的 P 区和 N 区各接一个电极，再进行外壳封装并印上标记，就制成了一个二极管。常见的几种二极管外形如图 5-1-11 所示。

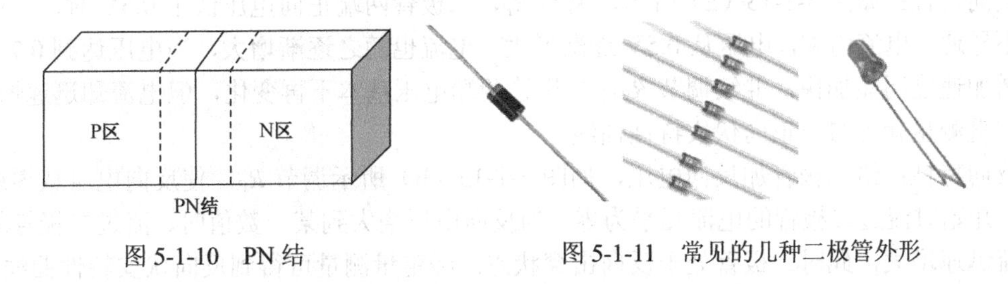

图 5-1-10　PN 结　　图 5-1-11　常见的几种二极管外形

二极管的两个电极分别称为阳极（也叫正极）、阴极（也叫负极）。阳极从 P 区引出，阴极从 N 区引出。从二极管的外形，可辨别二极管的阳极和阴极。圆柱形二极管常在外壳一端用色环或色点表示阴极（负极），没有标记的另一端就是阳极（正极）。对于无色标，但两引脚一长一短的，长引脚为阳极（正极），短引脚为阴极（负极）。

3）二极管的图形符号

二极管的种类与用途较多，在绘制电路图时对不同种类二极管规定了不同的图形符号，如图 5-1-12 所示。其中，横线一端为阴极，另一端为阳极。

图 5-1-12　二极管的图形符号

4）二极管的特性

二极管由 PN 结构成，PN 结加正向电压（P 区的电位高于 N 区的电位）能导通电流，PN 结加反向电压（N 区的电位高于 P 区的电位）就难以导通电流，这表明 PN 结具有单向导电特性。

二极管伏安特性：二极管的伏安特性是研究给二极管加上电压时，流过二极管电流的情况。二极管的伏安特性包括正向特性及反向特性。

二极管的伏安特性如图 5-1-13 所示，R_P 是电位器，改变 R_P 就可以改变二极管两端电压，R 是限流电阻，起到保护二极管的作用。

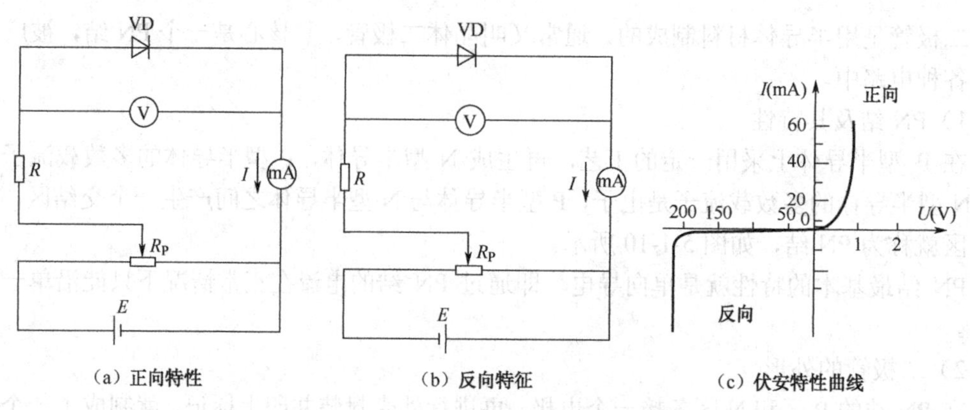

图 5-1-13　二极管的伏安特性

正向特性：如图 5-1-13（a）所示，调节 R_P，二极管两端正向电压低于 0.5V 时，二极管几乎不导通，电流为零，电压从 0.5V 逐渐增大，电流也随之逐渐增大，当电压达到 0.7V 时电流增加速度明显加快，继续调节 R_P，二极管两端电压基本不再变化，但电流却迅速增大。经过定量测量就可得出正向伏安特性曲线。

反向特性：给二极管加反向电压，如图 5-1-13（b）所示调节 R_P，使反向电压从零逐渐增大，开始时流过二极管的电流几乎为零，当反向电压增大到某一数值时，流过二极管的反向电流迅速增大，此时二极管处于反向击穿状态。经定量测量可得到反向伏安特性曲线。

由以上可知，二极管加正向电压超过 0.5V 时，二极管开始导通，达到 0.7V 时（硅管），二极管正向电压基本不再变化，我们将这一电压（约 0.7V）称为二极管的正向导通压降。若二极管是锗材料制成的，则称为锗二极管的正向导通压降（为 0.2～0.3V）。二极管加反向电压时，电压从零到某一电压值之前，二极管几乎无电流通过，达到某一值时电流突然增大，这表明二极管反向击穿了，流过的电流为反向电流，这一电压称为击穿电压。

结论：二极管加正向电压（硅管超过 0.5V；锗管超过 0.2V）时，二极管导通，导通压降 0.7V（硅管 0.7V；锗管 0.3V）。二极管导通时，有电流流过二极管；二极管加反向电压（未超过击穿电压）时，二极管截止。二极管截止时，没有电流流过二极管。

5）认识二极管

二极管种类很多，按照制造材料的不同可分为硅二极管和锗二极管；按照用途可分为整流二极管、检波二极管、稳压二极管、开关二极管等，本项目中将应用以下两种二极管。

（1）整流二极管。

整流二极管是对 PN 结单向导电特性的典型应用。由于工作频率不同，整流二极管又分为普通整流二极管和快速恢复整流二极管。

为了满足负载对电流的需要，二极管应能通过足够的电流而不损坏，而且当电路出现反向电压时不至被击穿，所以整流二极管的主要参数包括最大整流电流 I_{DM}、最高反向工作电压 U_{RM} 等。

最大整流电流 I_{DM}：在保证二极管长期正常工作的前提下，允许流过二极管的最大电流。不同型号的二极管，有不同的最大整流电流值，可通过查阅二极管参数手册获得。

最高反向工作电压 U_{RM}：整流二极管工作过程中，二极管能够承受的最高反向电压。不同型号的二极管，最高反向工作电压 U_{RM} 的值是不同的，部分常用整流二极管的主要参数见表 5-1-3。

表 5-1-3 部分常用整流二极管的主要参数

参数名称		正向电流	正向电压	反向电流	最高反向工作电压	参数名称		正向电流	正向电压	反向电流	最高反向工作电压
参数符号		I_{DM}	U_F	I_R	U_{RM}	参数符号		I_{DM}	U_F	I_R	U_{RM}
单位		A	V	μA	V	单位		A	V	μA	V
型号	1N4001	1	0.7	5	50	型号	PS2010	2	1.2	15	1000
	1N4002	1	0.7	5	100		1N5400	3	1	5	50
	1N4003	1	0.7	5	200		1N5401	3	1	5	100
	1N4004	1	0.7	5	400		1N5402	3	1	5	200
	1N4005	1	0.7	5	600		1N5403	3	1	5	300
	1N4006	1	0.7	5	800		1N5404	3	1	5	400
	1N4007	1	0.7	5	1000		1N5405	3	1	5	500
	P600A	6	0.7	25	50		1N5406	3	1	5	600
	P600B	6	0.7	25	100		1N5407	3	1	5	800
	P600D	6	0.7	25	200		1N5408	3	1	5	1000
	P600G	6	0.7	25	400		1N5391	1.5	1.4	10	50
	P600J	6	0.7	25	600		1N5392	1.5	1.4	10	100
	P600K	6	0.7	25	800		1N5393	1.5	1.4	10	200
	P600L	6	0.7	25	1000		1N5394	1.5	1.4	10	300
	PS200	2	1.2	15	50		1N5395	1.5	1.4	10	400
	PS201	2	1.2	15	100		1N5396	1.5	1.4	10	500
	PS202	2	1.2	15	200		1N5397	1.5	1.4	10	600
	PS204	2	1.2	15	400		1N5398	1.5	1.4	10	800
	PS206	2	1.2	15	600		1N5399	1.5	1.4	10	1000
	PS208	2	1.2	15	800						

（2）稳压二极管。

稳压二极管应用了PN结反向击穿特性，稳压管中的PN结反向击穿时，反向电流最大，PN结两端的反向电压稳定，且反向电压消失后，PN结不会损坏。因为它有稳压特点，因此称为稳压二极管。稳压二极管工作在反向击穿状态。

稳压二极管的参数如下。

稳定电压 U_Z：稳压二极管击穿时，二极管上保持的反向电压值称为稳压二极管的稳定电压。

稳定电流 I_Z：稳压二极管在长期正常工作状态下的反向击穿电流称为稳压电流。

最大工作电流 I_{ZM}：稳压二极管在长期正常工作状态下的最大反向击穿电流称为最大工作电流。超出此电流稳压二极管就会损坏。

允许耗散功率 P：允许耗散功率约等于稳定电流与稳定电压的乘积，选择稳压二极管时可由此估算。常见稳压二极管的主要参数见表5-1-4。

表5-1-4　常见稳压二极管的主要参数

国产代换型号	稳压值 U_Z（V）			允许功耗
	最小值	最大值	测试条件 I_Z（mA）	P（mW）
2CW50	1.88	2.12	20	400
2CW104	5.8	6.6	20	400
2CW109	10.4	11.6	10	400
2CW116	22.5	24.85	5	400
2CW17	24.26	27.64	5	400
2CW103	5	5.2	5	500
2CW103	5.8	6	5	500
2CW104	6	6.3	5	500
2CW105	7.34	7.7	5	500
2CW107	8.9	9.3	5	500
2CW110	12.12	12.6	5	500
2CW110	12.4	13.1	5	500
2CW111	13.5	14.1	5	500
2CW112	14.4	15.15	5	500
2CW113	17.55	18.45	5	500
2CW103	5.2	5.7	5	500
2CW105	6.3	6.9	5	500
2CW105	6.7	7.2	5	500
2CW109	9.5	11.5	5	500
2CW111	11.6	14.3	5	500
2CW109	11.13	11.71	5	500
2CW110	11.2	13.1	15	500
2CW111	12.4	14.1	15	500
2CW104	5.88	6.12	15	500

续表

国产代换型号	稳压值 U_Z（V）			允许功耗
	最小值	最大值	测试条件	
			I_Z（mA）	P（mW）
2CW101	27.2	28.6	0.1	500
2CW101	2.5	2.9	5	500

6）二极管的判别

二极管具有动态电阻特性，正向导通时电阻很小，反向截止时电阻很大。根据这一特点，可以用万用表测量二极管正、反向电阻值，以此为依据判别二极管故障及引脚极性。二极管正、反向电阻的测量如图 5-1-14 所示。

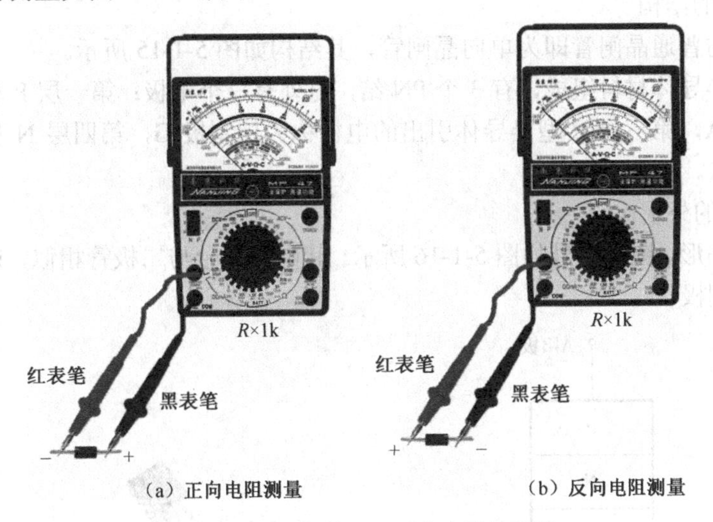

（a）正向电阻测量　　（b）反向电阻测量

图 5-1-14　二极管正、反向电阻的测量

正常的硅二极管，正向电阻约为 5kΩ，反向电阻为无穷大。若一只二极管正、反向电阻均为正常值，就说明这只二极管是正常的，否则可能已经损坏。

锗材料二极管如 2AP9、2AP30、2AN1 等，它们的正向电阻正常值约为 1kΩ，反向电阻正常值约为 500kΩ。

注意：测量时所用万用表不同，测出二极管正、反向电阻值也不同；测量时选用的万用表倍率挡不同，测出的结果也不一样。一般来讲，其正向电阻越小，同时反向电阻越大，质量就越好。以上测量方法只对普通二极管有效，对于变容二极管等特殊二极管测量时须另行对待。

（1）二极管的常见故障。

击穿故障：用万用表测量正、反向电阻，如果都接近 0Ω，说明二极管已击穿。二极管击穿的原因一般是由于二极管承受的反向电压超过 U_{RM}。

开路故障：用万用表测量正、反向电阻，正、反向电阻都为无穷大，说明二极管内部开路。开路故障的原因一般是由于流过二极管的电流过大，导致 PN 结烧断或由于受潮或机械振动使 PN 结内部与电极断开。

二极管变质故障：这是一种介于短路与开路之间的情形，这种故障多在正、反向电阻上有所表现，即二极管的正向电阻过大，而反向电阻偏小，失去了单向导电作用，不能继续使用，必须更换。

（2）极性的判断。

在进行二极管的正、反向电阻测量时，当测得的电阻值较小时，红表笔（实际接表内电池的负极）与之相接的引脚就是二极管的负极，与黑表笔（实际接表内电池正极）相接的引脚为二极管的正极。反之，当测得的电阻值较大时，与红表笔相接的引脚为二极管的正极，与黑表笔相接的引脚就是负极。

4. 晶闸管

晶闸管又称为可控硅。自20世纪50年代问世以来已经发展成一个大的家族，包括单向晶闸管、双向晶闸管、光控晶闸管、逆导晶闸管、可关断晶闸管、快速晶闸管等。

1）晶闸管的结构

通常所说的普通晶闸管即为单向晶闸管，其结构如图5-1-15所示。

它由四层半导体材料组成，有3个PN结，对外有三个电极：第一层P型半导体引出的电极称为阳极A，第三层P型半导体引出的电极称为控制极G，第四层N型半导体引出的电极称为阴极K。

2）晶闸管的外形

晶闸管的外形、图形符号如图5-1-16所示。其电路符号与二极管相似，只是在其阴极处增加了一个控制极。

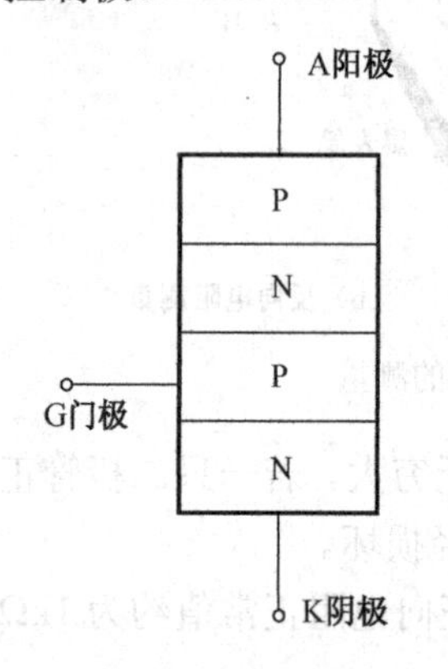

图5-1-15 晶闸管的结构

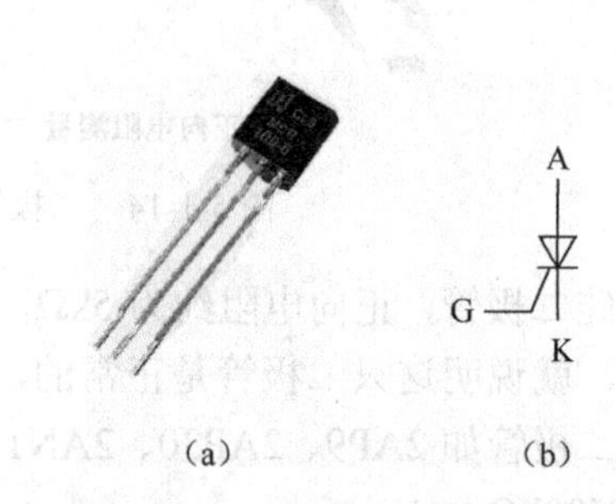

图5-1-16 晶闸管的外形、图形符号

晶闸管可以理解为一个受控制的二极管，也具有单向导电性，不同之处在于除了阳极与阴极之间的正向偏置电压外，还必须给控制极加一个足够大的控制电压，在这个控制电压的触发作用下，晶闸管就会像二极管一样导通，一旦晶闸管导通，控制电压即使取消，也不会影响其正向导通的工作状态。

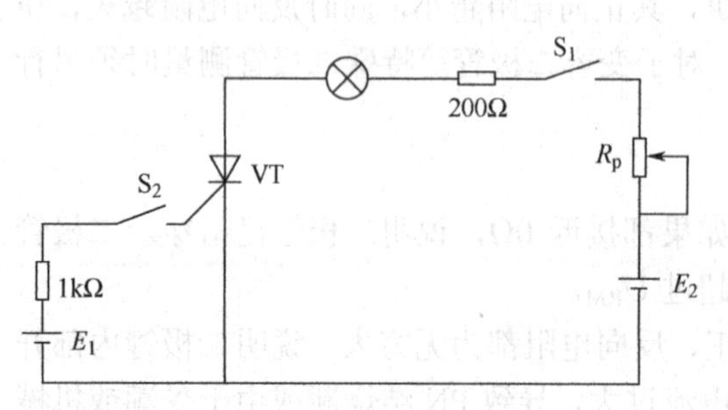

图5-1-17 晶闸管单向导电性的实验电路

3）晶闸管的特性分析

晶闸管单向导电性的实验电路如图5-1-17所示。

开关 S_1 闭合、S_2 断开时，指示灯不亮；交换 E_1 的极性，指示灯仍不亮；开关 S_1、S_2 闭合，指示灯亮；指示灯亮后，断开 S_2，指示灯仍亮；交换 E_2 的极性重做，指示灯不亮。

结论：无控制信号时，指示灯均不亮，即晶闸管不导通（阻断）；当阳极、控制极均加上正偏压时，指示灯亮，即晶闸管导通；若阳极、控制极电压有一个反偏时，指示灯不亮，即晶闸管不导通；指示灯亮后，如果撤掉控制电压，指示灯仍亮，即晶闸管维持导通，而控制极失去控制作用。晶闸管导通和关断条件见表 5-1-5。

表 5-1-5 晶闸管导通和关断条件

状 态	条 件	说 明
从关断到导通	1. 阳极电位高于阴极电位 2. 控制极有足够的正向电压和电流	两者缺一不可
维持导通	1. 阳极电位高于阴极电位 2. 阳极电流大于维持电流	两者缺一不可
从导通到关断	1. 阳极电位低于阴极电位 2. 阳极电流小于维持电流	任意一个条件即可

4）晶闸管的主要参数

额定通态平均电流 I_F：晶闸管允许通过的工频正弦半波电流的平均值。

通态平均管压降 U_F：晶闸管正向导通状态下阳极和阴极两端的平均电压降，一般为 0.6～1.2V。

维持电流 I_H：维持晶闸管导通状态所需的最小阳极电流。

最小触发电压 U_G：指晶闸管正向偏置情况下，为使其导通而要求控制极所加的最小触发电压，一般为 1～5V。

晶闸管导通后，由于某种原因使阳极电流小于维持电流 I_H 时，晶闸管就会关断，即由导通转为阻断状态；晶闸管关断后，必须重新触发才能再次导通。

5）单向晶闸管的检测

万用表选用电阻×1 挡，用红、黑两表笔分别测任意两引脚间正、反向电阻，直至找出读数为数十欧姆的一对引脚，此时黑表笔接的引脚为控制极 G，红表笔接的引脚为阴极 K，另一空脚为阳极 A。将黑表笔接已判断了的阳极 A，红表笔仍接阴极 K，此时万用表指针应不动。用短接线瞬间短接阳极 A 和控制极 G，此时万用表指针应向右偏转，阻值读数为 10Ω 左右。如阳极 A 接黑表笔，阴极 K 接红表笔时，万用表指针发生偏转，说明该单向晶闸管已击穿损坏。

二、直流稳压电源

1. 直流稳压电源的组成

直流稳压电源是能为负载提供稳定直流电源的电子装置，不论用分立元器件构成稳压器，还是用集成稳压器，一个完整的直流稳压电源均可分为变压、整流、滤波和稳压四个部分。其框图及对应的特征波形如图 5-1-18 所示。

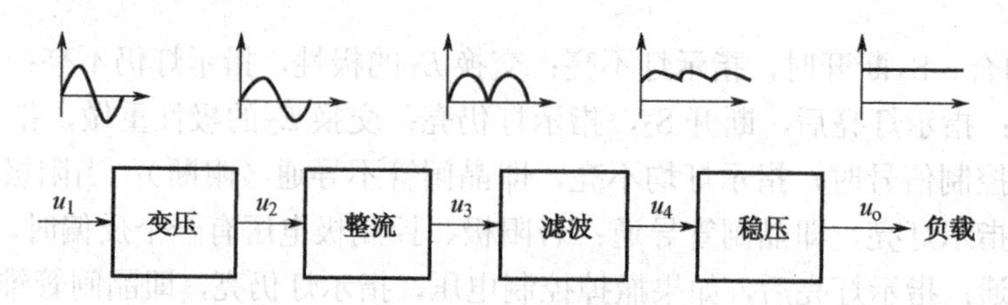

图 5-1-18　直流稳压电源框图及对应的特征波形

电源变压器：将交流电网电压 u_1 变为合适的交流电压 u_2。

整流电路：将交流电压 u_2 变为脉动的直流电压 u_3。

滤波电路：将脉动直流电压 u_3 转变为平滑的直流电压 u_4。

稳压电路：清除电网波动及负载变化的影响，保持输出电压 u_o 的稳定。

2. 整流电路分析

整流电路按组成的器件可分为不可控电路、半控电路、全控电路三种。不可控整流电路完全由不可控二极管组成，其直流整流电压和交流电源电压值的比是固定不变的；半控整流电路由可控器件和二极管混合组成，在这种电路中，负载电源极性不能改变，但平均值可以调节；在全控整流电路中，所有的整流器件都是可控的（SCR、GTR、GTO 等），其输出直流电压的平均值及极性可以通过控制器件的导通状况而得到调节。

1）单相桥式整流电路

单相桥式整流电路采用了 4 只二极管，互相接成桥式，故称为桥式整流电路，如图 5-1-19 所示。

整流过程中，4 只二极管两两轮流导通，因此正、负半周内都有电流流过 R_L，从而使输出电压的直流成分提高，脉动系数降低。在 u_2 的正半周（假定为上正下负）VD_1、VD_3 导通，VD_2、VD_4 截止；负半周（上负下正），VD_2、VD_4 导通，VD_1、VD_3 截止。无论在正半周还是负半周，流过 R_L 的电流方向是一致的。单相桥式整流电路波形如图 5-1-20 所示。

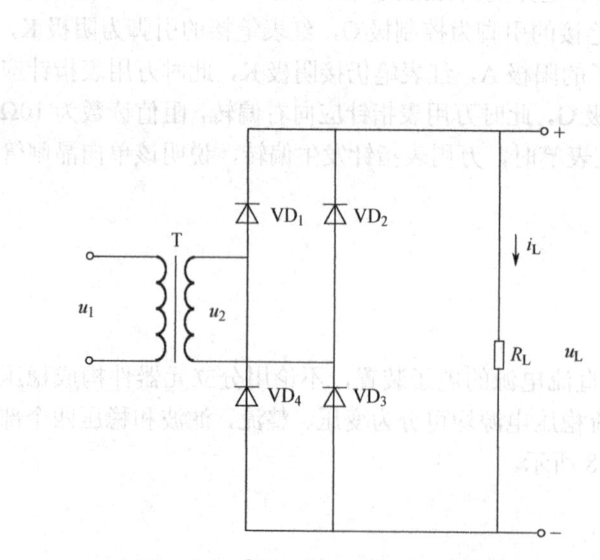

图 5-1-19　单相全波（桥式）整流电路

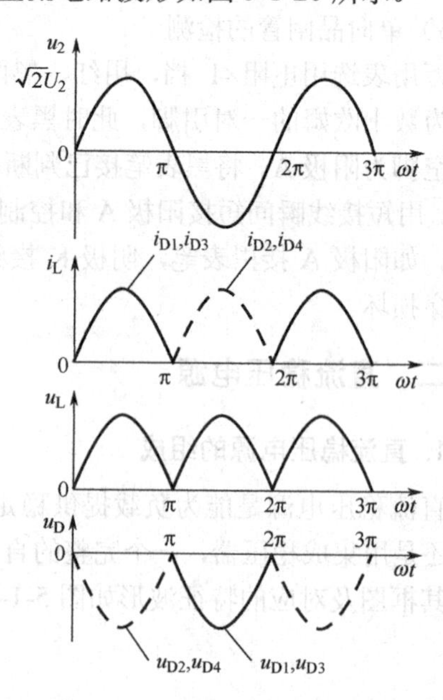

图 5-1-20　单相桥式整流电路波形

桥式整流电路的输出电压 U_L：

$$U_{\rm L}=0.9U_2$$

流过二极管的平均电流 I_D：

$$I_{\rm D}=\frac{1}{2}I_{\rm L}$$

截止的二极管承受的反向电压 U_{RM}：

$$U_{\rm RM}=\sqrt{2}U_2$$

2）单相可控半波整流电路

当负载为电阻性负载时，其电路及其电压与电流波形如图 5-1-21 所示，导通角 θ=180°−α，控制角 α 的调整范围为 0°～180°。

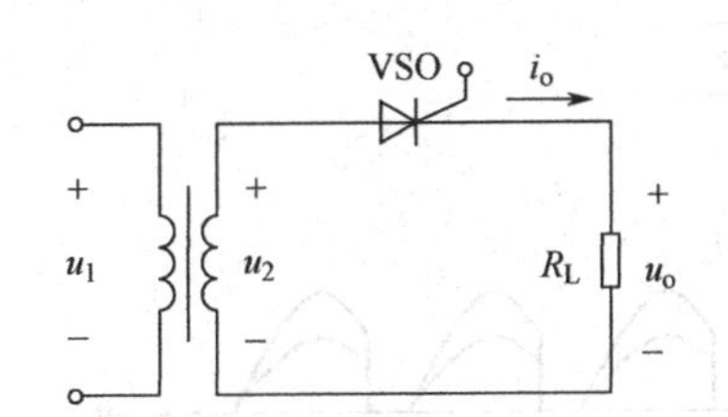

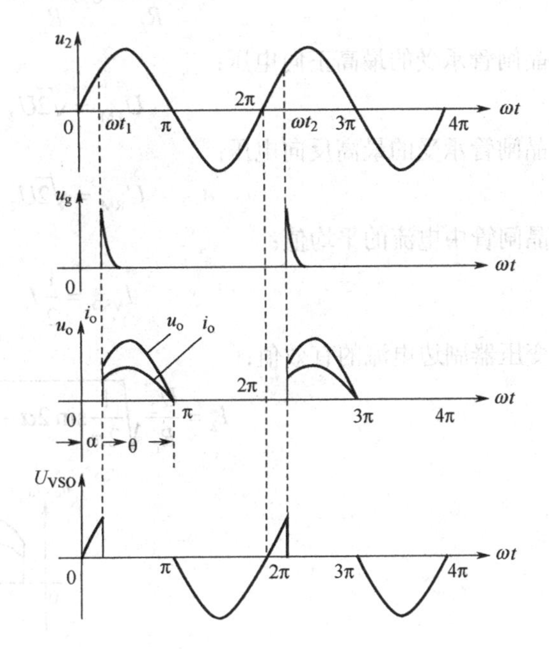

图 5-1-21 接电阻性负载的单相可控半波整流电路及其电压与电流波形

输出电压的平均值：

$$U_{\rm o}=0.45U_2\frac{1+\cos\alpha}{2}$$

输出电流的平均值：

$$I_{\rm o}=\frac{U_{\rm o}}{R_{\rm L}}=0.45\ \frac{U_2}{R_{\rm L}}\ \ \frac{H\cos\alpha}{2}$$

晶闸管承受的最高正向电压：

$$U_{\rm FM}=\sqrt{2}U_2$$

晶闸管承受的最高反向电压：

$$U_{\rm RM}=\sqrt{2}U_2$$

晶闸管中电流的平均值：

$$I_{\rm VSO}=I_{\rm o}$$

变压器副边电流的有效值：

$$I_2 = \frac{U_2}{R_L}\sqrt{\frac{1}{4\pi}\sin 2\alpha + \frac{\pi-\alpha}{2\pi}}$$

3）单相半控桥式整流电路

单相半控桥式整流电路及其电压与电流波形如图 5-1-22 所示。

输出电压的平均值：

$$U_o = 0.9U_2\frac{1+\cos\alpha}{2}$$

输出电流的平均值：

$$I_o = \frac{U_o}{R_L} = 0.9\frac{U_2}{R_L}\frac{1+\cos\alpha}{2}$$

晶闸管承受的最高正向电压：

$$U_{FM} = \sqrt{2}U_2$$

晶闸管承受的最高反向电压：

$$U_{RM} = \sqrt{2}U_2$$

晶闸管中电流的平均值：

$$I_{VSO} = \frac{1}{2}I_o$$

变压器副边电流的有效值：

$$I_2 = \frac{U_2}{R_L}\sqrt{\frac{1}{2\pi}\sin 2\alpha + \frac{\pi-\alpha}{\pi}}$$

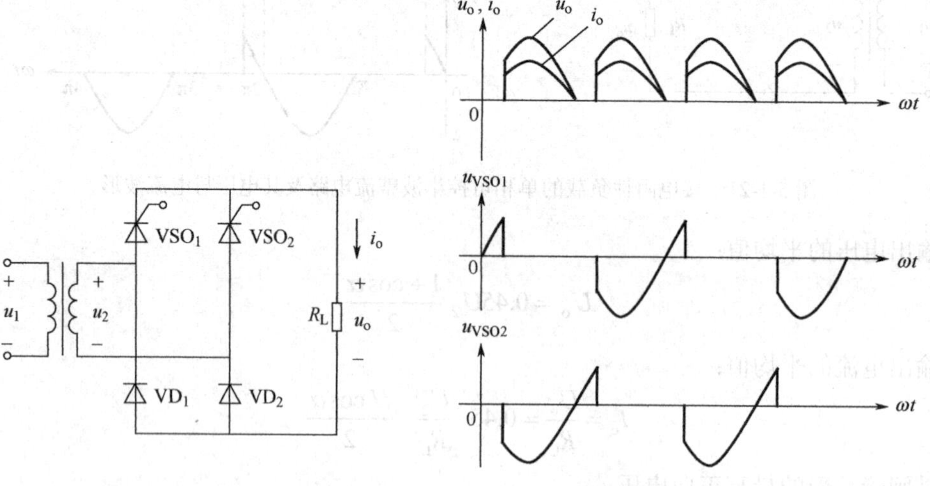

图 5-1-22　接电阻性负载的单相半控桥式整流电路及其电压与电流波形

3. 滤波电路分析

无论哪种整流电路，它们的输出电压都含有较大的脉动成分。除了一些特殊场合可以直接用作电源外，通常都要采取一定的措施，一方面尽量降低输出电压中的脉动成分，另一方面又要尽量保留其中的直流成分，使输出电压接近于理想的直流电压。这样的措施就是滤波。电容是常见的滤波元件。

1）桥式整流滤波电路工作原理

电容滤波电路如图 5-1-23 所示，在负载电阻 R_L 上并联一只电容，就构成了电容滤波电路。电容滤波电路的波形图如图 5-1-24 所示。

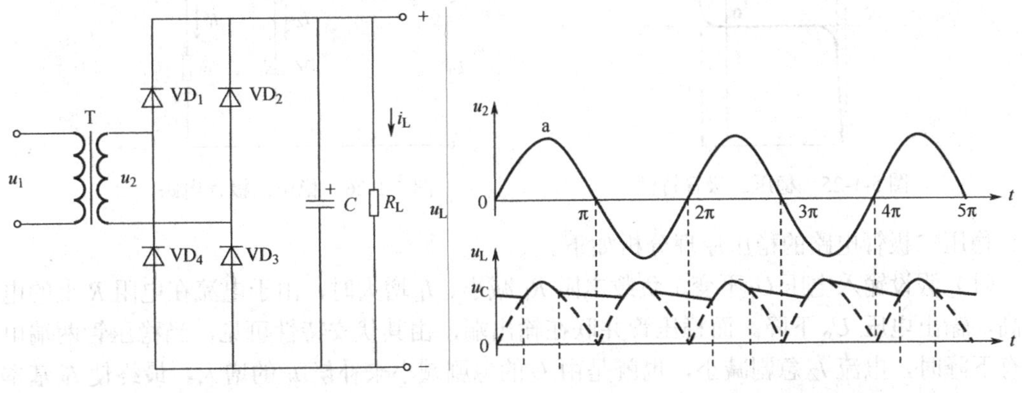

图 5-1-23 电容滤波电路　　图 5-1-24 电容滤波电路的波形图

当 u_2 为正半周并且数值大于电容两端电压 u_C 时，二极管 VD_1 和 VD_3 导通，VD_2 和 VD_4 截止，电流一路流经负载电阻 R_L，另一路对电容 C 充电。当 $u_C>u_2$ 时，导致 VD_1 和 VD_3 反向偏置而截止，电容通过负载电阻 R_L 放电，u_C 按指数规律缓慢下降。

当 u_2 为负半周幅值变化到恰好大于 u_C 时，VD_2 和 VD_4 因加正向电压变为导通状态，u_2 再次对 C 充电，u_C 上升到 u_2 的峰值后又开始下降；下降到一定数值时 VD_2 和 VD_4 变为截止，C 对 R_L 放电，u_C 按指数规律下降；放电到一定数值时 VD_1 和 VD_3 变为导通，重复上述过程。

2）结论

根据以上分析，对电容滤波可以得到下面几个结论。

（1）输出电压的关系式：

$$U_L = 1.2 \sim 1.4U_2$$

（2）加了滤波电容以后，输出电压中的脉动成分降低了。

（3）电容放电时间常数（$\tau=R_LC$）越大，放电过程越慢，输出电压越高，脉动成分越少，即滤波效果越好。

（4）由于电容滤波电路的输出电压 u_L 随着输出电流 i_o 变化，所以电容滤波适用于负载电流变化不大的场合。

注意：由于滤波电容容值比较大，约几十至几千微法，一般选用电解电容器。接入电路时，注意电容器的极性不可接反。电容器的耐压应该大于 $\sqrt{2}U_2$。

4. 稳压电路分析

1）稳压二极管

稳压二极管利用其反向击穿时的伏安特性实现稳压，如图 5-1-25 所示。在反向击穿区，当流过稳压管的电流在一个较大的范围内变化时（变化量为 ΔI），稳压管两端相应的变化量 ΔU 却很小。因此如果将稳压二极管和负载并联，就能在一定条件下保持输出电压基本稳定。

2）稳压二极管电路

整流滤波所得的直流电压作为稳压电路的输入电压 U_I，稳压二极管 DZ 与负载电阻 R_L 并联，如图 5-1-26 所示。稳压二极管要处于反向接法，限流电阻 R 也是稳压电路不可缺少的组成元件，当输入电压波动时，通过调节 R 两端的电压来保持输出电压基本不变。

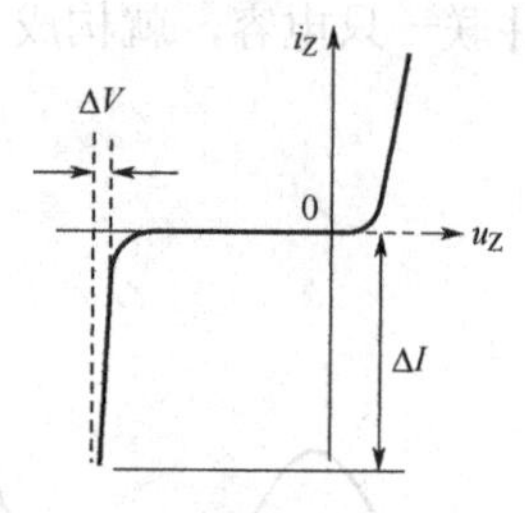

图 5-1-25　稳压二极管特性

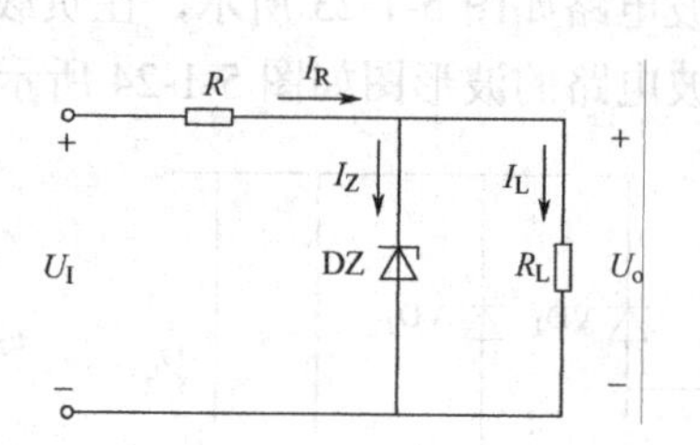

图 5-1-26　稳压二极管电路

稳压二极管电路的稳压原理分析如下。

（1）假设输入电压 U_I 不变、负载电阻 R_L 减小、I_L 增大时，由于电流在电阻 R 上的电压升高，输出电压 U_o 下降。而稳压管并联在输出端，由其伏安特性可见，当稳压管两端电压略有下降时，电流 I_Z 急剧减小，也就是由 I_Z 的急剧减小来补偿 I_L 的增大，最终使 I_R 基本保持不变，因而输出电压也维持基本稳定。上述过程可简明表示如下：

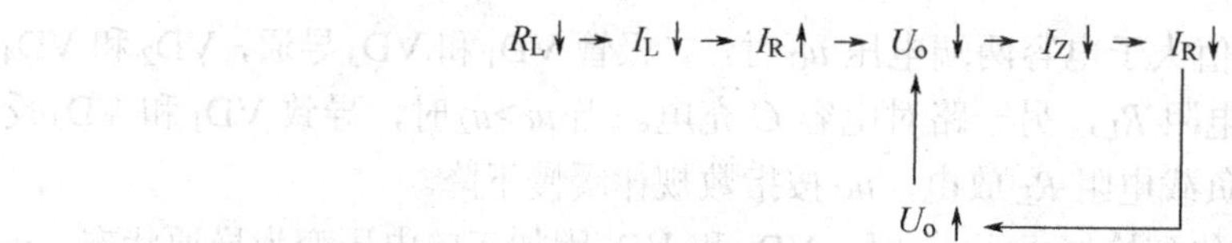

（2）假设负载电阻 R_L 保持不变，输入电压 U_I 升高时，输出电压 U_o 也将随之上升，但此时稳压管的电流 I_Z 急剧增加，则电阻 R 上的电压增大，以此来抵消 U_I 的升高，从而使输出电压基本保持不变。上述过程可简明表示如下：

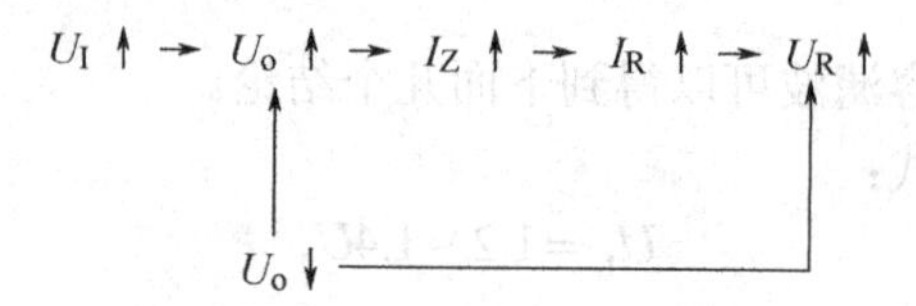

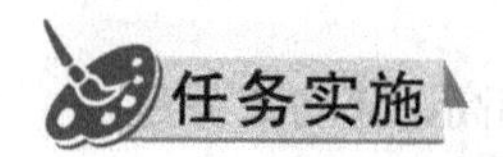

制作桥式整流滤波电路

一、工具及元器件

1. 工具

主要工具有电烙铁、万用表、示波器和万能板，如图 5-1-27 所示。

电烙铁及焊锡等

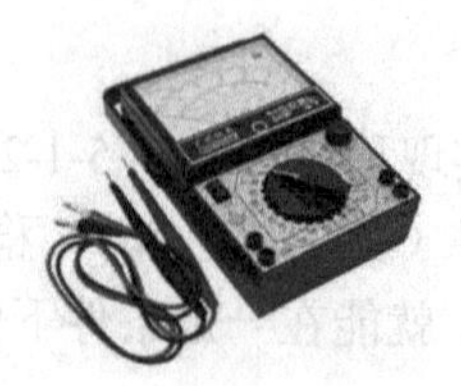
万用表

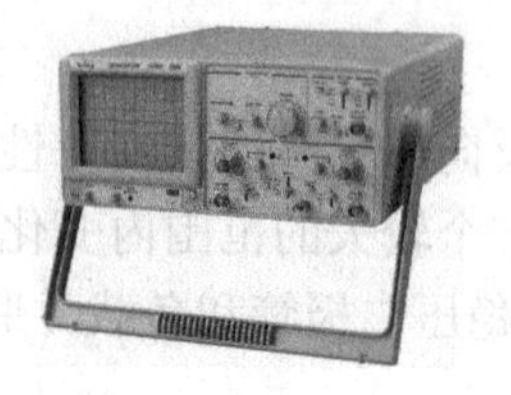
示波器

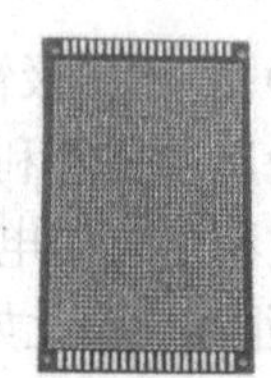
万能板

图 5-1-27　所需工具

2．元器件

桥式整流滤波电路元器件清单见表 5-1-6。

表 5-1-6 桥式整流滤波电路元器件清单

编　号	元　器　件	数　量
VD_1～VD_4	整流二极管 1N5395	4
C	电解电容 3300μF/50V	1
T	变压器 24V、30W	1
R_L	电阻 220V、5W	1

二、组装

1．元器件的识别

根据元器件清单识别并利用万用表检测所需元器件，将检测结果填入表 5-1-7。

表 5-1-7 元器件检测结果

<table>
<tr><td rowspan="2">电阻器</td><td>色环颜色</td><td>标称值（Ω）</td><td>允许误差（%）</td><td colspan="2">万用表测量值（Ω）</td></tr>
<tr><td></td><td></td><td></td><td colspan="2"></td></tr>
<tr><td rowspan="2">电容器</td><td>电容容量</td><td>耐压</td><td colspan="3">万用表充放电测量现象</td></tr>
<tr><td></td><td></td><td colspan="3"></td></tr>
<tr><td rowspan="5">二极管</td><td>型号</td><td>正、负引脚识别</td><td>正向测量阻值</td><td>反向测量阻值</td><td>结论</td></tr>
<tr><td></td><td></td><td></td><td></td><td></td></tr>
<tr><td></td><td></td><td></td><td></td><td></td></tr>
<tr><td></td><td></td><td></td><td></td><td></td></tr>
<tr><td></td><td></td><td></td><td></td><td></td></tr>
</table>

2. 组装整流滤波电路

清除元器件引脚上的氧化层，并搪锡（对已进行预处理的新元器件不搪锡）；根据图 5-1-21 所示桥式整流滤波电路合理布局电路元器件，其装配图如图 5-1-28 所示； 安装二极管、电解电容并注意极性；元器件安装完毕，检查无误后，进行焊接固定。

图 5-1-28 整流滤波电路装配图

三、检测

1. 电压测量

电路组装完成，检查元器件连接正确后，用万用表分别测量整流滤波电路输入/输出电压的大小，并将测量结果填入表 5-1-8 中。

表 5-1-8　整流滤波电路电压测量结果

整流滤波电路输入（交流）	输出（直流）	
	无滤波电容	带滤波电容

2. 波形测量

通过示波器观察整流滤波输入/输出电压波形，并绘制在表 5-1-9 中。

表 5-1-9　整流滤波电路输入/输出波形

整流滤波电路输入	输出	
	无滤波电容	带滤波电容

任务评价

对本学习任务进行评价，见表 5-1-10。

表 5-1-10　任务评价表

考核内容	考核标准	自我评价				小组评价			
		A	B	C	D	A	B	C	D
准备工作	准备实训任务中使用到的仪器仪表，做基本的清洁、保养及检查，酌情评分								
元件识别	1. 能正确识别电阻器、电容器及二极管 2. 能利用万用表对电阻器阻值进行测量 3. 能利用万用表对电解电容进行好坏检测 4. 能利用万用表对二极管进行好坏检测								
装配与焊接工艺	1. 元器件布局合理 2. 焊点焊接质量可靠，光滑圆润，焊锡用量适中								
电路分析	1. 能画出整流滤波电路图，并描述其工作原理 2. 知道整流滤波电路的主要元器件的参数要求，能根据具体指标选用参数合适的元器件；掌握元器件代换的规则								
操作规范及职业素质	1. 制作过程中注重环保、节约耗材 2. 遵守安全操作规范								
完成报告	按照报告要求完成、内容正确								
安全文明生产	违反安全文明操作规程为 D 等								
整理工位	整理工具，清洁工位								

续表

<table>
<tr><th rowspan="2">考核内容</th><th rowspan="2" colspan="4">考核标准</th><th colspan="4">自我评价</th><th colspan="4">小组评价</th></tr>
<tr><th>A</th><th>B</th><th>C</th><th>D</th><th>A</th><th>B</th><th>C</th><th>D</th></tr>
<tr><td>总备注</td><td colspan="4">造成设备、工具人为损坏或人身伤害的，本学习任务不计成绩</td><td></td><td></td><td></td><td></td><td></td><td></td><td></td><td></td></tr>
<tr><td rowspan="2">综合评价</td><td>自我评价</td><td></td><td>等级</td><td></td><td colspan="4">签名</td><td colspan="4"></td></tr>
<tr><td>小组评价</td><td></td><td>等级</td><td></td><td colspan="4">签名</td><td colspan="4"></td></tr>
<tr><td>教师评价</td><td colspan="12">签名：
日期：</td></tr>
</table>

知识拓展

一、电路的焊接知识

1. 工具及原材料

电路焊接所用的主要工具和原材料有电烙铁、斜口钳、元器件、万能板、焊锡丝、松香。

2. 步骤

万能板又称为万用板、实验板，如图 5-1-29 所示，这是一种通用设计的电路板，通常板上布满标准间距（2.54mm）的圆形独立焊盘，看起来整个板子上都是小孔，所以也俗称为“洞洞板”。相比专业的 PCB，万能板具有成本低、使用方便、扩展灵活等特点。熟练使用万能板及电烙铁来焊接电路是机电专业的一项基本技能。

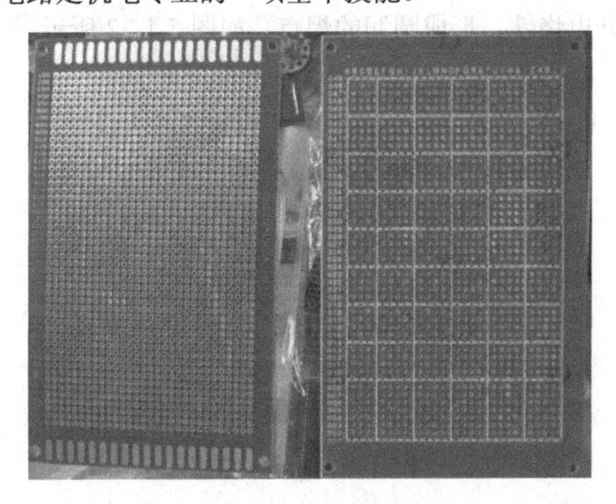

图 5-1-29 万能电路板

1）准备

在焊接前，如图 5-1-30 所示，先将电烙铁插上电进行预热，电烙铁头蘸上松香后用电烙铁头刃面接触焊锡丝，使电烙铁头上均匀镀上一层锡。这样便于焊接和防止电烙铁头表面氧化。旧的电烙铁头如严重氧化发黑，要用细砂纸磨去表层氧化物，使其露出金属光泽后，重新镀锡，才能使用。

2）插元器件

将元器件的引脚调整好，插在万能板上，如图 5-1-31 所示，一般先插接低矮的元器件再插接高的元器件。在万能板上进行元器件的布局，可对照电路原理图上元器件的布局规划，以关键元器件为中心开始布局，其他元器件围绕着中心按照信号的流程进行布局。对电子电路较熟悉时，可以遵照这种方式边焊接边规划，无序中体现着有序，效率较高。但初学者建议按照以上的布局原则，先在纸上进行初步的布局并画好元器件布局图纸，然后再按照图纸进行焊接，也可以用笔在万能板正面把走线画上去，以方便对照焊接。

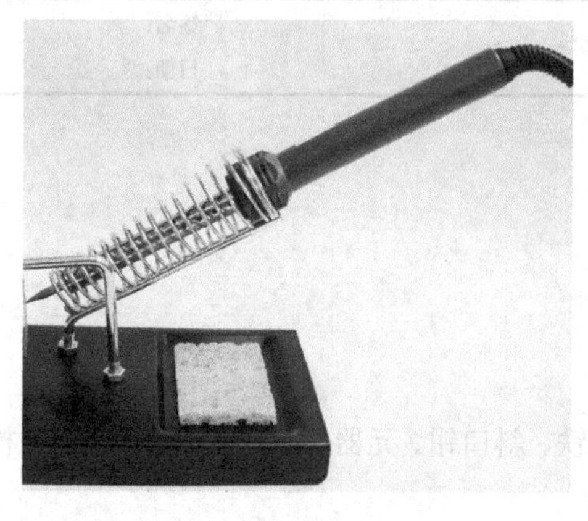

图 5-1-30　电烙铁预热

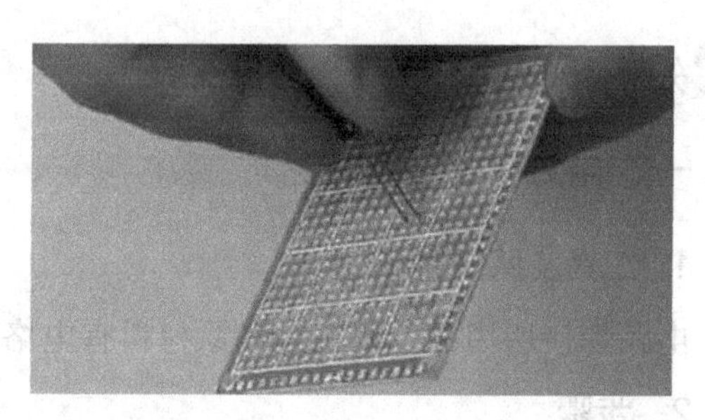

图 5-1-31　元器件的插接

3）焊接

元器件插上后，将预热好的电烙铁头压在元器件引脚与电路板接触处片刻，使局部温度升高至焊锡丝熔点。将焊锡丝送到引脚与电烙铁头接触处，当焊锡量适当的时候撤去焊锡丝，同时沿元器件引脚移开电烙铁，形成圆润的焊点，如图 5-1-32 所示。

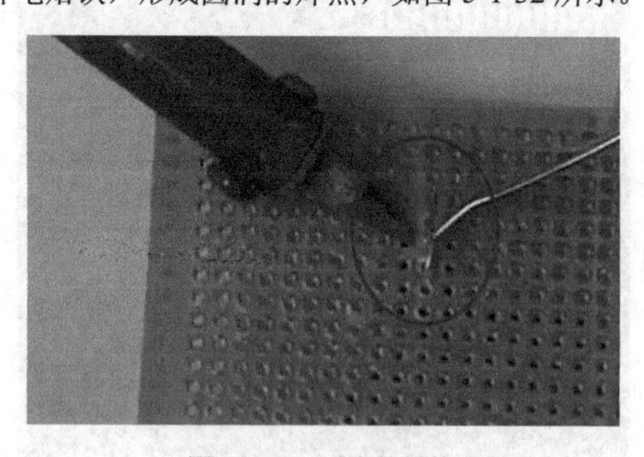

图 5-1-32　引脚的焊接

4）修剪

用斜口钳剪去多余的元器件引脚，即完成了锡焊操作。

3. 方法

焊接万能板有很多种方法，传统用得最多的是“飞线连接法”及“锡接走线法”。

1）飞线连接法

如图 5-1-33 所示，这种走线方法一般选用细导线或者漆包线进行电路连接，尽量沿着水平方向和垂直方向走线，整洁清晰。不过这种方式对于稍微复杂的电路，如果布局不合理，走线可能会存在较多交叉或者重叠，并可能对电气特性产生影响。使用这种方法还要求常备较多用于连接的细导线或者漆包线。

2）锡接走线法

如图 5-1-34 所示，这是直接借助焊锡把各焊盘节点连接起来的一种走线方式，其有着线路清晰、工艺美观、性能稳定等特点。不过使用焊锡较多，而且对焊锡质量及个人焊接工艺都要求较高。对于初学者，可使用细金属线作为连接的媒介，在金属线走过的焊盘节点再上锡焊接，这样操作比较简单。

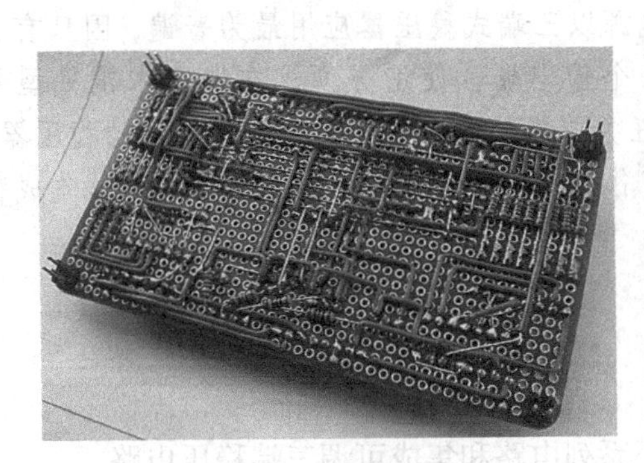

图 5-1-33　飞线连接法

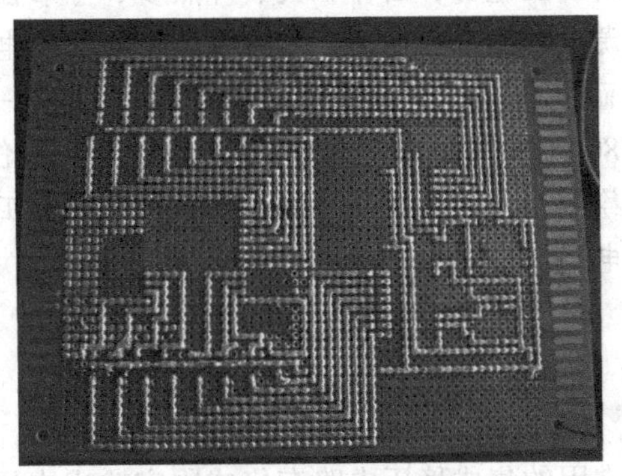

图 5-1-34　锡接走线法

二、电路焊接的注意事项

（1）使用电烙铁前，要先检查电烙铁的电源插头、电源线有无损坏，预防漏电并检查电烙铁头是否松动。电烙铁头上焊锡过多时，可用湿海绵擦拭，不可乱甩，以防烫伤他人。电烙铁使用过程中，不能用力敲击。

（2）焊接过程中，电烙铁不能到处乱放。不焊接时，应放在电烙铁架上。注意电源线不可搭在电烙铁头上，以防烫坏绝缘层而发生事故。

（3）锡焊各步骤之间停留时间及操作的正确性对焊接质量影响很大，要在实践中逐步掌握。

（4）使用结束后，应及时切断电源，拔下电源插头。冷却后，方可将电烙铁收回工具箱。

任务 2　制作稳压电源

任务目标

知识目标

（1）认识集成三端稳压器件。

（2）了解CW7800/CW7900系列、CW317系列稳压集成块及其功能。

（3）掌握CW7800/CW7900系列、CW317系列典型电路的工作原理。

能力目标

（1）绘制集成稳压电源电路图。

（2）会制作集成稳压电源电路，并对电路进行调试与维修。

任务分析

集成稳压电路是将不稳定的直流电压转换成稳定的直流电压的集成电路，用分立元器件组成的稳压电源，因体积大、焊点多、可靠性差而使其应用范围受到限制。近年来，集成稳压电源已得到广泛应用，其中小功率的稳压电源以三端式稳压器应用最为普遍，因只有3个引脚而得名，一个输入端、一个接地端、一个输出端，使用方便，在电路中常见型号为CW7800/CW7900系列、CW317系列。本次任务，先认识这两个典型系列的三端稳压器件，然后绘制出集成稳压电源电路图，并分析其工作原理，最后根据电路图制作并调试集成稳压电源电路。

知识准备

常用的集成稳压电路有集成固定输出电压系列电路和集成可调三端稳压电路。

一、集成固定输出电压系列电路

1. CW7800、CW7900系列三端集成稳压电路

（1）CW7800系列为正稳压电路，输出电压为正电压。有5～24V多种固定电压输出，如CW7805、CW7806、CW7809、……、CW7824，输出电流为1A，还有78L00系列，输出电流为400mA。其中，CW7805是最常用的稳压芯片，使用方便，用很简单的电路即可实现5V直流稳压的输出。

（2）CW7900系列为负稳压电路，输出电压为负电压。有-5～-24V多种固定电压输出，如CW7905、CW7906、CW7909、……、CW7924，输出电流为1A。

2. 三端稳压器的型号命名规则

国产的三端稳压器命名一般采用CW前缀，C表示国标，W表示稳压器，其后的数字表示该稳压器的具体型号，如图5-2-1所示。字母表示输出最大电流的数值见表5-2-1。

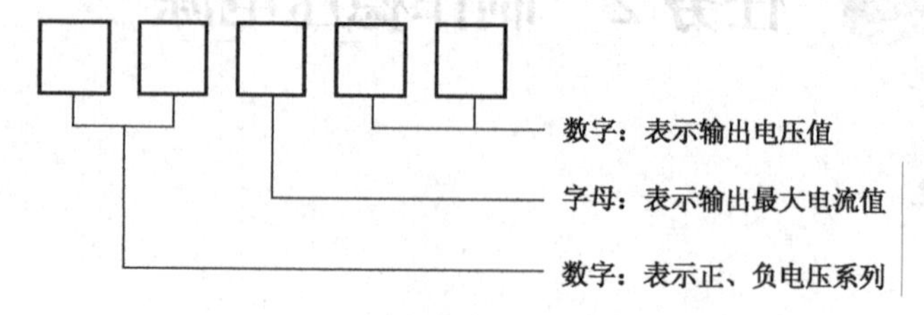

图5-2-1　三端稳压器的型号命名规则

表 5-2-1 字母表示输出最大电流的数值

字　母	L	M	无字	S	H	P
最大电流（A）	0.1	0.5	1	2	5	10

例如，CW78M05 三端稳压器可输出 5 V、0.5 A 的稳定电压；CW7912 三端稳压器可输出 12V、1A 的稳定电压。

而国外很多厂家生产的三端稳压器型号前缀各不相同。例如，同为 7805，摩托罗拉公司的产品前缀是 MC，如 MC7805，松下公司的产品前缀是 AN，美国国家半导体公司的产品前缀是 LM 等。

3. CW7800/CW7900 系列三端集成稳压电路封装

CW7800/CW7900 系列三端集成稳压电路一般使用的是 TO-220 封装，其外形及引脚排列如图 5-2-2 所示。

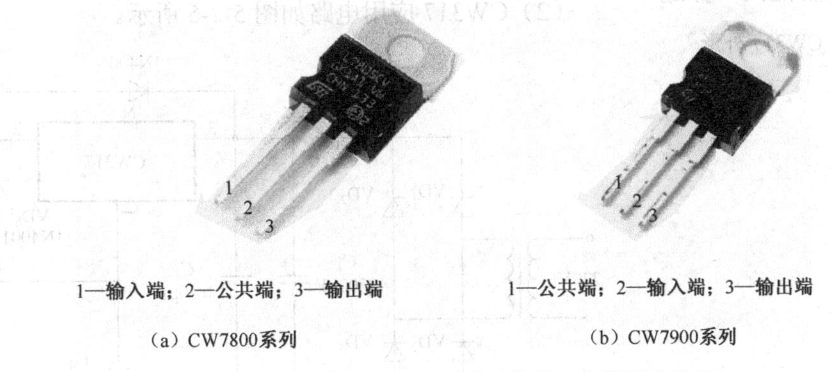

（a）CW7800系列　　（b）CW7900系列

图 5-2-2 CW7800/CW7900 系列常见外形及引脚排列

4. CW7800/CW7900 系列正、负稳压典型电路

集成三端稳压器根据稳定电压的正、负极性分为 CW7800/CW7900 系列，如图 5-2-3 所示。

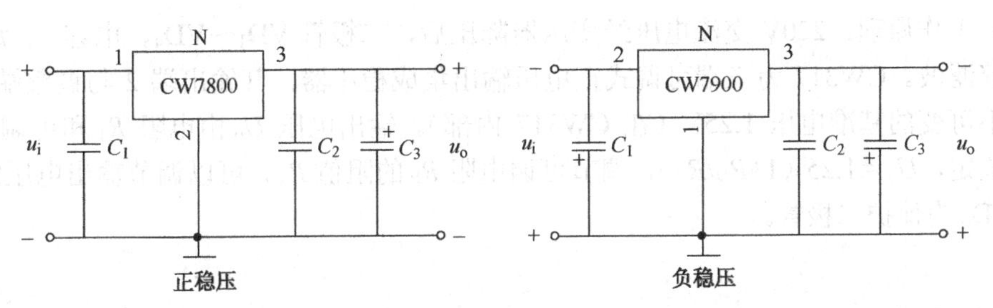

图 5-2-3 CW7800/CW7900 系列正、负稳压典型电路

5. CW7800/CW7900 系列在降压电路中的注意事项

（1）输入/输出压差不能太大，太大则转换效率急速降低，而且容易击穿损坏。

（2）输出电流不能太大，1.5A 是其极限值。若是大电流的输出，散热片的尺寸要足够大，否则会导致高温保护或热击穿。

（3）输入/输出压差也不能太小，太小效率很差。

（4）7805、7905 要加散热片，前面加的电压值最好不能超过其额定值的 3V 以上。

（5）注意 CW7800/CW7900 系列的引脚顺序是不一样的。

二、集成可调三端稳压电路

1—调节端；2—输出端；3—输入端

图 5-2-4　CW317 外形

CW317 及 CW337 集成稳压电路是近年来应用较多的产品，CW317 为正电压可调三端稳压电路，CW337 为负电压可调三端稳压电路。CW317 不但采用了三端简单结构，同时又能实现输出电压的连续可调。最大输入/输出电压差达 30V，输出电压为 1.2～35V，连续可调；最大输出电流为 1A；最小负载电流为 5mA，基准电压为 1.2V。有金属封装和塑封两种。这里我们重点学习 CW317 集成稳压电路。

（1）CW317 外形如图 5-2-4 所示。

（2）CW317 应用电路如图 5-2-5 所示。

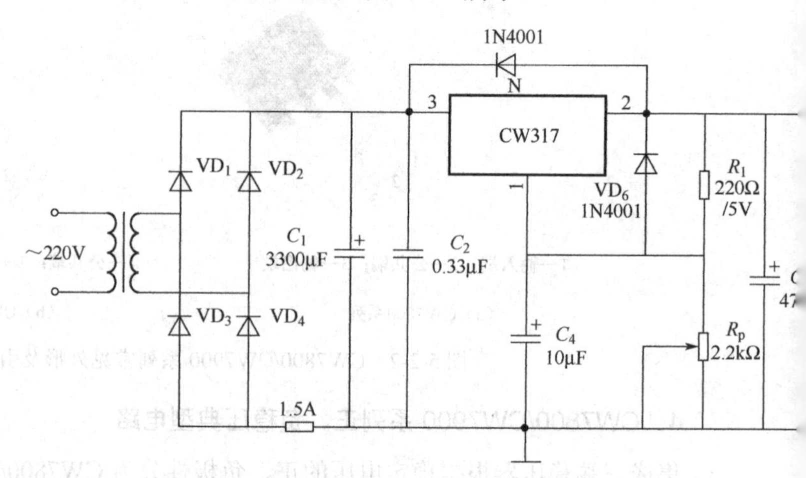

图 5-2-5　CW317 应用电路

（3）工作原理：220V 交流电压经变压器降压后，二极管 VD_1～VD_4、电容 C_1 实现桥式整流电容滤波。CW317 为三端可调式正电压输出集成稳压器，其输出端 2 与调整端 1 之间为固定不可变的基准电压 1.25V（在 CW317 内部）。输出电压 U_o 由电阻 R_1 和可调电阻 R_P 的数值决定，$U_o=1.25(1+R_V/R_1)$，调节可调电阻 R_P 的阻值 R_V，可以调节输出电压的大小。VD_5、VD_6 为保护二极管。

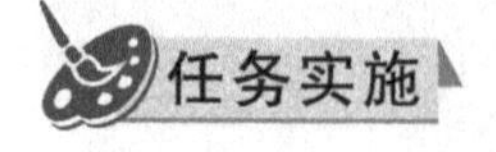

制作 CW317 集成稳压电路

（1）购置元器件，按照电路图列出元器件清单，见表 5-2-2，要注意元器件参数应符合电路要求。

表 5-2-2 元器件清单

元　件	数　量	元　件	数　量
变压器 24V/30W	1	电阻 220V/ 5W	1
整流二极管 1N5395	4	电解电容 3300μF/50V	1
二极管 1N4001	2	瓷片电容 0.33μF	1
熔丝管 1.5A	1	电解电容 10μF/50V	1
三端可调稳压 CW317	1	电解电容 47μF/50V	1
线绕电位器 2.2kΩ/5W	1		
电解电容耐压、变压器、电流、电压表根据具体指标而定			

（2）设计元器件布局，如图 5-2-6 所示。

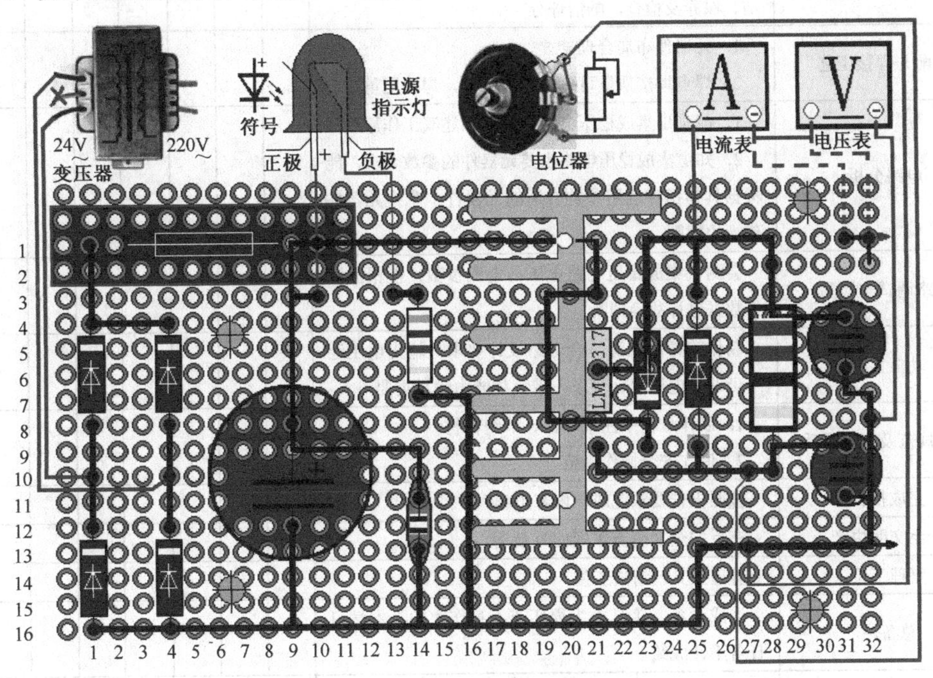

图 5-2-6　元器件参考布局图

（3）组装电路：装配时要注意二极管的极性，标有白色色环的一端是它的负极。电解电容两个引脚是不一样长的，较长的一端为正极，也可以从柱体上的印刷标志来区分，一般在负极对应的一侧标有“–”号。如图 5-2-7 所示为电路组装实物，切记要加足够的散热片。

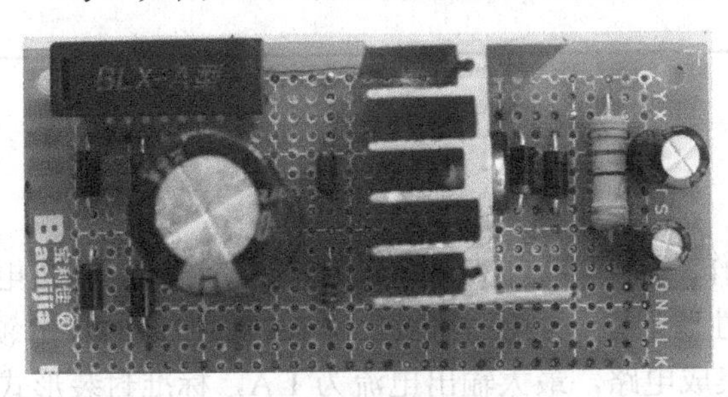

图 5-2-7　电路组装实物

（4）调试电路：电路组装无误后，调节 R_P，输出电压的大小会随之发生变化，调到所需要的电压即可。

任务评价

对本学习任务进行评价，见表 5-2-3。

表 5-2-3 任务评价表

考核内容	考核标准	自我评价				小组评价			
		A	B	C	D	A	B	C	D
准备工作	准备实训任务中使用到的仪器仪表，做基本的清洁、保养及检查，酌情评分								
装配与焊接工艺	1．元器件布局合理 2．焊点焊接质量可靠，光滑圆润，焊锡用量适中								
电路分析	1．能画出集成稳压电路图，并描述其工作原理 2．知道集成稳压电路主要元器件的参数要求，能根据具体指标选用参数合适的元器件；掌握元器件代换的规则								
电路调试与检测	会测量集成稳压电路电压与电流参数；能根据测量数据进行故障判断								
功能实现	制作的稳压电源符合电路设计要求，输出电压连续可调，电压符合要求，带负载能力满足需要								
操作规范及职业素质	1．制作过程中注重环保、节约耗材 2．遵守安全操作规范								
完成报告	按照报告要求完成、内容正确								
安全文明生产	违反安全文明操作规程为 D 等								
整理工位	整理工具，清洁工位								
总备注	造成设备、工具人为损坏或人身伤害的，本学习任务不计成绩								
综合评价	自我评价		等级		签名				
	小组评价		等级		签名				
教师评价	签名： 日期：								

任务拓展

正、负双电源的制作：CW7800/CW7900 系列分别是正电压和负电压串联稳压集成电路，体积小、集成度高、线性调整率和负载调整率高，在线性电源时代占领了很大市场。CW7805 为固定+5 V 输出稳压集成电路，最大输出电流为 1 A，标准封装形式有 TO-220、TO-263。CW7800/CW7900 系列集成电路应用相对固定，电路形式简单，可组合制成正、负双电源电

路，如图 5-2-8 所示。

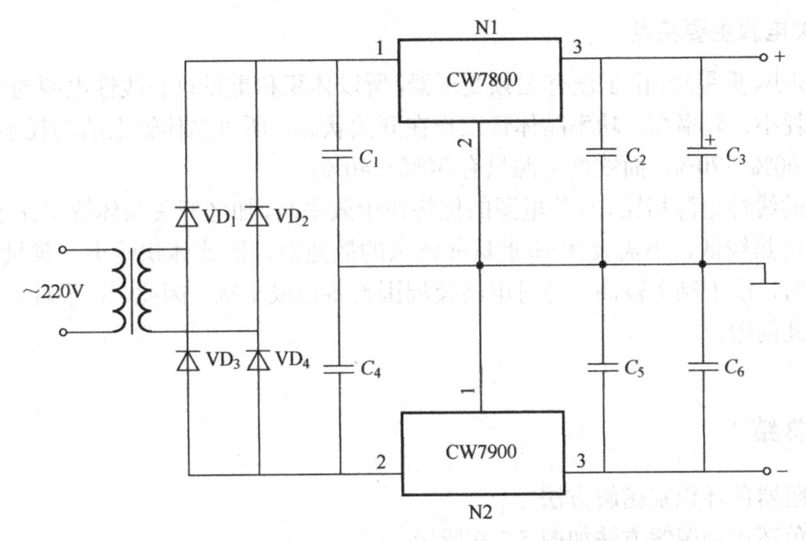

图 5-2-8 CW7805 和 CW7905 构成的正、负双电源电路

根据能量守恒原则，在理想状态下电源输入/输出功率相等。在实际中，考虑铜损和其他元器件的损耗，电源的输出功率小于输入功率。CW7800/CW7900 系列稳压前后直流电压差为 2～3V。由于为正、负双电源输出，稳压前后直流电压差应为 5～6V。

知识拓展

开关电源是利用现代电力电子技术，控制开关管开通和关断的时间比率，维持稳定输出电压的一种电源。随着电力电子技术的发展和创新，使得开关电源技术也在不断创新。目前，开关电源以小型、轻量和高效率的特点被广泛应用。

1. 开关电源的组成

开关电源主要包括输入电网滤波器、输入整流滤波器、变换器、输出整流滤波器、控制电路、保护电路。

2. 开关电源的功能

（1）输入电网滤波器：消除来自电网，如电动机的启动、电器的开关、雷击等产生的干扰，同时也防止开关电源产生的高频噪声向电网扩散。

（2）输入整流滤波器：将电网输入电压进行整流滤波，为变换器提供直流电压。

（3）变换器：是开关电源的关键部分。把直流电压变换成高频交流电压，并且起到将输出部分与输入电网隔离的作用。

（4）输出整流滤波器：将变换器输出的高频交流电压整流滤波得到需要的直流电压，同时还防止高频噪声对负载的干扰。

（5）控制电路：检测输出直流电压，并将其与基准电压比较，进行放大。调制振荡器的脉冲宽度，从而控制变换器以保持输出电压的稳定。

（6）保护电路：当开关电源发生过电压、过电流短路时，保护电路使开关电源停止工作以保护负载和电源本身。

3．开关电源主要特点

（1）体积小、重量轻：由于没有工频变压器，所以体积和重量只有线性电源的20%～30%。

（2）功耗小、效率高：功率晶体管工作在开关状态，所以晶体管上的功耗小，转化效率高，一般为60%～70%，而线性电源只有30%～40%。

与传统的线性电源相比，开关电源的优势在于效率高，加之开关晶体管工作于开关状态，损耗较小，发热较低，不需要体积/重量非常大的散热器，因此体积较小、重量较轻。但开关电源工作时，由于频率较高，易对电网及周围设备造成干扰，因此，在设计开关电源时必须妥善处理此问题。

项目总结

（1）电阻器色环识别图解方法。

电阻器色环识别图解方法如图5-2-9所示。

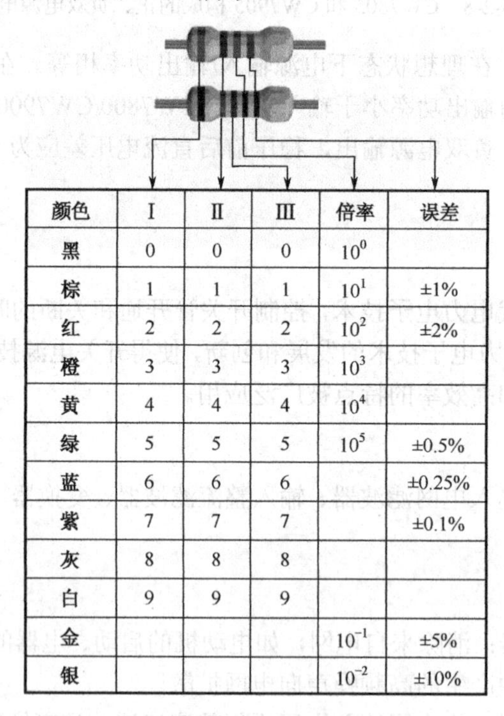

颜色	Ⅰ	Ⅱ	Ⅲ	倍率	误差
黑	0	0	0	10^0	
棕	1	1	1	10^1	±1%
红	2	2	2	10^2	±2%
橙	3	3	3	10^3	
黄	4	4	4	10^4	
绿	5	5	5	10^5	±0.5%
蓝	6	6	6		±0.25%
紫	7	7	7		±0.1%
灰	8	8	8		
白	9	9	9		
金				10^{-1}	±5%
银				10^{-2}	±10%

图5-2-9　电阻器色环识别图解方法

（2）电解电容器电容量的检测。

选择万用表电阻挡×1k，其检测电路如图5-2-10所示。可根据表针偏转的位置，判断电容器电容量的大小。表针偏转位置与电容量的关系见表5-2-4。

（3）二极管极性的判断。

用万用表测量二极管的正、反向电阻，当测得的电阻值较小时，红表笔与之相接的引脚就是二极管的负极，与黑表笔相接的引脚为二极管的正极。反之，当测得的电阻值较大时，

与红表笔相接的引脚为二极管的正极，与黑表笔相接的引脚就是负极。

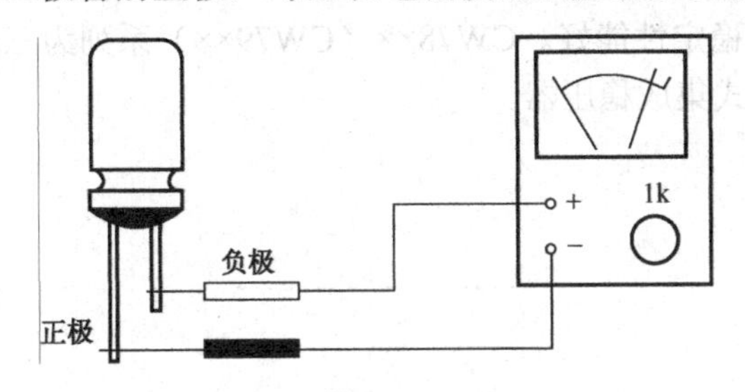

图 5-2-10　电解电容器电容量的检测电路

表 5-2-4　表针偏转位置与电容量的关系

电容量	0.47μF	1μF	10μF	100μF	220μF
表针偏转位置	200k	100k	20k	2k	1k

（4）单向晶闸管触发导通的条件。

导通的方法：阳极—阴极间加正向电压，控制极加正向触发电压。

关断的方法：将阳阴极电压降低到足够小， 或加瞬间反向阳极电压，阳极—阴极电压降至零或负值。

（5）单相桥式整流电路原理、输入/输出电压波形关系如图 5-2-11 所示。

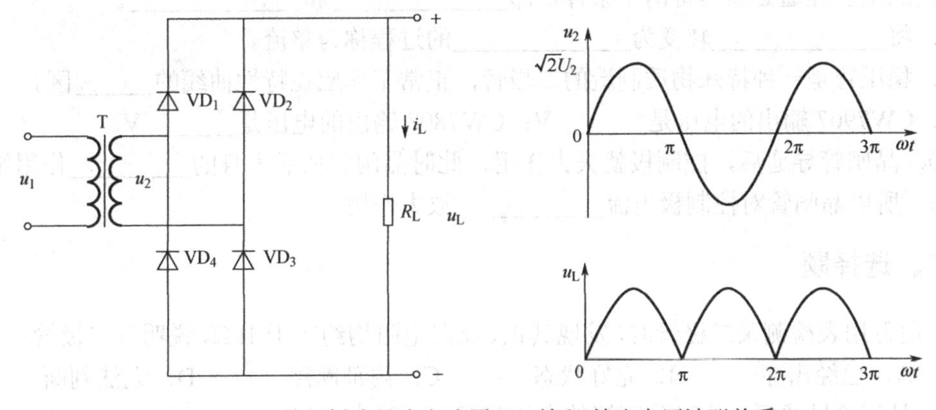

图 5-2-11　单相桥式整流电路原理、输入/输出电压波形关系

（6）单相半控桥式整流电路原理、输入/输出电压波形关系如图 5-2-12 所示。

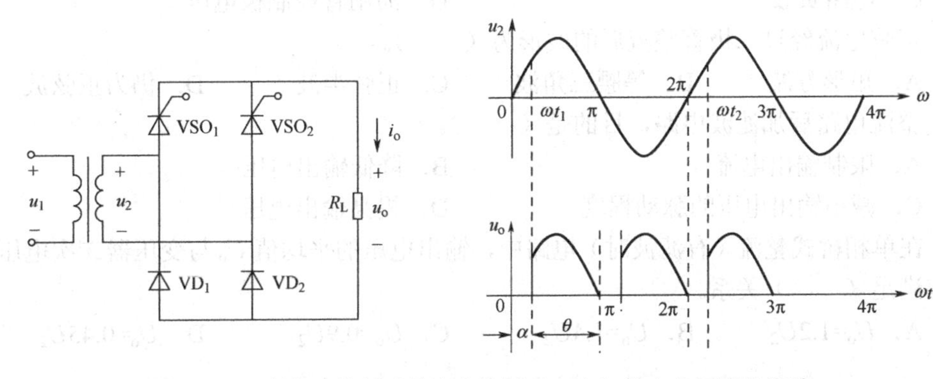

图 5-2-12　单相半控桥式整流电路原理、输入/输出电压波形关系

（7）三端集成稳压器目前已广泛应用于稳压电源中，它仅有输入端、输出端和公共端3个引出端，使用方便，稳定性能好。CW78××（CW79××）系列为三端固定式集成稳压器，CW317/ CW337为可调式集成稳压器。

思考与练习题

一、填空题

1．阻值为36kΩ、允许误差为±5%的电阻器，用四环色标法标示依次为________。

2．有极性电解电容长的引脚为____极，短的引脚为________极。

3．标注为103的陶瓷电容，其容值为________。

4．检测二极管极性时，须用万用表电阻挡的______挡位，当检测时表针偏转度较大时，与红表笔相接触的电极是二极管的______极；与黑表笔相接触的电极是二极管的______极。检测二极管好坏时，两表笔位置调换前后万用表指针偏转都很大时，说明二极管已经被______；两表笔位置调换前后万用表指针偏转都很小时，说明该二极管已经______。

5．晶闸管由四层半导体材料构成，中间形成______个PN结，具有______极、______极和______极3个电极。

6．晶闸管导通必须具备两个条件，即______________和______________。

7．将______________转变为______________的过程称为整流。

8．稳压管是一种特殊物质制造的二极管，正常工作应在特性曲线的______区。

9．CW7907输出的电压是______ V；CW7808输出的电压是______ V。

10．晶闸管导通后，控制极就失去作用，此时晶闸管依靠本身的__________作用维持导通状态，所以晶闸管对控制极电流____________放大作用。

二、选择题

1．用万用表检测某二极管时，发现其正、反向电阻均约等于1kΩ，说明该二极管（　　）。

A．已经击穿　　B．完好状态　　C．内部断路　　D．无法判断

2．晶闸管导通后，通过晶闸管的电流和（　　）有关。

A．触发电压　　B．晶闸管阳极电压

C．电路负载　　D．晶闸管控制极电压

3．正弦电流经过二极管整流后的波形为（　　）。

A．矩形方波　　B．等腰三角波　　C．正弦半波　　D．仍为正弦波

4．整流电路后加滤波电路，目的是（　　）。

A．限制输出电流　　B．降低输出电压

C．减小输出电压的脉动程度　　D．提高输出电压

5．在单相桥式整流（有滤波时）电路中，输出电压的平均值U_o与变压器二次电压有效值U_2应满足（　　）关系。

A．$U_o=1.2U_2$　　B．$U_o=1.4U_2$　　C．$U_o=0.9U_2$　　D．$U_o=0.45U_2$

三、简答题

1．晶闸管导通的条件是什么，导通后流过晶闸管的电流由什么决定，负载上的电压由什么决定？晶闸管关断的条件是什么？

2．某一直流负载需要直流电压为 6V，直流电流为 0.4A，如果采用单相桥式整流电路，如何选择电源变压器二次电压及整流二极管？

项目 6 装调基本放大电路

项目目标

知识目标

（1）理解放大电路的基本概念。

（2）掌握典型放大电路的原理与元器件的作用。

（3）理解集成运放的概念和应用。

能力目标

（1）会用万用表判别三极管的类型、极性和好坏。

（2）识读典型放大电路的电路原理图。

（3）会装接与调试典型集成运算放大器应用电路。

素质目标

培养学生具有良好的责任心、进取心和坚强的意志。

项目描述

现实生活中，当你感到物品太微小而无法看清楚时，会用放大镜放大后来看。在电子电路中，放大更是无处不在，若电子电路或设备具有把外界送给它的弱小电信号不失真地放大至所需数值并送给负载的能力，那么这个电路或设备就称为放大电路。放大电路的作用就是将小的或微弱的电信号转换成较大的电信号。

在本项目中，我们将重点学习三极管放大电路、集成功放的使用常识，并制作常见放大电路。

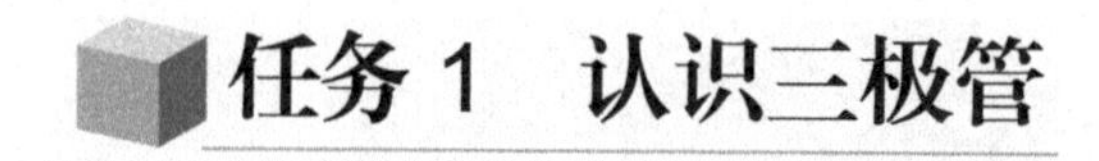

任务 1　认识三极管

任务目标

知识目标

（1）了解三极管的结构、符号和分类。

（2）掌握三极管电流放大的工作原理。

能力目标

（1）会用万用表判别三极管的类型、极性和好坏。

（2）会操作基本仪器仪表。

任务分析

三极管是半导体基本元器件之一，具有电流放大作用，是电子电路的核心元器件。如何判别和检测三极管引脚？三极管产生放大作用要具备哪些条件？

知识准备

一、概述

1．三极管结构和符号

三极管的结构如图 6-1-1 所示，在一块极薄的硅或锗基片上经过特殊的加工工艺制作出两个 PN 结，对应的三个半导体区分别称为发射区、基区和集电区，从三个区引出的三个电极分别称为发射极 e、基极 b 和集电极 c。发射区与基区之间的 PN 结称为发射结，集电区与基区之间的 PN 结称为集电结。按照两个 PN 结的结合方式不同，三极管有 NPN 型和 PNP 型两种类型。三极管的结构、等效电路和图形符号如图 6-1-1 所示，文字符号为 V。

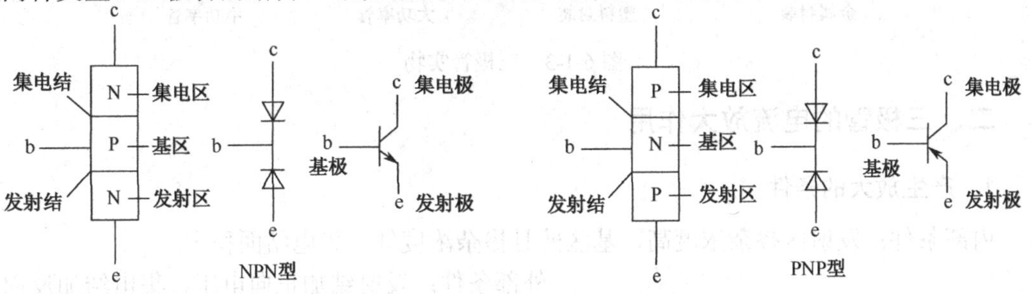

图 6-1-1　三极管的结构、等效电路和图形符号

2．三极管类型

三极管的分类方法有多种，通常按 PN 结的结构、基片材料、工作频率和功率大小来分类。

（1）按结构分：有 NPN 型和 PNP 型两种类型。

（2）按材料分：有硅管和锗管两大类。

（3）按频率分：有高频管和低频管。

（4）按功率分：有小功率管、中功率管和大功率管。

3．三极管命名

国产管命名由五部分组成，如图 6-1-2 所示。3DG110B——表示高频小功率硅材料 NPN 三极管。

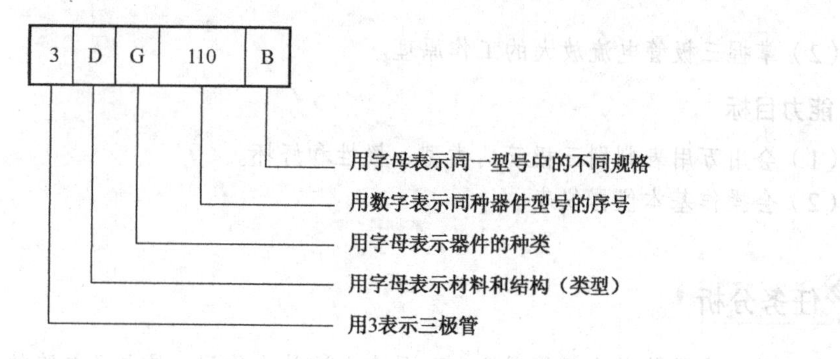

图 6-1-2 国产三极管的型号命名规则

第二部分：A——锗材料 PNP 型；B——锗材料 NPN 型；C——硅材料 PNP 型；D——硅材料 NPN 型。

第三部分：X——低频小功率；D——低频大功率；G——高频小功率；A——高频大功率；K——开关管。

4. 三极管实物

三极管实物如图 6-1-3 所示。

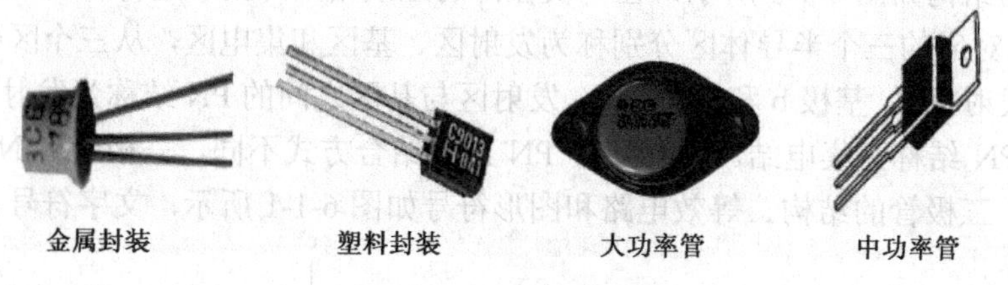

图 6-1-3 三极管实物

二、三极管的电流放大作用

1. 产生放大的条件

内部条件：发射区掺杂浓度高，基区薄且掺杂浓度低，集电结面积大。

外部条件：发射结加正向电压，集电结加反向电压。NPN 型和 PNP 型三极管极性不同，所以外加电压的极性也不同。对于 NPN 型三极管，c、b、e 三个电极的电位必须符合：$U_C>U_B>U_E$；对于 PNP 型三极管，电源的极性与 NPN 型三极管相反，c、b、e 三个电极的电位应符合：$U_C<U_B<U_E$。

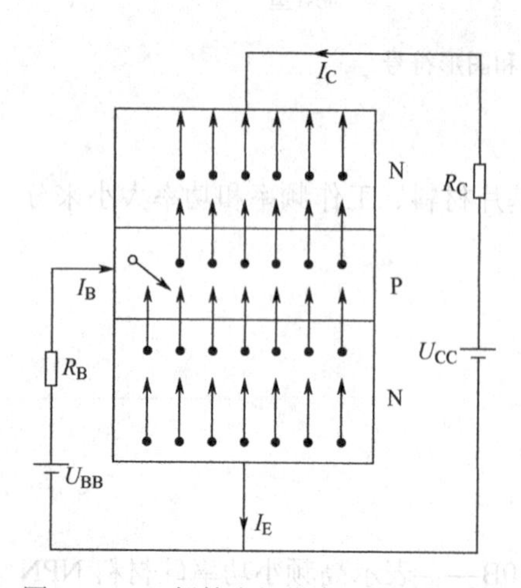

图 6-1-4 三极管内部载流子运动示意图

2. 三极管内部载流子的传输过程

如图 6-1-4 所示。发射区向基区注入电子，形成发射极电流 i_E；电子在基区扩散和复合形成基区电流 i_B；集电区收集扩散过来的电子，形成集电极电流 i_C。

3. 电流分配关系

$i_E = i_B + i_C$，当基极电流变化时，集电极电流跟随

变化，而且基极电流的微小变化会引起集电极电流的较大变化，它们始终满足$\Delta I_C = \beta \Delta I_B$的关系，这就是三极管的电流放大作用。

三、三极管的特性曲线

三极管各极上的电压和电流之间的关系可以通过伏安特性曲线直观地描述，三极管特性曲线主要有输入特性曲线和输出特性曲线两种，如图 6-1-5 所示。

1．输入特性

输入特性是指在U_{CE}一定的条件下，加在三极管基极和发射极之间的电压u_{BE}和基极电流i_B之间的关系曲线，如图 6-1-4（a）所示。从输入特性曲线可以看出，当三极管发射结的正向电压u_{BE}大于死区电压（硅管为 0.5V，锗管为 0.2V）时，才能产生基极电流i_B，这时三极管处于正常放大状态，发射结两端电压为u_{BE}（硅管为 0.7V，锗管为 0.3V）。

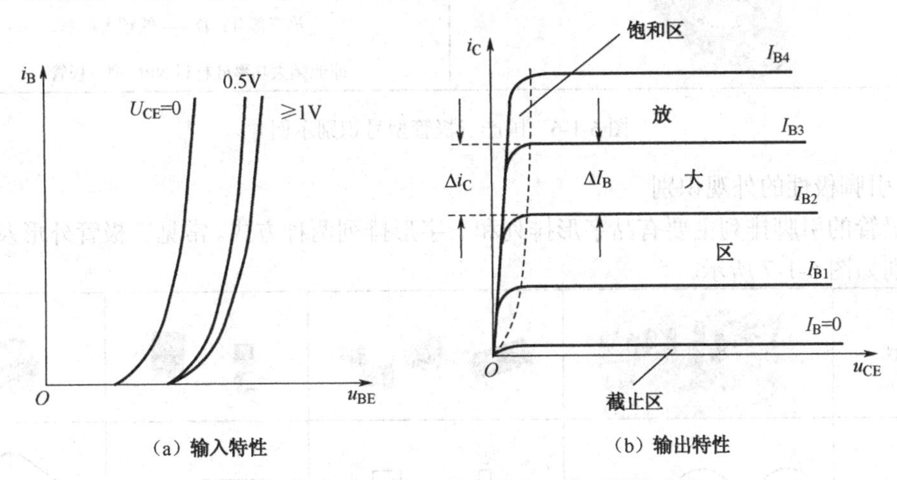

（a）输入特性　　（b）输出特性

图 6-1-5　三极管的输入特性曲线和输出特性曲线

2．输出特性

输出特性是指在I_B一定条件下，三极管集电极与发射极之间的电压u_{CE}与集电极电流i_C之间的关系曲线，如图 6-1-4（b）所示。三极管的输出特性曲线分为三个区域，不同的区域对应着不同的工作状态，即截止、放大、饱和三种工作状态，见表 6-1-1。

表 6-1-1　三极管输出特性曲线的三个区域

工作状态	电路条件	工作特征
截止状态	发射结小于导通电压或反偏，集电结反偏	U_{be}小于导通电压，三极管不导通，I_b=0，I_c=I_{ceo}≈0，U_{ce}≈U_{cc}（电源电压）
放大状态	发射结正偏，集电结反偏	U_{be}正向压降等于导通电压（硅管约 0.7V，锗管约 0.3V），I_b微小变化会引起I_c较大变化，I_c=βI_b，U_{ce}>1V
饱和状态	发射结正偏，集电结正偏	U_{ce}<1V（深度饱和时，硅管约为 0.3V，锗管约为 0.1V），I_c较大但不跟随I_b变化，I_c<βI_b

综上所述，对于 NPN 型三极管：工作于放大区时，$U_C > U_B > U_E$；工作于截止区时，$U_B \leqslant U_E$；工作于饱和区时，$U_C \leqslant U_B$。PNP 型三极管与之相反。

四、三极管的判别

1. 外观识别

1）类型的外观识别

通过三极管外壳上的型号标注，可以识别三极管的类型。国产三极管型号识别示例如图 6-1-6 所示。

此外，在电子小制作中，目前较流行的 90××系列小功率三极管（如韩国 9011～9018 系列），除 9012 和 9015 为 PNP 管外，其余均为 NPN 型管。

	型号 3DD15D 前三部分的含义： 第一部分：3——三极管； 第二部分：D——硅材料 NPN 型； 第三部分：D——低频大功率。 即低频大功率硅材料 NPN 型三极管。

图 6-1-6　国产三极管型号识别示例

2）引脚极性的外观识别

三极管的引脚排列主要有品字形排列和一字形排列两种方式。常见三极管外形及极性的外观识别如图 6-1-7 所示。

外形图				
引脚排列	e b c；e b c；e b c	c b e；b c e	b c e	e c b
说明	小功率三极管	贴片三极管	中功率三极管	大功率三极管

图 6-1-7　常见三极管外形及极性的外观识别

三极管的型号不同，外形和极性排列不一定相同，外观识别不一定准确，要查阅三极管手册或通过仪表检测加以验证。

2. 仪表判别

1）判别基极 b 和管子类型

选择万用表“R×1k”挡，用黑表笔接一引脚（假设为基极），红表笔分别接另外两引脚，测得两个电阻值。判别基极 b 和管子类型测试电路如图 6-1-8 所示。

如两个阻值均为无穷大，则管子为 PNP 管，黑表笔接触的是 b 极，假设正确。

如两个阻值均为小数值，则管子为 NPN 管，黑表笔接触的是 b 极，假设正确。

如两个阻值一个为小数值，另一个为无穷大，则黑表笔接触的是 b 极的假设错误，要重新假设，直至找到为止。

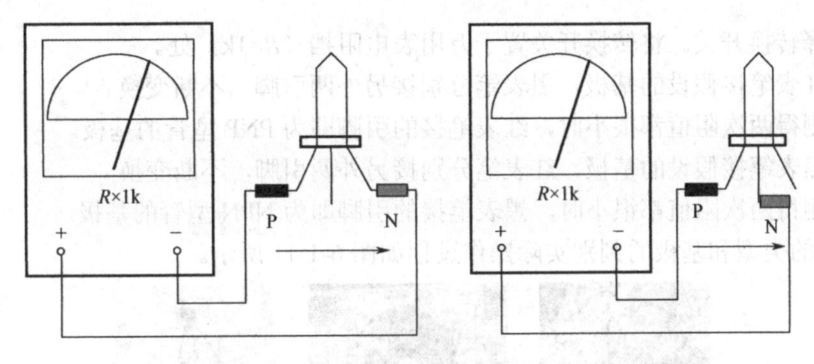

图 6-1-8　判别基极 b 和管子类型测试电路

2）识别集电极 e 和发射极 c

方法一：利用测量电流放大系数 β 来判别。用具有"β 或 h_{FE}"功能的万用表，如图 6-1-9 所示。将三极管插入测量座，基极插入 b 孔，另外两引脚随意插入，记下 β 读数。再将另两引脚对调后插入，也记下 β 读数。两次测量中，β 读数大的那一次引脚插入是正确的。注意 PNP 和 NPN 要插入各自相应的插座。

方法二：如万用表没有"β 或 h_{FE}"功能，将万用表置于"R×1k"挡，以 NPN 管为例，如图 6-1-10 所示。红表笔接基极以外的后引脚，左手拇指与中指将黑表笔与基极以外的另一引脚捏在一起，同时用左手食指触摸余下的引脚，这时表针应向右摆动。将其基极以外的两个引脚对调，再测一次。两次测量中，表针摆动大（说明 β 大）的那一次，黑表笔接集电极，红表笔接发射极。

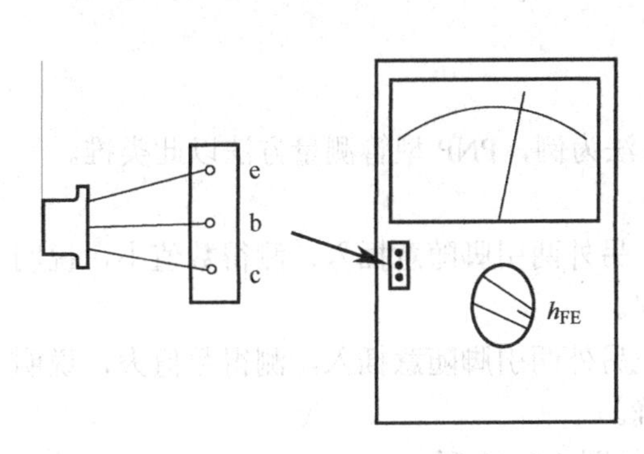

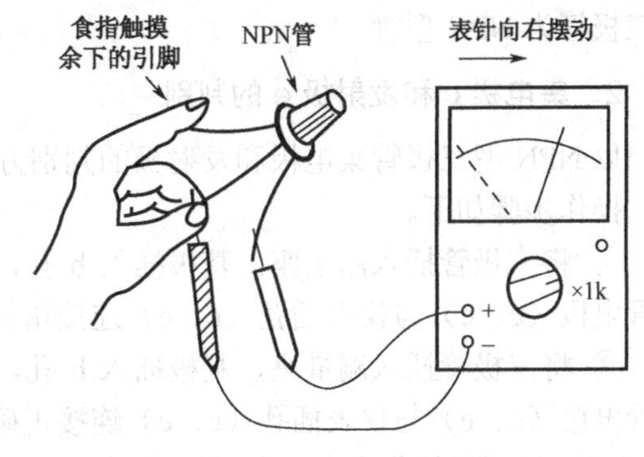

图 6-1-9　三极管电流放大系数测试电路　　图 6-1-10　用"R×1k"挡估测电流放大系数电路

任务实施

一、准备

三极管 3 只，MF 47F 万用表 1 只。

二、工作任务

1．类型和基极 b 的判别

操作步骤如下。

① 插表笔。将数字万用表黑表笔插入−插孔，红表笔插入+插孔。

② 选择转换开关。将转换开关置于万用表电阻挡（R×1k）处。

③ 用红表笔接假设的基极，黑表笔分别接另外两引脚，不断变换。

④ 若测得两次阻值都很小时，红表笔接的引脚即为 PNP 型管的基极。

⑤ 用黑表笔接假设的基极，红表笔分别接另外两引脚，不断变换。

⑥ 若测得两次阻值都很小时，黑表笔接的引脚即为 NPN 型管的基极。

三极管的类型和基极的判别实际操作过程如图 6-1-11 所示。

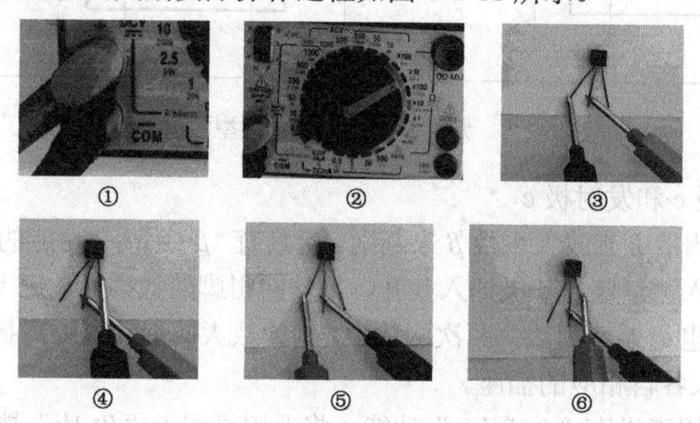

图 6-1-11　三极管的类型和基极的判别实际操作过程

结论：假设红表笔接的基极，若测得两次阻值都很小时，则假设正确。红表笔接的引脚为基极，该三极管为 PNP 型管。

假设黑表笔接的基极，若测得两次阻值都很小时，则假设正确。黑表笔接的引脚为基极，该三极管为 NPN 型管。

2. 集电极 c 和发射极 e 的判别

以 NPN 型三极管集电极和发射极的判别方法为例，PNP 型管测量方法以此类推。

操作步骤如下。

① 将三极管插入测量座，基极插入 b 孔，另外两引脚随意插入，测得数值小，说明三极管电极（c、e）与仪表插孔（c、e）连接错误。

② 将三极管插入测量座，基极插入 b 孔，另外两引脚随意插入，测得数值大，说明三极管电极（c、e）与仪表插孔（c、e）连接正确。

NPN 型三极管集电极和发射极的判别方法如图 6-1-12 所示。

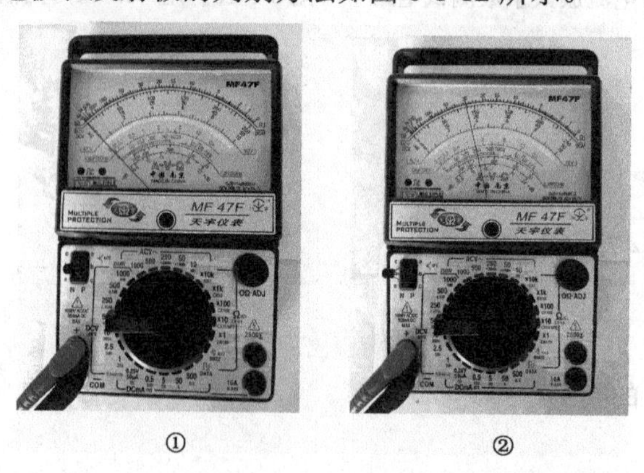

图 6-1-12　NPN 型三极管集电极和发射极的判别方法

结论：将三极管插入测量座，基极插入 b 孔，另外两引脚随意插入，测得数值大，说明三极管电极（c、e）与仪表插孔（c、e）连接一致。

任务评价

对本学习任务进行评价，见表 6-1-2。

表 6-1-2 任务评价表

考核内容	考核标准	自我评价				小组评价			
		A	B	C	D	A	B	C	D
准备工作	准备实训任务中使用到的仪器仪表，做基本的清洁、保养及检查，酌情评分								
元器件识别	1. 能正确识别和检测二极管 2. 能根据三极管的外形判别三极管的极性 4. 能利用万用表检测三极管的电流放大系数 5. 能利用万用表进行三极管 b、c、e 三极的判别								
完成报告	按照报告要求完成、内容正确								
安全文明生产	违反安全文明操作规程为 D 等								
整理工位	整理工具，清洁工位								
总备注	造成设备、工具人为损坏或人身伤害的，本学习任务不计成绩								

综合评价					
综合评价	自我评价		等级	签名	
	小组评价		等级	签名	
教师评价	签名： 日期：				

任务 2 制作分压式偏置电路

任务目标

知识目标

（1）了解工作点不稳定的注意因素。

（2）理解分压式偏置电路的组成和各元器件作用。

（3）掌握分压式偏置电路稳定工作点的工作原理。

能力目标

（1）掌握分压式偏置电路的静态工作点的估算。

（2）掌握分压式偏置电路的交流指标的估算。

（3）熟练使用电烙铁，并正确焊接分压式偏置放大电路。

（4）会对分压式偏置电路进行调试和故障排除。

任务分析

共发射极的基本放大电路虽然结构简单，但由于电源和基极电阻是定值，所以提供的基极电流也是定值，电路本身不能自动调节静态工作点，故称为固定式偏置放大电路。这种电路当外部因素改变后，静态工作点也随之变化。当静态工作点变动到不合适的位置时，将引起放大信号的失真。如何解决这个问题呢？

知识准备

一、放大电路简介

1. 基本结构

放大电路是电子设备中最常用的一种基本单元电路，放大电路又称为放大器。它把微弱的电信号不失真地放大为较强的电信号。放大器由放大电路、信号源及负载三部分组成。如图 6-2-1 所示，其输入端接信号源，输出端接负载。

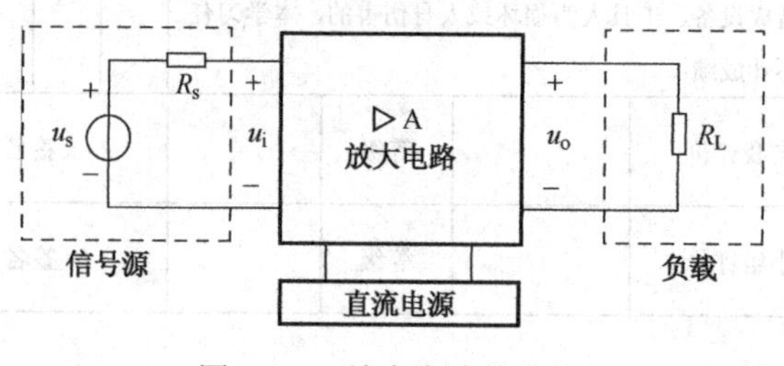

图 6-2-1 放大电路的结构

2. 分类

放大电路的种类很多，可按照不同方式进行分类。

按信号的大小分为小信号放大器和大信号放大器；按工作频率的高低分直流放大器、低频放大器和高频放大器；按晶体管的连接方式分为共射极放大器、共基极放大器和共集电极放大器；按用途分为电压放大器、电流放大器和功率放大器。

二、固定式偏置电路

1. 电路组成及元器件作用

（1）固定式偏置电路如图 6-2-2 所示。

（2）固定式偏置电路各元器件的作用见表 6-2-1。

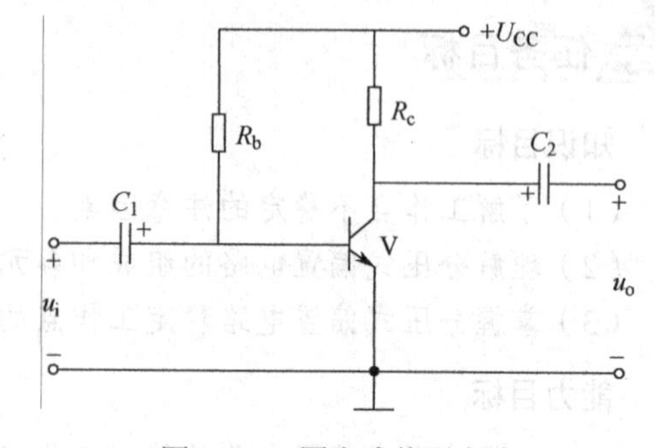

图 6-2-2 固定式偏置电路

表 6-2-1 固定式偏置电路各元器件的作用

元器件	名称	作用
V	三极管	具有电流的放大作用，可以将微小的基极电流转换成较大的集电极电流，它是放大器的核心
R_b	基极偏置电阻	为电路提供静态偏置电流，一般为几千欧
R_C	集电极电阻	将三极管的电流放大作用变换成电压放大作用
C_1、C_2	耦合电容	耦合电容，隔直通交
u_i	输入信号	需要放大的交流信号
R_L	负载	输出交流信号的承受者
U_{CC}	直流电源	一是为电路提供能量，二是为三极管工作在放大状态提供合适的直流偏置条件

2. 静态工作点的设置

1）静态工作点的概念

所谓静态是指放大器在没有交流信号输入（即 $u_i=0$）时的工作状态。在放大电路处在静态时，为了保证放大器对输入信号进行正常的放大，需要对三极管的 I_B、I_C、U_{CE} 设定能保证放大电路正常工作的静态值，这三个静态值在输入、输出特性曲线图上所交叉构成的交点 Q 就称为静态工作点，如图 6-2-3 所示。

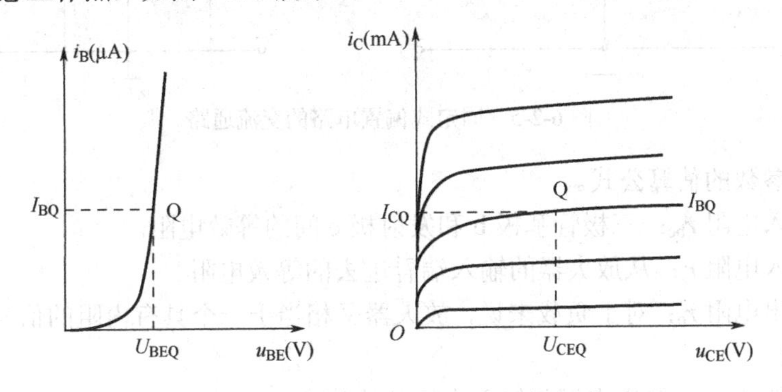

图 6-2-3 输入、输出特性曲线上的 Q 点

2）静态工作点的作用

静态工作点的作用是使三极管在输入电压的整个周期内始终处于导通状态，即随输入电压 u_i 的变化均有基极电流，这样放大器能不失真地使输入信号得到放大。

3）静态工作点的估算

（1）画出直流通路，如图 6-2-4 所示。

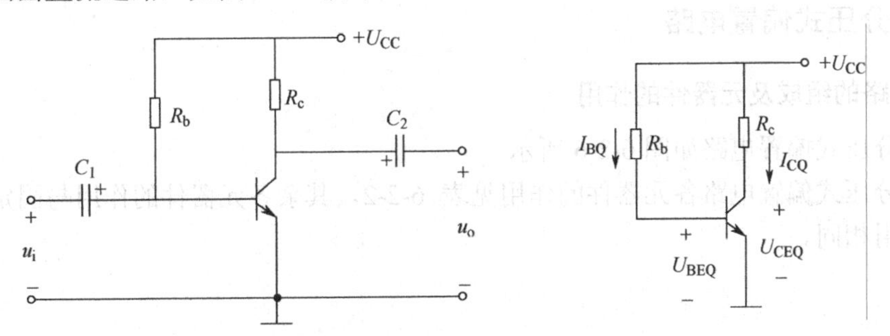

图 6-2-4 固定式偏置电路的直流通路

所谓直流通路，是指静态时放大电路直流信号流通的路径。因电容具有隔直作用，所以画直流通路的原则是电容开路。

（2）静态工作点的估算公式。

可以根据放大电路的直流通路来求得。

$$I_{BQ}=\frac{U_{CC}-U_{BEQ}}{R_b}，\ I_{CQ}=\beta I_{BQ}，\ U_{CEQ}=U_{CC}-R_C I_{CQ}$$

3. 交流参数的估算

（1）画交流通路，如图 6-2-5 所示。

所谓交流通路，是指输入交流信号时放大电路交流信号流通的路径。因电容具有通交流作用，而直流电源的内阻很小，所以画交流通路的原则是电源和电容短路。

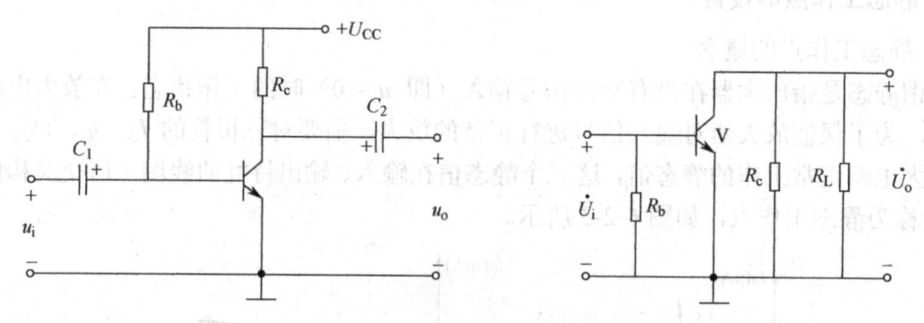

图 6-2-5　固定式偏置电路的交流通路

（2）交流参数的估算公式。

晶体管输入电阻 r_{be}：三极管基极 b 和发射极 e 间的等效电阻。

放大器输入电阻 r_i：从放大器的输入端看进去的等效电阻。

放大器输出电阻 r_o：对于负载来说，放大器又相当于一个具有内阻的信号源，这个内阻就是输出电阻。

电压放大倍数 A_u：输出电压与输入电压的比值。

上述参数可以根据放大器的交流通路来求得。

$$r_{be}=300+\frac{26}{I_{EQ}(\text{mA})}\text{（经验公式）},\quad r_i\approx r_{be},\quad r_o\approx R_c$$

$$A_u=-\frac{\beta R_c}{r_{be}}\text{（空载时）},\quad A_u=-\frac{\beta R_L'}{r_{be}}\text{（负载时，}R_L'=R_c // R_L\text{）}$$

三、分压式偏置电路

1. 电路的组成及元器件的作用

（1）分压式偏置电路如图 6-2-6 所示。

（2）分压式偏置电路各元器件的作用见表 6-2-2。其余各元器件的作用与固定式偏置电路中的作用相同。

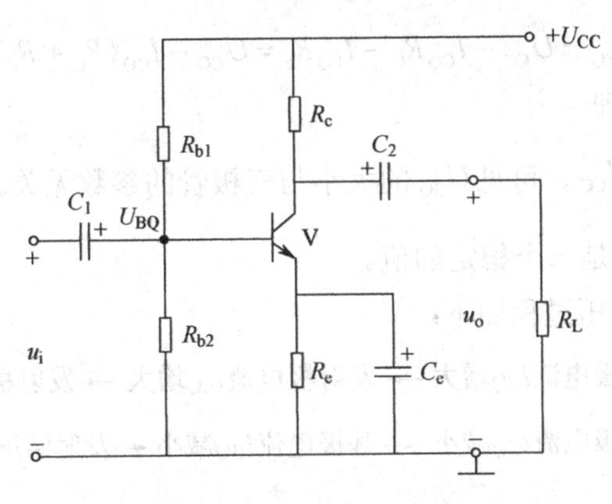

图 6-2-6 分压式偏置电路

表 6-2-2 分压式偏置电路各元器件的作用

元器件	名称	作用
R_{b1}、R_{b2}	上、下偏置电阻	电压 U_{cc} 经 R_{b1}、R_{b2} 分压后得到基极电压 U_{BQ}，提供基极偏流 I_{BQ}。一般为几十千欧
R_e	发射极电阻	起到稳定静态电流 I_{EQ} 的作用
C_e	旁路电容	它的容量较大，对交流信号相当于短路，这样对交流信号的放大能力不因 R_e 的接入而降低

2. 静态工作点的设置

1）静态工作点估算

（1）画出直流通路，如图 6-2-7 所示。

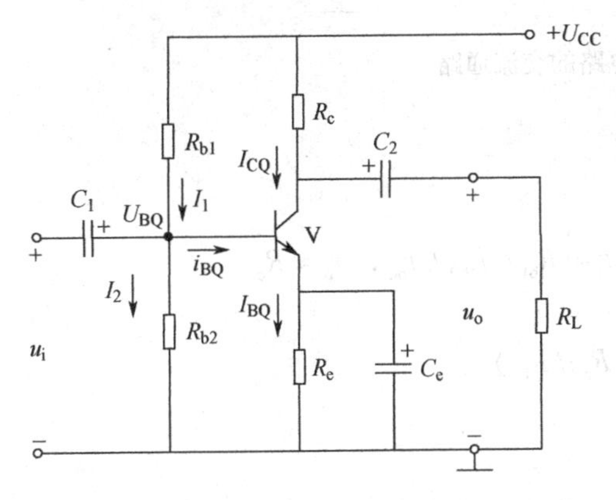

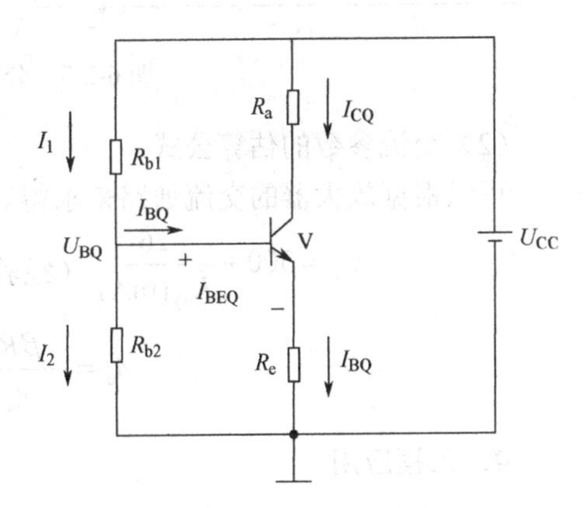

图 6-2-7 分压式偏置电路的直流通路

（2）静态工作点的估算公式。

可以根据放大电路的直流通路来求得。

从直流通路上可以看出：

$$I_1 = I_2 + I_{BQ} \quad \because I_2 >> I_{BQ} \quad \therefore I_1 \approx I_2$$

$$U_{BQ} = \frac{R_{B2}}{R_{b1}+R_{b2}} \times U_{CC}，\quad U_{EQ} = U_{BQ} - U_{BEQ}$$

$$I_{EQ} = \frac{U_{EQ}}{R_e}，\quad I_{CQ} \approx I_{EQ}，\quad I_{BQ} = \frac{I_{CQ}}{\beta}$$

$$U_{CEQ}=U_{CC}-I_{CQ}R_C-I_{EQ}R_e=U_{CC}-I_{CQ}(R_C+R_e)$$

2）稳定工作点的原理

由$U_{BQ}=\dfrac{R_{B2}}{R_{b1}+R_{b2}}\times U_{CC}$，可见$U_{BQ}$的大小与三极管的参数无关。在$U_{CC}$、$R_{b1}$、$R_{b2}$不随外界环境影响下，$U_{BQ}$就是一个稳定的值。

假设温度升高，其稳压过程如下：

温度升高 → 集电极电流I_{CQ}增大 → 发射极电流I_{EQ}增大 → 发射极电压U_{BQ}增大 → 发射结压降U_{BEQ}下降 → 基极电流I_{BQ}减小 → 集电极电流I_{CQ}减小

3．交流参数的估算

（1）画交流通路，如图 6-2-8 所示。

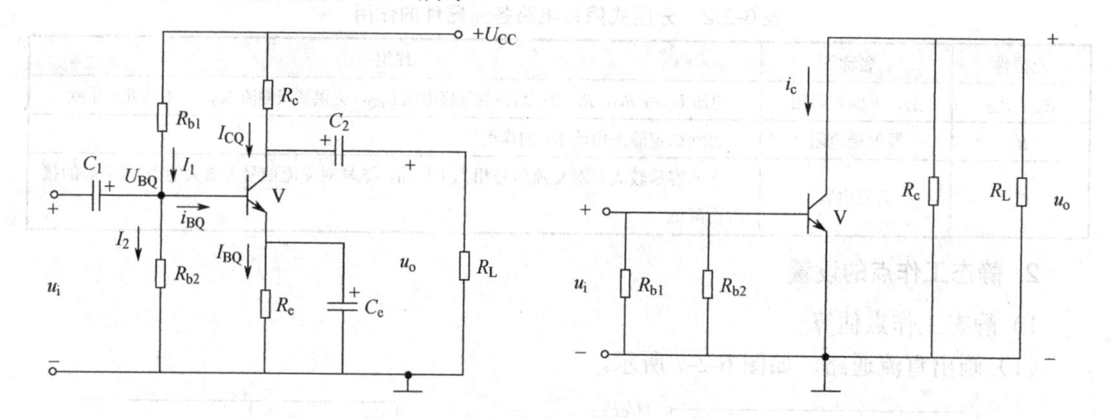

图 6-2-8　分压式偏置电路的交流通路

（2）交流参数的估算公式。

可以根据放大器的交流通路来求得。

$$r_{be}=300+\frac{26}{I_{EQ}(\mathrm{mA})}\text{（经验公式）},\quad r_i=R_{b1}//R_{b2}//r_{be}\text{，}\quad r_o\approx R_c$$

$$A_u=-\frac{\beta R'_L}{r_{be}}\quad(R'_L=R_c//R_L)$$

4．工程应用

（1）要确保分压偏置电路的静态工作点稳定，应满足两个条件：$I_2>>I_{BQ}$，$U_{BQ}>>U_{BEQ}$（经验取值：$I_2=10I_{BQ}$，$U_{BQ}=3U_{BEQ}$）。

（2）要改变分压偏置电路的静态工作点稳定，通常的方法是调整上偏置电阻R_{b1}的阻值。

（3）若分压偏置电路的静态工作点正常，而放大倍数严重下降，应重点检查射极的旁路电容C_e是否开路或失效。

任务实施

装调分压式偏置电路。

1. 电路原理图

分压式偏置电路原理图如图 6-2-9 所示。

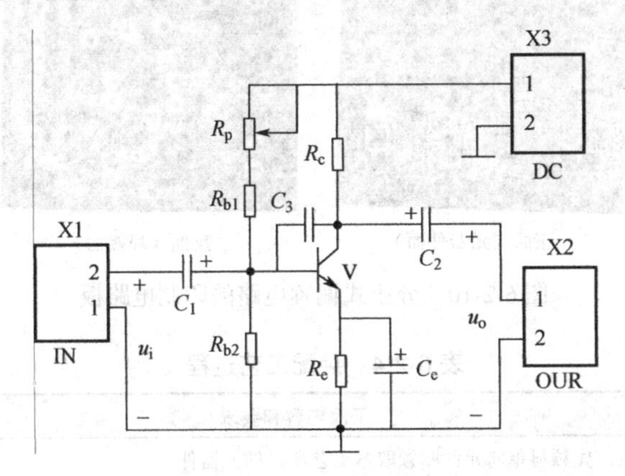

图 6-2-9 分压式偏置电路原理图

2. 购置元器件

按照电路原理图列出元器件清单，见表 6-2-3，要注意元器件参数应符合电路要求。

表 6-2-3 分压式偏置放大器元器件清单

位号	名称	规格	数量
R_{b1}	电阻	5kΩ	1
R_{b2}	电阻	10kΩ	1
R_c	电阻	3.3kΩ	1
R_e	电阻	1 kΩ	1
R_P	可调电阻	470kΩ	1
C_1 、C_2	电解电容	10μF	2
C_e	电解电容	100μF	1
C_3	瓷片电容	103	1
V	三极管	9013	1
X1、X2、X3	排针	2 针	3
	PCB	40mm×30mm	1

说明：C_3 电容 103 容量为 10×10^3pF 即 0.01μF。

3. 设计元器件布局

分压式偏置电路的印制电路板如图 6-2-10 所示。

4. 装配工艺

装配工艺过程见表 6-2-4。

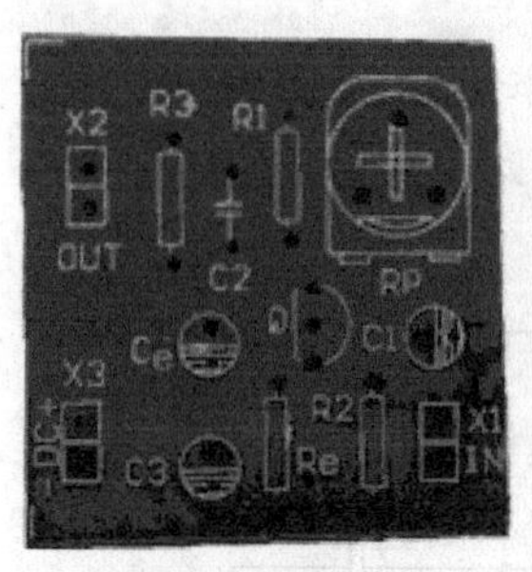

正面（元器件面）

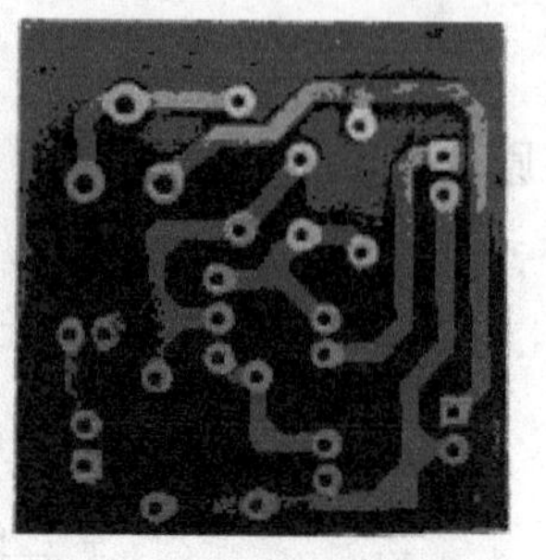
反面（焊接面）

图 6-2-10　分压式偏置电路的印制电路板

表 6-2-4　装配工艺过程

名称	工序内容和要求	所需设备
备料	1．凭领料单向元件库领取本工艺所需的元器件 2．根据材料清单，检查各元器件外观质量、型号、规格 3．应符合要求	—
元器件检测	1．根据材料清单，将所有要焊接的元器件检测一遍 2．将检测结果填入表 6-2-5 中	万用表
引脚加工（砂纸、焊锡、松香）	1．视元器件引脚的可焊性，先对引脚进行表面清洁和搪锡处理，并校直 2．根据焊盘插孔和安装的要求弯折成所需要的形状	尖嘴钳
装配（焊锡、松香）	1．按印制电路板装焊工艺，以电阻、电容、三极管的次序进行插装、焊接。插件型号、位置应准确 2．安装 V 时要注意三个极的对应位置	电烙铁
切脚	用偏口钳切脚，切脚应整齐、干净	偏口钳
接线（焊锡、松香）	1．在印制电路板 X1、X2、X3 位置焊接插针 2．焊接电路输入线、电路输出线和直流电源进线	电烙铁
调试（焊锡、松香）	调节电位器，选择合适的静态工作点	万用表、电烙铁

识读电阻记录表见表 6-2-5。识读电容记录表见表 6-2-6。识读三极管记录表见表 6-2-7。

表 6-2-5　识读电阻记录表

编号	电阻器色环颜色	标称阻值、偏差	万用表测量值
R_{b1}			
R_{b2}			
R_c			
R_e			
R_L			

表 6-2-6　识读电容记录表

编号	电容器类别	电容量	实测电容量
C_1			
C_2			
C_3			
C_e			

表 6-2-7 识读三极管记录表

编号	三极管类型	三极管引脚	三极管质量
V			

5. 检验与检修

1）检验放大器电路

（1）静态工作点的调试与测量。

分压式偏置放大器检测电路如图 6-2-11 所示。

将拨动开关 S1、S2 均置"1"，连接直流稳压电源，并调节电压为 6V。

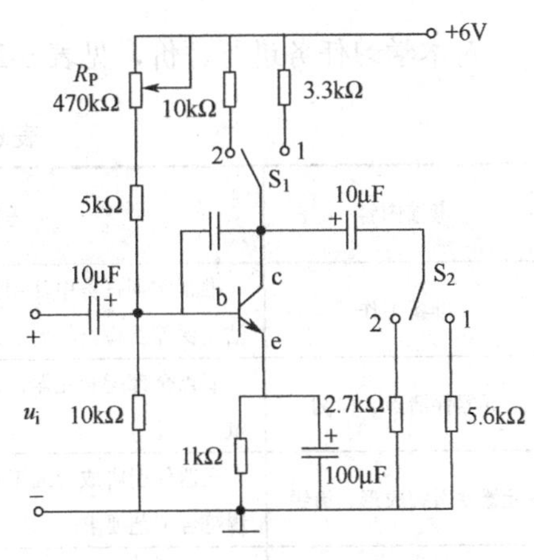

图 6-2-11 分压式偏置放大器检测电路

调整静态工作点 Q：连接低频信号发生器、毫伏表和示波器，信号发生器输出信号频率为 1kHz、电压为 10mV，在示波器观察输出信号的波形；逐渐增大输入信号（由毫伏表监测），如果出现波形失真，则调节电位器使波形恢复正常；然后再逐渐增大输入信号。重复上述步骤，直至输出波形最大且不失真为止，此时放大器的静态工作点最为合适。

测量静态工作点 Q：断开信号源，将放大器输入端对地短路，用万用表测量 I_{BQ}、I_{CQ}、U_{BEQ}、U_{CEQ}，并填入表 6-2-8 中。

表 6-2-8 静态工作点 Q 测量记录

I_{BQ}（mA）	I_{CQ}（mA）	U_{BEQ}（V）	U_{CEQ}（V）

（2）电压放大倍数的测量。

测量电压放大倍数，填写表 6-2-9。

表 6-2-9 电路电压放大倍数测量记录

测量条件	R_C=3.3kΩ R_L=5.6kΩ	R_C=10kΩ R_L=5.6kΩ	R_C=3.3kΩ R_L=2.7kΩ
U_i（mV）			
U_o（mV）			
A_u			

2）检修放大器电路

（1）稳定静态工作点。

分压式电流负反馈单级低频小信号放大器采用电位器和基极分压固定基极电位；再利用发射极电阻 R_e 获得电流反馈信号，使基极电流发生相应的变化，从而稳定静态工作点。

（2）消除自激现象。

R_P、R_{b1} 为上偏置电阻，R_{b2} 为下偏置电阻，电源电压经分压后给基极提供偏流。R_c 为集电极电阻，R_e 为发射极电阻，C_e 是射极电阻旁路电容，提供交流信号的通道，减小放大过程中的损耗，使交流信号不因 R_e 的存在而降低放大器的放大能力。C_1、C_2 为耦合电容，C_3 为消振电容，用于消除电路可能产生的自激。

任务评价

对本学习任务进行评价，见表 6-2-10。

表 6-2-10　任务评价表

考核内容	考核标准	自我评价				小组评价			
		A	B	C	D	A	B	C	D
准备工作	准备实训任务中使用到的仪器仪表，做基本的清洁、保养及检查，酌情评分								
元器件清点、检测	清点全部配套元器件、用万用表检测元器件的质量								
元器件引脚成形、镀锡	元器件引脚成形加工尺寸符合工艺要求、引脚镀锡符合工艺要求								
印制电路板插件	元器件安装位置正确、元器件极性安装正确、安装方式正确								
印制电路板焊接	无漏焊、连焊、虚焊，焊点光滑无毛刺								
功能单元板通电检查	功能单元板通电后静态电流正常								
基本功能检查、电气指标检测	具备基本功能、关键点电压值准确、电气指标合格								
操作规范及职业素质	1. 制作过程中注重环保、节约耗材 2. 遵守安全操作规范								
完成报告	按照报告要求完成、内容正确								
安全文明生产	违反安全文明操作规程为 D 等								
整理工位	整理工具，清洁工位								
总备注	造成设备、工具人为损坏或人身伤害的，本学习任务不计成绩								
综合评价	自我评价		等级		签名				
	小组评价		等级		签名				
教师评价	签名： 日期：								

知识拓展

一、反馈的基本概念

1. 反馈的定义

放大器中的反馈是指把放大器输出信号的一部分或全部通过一定的电路，按照某种方式

送回输入端，并与输入信号叠加，从而改变放大器性能的一种方法。

含有反馈电路的放大器称为反馈放大器。根据反馈放大器各部分电路的主要功能，可将其分为基本放大电路和反馈网络两部分，如图6-2-12所示。整个反馈放大电路的输入信号称为输入量，其输出信号称为输出量；反馈网络的输入信号就是放大电路的输出量，其输出信号称为反馈量；基本放大器的输入信号称为净输入量，它是输入量和反馈量叠加的结果。

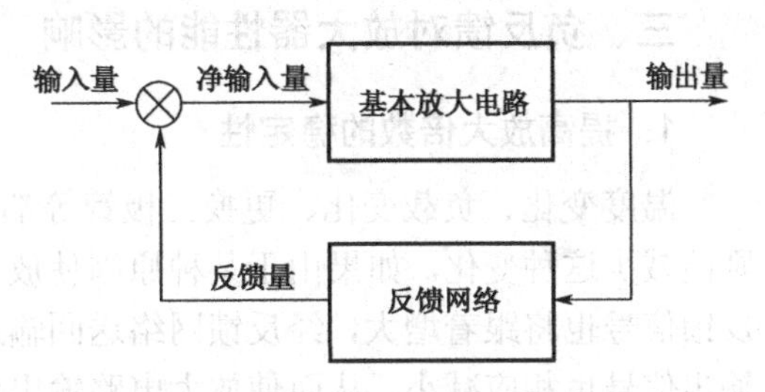

图 6-2-12 反馈放大器的原理框图

2. 反馈的分类

按照不同的分类方法，反馈可分为多种类型。

（1）按反馈极性可分为正、反馈和负反馈。

正、反馈：反馈信号 X_f 与输入信号 X_i 极性相同，使净输入信号增加。正、反馈使放大倍数增加。负反馈：反馈信号 X_f 与输入信号 X_i 极性相反，使净输入信号减小。

（2）按反馈电路在输出回路的取样对象可分为电压反馈和电流反馈。

电压反馈：反馈信号 X_f 取自输出端负载两端的电压 u_o。电压反馈的取样环节与输出端并联。电流反馈：反馈信号 X_f 取自输出电流 i_o。电流反馈的取样环节与输出端串联。

（3）按反馈电路在输入端的连接方式可分为串联反馈和并联反馈。

串联反馈：反馈电路与信号源串联，反馈信号在输入端以电压形式出现。并联反馈：反馈电路与信号源并联，反馈信号在输入端以电流形式出现。

二、反馈的判断

1. 有无反馈的判断

反馈放大器的特征为是否存在反馈元件，反馈元件是联系放大器的输出与输入的桥梁，因此能否从电路中找到反馈元件是判断有无反馈的关键。

2. 反馈极性的判断

反馈极性的判断一般采用瞬时极性法判断，具体步骤如下。

（1）先假设输入信号在某一瞬间对地为“+”。

（2）从输入端到输出端依次标出放大器各点的瞬时极性。

（3）反馈信号的极性与输入信号进行比较，确定反馈极性。

3. 电压反馈和电流反馈的判断

电压反馈和电流反馈的判断方法是看反馈电路在输出回路的连接方法，若反馈电路接在电压输出端为电压反馈，不接在电压输出端为电流反馈。

4. 串联反馈和并联反馈的判断

串联反馈和并联反馈的判断方法是看反馈电路在输入回路的连接方法，若反馈电路接在输入端为并联反馈，不接在输入端为串联反馈。

三、负反馈对放大器性能的影响

1. 提高放大倍数的稳定性

温度变化、负载变化、更换三极管等都会引起电压放大倍数的变化，如果引入负反馈，则能减少这种变化。如果由于某种原因使放大电路的输出信号增大，电路又存在负反馈，则反馈信号也将跟着增大，经反馈网络送回输入回路，使放大器的净输入信号相应减小，结果输出信号也相应减小，从而使放大电路输出信号幅度稳定，达到稳定放大倍数的目的。电压负反馈能稳定输出电压，电流负反馈能稳定输出电流。

2. 改善非线性失真

由于三极管是非线性元件，所以一个无负反馈的放大器，即使设置了合适的静态工作点，当输入信号过大时，也会产生失真。由于是三极管输入特性的非线性，当输入信号幅度过大时，基极电流的波形产生了失真，最终使输出电压相对输入电压产生了失真。放大器引入负反馈以后和放大器本身对信号放大的不对称性相互抵消，从而使输出波形趋于对称，因此非线性失真得到改善。

3. 影响输入电阻和输出电阻

负反馈对输入电阻和输出电阻的影响，与反馈电路在输入端和输出端的连接方式有关。

(1)对输入电阻的影响：负反馈对输入电阻的影响取决于反馈电路在输入端的连接方式。串联负反馈使输入电阻增大，并联负反馈使输入电阻减小。

(2)对输出电阻的影响：负反馈对输出电阻的影响，与反馈电路在输出端的连接方式有关。电压负反馈使输出电阻减小，电流负反馈使输出电阻增大。

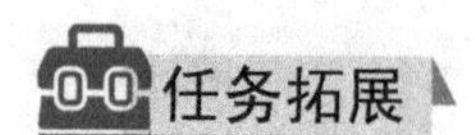

任务拓展

制作自激振荡电子闪光灯电路

1. 电路原理图

自激振荡电子闪光灯电路原理图如图 6-2-13 所示。

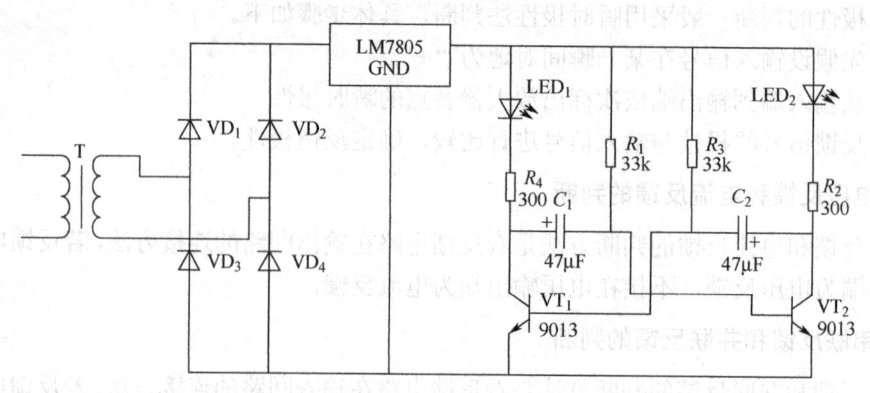

图 6-2-13　自激振荡电子闪光灯电路原理图

2. 元器件清单

自激振荡电子闪光灯电路元器件清单见表6-2-11。

表6-2-11 自激振荡电子闪光灯电路元器件清单

符号	名称	规格	数量
IC	稳压器	LM7805	1
VD_1～VD_4	二极管	1N4007	4
R_1	电阻	33kΩ	1
R_2	电阻	300Ω	1
R_3	电阻	33kΩ	1
R_4	电阻	300Ω	1
LED	发光二极管	—	2
C_1、C_2	电容	47μF	2
VT_1、VT_2	三极管	9013	2
T	变压器	220V/9V	1

3. 工作任务

（1）按元器件明细表配齐元器件

（2）用万用表对各元器件进行测试，判断各元器件性能及是否损坏。

（3）清除元器件引脚、空心铆钉、连接跳线的氧化层。

（4）将上述清除氧化层之处均匀搪锡。

（5）选择电路元器件明细表提供的电子元器件、连接导线，根据经济、合理、整齐、美观的原则进行自行设计元器件在空心铆钉板上的布局。

（6）把元器件准确地焊接在线路板上。要求：在线路板上所焊接的元器件的焊点大小适中，无漏、假、虚、连焊，焊点光滑、圆润、干净，无毛刺；引脚加工尺寸及成形符合工艺要求。

（7）通电测试，两个发光二极管按一定的频率交替闪烁，然后改变 R_1、R_3、C_1、C_2 的参数大小，会有什么样的变化。改变 R_2、R_4 的大小，又会有什么样的不同。

4. 注意事项

（1）作业前必须核对清楚组件规格型号和插件位置。

（2）元器件弯脚处理时，元器件本体与弯角处约有2～3mm距离，不能从引脚的根部开始打弯。

（3）有极性的元器件，认清正、负极；三极管要注意区分e、b、c引脚，做好自检、互检工序。

（4）元器件必须插装到底，不能有浮高、歪斜的现象。

（5）有损坏元器件时，要将其放到废料盒中，与良品分离放置。

任务3　制作双限温度报警电路

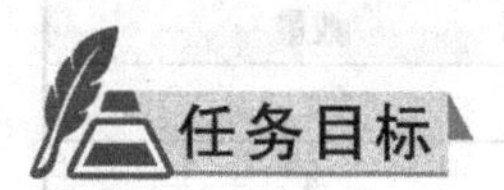

任务目标

知识目标

（1）了解差动放大电路的原理。

（2）了解集成运算放大器的组成、作用及优点。

（3）掌握电压比较器的工作原理和应用电路的工作原理。

能力目标

（1）能够识别集成运算放大器的引脚。

（2）能根据电路图进行集成运算放大器应用电路的安装、调试与维修。

任务分析

集成电路是将电子元器件（半导体、电阻、小电容等）和连接导线集中制作在一小块半导体芯片上，形成一个整体。这样可大大缩小了电路及其电子设备的体积和重量，降低了成本，并大大提高了电路工作的可靠性，减少了组装和调试的难度等，体现了集成电路的优越性。本次任务，将认识典型系列的集成运放器件，并根据原理图进行组装与调试。

知识准备

一、差动放大电路简介

1. 电路原理图

差动放大电路原理图如图 6-3-1 所示。有两个输入端子和两个输出端子，因此信号的输入和输出均有双端和单端两种方式。双端输入时，信号同时加到两输入端；单端输入时，信号加到一个输入端与地之间，另一个输入端接地。双端输出时，信号取于两输出端之间；单端输出时，信号取于一个输出端到地之间。

2. 零点漂移现象

放大直流信号和变化缓慢的信号必须采用直接耦合方式，但简单的直接耦合放大器常会发生输入信号为零时，输出信号不为零的现象。这一现象被逐级放大，便会使放大器输出端出现不规则的输出量，这种现象称为零点漂移，简称零漂。

由于零漂的存在，使得输出端既有被放大的真信号，又有零点漂移产生的漂移信号，当漂移信号与有用信号数量级相同时，有用信号就会被淹没，造成后级放大电路无法正常工作，所以，抑制零漂是直接耦合放大器的突出问题。抑制零漂的有效方法是采用差动放大器。在

集成运算放大电路中，差动放大器常作为多级放大器的输入级。

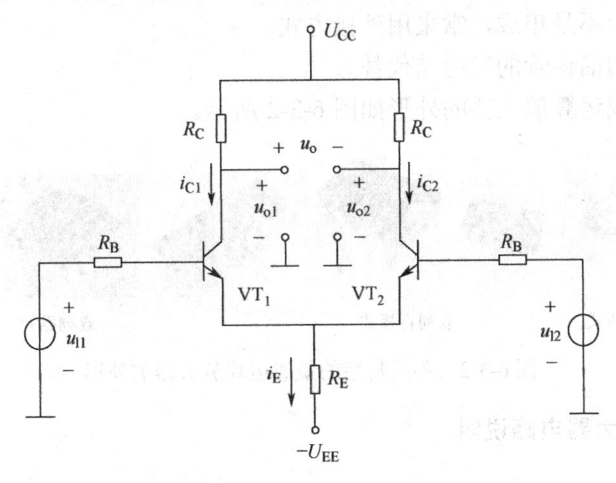

图 6-3-1 差动放大电路原理图

3. 差动放大的两种基本输入状态

差动放大的外信号输入分为差模和共模两种基本输入状态。

当外信号加到两输入端子之间，使两个输入信号 u_{i1}、u_{i2} 的大小相等、极性相反时，称为差模输入状态。此时，输入信号称为差模输入信号，以 u_{id} 表示。

当外信号加到两输入端子与地之间，使 u_{i1}、u_{i2} 大小相等、极性相同时，称为共模输入状态，此时的输入信号称为共模输入信号，以 u_{ic} 表示。

当输入信号使 u_{i1}、u_{i2} 的大小不对称时，输入信号可以看成由差模信号 u_{id} 和共模信号 u_{ic} 两部分组成，其中动态时分为差模输入和共模输入两种状态。

1）对差模输入信号的放大作用

当差模信号 u_{id} 输入（共模信号 $u_{ic}=0$）时，差动放大器两输入端信号大小相等、极性相反，即 $u_{i1}=-u_{i2}=u_{id}/2$，因此差动对管电流增量的大小相等、极性相反，导致两输出端对地的电压增量，即差模输出电压 u_{od1}、u_{od2} 大小相等、极性相反，此时双端输出电压 $u_o=u_{od1}-u_{od2}=2u_{od1}=u_{od}$。可见，差动放大器能有效地放大差模输入信号。

2）对共模输入信号的抑制作用

当共模信号 u_{ic} 输入（差模信号 $u_{id}=0$）时，差放两输入端信号大小相等、极性相同，即 $u_{i1}=u_{i2}=u_{ic}$，因此差动对管电流增量的大小相等、极性相同，导致两输出端对地的电压增量，即差模输出电压 u_{oc1}、u_{oc2} 大小相等、极性相同时，双端输出电压 $u_o=u_{oc1}-u_{oc2}=0$，可见。差放对共模输入信号具有很强的抑制能力。

在电路对称的条件下，差动放大器具有很强的抑制零点漂移及抑制噪声与干扰的能力。

二、集成运算放大器简介

集成运算放大器是一种具有很高放大倍数的多级直接耦合放大电路，是发展最早、应用最广泛的一种模拟集成电路。

1. 集成运算放大器的特点

（1）元器件参数的一致性和对称性好。

（2）电阻的阻值受到限制，大电阻常用晶体管恒流源代替，电位器需要外接。

（3）电感、电容不易集成，常采用外接方式。

（4）二极管多用晶体管的发射结代替。

各类封装的集成运算放大器的外形如图 6-3-2 所示。

圆形金属封装　单列直插式　双列直插式　双列贴片　方形扁平式封装

图 6-3-2　各类封装的集成运算放大器的外形

2．集成运算放大器电路说明

1）电路组成

集成运算放大器是一种高电压增益、高输入电阻和低输出电阻的多级直接耦合放大电路。它的类型很多，电路也不一样，但其结构具有共同之处，一般由四部分组成，如图 6-3-3 所示。

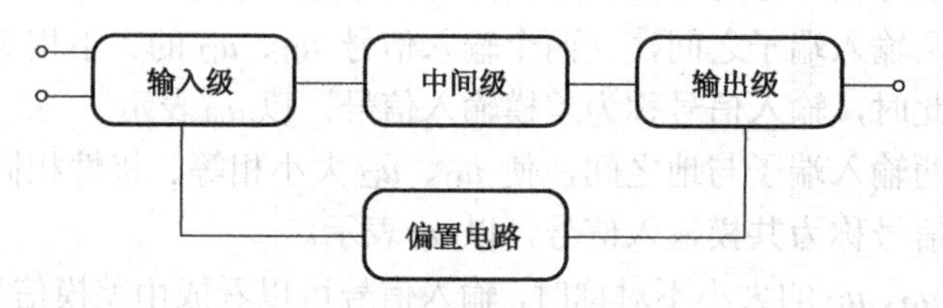

图 6-3-3　集成运算放大器框图

输入级：输入电阻高，能减小零点漂移和抑制干扰信号，都采用带有恒流源的差分式放大电路。

中间级：要求电压放大倍数高，常采用带有恒流源的。

输出级：与负载相接，要求输出电阻低，带负载能力强，一般由互补对称电路或射极电压跟随器构成。

偏置电路：一般由各种恒流源电路构成。

2）电路符号

集成运算放大器有两个输入端，一个输出端。在集成运算放大器的代表符号中“−”表示反相输入端，“+”表示同相输入端。三角所指方向为信号的传输方向，A_{uo} 实际集成运算放大器开环电压放大倍数。

3）理想集成运算放大器及其特征

（1）理想化的主要条件：开环电压放大倍数 $A_{uo}\to\infty$；差模输入电阻 $r_{id}\to\infty$；开环输出电阻 $r_o\to\infty$；共模抑制比 $K_{CMRR}\to\infty$。

（2）理想集成运算放大器的图形符号。

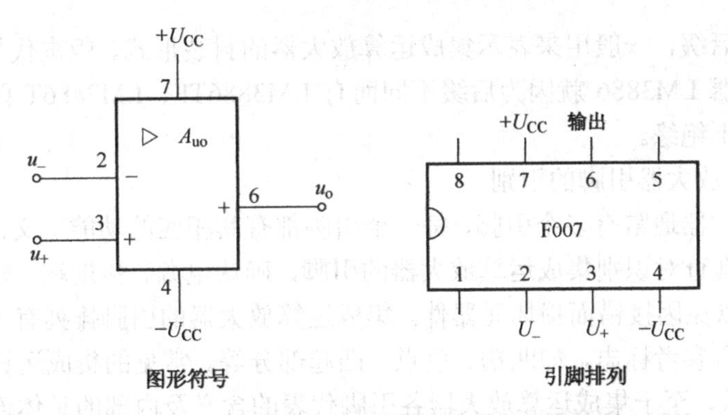

图 6-3-4　集成运算放大器图形符号和引脚排列

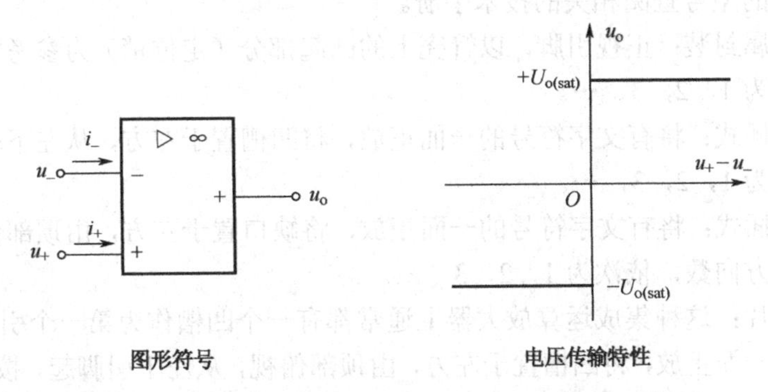

图 6-3-5　理想集成运算放大器图形符号和电压传输特性

（3）电压传输特性。

电压传输特性 $u_o = f(u_i)$ 如图 6-3-5 所示。理想集成运算放大器电压传输特性分析见表 6-3-1。

表 6-3-1　理想集成运算放大器电压传输特性分析

分区分析	线性区	饱和区
定义	$u_+ - u_- = 0$ $u_o = A_{uo}(u_+ - u_-)$	$u_+ > u_-$ 时，$u_o = +U_{o(sat)}$ $u_+ < u_-$ 时，$u_o = -U_{o(sat)}$
特性分析	$u_+ = u_-$　称为“虚短” $i_+ = i_- \approx 0$　称为“虚断”	不存在“虚短”现象 $i_+ = i_- \approx 0$　存在“虚断”现象

3．集成运算放大器的识别

1）集成运算放大器型号的识别

集成运算放大器的型号一般都在其表面印刷（或者激光刻蚀）出来。集成运算放大器有各种型号，其命名也有一定的规律，一般由前缀、数字编号和后缀组成。

第一部分是前缀，主要为英文字母，用来表示集成运算放大器的生产厂家及类别。常用集成运算放大器的前缀字母代表公司名称，如国外产品有 LM（美国国家半导体公司）、μA（美国飞兆公司）、MC（摩托罗拉公司）、TA（日本东芝公司）、μPC（日本日电公司）、HA（日立公司）、CXD（日本索尼公司）、L（意大利意法半导体公司）等。前缀 C 代表中国，如“CD”是国产音频产品。

第二部分是数字，表示不同的集成运算放大器，国内外同类产品的数字意义完全一样。

第三部分是后缀，一般用来表示集成运算放大器的封装形式、版本代号等。例如，常用的音频功率放大器 LM3886 就因为后缀不同而有 LM3886TF、LM3886T 两种类型，前者散热片绝缘，后者不绝缘。

2）集成运算放大器引脚的识别

集成运算放大器通常有多个引脚，每一个引脚都有其相应的功能定义，使用集成运算放大器前，必须认真查对识别集成运算放大器的引脚，确认电源、接地端、输入、输出、控制等端的引脚号，以免因接错而损坏元器件。集成运算放大器的引脚排列有一定的规律，其第一引脚附近一般有参考标志，如凹槽、色点、凸起部分等。常见的集成运算放大器引脚的识别如图 6-3-6 所示。至于集成运算放大器各引脚代表的含义及内部的具体连接方法，应根据集成运算放大器的型号查阅相关的技术手册。

（1）圆形金属封装：正视引脚，以管壳上的凸起部分（定位销）为参考标记，按顺时针方向数引脚依次为 1，2，3，…。

（2）单列直插式：将有文字符号的一面正放，将凹槽置于左方，从左下引脚起，从左至右引脚号码依次为 1，2，3，…。

（3）双列直插式：将有文字符号的一面正放，将缺口置于左方，由顶部俯视，从左下引脚起，按逆时针方向数，依次为 1，2，3，…。

（4）双列贴片：这种集成运算放大器上通常都有一个凹槽作为第一个引脚的识别标记。将有文字符号的一面正放，将凹槽置于左方，由顶部俯视，从左下引脚起，按逆时针方向数，依次为 1，2，3，…。

（5）方形扁平式封装：通常采用一个缺角标示引脚的起始。对于方形扁平式封装的集成运算放大器，可以将有文字符号的一面正放一般将缺角置于左方、由顶部俯视，从左下引脚起，按逆时针方向数，依次为 1，2，3，…。

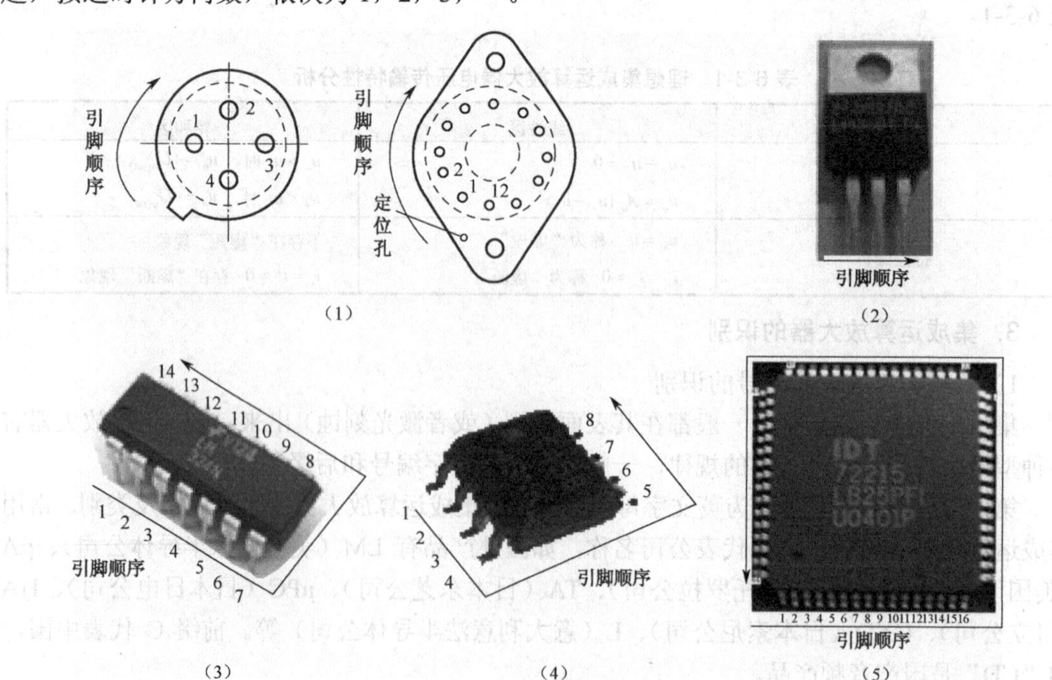

图 6-3-6 常见的集成运算放大器引脚的识别

三、集成运算放大器在信号运算方面的应用

集成运算放大器在线性区时，通常要引入深度负反馈。所以，它的输出电压和输入电压的关系基本决定于反馈电路和输入电路的结构和参数，而与集成运算放大器本身的参数关系不大。改变输入电路和反馈电路的结构形式，就可以实现不同的运算。

1. 比例运算

1）电路

比例运算电路如图 6-3-7 所示。

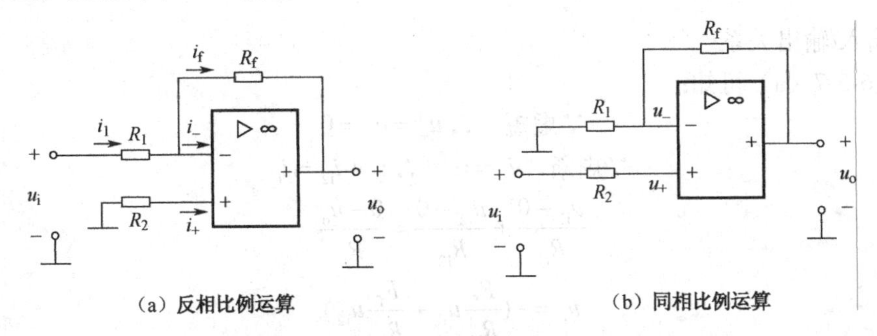

图 6-3-7　比例运算电路

2）输入/输出关系

由图 6-3-6（a）可知：

$$\because 虚短 \quad \therefore u_+ = u_- = 0$$

$$\because 虚断，i_+ = i_- = 0 \quad \therefore i_1 = i_f$$

$$i_1 = \frac{u_i - 0}{R_1}，\ i_F = \frac{0 - u_o}{R_f}$$

$$u_o = -\frac{R_f}{R_1}u_i$$

由图 6-3-6（b）可知：

$$\because 虚短 \quad \therefore u_+ = u_- = u_i$$

$$\because 虚断，i_+ = i_- = 0 \quad \therefore i_1 = i_f$$

$$i_1 = \frac{0 - u_i}{R_1}，\ i_f = \frac{u_i - u_o}{R_f}$$

$$u_o = (1 + \frac{R_f}{R_1})u_i$$

3）结论

反相比例运算电路输出电压与输入电压极性相反，其电压放大倍数只与外部电阻有关。同相比例运算电路输出电压与输入电压极性相同，其电压放大倍数只与外部电阻有关。

2. 加法运算

1）电路

加法运算电路如图 6-3-8 所示。

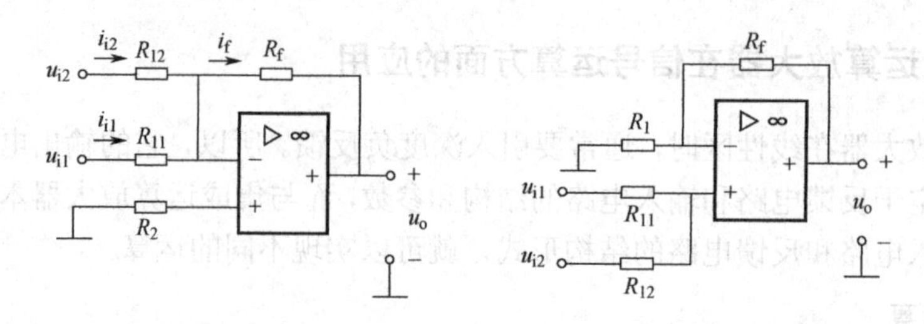

（a）反相加法运算　　（b）同相加法运算

图 6-3-8　加法运算电路图

2）输入/输出关系

由图 6-3-7（a）可知：

$$\because \text{虚短} \quad \therefore u_+ = u_- = 0$$

$$\because \text{虚断，} i_- = 0 \quad \therefore i_{i1} + i_{i2} = i_f$$

$$\frac{u_{i1}-0}{R_{11}} + \frac{u_{i2}-0}{R_{12}} = \frac{0-u_o}{R_f}$$

$$u_o = -(\frac{R_f}{R_{11}}u_{i1} + \frac{R_f}{R_{12}}u_{i2})$$

当 $R_{11} = R_{12} = R_1$ 时，有 $u_o = -\frac{R_f}{R_1}(u_{i1} + u_{i2})$

由图 6-3-7（b）和运用叠加定理可知：

当 u_{i1} 单独作用，令 $u_{i2} = 0$，则

$$u_o' = (1+\frac{R_f}{R_1})u_+'$$

此时有

$$u_+' = \frac{R_{12}}{R_{11}+R_{12}}u_{i1}$$

同理当 u_{i2} 单独作用，令 $u_{i1} = 0$ 有

$$u_o'' = (1+\frac{R_f}{R_1})u_+''$$

此时有

$$u_+'' = \frac{R_{11}}{R_{11}+R_{12}}u_{i2}$$

$$u_o = u_o' + u_o'' = (1+\frac{R_f}{R_1})(\frac{R_{12}}{R_{11}+R_{12}}u_{i1} + \frac{R_{11}}{R_{11}+R_{12}}u_{i2})$$

3）结论

反相加法运算输入电阻低，当改变某一路输入电阻时，对其他路无影响。

同相加法运算输入电阻高，当改变某一路输入电阻时，对其他路有影响。

3．减法运算

1）电路

减法运算电路如图 6-3-9 所示。

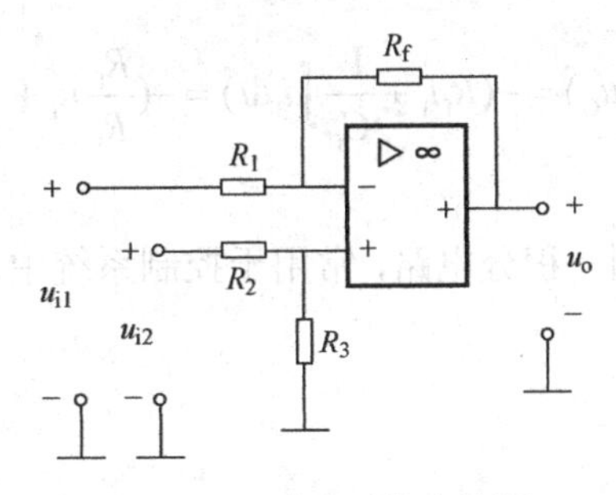

图 6-3-9 减法运算电路图

2）输入/输出关系

减法运算电路可以看成反相比例运算和同相比例运算的叠加。

由运用叠加定理可知：当u_{i1}单独作用，令$u_{i2}=0$，即为反相比例运算：

$$u_o'=-\frac{R_f}{R_1}u_{i1}$$

当u_{i2}单独作用，令$u_{i1}=0$，即为同相比例运算：

$$u_o''=(1+\frac{R_F}{R_1})u_+'',\quad u_+''=\frac{R_3}{R_2+R_3}u_{i2}$$

$$u_o=u_o'+u_o''=-\frac{R_f}{R_1}u_{I1}+(1+\frac{R_f}{R_1})\frac{R_3}{R_2+R_3}u_{i2}$$

3）结论

用差分输入方式构成的减法运算电路的输入电阻较低。为了提高减法运算电路的输入电阻，可采用双运算放大器组成同相输入减法运算电路。

4．积分运算

1）电路

积分运算及应用电路如图 6-3-10 所示。

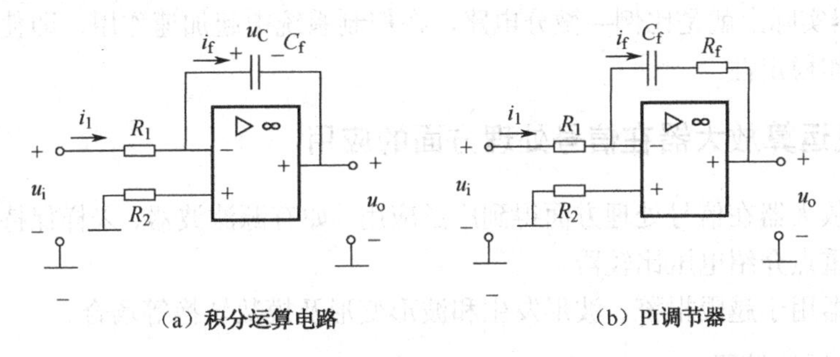

（a）积分运算电路　（b）PI调节器

图 6-3-10 积分运算及应用电路

2）输入/输出关系

由图 6-3-10（a）可知：

$$i_1=i_f,\quad i_1=\frac{u_i}{R_1},\quad i_f=C_f\frac{du_o}{dt},\quad u_o=-\frac{1}{R_1C_f}\int u_1dt$$

由图 6-3-10（b）可知：

$$u_o = -(R_f i_f + u_C) = -(R_f i_1 + \frac{1}{C_f}\int i_1 \mathrm{d}t) = -(\frac{R_f}{R_1}u_i + \frac{1}{R_1 C_f}\int u_i \mathrm{d}t)$$

3）结论

PI 调节器实际上就是比例—积分电路，常用于控制系统中，以保证自动控制系统的稳定性和控制精度。

5．微分运算

1）电路

微分运算及应用电路如图 6-3-11 所示。

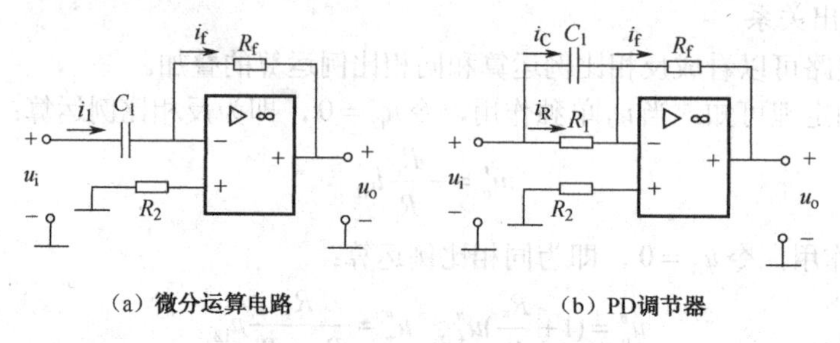

（a）微分运算电路　　（b）PD调节器

图 6-3-11　微分运算及应用电路

2）输入/输出关系

由图 6-3-11（a）可知：

$$i_1 = i_f，\ C_1\frac{\mathrm{d}u_i}{\mathrm{d}t} = -\frac{u_o}{R_f}，\ u_o = -R_f C_1\frac{\mathrm{d}u_I}{\mathrm{d}t}$$

由图 6-3-11（b）可知：

$$u_o = -R_f i_f，\ i_f = i_R + i_C = \frac{u_i}{R_1} + C_1\frac{\mathrm{d}u_C}{\mathrm{d}t}，\ u_o = -(\frac{R_f}{R_1}u_i + R_f C_1\frac{\mathrm{d}u_i}{\mathrm{d}t})$$

3）结论

PD 调节器实际上就是比例—微分电路，在控制系统中起加速作用，即使系统有较快的响应速度和工作稳定性。

四、集成运算放大器在信号处理方面的应用

集成运算放大器在信号处理方面得到广泛应用，如有源滤波器、采样保持电路和电压比较器等，这里重点介绍电压比较器。

电压比较器用于越限报警、波形发生和波形变形及模数转换等场合。

1．基本电压比较器

1）过零比较器

参考电压为零的比较器称为过零电压比较器，它作为过零检测装置被广泛应用于调光、调速等可控整流电路。

$u_i < 0$ 时，$u_o = +U_{o(sat)}$，$u_i > 0$ 时，$u_o = -U_{o(sat)}$，可见，$u_i = 0$ 处输出电压 u_o 发生跃变。过零比较器电路及电压传输特性如图 6-3-12 所示。

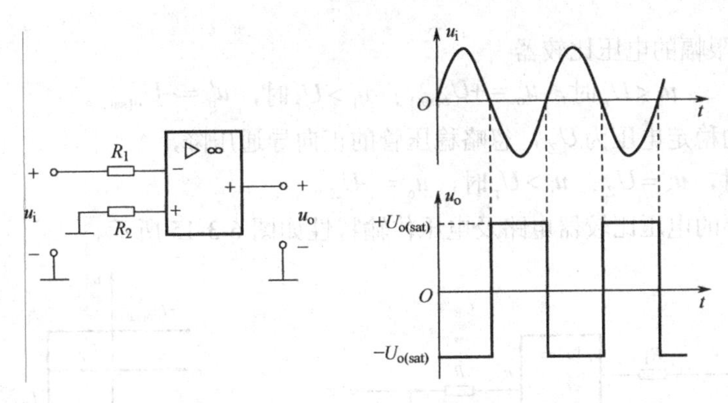

图 6-3-12　过零比较器电路及电压传输特性

2）单限电压比较器电路及电压传输特性

（1）输入信号接在反相端。

$u_i < U_r$ 时，$u_o = +U_{o(sat)}$，$u_i > U_r$ 时，$u_o = -U_{o(sat)}$，可见，$u_i = U_r$ 处输出电压 u_o 发生跃变。将输出跃变所对应的输入电压 U_r 称为阈值电压，也称为门限电平。

输入信号接在反相端的单限电压比较器电路及电压传输特性如图 6-3-13 所示。

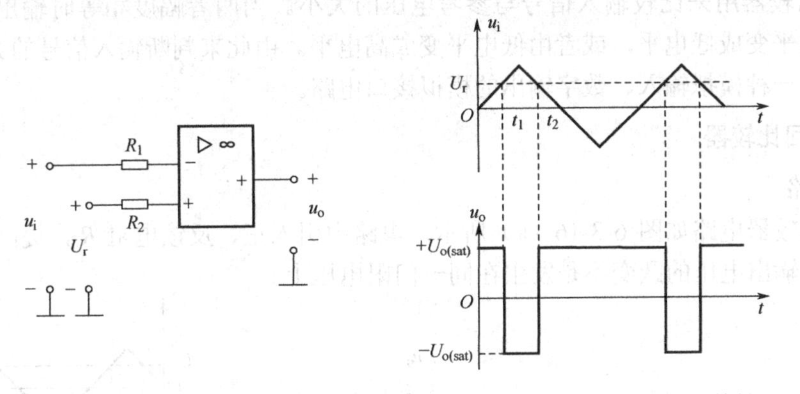

图 6-3-13　输入信号接在反相端的单限电压比较器电路及电压传输特性

（2）输入信号接在同相端。

$u_i < U_r$ 时，$u_o = -U_{o(sat)}$，$u_i > U_r$ 时，$u_o = +U_{o(sat)}$，可见，$u_i = U_r$ 处输出电压 u_o 发生跃变。输入信号接在同相端的单限电压比较器电路及电压传输特性如图 6-3-14 所示。

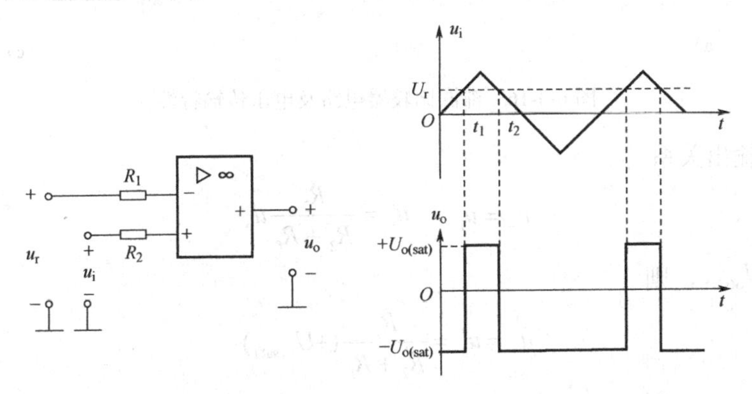

图 6-3-14　输入信号接在同相端的单限电压比较器电路及电压传输特性

3）输出带限幅的电压比较器

$u_i < U_r$ 时，$u_o' = +U_{o(sat)}$；$u_i > U_r$ 时，$u_o' = -U_{o(sat)}$。

设稳压管的稳定电压为 U_Z，忽略稳压管的正向导通压降，

则 $u_i < U_r$ 时，$u_o = U_Z$；$u_i > U_r$ 时，$u_o = -U_Z$。

输出带限幅的电压比较器电路及电压传输特性如图 6-3-15 所示。

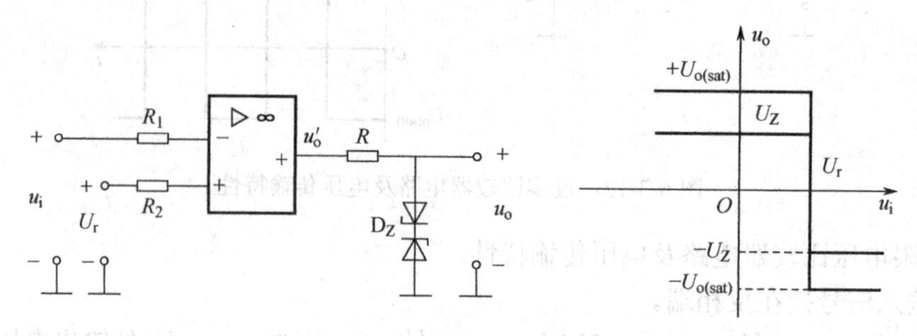

图 6-3-15　输出带限幅的电压比较器电路及电压传输特性

4）结论

电压比较器用来比较输入信号与参考电压的大小。当两者幅度相等时输出电压产生跃变，由高电平变成低电平，或者由低电平变成高电平。由此来判断输入信号的大小和极性。电压比较器一种模拟输入、数字输出的模拟接口电路。

2．滞回比较器

1）电路

滞回比较器电路如图 6-3-16（a）所示，电路中引入正、反馈电阻 R_f，提高了比较器的响应速度。输出电压的跃变不是发生在同一门限电压上。

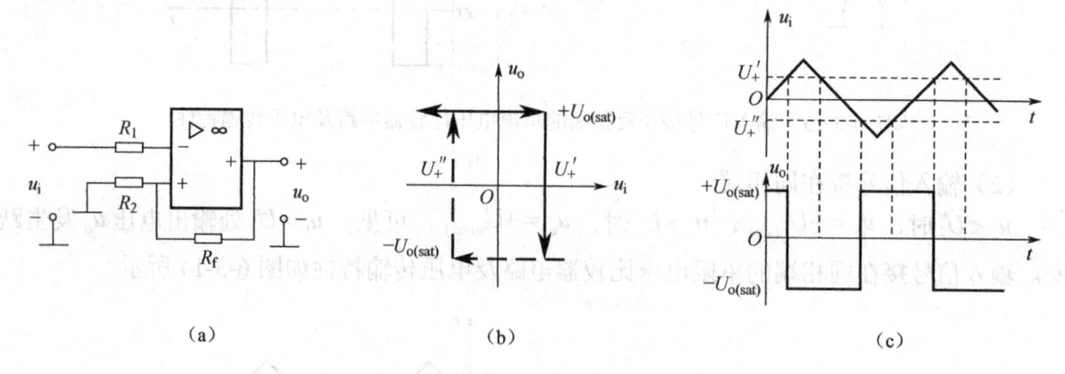

图 6-3-16　滞回比较器电路及电压传输特性

2）输入/输出关系

$$u_- = u_i \qquad u_+ = \frac{R_2}{R_2 + R_f} u_o$$

当 $u_o = +U_{o(sat)}$，则

$$u_+ = u_+' = \frac{R_2}{R_2 + R_f}(+U_{o(sat)})$$

当 $u_o = -U_{o(sat)}$，则

$$u_+ = u''_+ = \frac{R_2}{R_2 + R_f}(-U_{o(sat)})$$

门限电压受输出电压的控制。输出带限幅的电压比较器电路及电压传输特性如图 6-3-15（b）所示。

上门限电压 U'_+： u_i 逐渐增加时的门限电压。

下门限电压 U''_+： u_i 逐渐减小时的门限电压，且 $U'_+ > U''_+$。

回差电压： $\Delta U = U'_+ - U''_+ = \frac{2R_2}{R_2 + R_f} U_{o(sat)}$

调节 R_f 或 R_2 可以改变回差电压的大小。两次跳变之间具有迟滞特性，所以称为滞回比较器。

输出带限幅的电压比较器电路及电压传输特性如图 6-3-15（b）所示。

当输入电压 u_i 为三角波时，其输出电压 u_o 波形如图 6-3-15（c）所示。

3）结论

改善了输出波形在跃变时的陡度。回差电压提高了电路的抗干扰能力，ΔU 越大，抗干扰能力越强。

3. LM324 简介

LM324 是含有四个运放的集成组件，简称四运放集成电路。GND 为接地端，V_{CC} 为电源正极端(6V)，每个运放的反相输入端、同相输入端、输出端均有编号。LM324 引脚的编号含义如图 6-3-17 所示。

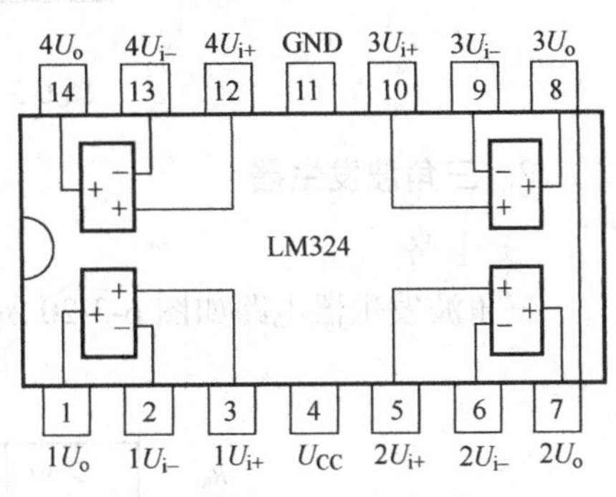

图 6-3-17 LM324 引脚的编号含义

知识拓展

集成运算放大器在波形产生方面的应用

波形发生器的作用：产生一定频率、幅值的电压波形。

波形发生器的特点：不需要外接输入信号，即有输出信号。

1. 矩形波发生器

1）电路

如图 6-3-18 所示，电路由滞回比较器、*RC* 充放电电路组成。电容电压 u_C 为比较器的输入电压，电阻 R_2 两端的电压 U_r 为比较器的参考电压。

2）工作波形

设电源接通时，$u_o = +U_Z$，u_C $u_o(0) = 0$。通过 R_f 对电容充电，u_C 按指数规律增长。

当 $u_o = +U_Z$ 时，电容充电，u_C 上升至 U_r，即

$$U_r = \frac{R_2}{R_1 + R_2} U_Z$$

当 $u_C = U_r$ 时，u_o 跳变成 $-U_Z$，电容放电，u_C 下升

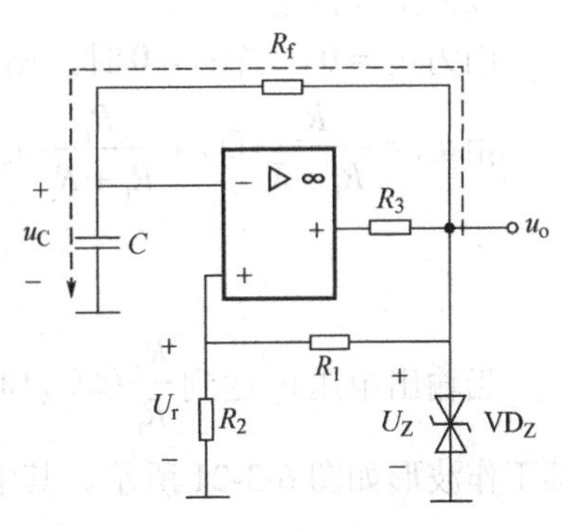

图 6-3-18 矩形波发生器电路

至 $-U_r$，即

$$-U_R = -\frac{R_2}{R_1+R_2}U_Z$$

当 $u_C = -U_r$ 时，u_o 跳变成 U_Z，电容又重新充电。

其工作波形如图 6-3-19 所示。其中，$T_1=T_2$。

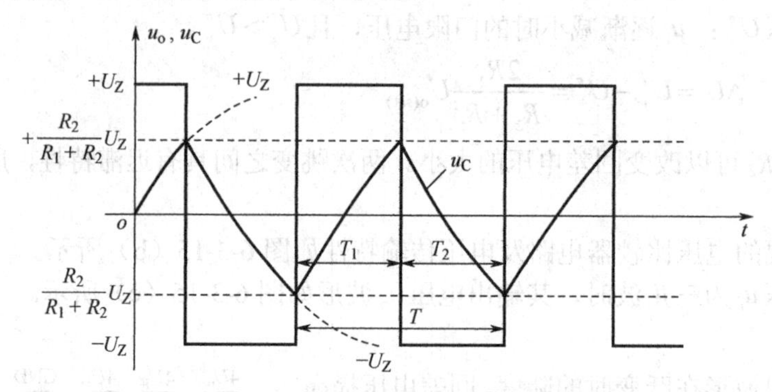

图 6-3-19　矩形波发生器工作波形

2. 三角波发生器

1）电路

三角波发生器电路如图 6-3-20 所示，A_1 为滞回比较器，A_2 为反相积分电路。

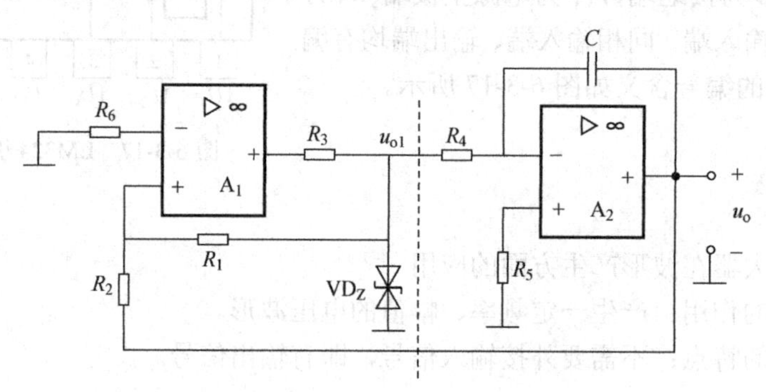

图 6-3-20　三角波波发生器电路

（2）工作波形

因为 $u_- = 0$，当 $u_+ = 0$ 时，A_1 改变状态。

由 $u_{+1} = \frac{R_2}{R_1+R_2}U_Z + \frac{R_1}{R_1+R_2}u_o = 0$，可得

$$u_o = -\frac{R_2}{R_1}(\pm U_Z)$$

当输出电压 u_o 达到 $\frac{R_2}{R_1}(\pm U_Z)$ 时，u_{o1} 跃变，同时积分电路的输入/输出电压也随之改变。其工作波形如图 6-3-21 所示。其中，$T_1=T_2$。

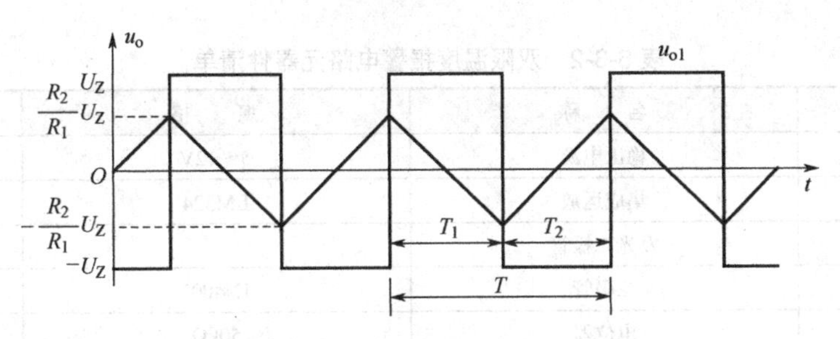

图 6-3-21　三角波发生器工作波形图

在三角波发生器的电路中，使积分电路的正、反向积分的时间常数不同，其输出为锯齿波。

锯齿波发生器电路和工作波形如图 6-3-22 所示。

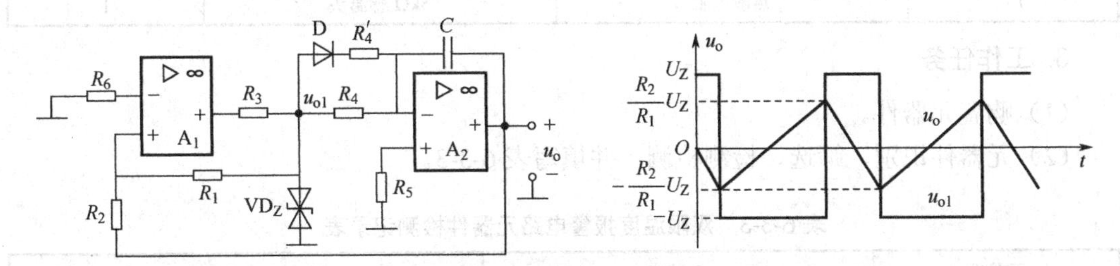

图 6-3-22　锯齿波发生器电路和工作波形

任务实施

安装与调试双限温度报警电路

1. 电路

双限温度报警电路如图 6-3-23 所示。

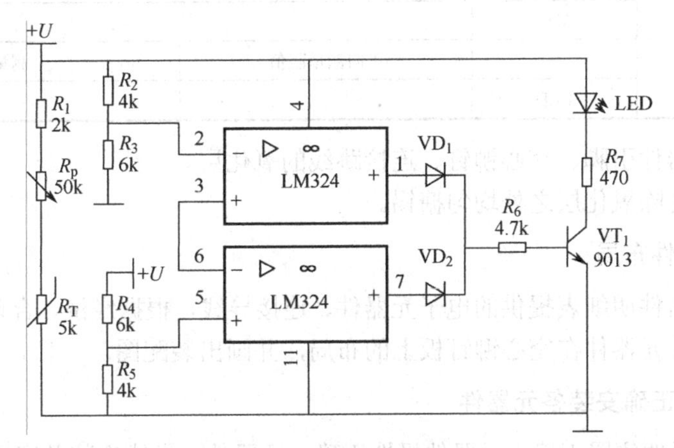

图 6-3-23　双限温度报警电路

2. 电路元器件清单

双限温度报警电路元器件清单见表 6-3-2。

表 6-3-2　双限温度报警电路元器件清单

符　号	名　称	规　格	数　量
	稳压电源	5～12V	1
	集成运放	LM324	1
LED	发光二极管		1
VD_1、VD_2	二极管	1N4007	2
R_P	电位器	50kΩ	1
R_2、R_5	电阻	4kΩ1/4W	2
R_3、R_6	电阻	6kΩ1/4W	2
R_1	电阻	2kΩ1/4W	1
VT_1	三极管	9013	1
R_T	热敏电阻	5kΩ 感温头	1

3. 工作任务

（1）购置元器件。

（2）元器件识别、筛选、检测检测，并填写表 6-3-3。

表 6-3-3　双限温度报警电路元器件检测记录表

<table>
<tr><th>元器件</th><th colspan="3">测量值</th><th>标称值（含误差）</th></tr>
<tr><td>电阻器 R_2</td><td colspan="3"></td><td></td></tr>
<tr><td>电阻器 R_6</td><td colspan="3"></td><td></td></tr>
<tr><td>电阻器 R_1</td><td colspan="3"></td><td></td></tr>
<tr><td rowspan="2">二极管</td><td>VD_1</td><td colspan="3">正向电阻______反向电阻______</td></tr>
<tr><td>VD_2</td><td colspan="3">正向电阻______反向电阻______</td></tr>
<tr><td rowspan="2">热敏电阻</td><td></td><td colspan="3">常温下电阻值（红表笔接 C，黑表笔接 E 在所用测量表型中打√）</td></tr>
<tr><td>R_T</td><td></td><td colspan="2">数字表□　指针表□</td></tr>
<tr><td rowspan="2">三极管</td><td></td><td colspan="3">面对标注面，引脚向下，画出管外形示意图，标出引脚名称</td></tr>
<tr><td>VT_1</td><td colspan="3"></td></tr>
<tr><td rowspan="2">发光二极管</td><td></td><td colspan="2">正向测量阻值</td><td>测量挡位</td></tr>
<tr><td>LED</td><td colspan="2"></td><td></td></tr>
</table>

（3）清除元器件引脚、空心铆钉、连接跳线的氧化层。

（4）将上述清除氧化层之处均匀搪锡。

4. 电子元器件布局

选择电路元器件明细表提供的电子元器件、连接导线，根据经济、合理、整齐、美观的原则进行自行设计元器件在空心铆钉板上的布局，并画出装配图。

5. 按装配图正确安装各元器件

（1）插件：插件位置正确，元器件极性正确，元器件、导线安装及字标方向均应符合工艺要求；接插件、紧固件安装可靠牢固；无烫伤和划伤处，整块电路板清洁、无污物。

（2）焊接：把装配好的元器件准确地焊接在线路板上。在线路板上所焊接的元器件的焊点大小适中，无漏、假、虚、连焊，焊点光滑、圆润、干净，无毛刺；引脚加工尺寸及成形符合工艺要求；导线长度、剥头长度符合工艺要求，芯线完好，捻头镀锡。

6. 电路的调试与检测

（1）测量运放 LM324 的 2 引脚电位 U_2 和 6 引脚电位 U_6，若有 $U_2>U_6$ 说明基准电路正常。

（2）在常温下调节电位器 R_P 使输入电压 U_i 在 $U_6 \sim U_2$ 范围内。

（3）给热敏电阻加热，热敏电阻受热变小，超过上限温度 LED 发光报警；给热敏电阻降温，热敏电阻变大，低过下限温度 LED 发光报警。考虑到给热敏电阻加热及降温较难操作，实际调试可直接用电位器代替热敏电阻。

（4）改变 R_2、R_3、R_4、R_5 可得到不同的基准电压，也就可得到不同的上、下限报警温度。

（5）R_1 开路 LED_________，R_5 开路 LED_________，热敏电阻 R_T 开路 LED_________。

（6）小组讨论完成：

① 对“无论如何调整，LED 都不亮”的故障进行分析；

② 对“无论如何调整，LED 都常亮”的故障进行分析。

任务评价

对本学习任务进行评价，见表 6-3-4。

表 6-3-4 任务评价表

考核内容	考核标准	自我评价				小组评价			
		A	B	C	D	A	B	C	D
准备工作	准备实训任务中使用到的仪器仪表，做基本的清洁、保养及检查，酌情评分								
元器件清点、检测	清点全部配套元器件、用万用表检测元器件的质量								
元器件引脚成形、镀锡	元器件引脚成形加工尺寸符合工艺要求、引脚镀锡符合工艺要求								
印制电路板插件	元器件安装位置正确、元器件极性安装正确、安装方式正确								
印制电路板焊接	无漏焊、连焊、虚焊，焊点光滑无毛刺								
功能单元板通电检查	功能单元板通电后静态电流正常								
基本功能检查、电气指标检测	具备基本功能、关键点电压值准确、电气指标合格								
操作规范及职业素质	1. 制作过程中注重环保、节约耗材 2. 遵守安全操作规范								
完成报告	按照报告要求完成、内容正确								
安全文明生产	违反安全文明操作规程为 D 等								
整理工位	整理工具，清洁工位								
总备注	造成设备、工具人为损坏或人身伤害的，本学习任务不计成绩								

续表

<table>
<tr><th rowspan="2">考核内容</th><th colspan="4" rowspan="2">考核标准</th><th colspan="4">自我评价</th><th colspan="4">小组评价</th></tr>
<tr><th>A</th><th>B</th><th>C</th><th>D</th><th>A</th><th>B</th><th>C</th><th>D</th></tr>
<tr><td rowspan="2">综合评价</td><td>自我评价</td><td></td><td>等级</td><td></td><td colspan="4">签名</td><td colspan="4"></td></tr>
<tr><td>小组评价</td><td></td><td>等级</td><td></td><td colspan="4">签名</td><td colspan="4"></td></tr>
<tr><td>教师评价</td><td colspan="12">签名：
日期：</td></tr>
</table>

项目总结

（1）半导体三极管的基极电流对集电极电流有控制作用，所以是一种电流控制器件。三极管具有电流放大作用的外部条件是发射结必须正向偏置，集电结必须反向偏置。

（2）分压式电流负反馈单级低频小信号放大器，它是采用电位器和基极分压固定基极电位；再利用发射极电阻 R_c 获得电流反馈信号，使基极电流发生相应的变化，从而稳定静态工作点。

（3）在电路对称的条件下，差动放大器具有很强的抑制零点漂移及抑制噪声与干扰的能力。

（4）集成运算放大器在信号运算方面、信号处理方面和波形产生方面都有广泛的应用。

思考与练习题

一、填空题

1. 放大器的功能是把_____电信号转化为_____的电信号，实质上是一种能量转换器。

2. 基本放大电路中，三极管工作在_____区，是放大电路能放大信号的必要条件。为此外电路必须使三极管发射结____偏，集电结_____偏；且要有一个合适的______。

3. 基本放大电路三种组态是______、______、______。

4. 放大电路的静态工作点通常是指______、_______和______。

5. 反馈是指放大器的输出端把输出信号的______或者全部通过一定方式送回放大器的______的过程。

6. 反馈放大器是由_____基本放大器和反馈网络两部分组成的，反馈网络是跨接在______和_______之间的电路。

7. 集成电路在电路原理图中通常用字母_______或者________来表示。

8. 集成运放内部电路通常由______、______、_______、_______四部分组成。

9. 集成电路 LM7805 作为稳压使用，输入电压范围为 5～18V，输出电压为_____。

10. 集成运算放大器实质是一个________耦合的多级放大器。

二、判断题

1. （　　）放大器通常用 i_b、i_c、u_{ce} 表示静态工作点。
2. （　　）在基本放大电路中，输入耦合电容 C_1 的作用是隔交通直。
3. （　　）画直流通路时电容器应视为开路。
4. （　　）放大器 A_V =−50，其中负号表示波形缩小。
5. （　　）共射放大器的输出电压与输入电压的相位相同。
6. （　　）为了提高放大器的输入电阻，可采用电流反馈。
7. （　　）为了稳定放大器的输出电压，可以采用电压反馈。

三、选择题

1. 放大器引入负反馈后，下列说法正确的是（　　）。
   A．放大倍数下降，通频带不变　　B．放大倍数不变，通频带变宽
   C．放大倍数下降，通频带变宽　　D．放大倍数不变，通频带变窄
2. 有反馈的放大器的放大倍数（　　）。
   A．一定提高　　B．一定降低　　C．不变　　D．以上说法都不对
3. 温度上、下限报警电路中，LM324 作为（　　）使用。
   A．差分放大器　　B．同相放大器　　C．反相放大器　　D．比较器
4. 集成电路 LM7812 封装形式为（　　）。
   A．单列直插式封装　　B．双列直插式封装
   C．贴片封装　　D．BGA 封装
5. 集成电路 TDA2030 作为（　　）使用。
   A．音频放大器　　B．视频放大器　　C．运算放大器　　D．比较器
6. 集成电路的型号（　　）用来表示集成电路的生产厂家及类别。
   A．数字编号　　B．后缀　　C．前缀　　D．中缀
7. LM358 作为（　　）使用。
   A．差分放大器　　B．同相放大器　　C．反相放大器　　D．比较器

四、简答题

基本放大电路如图 6-3-24 所示，β=50，R_C=R_L=4kΩ，R_b=400kΩ，U_{CC}=20V，求：

（1）画出直流通路并估算静态工作点 I_{BQ}、I_{CQ}、U_{CEQ}；

（2）画出交流通路并求 r_{be}、A_u、r_i、r_o；

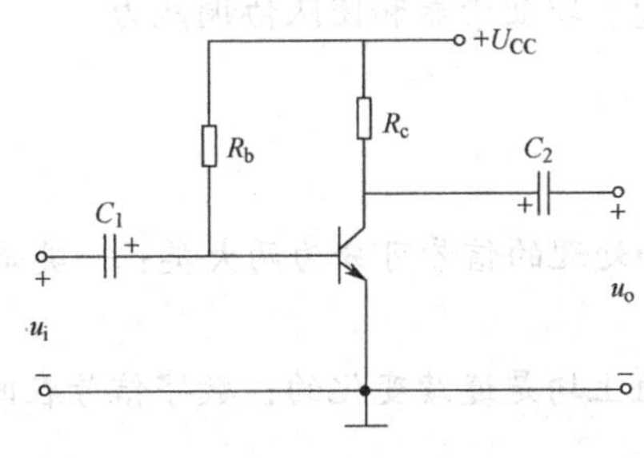

图 6-3-24　简答题 1 电路

项目 7 装调简单数字电路

项目目标

知识目标

（1）了解数字信号的特点及应用。
（2）了解二进制的表示方法和 8421BCD 码的表示形式。
（3）熟悉基本逻辑门、复合逻辑门的逻辑功能，能识别其电路符号。
（4）了解半导体数码管的基本结构和工作原理。
（5）熟悉二进制编码器、译码器的逻辑功能。
（6）了解集成移位寄存器，掌握计数器的基本功能及应用。
（7）熟悉 *RS* 触发器、*JK* 触发器、*D* 触发器的逻辑功能。
（8）了解典型 555 定时器电路的工作原理。

能力目标

（1）理解二进制的真实含义。
（2）掌握数制表示方法及相互转换。
（3）熟练掌握 CMOS 门电路的安全操作方法。
（4）掌握逻辑门电路的逻辑功能测试方法。
（5）掌握组合逻辑电路的设计方法。
（6）会设计并制作四路抢答器。
（7）掌握时序逻辑电路的分析方法。
（8）掌握 24s 倒计时器电路的组装及调试。

能力目标

培养学生具有的职业道德、职业素养和团队协调能力。

项目描述

在电子技术中，被传递和处理的信号可分为两大类：一类是模拟信号；另一类是数字信号。

模拟信号在时间上和数值上均是连续变化的；数字信号在时间上和数值上均是离散的，不是连续变化的。

相对模拟信号而言，由脉冲组成的数字信号不易失真，且在传送过程中信号不易受干扰，数字化的数据及信息还能被简单、可靠地储存。

现代生活中，人们已经离不开数字化的电子产品。计算机、数码相机、手机等均采用数字电路对信号进行处理和存储，学习掌握数字电路的相关知识是十分重要的。

任务 1　认识数字电路

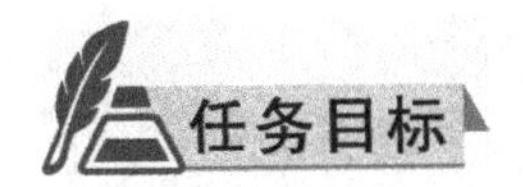

任务目标

知识目标

（1）了解数字信号的特点及应用。

（2）了解二进制的表示方法和二进制与十进制数之间的转换方法。

（3）了解 8421BCD 码的表示形式。

能力目标

（1）理解二进制的真实含义。

（2）掌握数制表示方法及相互转换。

任务分析

计算机处理的信息都以数据的形式表示，在计算机内部，各种信息都必须经过数字化编码后才能被传送、存储和处理。由于二进制的运算规则和电路简单，因此数据在计算机中均以二进制表示，并用它们的组合表示不同类型的信息。

知识准备

一、数字电路的基本知识

1. 脉冲的基本概念

脉冲信号是一种离散信号，形状多种多样，与普通模拟信号（如正弦波）相比，波形之间在时间轴不连续（波形与波形之间有明显的间隔），但具有一定的周期性，这就是它的特点。最常见的脉冲波有矩形波、锯齿波、钟形波、尖峰波、梯形波、阶梯波等，如图 7-1-1 所示。脉冲信号可以用来表示信息，也可以用来作为载波，如脉冲调制中的脉冲编码调制（PCM）、脉冲宽度调制（PWM）等，还可以作为各种数字电路、高性能芯片的时钟信号。

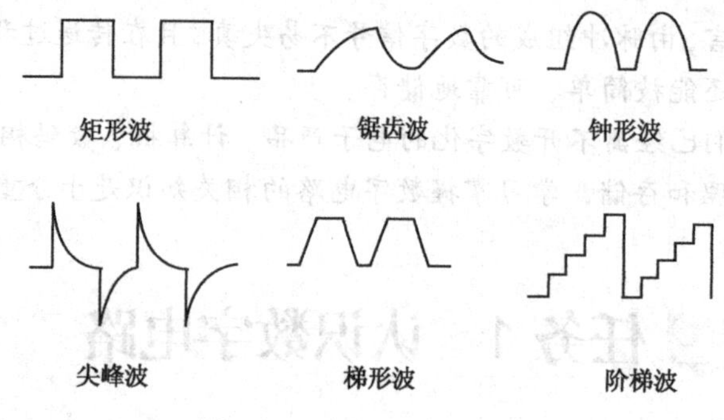

图 7-1-1　常见的脉冲波形

2. 矩形脉冲的主要参数

如图 7-1-2 所示，矩形脉冲的主要参数有脉冲幅度 U_m、脉冲上升时间 t_r、脉冲下降时间 t_f、脉冲宽度 t_w、脉冲周期 T 和占空比 q 等。

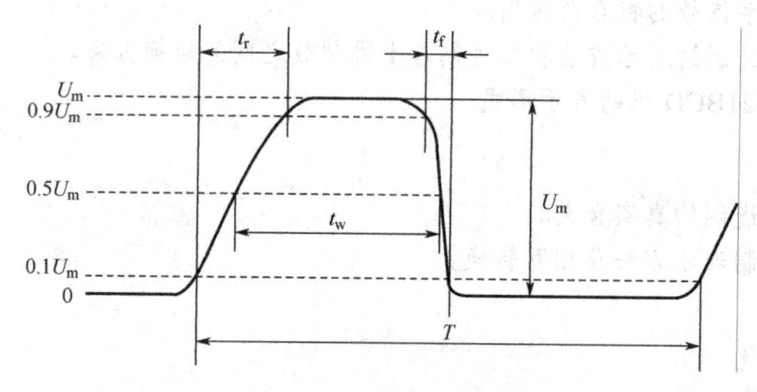

图 7-1-2　矩形脉冲的主要参数

（1）脉冲幅度 U_m：脉冲信号变化的最大值。其值为脉冲底部至脉冲顶部之间的电位差，单位为伏（V）。

（2）脉冲上升时间 t_r：脉冲前沿从幅度的 10%处上升到幅度的 90%处所需的时间，即脉冲波从 0.1 上升到 0.9 所经历的时间。主要的时间单位有 s（秒）、ms（毫秒）、（微秒）μs，脉冲上升时间越小，表明脉冲上升越快。

（3）脉冲下降时间 t_f：脉冲后沿从 0.9 下降到 0.1 所经历的时间。其数值越小，表明脉冲下降得越快。

（4）脉冲宽度 t_w：由脉冲前沿 0.5 到脉冲后沿 0.5 之间的时间。其值越大，说明脉冲出现后持续的时间越长。

（5）脉冲周期 T：在周期性脉冲中，相邻两个脉冲波形重复出现所需要的时间。其倒数为脉冲的频率，单位为 Hz（赫兹）。

（6）占空比 q：脉冲宽度 t_w 与脉冲周期 T 的比值称占空比。占空比为 50%的矩形波即为方波。

3. 数字信号

通常把脉冲的出现或消失用 1 和 0 来表示，这样一串脉冲就变成由一串 1 和 0 组成的代码，如图 7-1-3 所示，这种信号称为数字信号。需注意的是，这里的 1 和 0 并不表示数量的

大小，而是代表电路的工作状态。例如，开关闭合，二极管、三极管导通用 1 状态表示；反之，开关断开，二极管、三极管截止就用 0 表示。

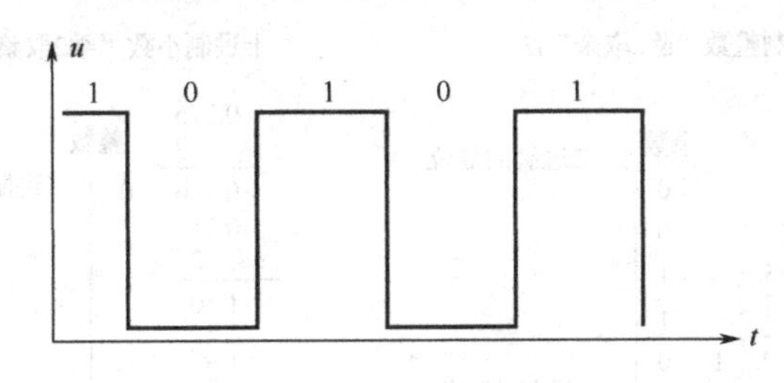

图 7-1-3 数字信号

对于数字电路的输入信号和输出信号只有两种情况，不是高电平就是低电平，且输出信号与输入信号之间存在着一定的逻辑关系。若规定高电平（3～5V）为逻辑 1，低电平（0～0.4V）为逻辑 0，称为正逻辑；反之，若规定高电平为逻辑 0，低电平为 1，则称为负逻辑。

二、数制与数制的转换

数制是计数进位制的简称。日常生活中采用的是十进制数，在数字电路和计算机中采用的有二进制、八进制、十六进制等。

1. 十进制

十进制是人们最习惯采用的一种数制。十进制数是用 0、1、2、3、4、5、6、7、8、9 十个不同数字按一定规律排列起来。向高位数的进位规则是“逢十进一”，给低位借位的规则是“借一当十”，数码处于不同位置，它所代表的数量含义是不同的。

例如：$(209.04)_{10}=2\times10^2+0\times10^1+9\times10^0+0\times10^{-1}+4\times10^{-2}$。

2. 二进制

二进制的数码只有 0 和 1。运算规律：逢二进一。按照十进制数的一般表示法，把 10 改为 2 就可得到二进制数的一般表达式。

例如，$(101.01)_2=1\times2^2+0\times2^1+1\times2^0+0\times2^{-1}+1\times2^{-2}=(5.25)_{10}$。

3. 八进制

运算规律：逢八进一。按照十进制数的一般表示法，把 10 改为 8 就可得到八进制数的一般表达式。

例如，$(207.04)_8=2\times8^2+0\times8^1+7\times8^0+0\times8^{-1}+4\times8^{-2}=(135.0625)_{10}$。

4. 十六进制

数码为 0～9、A～F。运算规律：逢十六进一。按照十进制数的一般表示法，把 10 改为 8 就可得到十六进制数的一般表达式。

例如，$(\text{D8.A})_{16}=13\times16^1+8\times16^0+10\times16^{-1}=(216.625)_{10}$。

5. 数制转换

1）十进制数转换为二进制数

将十进制整数转换为二进制数采用“除 2 取余”法；十进制小数转换为二进制数采用“乘

2 取整”法。

例如，把十进制数 44.375 转换为二进制数，其转换方法如图 7-1-4 所示。

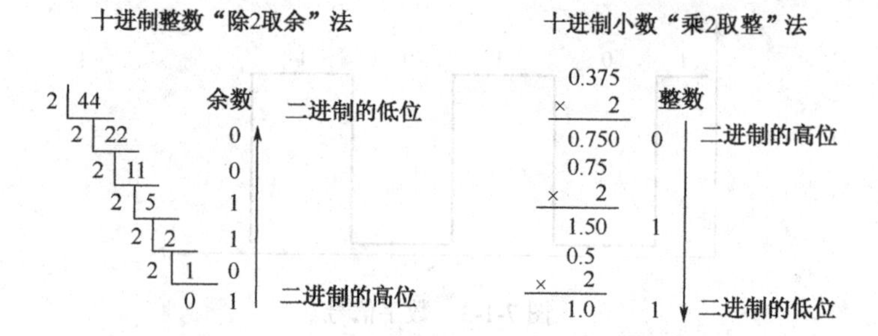

图 7-1-4　十进制数转换为二进制数转换方法

所以，（44.375）$_{10}$ =（101100.011）$_2$。

2）各种进制转换对照表（见表 7-1-1）

表 7-1-1　各种进制转换对照表

十进制数	二进制数	八进制数	十六进制数
0	00000	0	0
1	00001	1	1
2	00010	2	2
3	00011	3	3
4	00100	4	4
5	00101	5	5
6	00110	6	6
7	00111	7	7
8	01000	10	8
9	01001	11	9
10	01010	12	A
11	01011	13	B
12	01100	14	C
13	01101	15	D
14	01110	16	E
15	01111	17	F

三、码制的概念

计算机是使用二进制数进行运算处理信号的。我们通常要处理的对象有声音、数据、文字、图像及符号等。而计算机只能处理 0 和 1 这两个二进制数，对于声音、数据、文字、图像及符号等不能直接进行处理。这些信息只有用二进制数来表示，计算机才能接受。所以，我们必须对信息采取二进制编码的形式进行处理。

在电子计算机和数字式仪器中，往往采用二进制码表示十进制数。通常，把用一组四位二进制码来表示一位十进制数的编码方法称为二—十进制码，也称 BCD 码，其编码方法简称为码制。

四位二进制码共有十六种组合，可从中任取十种组合来表示 0～9 这十个数，根据不同的选取方法，可以编成 8421 码、余 3 码、格雷码、2421 码和 5421 码等。常用 BCD 编码表见表 7-1-2。

表 7-1-2　常用 BCD 编码表

十进制数	8421 码	余 3 码	格雷码	2421 码	5421 码
0	0000	0011	0000	0000	0000
1	0001	0100	0001	0001	0001
2	0010	0101	0011	0010	0010
3	0011	0110	0010	0011	0011
4	0100	0111	0110	0100	0100
5	0101	1000	0111	1011	1000
6	0110	1001	0101	1100	1001
7	0111	1010	0100	1101	1010
8	1000	1011	1100	1110	1011
9	1001	1100	1101	1111	1100
权	8421	无权	无权	2421	5421

任务实施

测量脉冲波形

1. 准备测量仪表

测量脉冲波形所需主要仪器如图 7-1-5 所示。

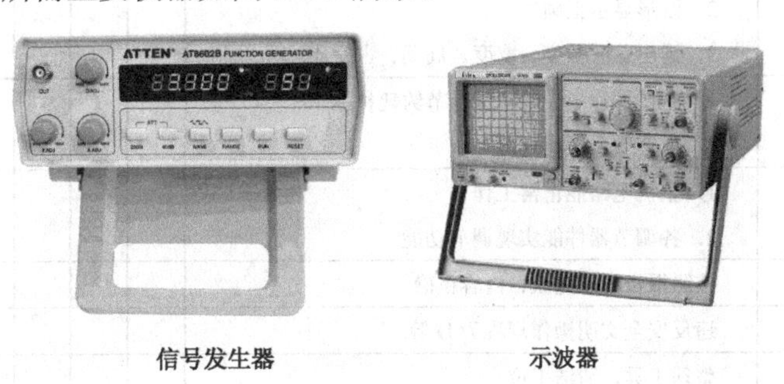

信号发生器　　示波器

图 7-1-5　测量脉冲波形所需主要仪器

2. 波形测试

波形测试主要包括通电前检查和上电后测试。测量脉冲波形流程图如图 7-1-6 所示。

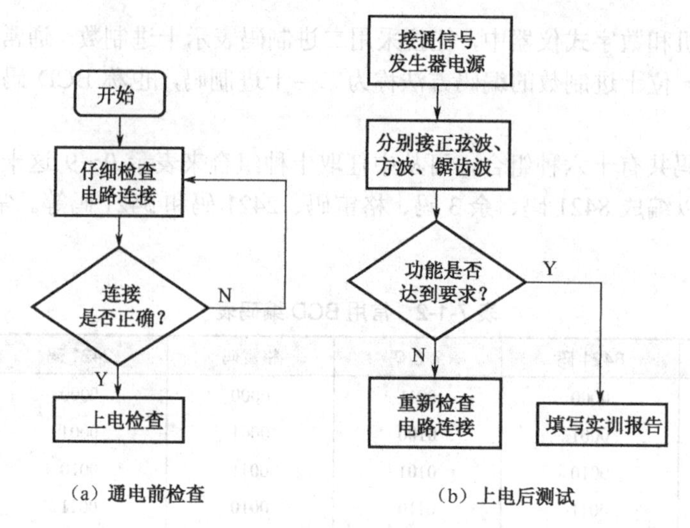

（a）通电前检查　　（b）上电后测试

图 7-1-6　测量脉冲波形流程图

任务评价

对本学习任务进行评价，见表 7-1-3。

表 7-1-3　任务评价表

<table>
<tr><th rowspan="2">考核内容</th><th rowspan="2" colspan="3">考核标准</th><th colspan="4">自我评价</th><th colspan="4">小组评价</th></tr>
<tr><th>A</th><th>B</th><th>C</th><th>D</th><th>A</th><th>B</th><th>C</th><th>D</th></tr>
<tr><td>准备工作</td><td colspan="3">准备实训任务中使用到的仪器仪表，做基本的清洁、保养及检查，酌情评分</td><td></td><td></td><td></td><td></td><td></td><td></td><td></td><td></td></tr>
<tr><td>电路连接</td><td colspan="3">1. 能根据测试要求，正确连接设备
2. 设备间连线紧凑、有条理</td><td></td><td></td><td></td><td></td><td></td><td></td><td></td><td></td></tr>
<tr><td>示波器使用</td><td colspan="3">1. 示波器调试正确
2. 波形显示正确
3. 读出脉冲幅度、宽度、周期、占空比</td><td></td><td></td><td></td><td></td><td></td><td></td><td></td><td></td></tr>
<tr><td>操作规范及职业素质</td><td colspan="3">1. 制作过程中注重环保、节约耗材
2. 遵守安全操作规范</td><td></td><td></td><td></td><td></td><td></td><td></td><td></td><td></td></tr>
<tr><td>功能实现</td><td colspan="3">1. 整机电路能正常工作
2. 各调节器件能实现调节功能</td><td></td><td></td><td></td><td></td><td></td><td></td><td></td><td></td></tr>
<tr><td>完成报告</td><td colspan="3">按照报告要求完成、内容正确</td><td></td><td></td><td></td><td></td><td></td><td></td><td></td><td></td></tr>
<tr><td>安全文明生产</td><td colspan="3">违反安全文明操作规程为 D 等</td><td></td><td></td><td></td><td></td><td></td><td></td><td></td><td></td></tr>
<tr><td>整理工位</td><td colspan="3">整理工具，清洁工位</td><td></td><td></td><td></td><td></td><td></td><td></td><td></td><td></td></tr>
<tr><td>总备注</td><td colspan="3">造成设备、工具人为损坏或人身伤害的，本学习任务不计成绩</td><td></td><td></td><td></td><td></td><td></td><td></td><td></td><td></td></tr>
<tr><td rowspan="2">综合评价</td><td>自我评价</td><td></td><td>等级</td><td colspan="2"></td><td colspan="2">签名</td><td colspan="4"></td></tr>
<tr><td>小组评价</td><td></td><td>等级</td><td colspan="2"></td><td colspan="2">签名</td><td colspan="4"></td></tr>
<tr><td>教师评价</td><td colspan="11">签名：
日期：</td></tr>
</table>

任务2 认识逻辑门电路

任务目标

知识目标

（1）熟悉基本逻辑门、复合逻辑门的逻辑功能，能识别其电路符号。

（2）了解 TTL、CMOS 门电路的型号及使用常识，能识别引脚。

能力目标

（1）熟练掌握 CMOS 门电路的安全操作方法。

（2）掌握逻辑门电路的逻辑功能测试方法。

任务分析

实现基本和常用逻辑运算的电子电路称为逻辑门电路。逻辑门电路是当前数字电路广泛应用的重要基础。逻辑门电路是最基本的逻辑元件。

知识准备

我们把“条件”和“结果”之间的关系称为逻辑关系。基本逻辑关系有与逻辑、或逻辑和非逻辑，能完成相应因果关系的逻辑电路称为逻辑门电路。

逻辑门电路由半导体开关元件等组成，其电路种类很多，基本逻辑门电路有与门、或门和非门；复合逻辑门电路有与非门、或非门、与或非门等。集成逻辑门电路有 TTL 电路（三极管为结构）、COMS 电路（MOS 管为结构）。

一、基本逻辑门电路

1. 与门

1）逻辑关系

如图 7-2-1（a）所示，开关 A 与 B 串联在回路中，两个开关都闭合时，灯发亮。若其中任一个开关断开，灯就不会亮。这里开关 A、B 的闭合与灯亮的关系称为逻辑与，也称为逻辑乘。

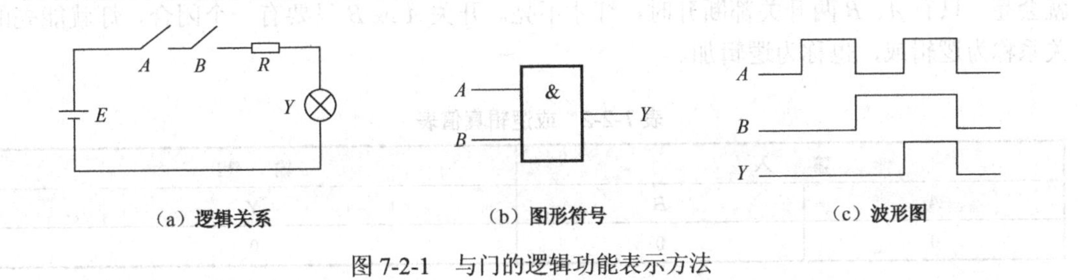

图 7-2-1 与门的逻辑功能表示方法

若将开关闭合规定为1，断开规定为0；灯亮规定为1，灯灭规定为0，可将逻辑变量和函数的各种取值的可能性用表表示，称为真值表。

表 7-2-1　与逻辑真值表

输　入		输　出
A	*B*	*Y*
0	0	0
0	1	0
1	0	0
1	1	1

2）门电路功能表示方法

（1）真值表。

见表 7-2-1，分析可知，*A*、*B* 两个输入变量有四种可能的取值情况，应满足以下运算规则：

$0 \cdot 0 = 0$，$0 \cdot 1 = 0$，$1 \cdot 0 = 0$，$1 \cdot 1 = 1$

其功能归纳为“有0出0，全1出1”。

（2）与门逻辑代数表达式为 $Y = AB$。

（3）图形符号。

与门的图形符号如图 7-2-1（b）所示。

（4）波形图。

与门的输入/输出逻辑关系波形图如图 7-2-1（c）所示。

2．或门

1）逻辑关系

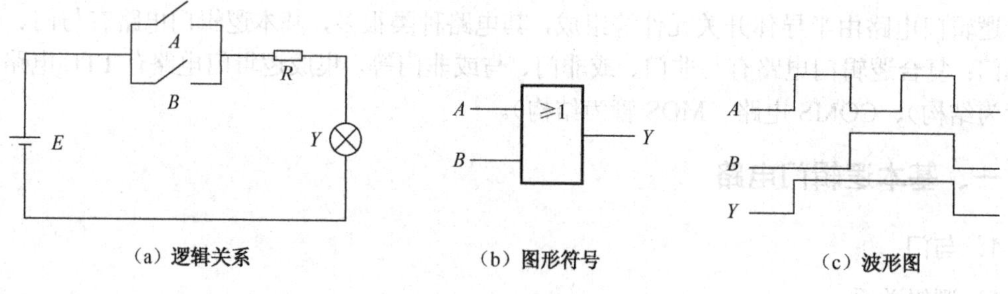

（a）逻辑关系　（b）图形符号　（c）波形图

图 7-2-2　或门的逻辑功能表示方法

如图 7-2-2（a）所示，开关 *A* 与 *B* 并联在回路中，开关 *A* 或 *B* 只要有一个闭合时，灯就会亮，只有 *A*、*B* 两开关都断开时，灯才不亮。开关 *A* 或 *B* 只要有一个闭合，灯就能亮的关系称为逻辑或，也称为逻辑加。

表 7-2-2　或逻辑真值表

输　入		输　出
A	*B*	*Y*
0	0	0

续表

输入		输出
A	*B*	*Y*
0	1	1
1	0	1
1	1	1

2）门电路功能表示方法

（1）真值表

见表 7-2-2，分析可知，*A*、*B* 两个输入变量有四种可能的取值情况，应满足以下运算规则：

$0+0=0$，$0+1=1$，$1+0=1$，$1+1=1$

其功能归纳为“有 1 出 1，全 0 出 0”。

（2）或门逻辑代数表达式为 $Y=A+B$。

（3）图形符号。

或门的图形符号如图 7-2-2（b）所示。

（4）波形图。

或门的输入/输出逻辑关系波形图如图 7-2-2（c）所示。

3．非门

1）逻辑关系

指的是逻辑的否定。如果决定事件（*Y*）发生的条件（*A*）满足时，事件却不发生；条件不满足，事件反而发生。

如图 7-2-3 (a) 所示，开关 *A* 闭合，电灯就不亮；开关 *A* 断开，电灯就亮。开关闭合（条件）与电灯亮（结果）之间就构成了非逻辑关系。

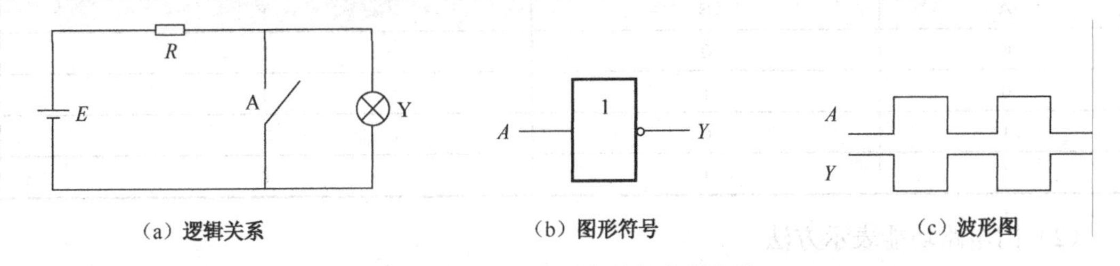

图 7-2-3　非门的逻辑功能表示方法

表 7-2-3　非逻辑真值表

输入	输出
A	*Y*
0	1
1	0

2）门电路功能表示方法

（1）真值表

见表 7-2-3，分析可知，*A*、*B* 两个输入变量有两种可能的取值情况，应满足以下运算规则：

$\overline{0}=1$，$\overline{1}=0$

其功能归纳为“1 出 0，0 出 1”。

（2）非门逻辑代数表达式为 $Y=\overline{A}$。

（3）图形符号。

非门的图形符号如图 7-2-2（b）所示。

（4）波形图。

非门的输入/输出逻辑关系波形图如图 7-2-2（c）所示。

4．复合门电路

用上述三种基本的逻辑门电路可以组合成复合逻辑门电路，常用的复合逻辑门电路有与非门、或非门、与或非门。

1）与非门

（1）复合关系。

与非逻辑由一个与逻辑和一个非逻辑连接构成对，其中与逻辑输出作为非逻辑输入，如图 7-2-4（a）所示。

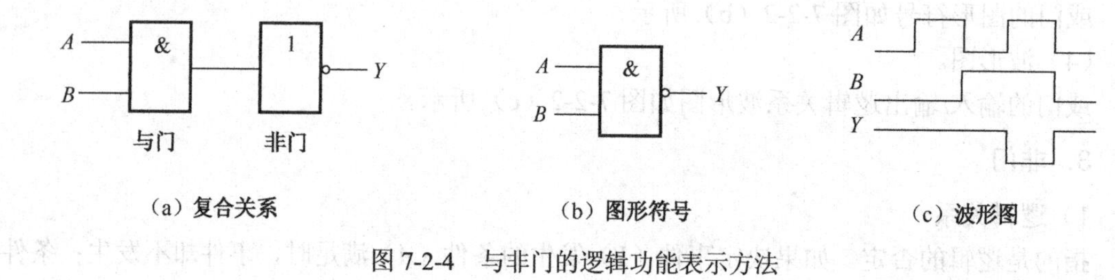

（a）复合关系　（b）图形符号　（c）波形图

图 7-2-4　与非门的逻辑功能表示方法

表 7-2-4　与非逻辑真值表

输　入		输　出
A	*B*	*Y*
0	0	1
0	1	1
1	0	1
1	1	0

（2）门电路功能表示方法。

① 真值表。

见表 7-2-4，其功能归纳为“有 0 出 1，全 1 出 0”。

② 与非门逻辑代数表达式为 $Y=\overline{AB}$。

③ 图形符号。

与非门的图形符号如图 7-2-4（b）所示。

④ 波形图。

与非门的输入/输出逻辑关系波形图如图 7-2-4（c）所示。

2）或非门

（1）复合关系。

或逻辑和一个非逻辑连接起来就可以构成一个或非逻辑，其中或的逻辑输出作为非的逻

辑输入，如图 7-2-5（a）所示。

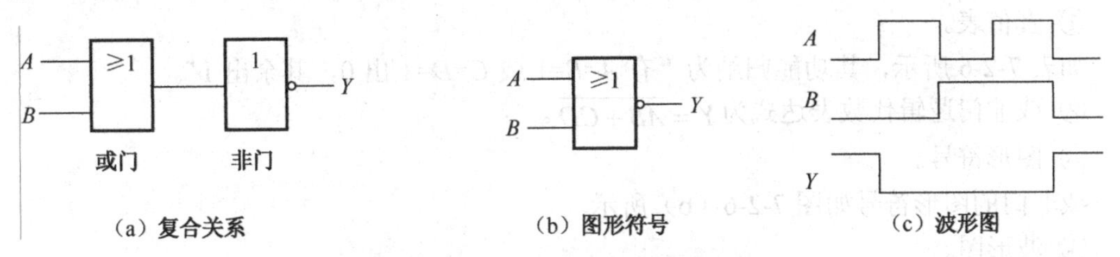

（a）复合关系　（b）图形符号　（c）波形图

图 7-2-5　或非的逻辑功能表示方法

表 7-2-5　或非逻辑真值表

输　入		输　出
A	*B*	*Y*
0	0	1
0	1	0
1	0	0
1	1	0

（2）门电路功能表示方法。

① 真值表。

见表 7-2-5，其功能归纳为“有 1 出 0，全 0 出 1”。

② 或非门逻辑代数表达式为 $Y=\overline{A+B}$。

③ 图形符号。

或非门的图形符号如图 7-2-5（b）所示。

④ 波形图。

或非门的输入/输出逻辑关系波形图如图 7-2-5（c）所示。

3）与或非门

（1）复合关系。

与逻辑、或逻辑和一个非逻辑连接起来就可以构成一个与或非逻辑。如图 7-2-6（a）所示。

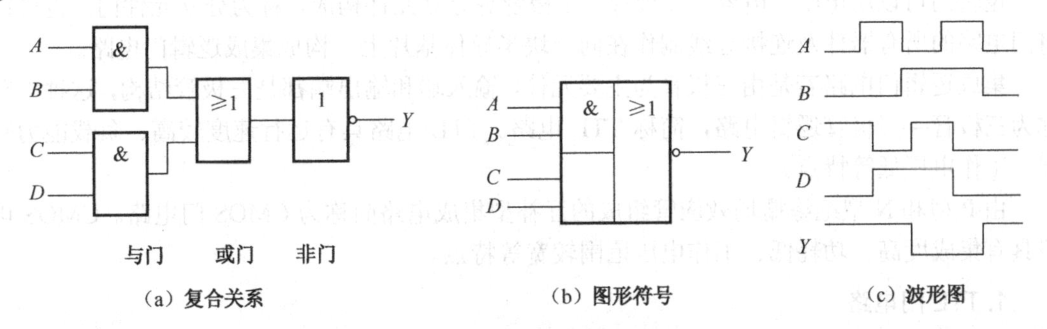

（a）复合关系　（b）图形符号　（c）波形图

图 7-2-6　与或非的逻辑功能表示方法

（2）门电路功能表示方法。

① 真值表。

如表 7-2-6 所示，其功能归纳为“有 $A=B=1$ 或 $C=D=1$ 出 0，其余出 1”。

② 或非门逻辑代数表达式为 $Y=\overline{AB+CD}$。

③ 图形符号。

或非门的图形符号如图 7-2-6（b）所示。

④ 波形图。

或非门的输入/输出逻辑关系波形图如图 7-2-6（c）所示。

表 7-2-6　与或非逻辑真值表

输　入				输出	输　入				输出
A	B	C	D	Y	A	B	C	D	Y
0	0	0	0	1	1	0	0	0	1
0	0	0	1	1	1	0	0	1	1
0	0	1	0	1	1	0	1	0	1
0	0	1	1	0	1	0	1	1	0
0	1	0	0	1	1	1	0	0	0
0	1	0	1	1	1	1	0	1	0
0	1	1	0	1	1	1	1	0	0
0	1	1	1	0	1	1	1	1	0

4）基本的逻辑运算公式

$1\cdot1=1$，$1+1=1$，$1\cdot0=0$，$1+0=1$，$\overline{\overline{1}}=1$

推广为

$A\cdot A=A$，$A+A=A$，$A\cdot0=0$，$1+A=1$，$\overline{\overline{A}}=A$

二、集成逻辑门电路

逻辑门可以用电阻、电容、二极管、三极管等分立元件构成，称为分立元件门。也可以将门电路的所有器件及连接导线制作在同一块半导体基片上，构成集成逻辑门电路。

集成逻辑门电路若是由三极管为主要元件，输入端和输出端都是三极管结构，这种电路称为三极管—三极管逻辑电路，简称 TTL 电路。TTL 电路具有运行速度较高、负载能力较强、工作电压低等特点。

由 P 型和 N 型绝缘栅场效应管组成的互补型集成电路简称为 CMOS 门电路。CMOS 电路具有集成度高、功耗低、工作电压范围较宽等特点。

1. TTL 门电路

最早的 TTL 门电路是 74 系列，后来出现了 74H 系列、74L 系列、74LS、74AS、74ALS 等系列。但是由于 TTL 功耗大等缺点，正逐渐被 CMOS 电路取代。TTL 门电路有 74（商用）和 54（军用）两个系列，每个系列又有若干个子系列。TTL 电平信号被利用的最多是因为

通常数据表示采用二进制规定，+5V 等价于逻辑“1”，0V 等价于逻辑“0”，这被称为 TTL（晶体管—晶体管逻辑电平）信号系统，这是计算机处理器控制的设备内部各部分之间通信的标准技术。

74 系列集成电路是应用广泛的通用数字逻辑门电路，它包含各种 TTL 门电路和其他逻辑功能的电路。

1）型号规定

按现行国家标准规定，TTL 集成电路的型号由五部分组成，现以 CT74LS04CP 为例说明型号的意义。

第①部分是字母 C，表示符合中国国家标准规定。

第②部分表示器件类型，T 代表 TTL 电路。

第③部分是器件系列和品种代号，74 表示国际通用 74 系列，54 表示军用产品系列；LS 表示低功耗肖特基系列，S 表示高速肖特基系列；04 为品种代号。

第④部分用字母表示器件工作温度范围。C 表示 0～70℃；G 表示-25～70℃；L 表示-25～85℃；E 表示-40～85℃；R 表示-55～85℃；M 表示-55～125℃。

第⑤部分用字母表示器件的封装形式。B 表示塑料扁平；D 表示陶瓷双列直插；F 表示全密封扁平；J 表示黑陶瓷双列直插；P 表示塑料双列直插；W 表示陶瓷扁平。

2）引脚识读

TTL 集成电路通常是双列直插式外形，如图 7-2-7 所示，根据功能不同，识别时将文字符号标记正放（一般集成电路上有一圆点或有一缺口，将缺口或圆点置于左方），由顶部俯视，从左下引脚起，按逆时针方向数，依次为 1，2，3，4，…。

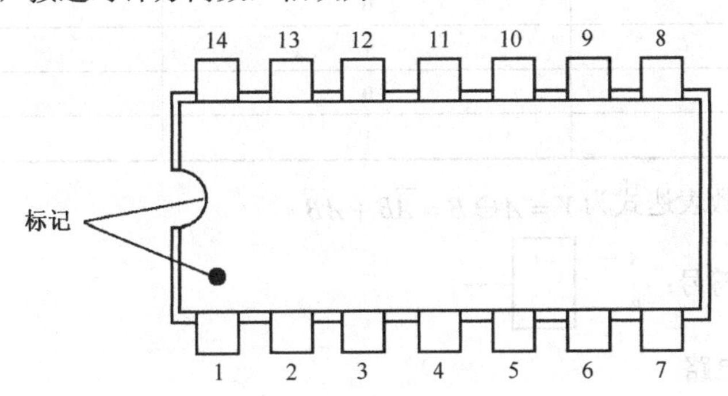

图 7-2-7 双列直插型集成芯片引脚识读

3）应用举例

（1）74LS00 为 4 个独立的双输入端与非门电路，内含有 4 个与非门，每个与非门有两个输入端，其引脚排列如图 7-2-8 所示，表达式为 $Y=\overline{AB}$。

（2）74LS20：由两个四输入端构成的与非门电路，内含有两个与非门，每个与非门有 4 个输入端，其引脚排列如图 7-2-8 所示，表达式为 $Y=\overline{ABCD}$。

（3）74LS30：是一个八输入端的与非门电路，内含有一个与非门，与非门有 8 个输入端，其引脚排列如图 7-2-8 所示，表达式为 $Y=\overline{ABCDEFGH}$。

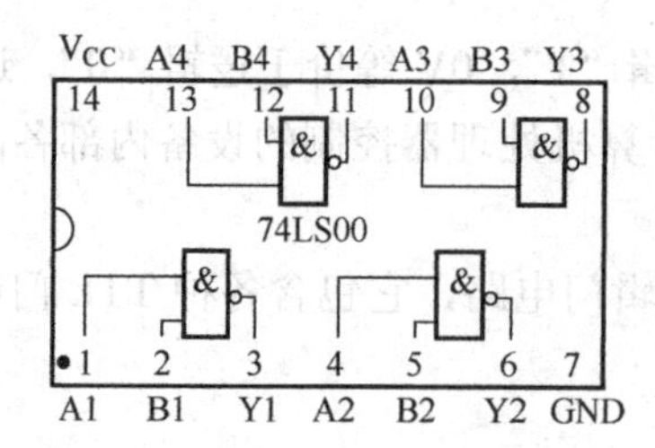

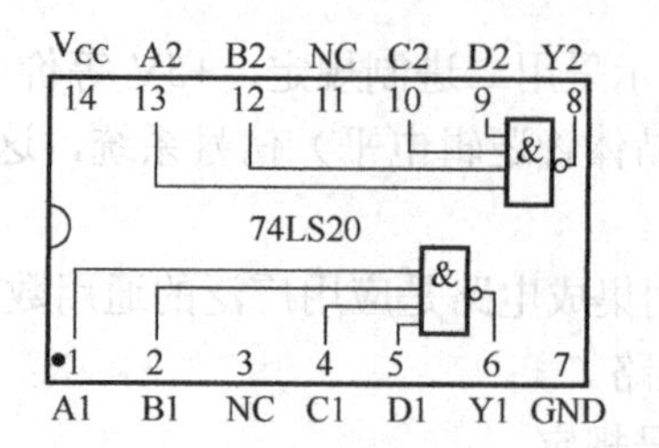

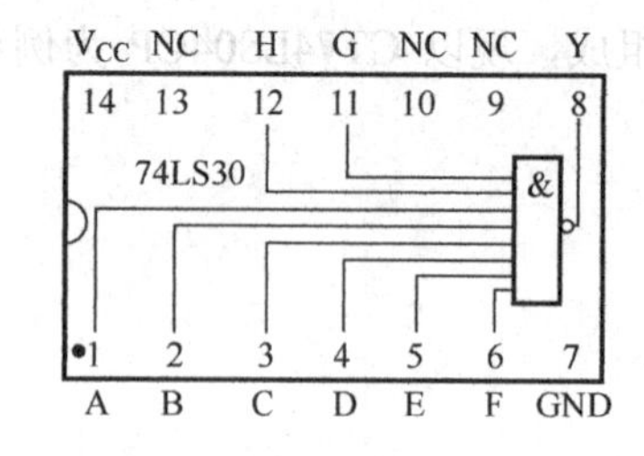

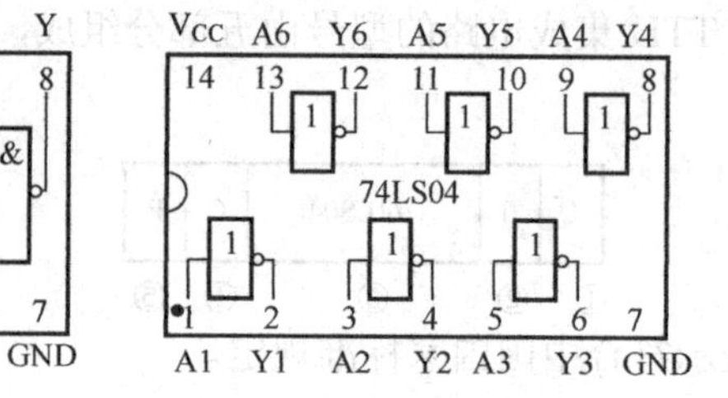

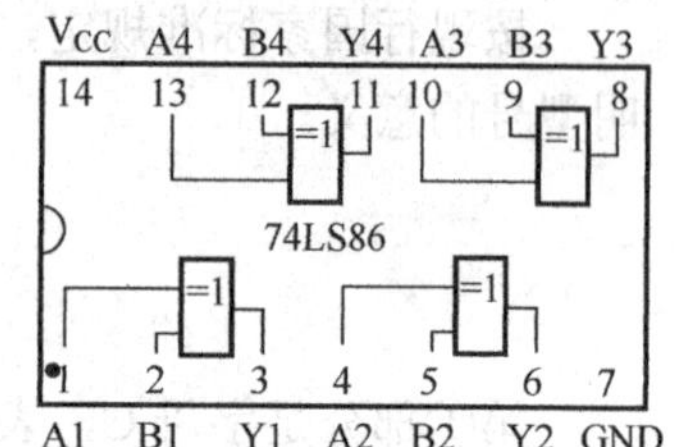

图 7-2-8　TTL 门电路应用举例

（4）74LS04：由 6 个非门组成的电路，内含有 6 个非门，每个与非门有 1 个输入端，其引脚排列如图 7-2-8 所示，表达式为 $Y=\overline{A}$。

（5）74LS86：由 4 个异或门组成的电路，内含有 4 个异或门，每个异或门有两个输入端，其引脚排列如图 7-2-8 所示。

异或门真值表见表 7-2-7，其功能归纳为“相同出 0，不同出 1”。

表 7-2-7　异或门真值表

输　入		输　出
A	B	Y
0	0	0
0	1	1
1	0	1
1	1	0

异或门逻辑代数表达式为 $Y=A\oplus B=\overline{A}B+A\overline{B}$。

异或门的图形符号：

A, B → =1 → Y

2. CMOS 门电路

CMOS 逻辑门电路功耗极低，成本低，电源电压范围宽，逻辑度高，抗干扰能力强，输入阻抗高，扇出能力强。逻辑门电路按其集成度又可分为：SSI（小规模集成电路，每片组件包含 10～20 个等效门）、MAI（中规模集成电路，每片组件包含 20～100 个等效门）、LAI（大规模集成电路，每片组件内含 100～1000 个等效门）、VLSI（超大规模集成电路，每片组件内含 1000 个以上等效门）。常用的 MOS 门电路有 NMOS、PMOS、CMOS、LDMOS、VDMOS 等五种。用 N 沟道增强型场效应管构成的逻辑电路称为 NMOS 电路；用 P 沟道场效应管构成的逻辑电路称为 PMOS 电路；CMOS 电路则是 NMOS 和 PMOS 的互补型电路，用横向双扩散 MOS 管构成的逻辑电路称为 LDMOS 电路；用垂直双扩散 MOS 管构成的逻

辑电路称为 VDMOS 电路。

1）型号规定

按现行国家标准规定，CMOS 集成电路的型号由五部分组成，现以 CC4066EJ 为例说明型号的意义。

第①部分是字母 C，表示符合中国国家标准规定。

第②部分表示器件类型，C 代表 CMOS 电路。

第③部分是器件系列和品种代号，4066 表示该集成电路为 4000 系列四双向开关电路。

第④部分用字母表示器件工作温度范围。C 表示 0～70℃；G 表示-25～70℃；L 表示-25～85℃；E 表示-40～85℃；R 表示-55～85℃；M 表示-55～125℃。

第⑤部分用字母表示器件的封装形式。B 表示塑料扁平；D 表示陶瓷双列直插；F 表示全密封扁平；J 表示黑陶瓷双列直插；P 表示塑料双列直插；W 表示陶瓷扁平。

2）引脚识读

CMOS 集成电路通常是双列直插式外形，引脚编号判读方法与 TTL 电路相同。

3）应用举例

（1）CC4001：是一个四二输入端的或非门电路，内含有四个或非门，每个或非门有两个输入端，其引脚排列如图 7-2-9 所示，表达式为 $Y=\overline{A+B}$。

（2）CC4011：是一个四二输入端的与非门电路，内含有四个与非门，每个与非门有两个输入端，其引脚排列如图 7-2-9 所示，表达式为 $Y=\overline{AB}$。

（3）CC4070：是一个四二输入端的异或门电路，内含有四个异或门，每个异或门有两个输入端，其引脚排列如图 7-2-9 所示，表达式为 $Y=A\oplus B$。

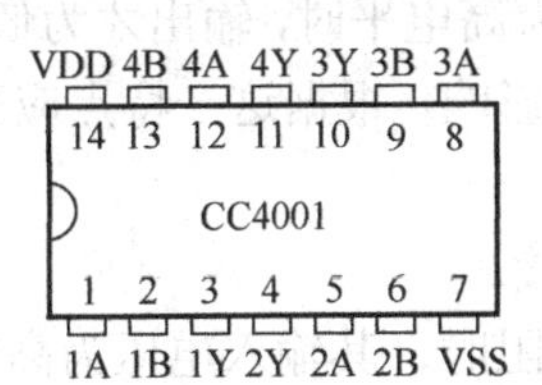

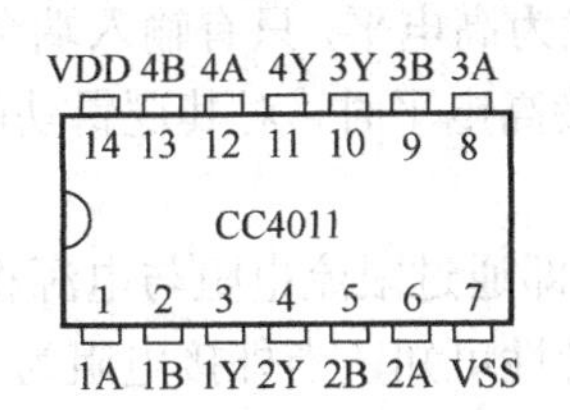

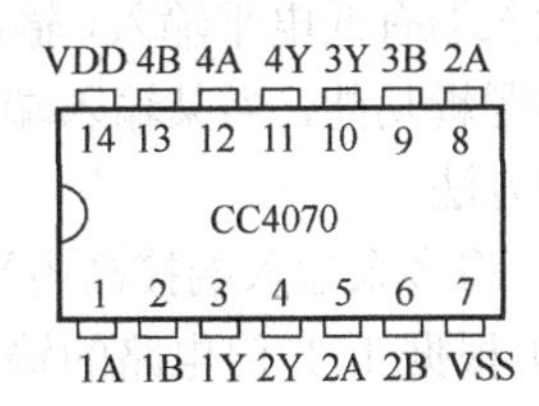

图 7-2-9　CMOS 门电路应用举例

三、安全操作常识

CMOS 和 TTL 集成门电路在实际使用时经常遇到这样一个问题，即输入端有多余的，如何正确处理这些多余的输入端才能使电路正常而稳定地工作呢？

1. CMOS 门电路

（1）CMOS 门电路一般由 MOS 管构成，由于 MOS 管的栅极和其他各极间有绝缘层相隔，在直流状态下，栅极无电流，所以静态时栅极不取电流，输入电平与外接电阻无关。由于 MOS 管在电路中是压控元件，基于这一特点，输入端信号易受外界干扰，所以在使用 CMOS 门电路时输入端特别注意不能悬空。

（2）与门、与非门电路：由于与门电路的逻辑功能是输入信号只要有低电平，输出信号就为低电平，只有全部为高电平时，输出端才为高电平。而与非门电路的逻辑功能是输入信号只要有低电平，输出信号就是高电平，只有当输入信号全部为高电平时，输出信号才是低电平。所以某输入端的输入电平为高电平时，对电路的逻辑功能并无影响，即其他使用的输入端与输出端之间仍具有与或者与非逻辑功能。这样对于 CMOS 与门、与非门电路的多余输入端就应采用高电平，即可通过限流电阻（500Ω）接电源。

（3）或门、或非门电路：或门电路的逻辑功能是输入信号只要有高电平，输出信号就为高电平，只有输入信号全部为低电平时，输出信号才为低电平。而或非门电路的逻辑功能是输入信号只要有高电平，输出信号就是低电平，只有当输入信号全部是低电平时输出信号才是高电平。这样，当或门或者或非门电路某输入端的输入信号为低电平时并不影响门电路的逻辑功能。所以，或门和或非门电路多余输入端的处理方法应是将多余输入端接低电平，即通过限流电阻（500Ω）接地。

2. TTL 门电路

TTL 门电路一般由晶体三极管电路构成。根据 TTL 电路的输入伏安特性可知，当输入电压小于阐值电压 UTH，即输入低电平时，输入电流比较大，一般为几百微安。当输入电压大于阈值电压 UTH 时，即输入高电平时，输入电流比较小，一般为几十微安。由于输入电流的存在，如果 TTL 门电路输入端串接有电阻，则会影响输入电压。其输入阻抗特性：当输入电阻较低时，输入电压很小，随外接电阻的增加，输入电平增大，当输入电阻大于 1kΩ 时，输入电平就变为阈值电压 UTH，即为高电平，这样即使输入端不接高电平，输入电压也为高电平，影响了低电平的输入。对于 TTL 电路多余输入端的处理，应采用以下方法。

（1）TTL 与门、与非门电路：对于 TTL 与门电路，只要电路输入端有低电平输入，输出就是低电平。只有输入端全为高电平时，输出才为高电平。对于 TTL 与非门而言，只要电路输入端有低电平输入，输出就为高电平，只有输入端全部为高电平时，输出才为低电平。根据其逻辑功能，当某输入端外接高电平时，对其逻辑功能无影响，根据这一特点应采用以下四种方法。

① 将多余输入端接高电平，即通过限流电阻与电源相连接。

② 根据 TTL 门电路的输入特性可知，当外接电阻为大电阻时，其输入电压为高电平，这样可以把多余的输入端悬空，此时输入端相当于外接高电平。

③ 通过大电阻（大于 1kΩ）接地，这也相当于输入端外接高电平。

④ 若 TTL 门电路的工作速度不高，信号源驱动能力较强，多余输入端也可与使用的输入端并联使用。

（2）TTL 或门、或非门：对于 TTL 或门电路，只要输入端有高电平，输出端就为高电平，只有输入端全部为低电平时，输出端才为低电平。对于 TTL 或非门电路，只要输入端有高电平，输出端就为低电平，只有输入端全部为低电平时，输出才为高电平，根据上述逻辑功能，TTL 或门、或非门电路多余输入端的处理应采用以下方法。

① 接低电平。

② 接地。

③ 由 TTL 输入端的输入伏安特性可知，当输入端接小于 1kΩ 的电阻时，输入端的电压很小，相当于接低电平，所以可以通过接小于 1kΩ（500Ω）的电阻接地。

3. 三态门之高阻态的理解

（1）高阻态是一个数字电路里常见的术语，指的是电路的一种输出状态，既不是高电平也不是低电平，如果高阻态再输入下一级电路，对下级电路无任何影响，和没接一样，如果用万用表测量，有可能是高电平，也有可能是低电平，其电压值可以浮动在高低电平之间的任意数值上，随它后面所接的电路而定。

（2）高阻态的实质：电路分析时高阻态可做开路理解。你可以把它看作输出（输入）电阻非常大，极限可以认为悬空（也就是说理论上高阻态不是悬空），它是对地或对电源电阻极大的状态。而实际应用上与引脚的悬空几乎是一样的。当门电路的输出上拉管导通而下拉管截止时，输出为高电平；反之就是低电平；如上拉管和下拉管都截止时，输出端就相当于浮空（没有电流流动），其电平随外部电平高低而定，即该门电路放弃对输出端电路的控制。

（3）悬空（浮空，floating）：就是逻辑器件的输入引脚既不接高电平，也不接低电平。由于 TTL 逻辑器件的内部结构，当它输入引脚悬空时，相当于该引脚接了高电平。一般实际运用时，引脚不建议悬空，易受干扰。对于 TTL 或非门要接地处理，对于 TTL 与非门可以悬空或接高电平。至于 COMS 不能悬空，那是因为 COMS 的栅极和衬底是被二氧化硅隔开，它比较脆弱，只能承受几百伏的电压，而静电能达到上千伏，COMS 悬空时电压为 $U_{DD}/2$。

（4）由于 TTL 集成电路的低电平驱动能力比高电平驱动能力大得多，所以常用低电平有效 OC 门输出的七段译码器来驱动。

其他类型 TTL 逻辑门电路

在 TTL 电路中，还有其他功能的门电路，如 OC 门、三态门等。

1. OC 门

前面介绍的典型 TTL 与非门不能将两个或两个以上门的输出端并联在一起。而实际使用中，有时需要两个或两个以上与非门的输出端连接在同一条导线上，将这些与非门上的数据用同一导线输出去。因此，需要一种新的与非门电路来实现线与逻辑，这个门电路就是集电极开路与非门电路，简称 OC 门。

OC 门的逻辑符号如图 7-2-10（a）所示，由于集电极开路，所以使用时要外接一个负载电阻 R_P 和电源 U_{CC}，如图 7-2-10（b）所示。

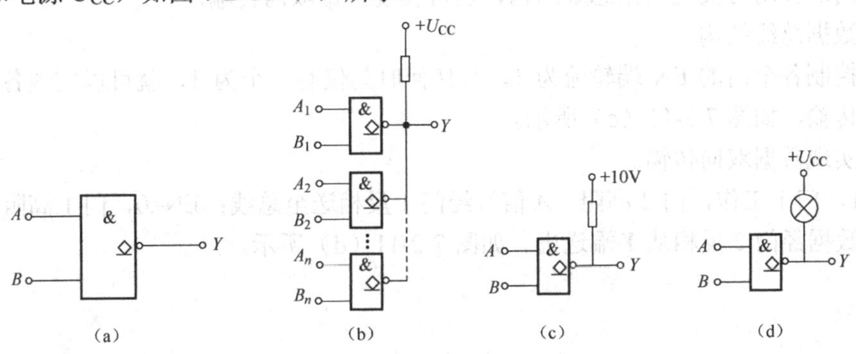

图 7-2-10　OC 门逻辑符号及应用电路

OC门的主要用途：实现与或非逻辑，还可用于电平转换，以及作为驱动器使用。

1）实现与或非逻辑

用 n 个OC门实现与或非逻辑的电路如图7-2-10（b）所示，其逻辑表达式为

$$Y = \overline{A_1B_1} \cdot \overline{A_2B_2} \cdots \overline{A_nB_n}$$

2）用于电平转换

在数字系统的接口部分常要进行电平转换，可用OC门来实现。如图7-2-10（c）所示，用OC门把输出高电平变换为10V。

3）作为驱动器

用OC门驱动指示灯、继电器等，其驱动指示灯的电路如图7-2-10（d）所示。

2．三态输出门

1）三态门的特点

三态输出门又称三态门。它与一般门电路不同，它的输出有三种状态，即高电平、低电平、高阻态。

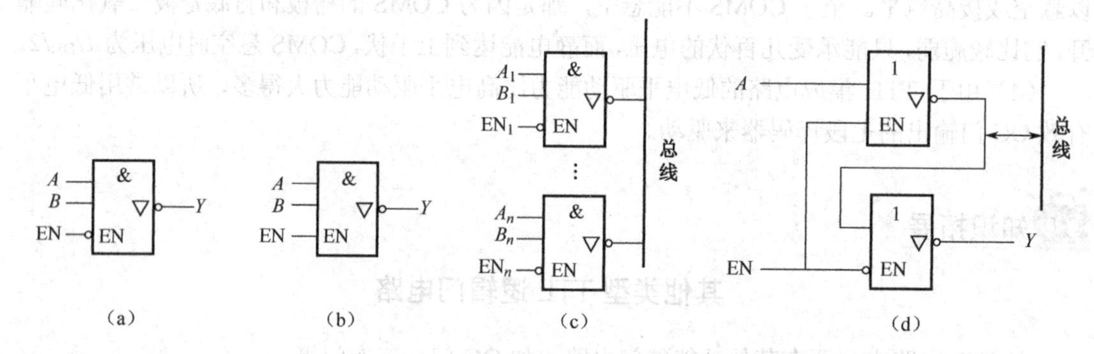

图7-2-11　三态门逻辑符号及其应用电路

2）逻辑符号和功能描述

三态门的逻辑符号如图7-2-11（a）、（b）所示，它又分为高有效三态门和低有效三态门。

功能描述：如图7-2-11（a）所示，当EN=1时，Y 高阻态，当EN=0时，$Y=\overline{AB}$；如图7-2-11（b）所示，当EN=0时，Y 高阻态，当EN=1时，$Y=\overline{AB}$。

3）应用

三态门的应用可实现数据总线结构，也可实现数据双向传输。

（1）数据总线结构。

只要控制各个门的EN端轮流为1，且任何时刻仅有一个为1，就可以实现各个门分时地向总线传输，如图7-2-11（c）所示。

（2）实现数据双向传输。

EN=1，门1工作，门2高阻，A 信号经门1反相送至总线；EN=0，门1高阻，门2工作，总线数据经门2反相从 Y 端送出。如图7-2-11（d）所示。

任务实施

集成逻辑门电路的功能测试

1. 所需工具及元器件

所需工具有万用表、数字电路实验箱、示波器，如图 7-2-12 所示，还有被测芯片 74LS00、74LS32、74LS86。

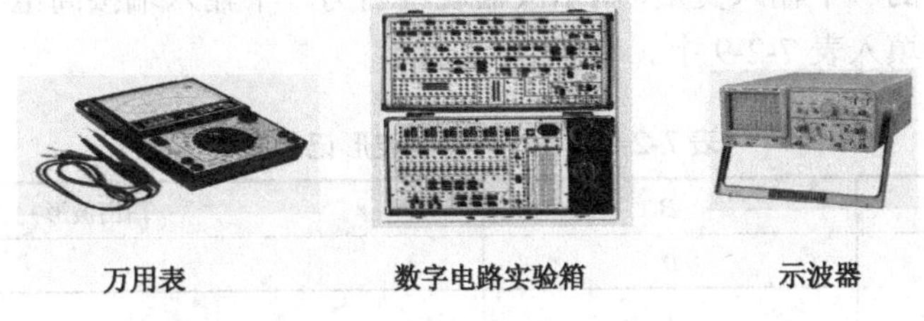

图 7-2-12　集成逻辑门电路的功能测试仪表

2. 测试原理

用 74LS00、74LS32、74LS86 组成一个全加器，如图 7-2-13 所示。

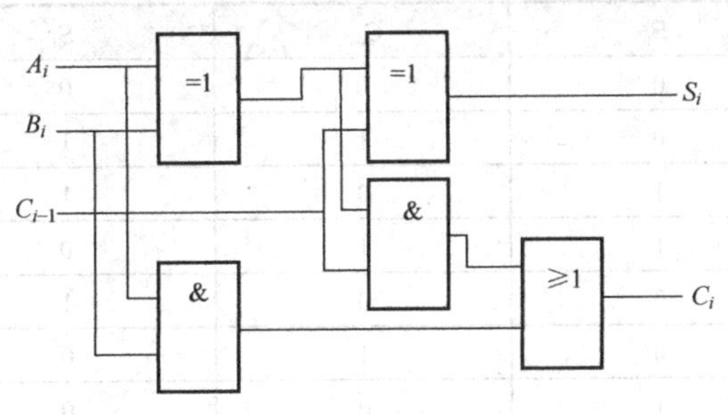

图 7-2-13　用基本门电路构成的全加器

一位全加器的表达式：

$$S_i = \overline{A_i}\,\overline{B_i}C_{i-1} + \overline{A_i}B_i\overline{C_{i-1}} + A_i\overline{B_i}\,\overline{C_{i-1}} + A_iB_iC_{i-1}$$
$$= A_i \oplus B_i \oplus C_{i-1}$$
$$C_i = A_iB_i + C_{i-1}(A_i \oplus B_i)$$

3. 测试内容

1）TTL 门电路逻辑功能的测试

（1）在与非门（74LS00）、或门（74LS32）及异或门（74LS86）每块芯片中，任选一个按真值表逐项验证逻辑功能，将测试结果填入表 7-2-8 中。

表 7-2-8　门电路逻辑功能测试

输　入	输　出			
	74LS00	74LS32	74LS86	
A　B	Y_1	Y_2	Y_3	电压（V）
0　0				
0　1				

续表

输　入	输　出		
	74LS00	74LS32	74LS86
1　0			
1　1			

（2）观察与非门对脉冲的控制作用：在实验板上选用 74LS00 的任一与非门，用连续脉冲信号作为与非门的一个输入变量，用示波器观察当另一个输入端接高电平和接低电平时电路的输出波形，并填入表 7-2-9 中。

表 7-2-9　与非门输出波形记录表

A	B	输出波形
连续脉冲	0	
	1	

2）用 74LS00、74LS32、74LS86 组成一个全加器，验证其真值表，见 7-2-10。

表 7-2-10　全加器真值表

A_i	B_i	C_{i-1}	S_i	C_i
0	0	0	0	0
0	0	1	1	0
0	1	0	1	0
0	1	1	0	1
1	0	0	1	0
1	0	1	0	1
1	1	0	0	1
1	1	1	1	1

4．波形测试

波形测试主要包括通电前检查和上电后测试。与非门输出波形测试流程图如图 7-2-14 所示。

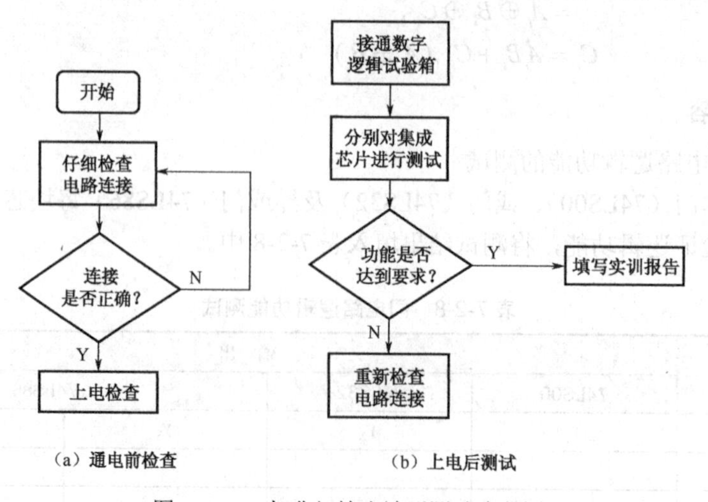

图 7-2-14　与非门输出波形测试流程图

任务评价

对本学习任务进行评价，见表 7-2-11。

表 7-2-11 任务评价表

考核内容	考核标准	自我评价				小组评价			
		A	B	C	D	A	B	C	D
准备工作	准备实训任务中使用到的仪器仪表，做基本的清洁、保养及检查，酌情评分								
电路连接	1.能根据测试要求正确连接设备 2.设备间连线紧凑、有条理								
示波器使用	1. 示波器调试正确 2. 波形显示正确 3. 读出脉冲幅度、宽度、周期、占空比								
操作规范及职业素质	1. 制作过程中注重环保、节约耗材 2. 遵守安全操作规范								
功能实现	1.整机电路能正常工作 2.各调节器件能实现调节功能								
完成报告	按照报告要求完成、内容正确								
安全文明生产	违反安全文明操作规程为 D 等								
整理工位	整理工具，清洁工位								
总备注	造成设备、工具人为损坏或人身伤害的，本学习任务不计成绩								
综合评价	自我评价		等级		签名				
	小组评价		等级		签名				
教师评价	签名： 日期：								

任务 3 制作四路抢答器

任务目标

知识目标

（1）了解半导体数码管的基本结构和工作原理。

（2）熟悉二进制编码器、译码器的逻辑功能。

能力目标

（1）掌握组合逻辑电路的设计方法。

（2）会设计并制作四路抢答器。

任务分析

组合逻辑电路由与门、或门、与非门、或非门等几种逻辑电路组合而成，它的任一时刻的稳定输出状态只取决于该时刻输入信号的状态，而与输入信号作用前电路原来所处的状态无关。不具有记忆功能。本任务先介绍组合逻辑电路的读图方法，然后介绍编码器、译码器两类常用的组合逻辑电路基本功能及使用方法。

知识准备

一、组合逻辑电路的读图方法

组合逻辑电路的读图是数字电路的重要环节，只有看懂、理解电路图，才能明确电路的基本功能，进而才能对电路进行应用、测试和维修。组合逻辑电路的读图一般步骤如图 7-3-1 所示。

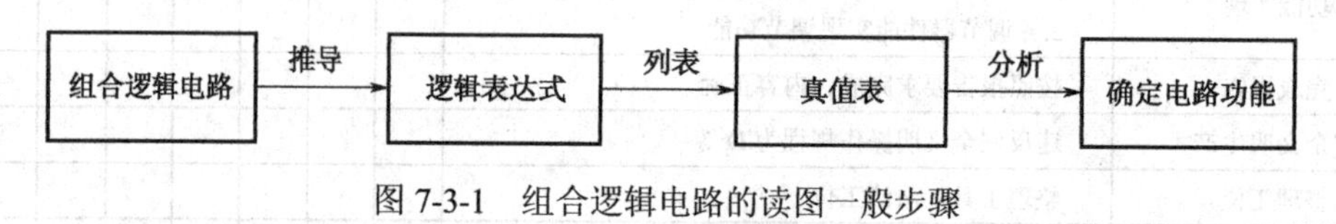

图 7-3-1　组合逻辑电路的读图一般步骤

根据给定的组合逻辑电路，逐级写出逻辑函数表达式；化简得到最简表达式；列出电路的真值表；确定电路能完成的逻辑功能。

口诀：逐级写出表达式，化简得到与或式。真值表真直观，分析功能作用大。

例 1：分析如图 7-3-2 所示的逻辑电路。

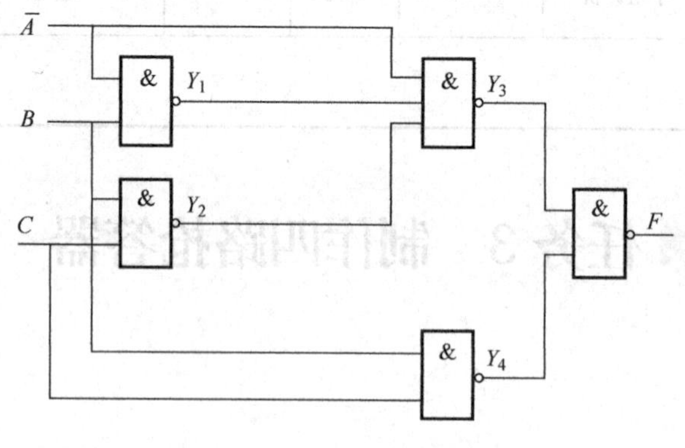

图 7-3-2　例 1 的逻辑电路

解：

（1）逐级写出表达式。

$$Y_1=\overline{\overline{A}B}，\qquad Y_2=\overline{BC}$$

$$Y_3=\overline{\overline{A}Y_1Y_2}=\overline{\overline{A}\cdot\overline{\overline{A}B}\cdot\overline{BC}}，\qquad Y_4=\overline{BC}$$

$$F=\overline{Y_3Y_4}=\overline{\overline{\overline{A}\cdot\overline{AB}}\cdot\overline{\overline{BC}\cdot\overline{BC}}}$$

（2）化简得到最简与或式。

$$F=\overline{\overline{\overline{A}\cdot\overline{AB}}\cdot\overline{\overline{BC}\cdot\overline{BC}}}=\overline{A}\cdot\overline{AB}\cdot\overline{BC}+BC=\overline{A}(A+\overline{B})(\overline{B}+\overline{C})+BC$$

$$=\overline{A}\cdot\overline{B}(\overline{B}+\overline{C})+BC=\overline{A}\cdot\overline{B}+\overline{A}\cdot\overline{B}\cdot\overline{C}+BC=\overline{A}\cdot\overline{B}(1+\overline{C})+BC=\overline{A}\cdot\overline{B}+BC$$

（3）列真值表。

A B C	F
0 0 0	1
0 0 1	1
0 1 0	0
0 1 1	1
1 0 0	0
1 0 1	0
1 1 0	0
1 1 1	1

（4）叙述逻辑功能。

当 $A=B=0$ 时，$F=1$；当 $B=C=1$ 时，$F=1$。

例 2：分析如图 7-3-3 所示的逻辑电路。

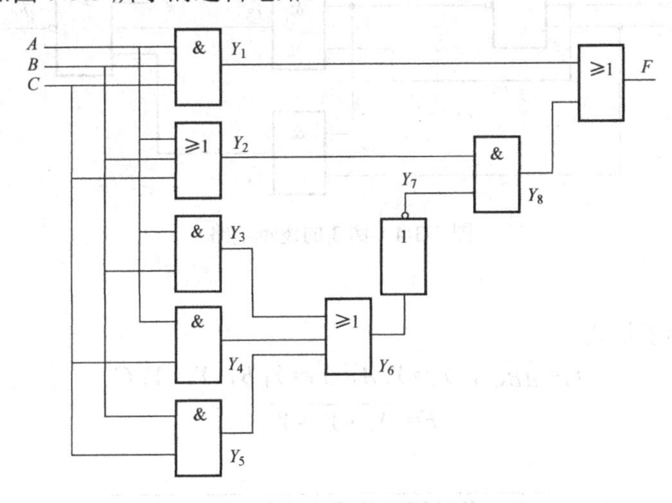

图 7-3-3 例 2 的逻辑电路

解：

（1）逐级写出表达式。

$$Y_1=ABC，Y_2=A+B+C，Y_3=AB，Y_4=AC$$

$$Y_5=BC，Y_6=Y_3+Y_4+Y_5，Y_7=\overline{Y_6}，Y_8=Y_2\,Y_7$$

$$F=Y_1+Y_8=ABC+（A+B+C）\overline{AB+AC+BC}$$

（2）化简。

$$F=ABC+（A+B+C）\overline{AB+AC+BC}=ABC+（A+B+C）(\overline{A}+\overline{B})(\overline{A}+\overline{C})(\overline{B}+\overline{C})$$

$$=A\cdot B\cdot C+A\cdot\overline{B}\cdot\overline{C}+\overline{A}\cdot B\cdot\overline{C}+\overline{A}\cdot\overline{B}\cdot C$$

（3）列真值表。

A B C	F
0 0 0	0
0 0 1	1
0 1 0	1
0 1 1	0
1 0 0	1
1 0 1	0
1 1 0	0
1 1 1	1

（4）叙述逻辑功能。

在 A、B、C 三个输入变量中，有奇数个 1 时，输出 F 为 1，否则 F 为 0，此电路为三位判奇电路，又称为“奇校验电路”。

例 3：分析如图 7-3-4 所示电路的功能。

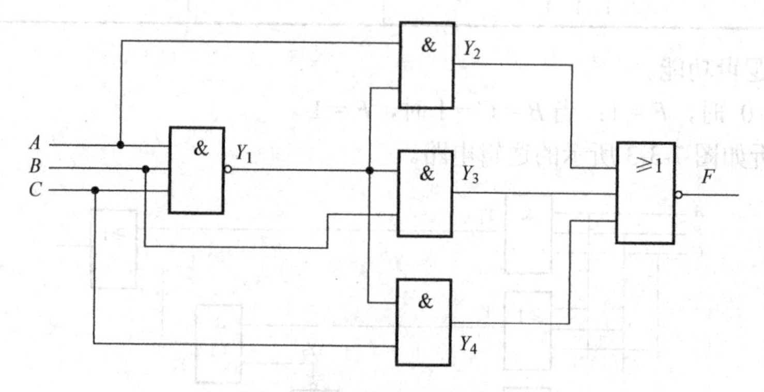

图 7-3-4　例 3 的逻辑电路

解：

（1）逐级写出表达式。

$$Y_1=\overline{ABC}，Y_2=Y_1A，Y_3=Y_1B，Y_4=Y_1C$$

$$F=\overline{Y_2+Y_3+Y_4}$$

（2）化简。

$$F=\overline{Y_2+Y_3+Y_4}=\overline{Y_1A+Y_1B+Y_1C}=\overline{Y_1(A+B+C)}$$

$$=\overline{\overline{ABC}(A+B+C)}=ABC+\overline{(A+B+C)}=ABC+\overline{A}\cdot\overline{B}\cdot\overline{C}$$

（3）列真值表。

A B C	F
0 0 0	1
0 0 1	0
0 1 0	0
0 1 1	0

续表

A B C	F
1 0 0	0
1 0 1	0
1 1 0	0
1 1 1	1

（4）叙述逻辑功能。

三个输入量 A、B、C 同为 1 或同为 0 时，输出 $F=1$。电路功能用来判断输入信号是否相同，相同时输出为 1，不相同时输出为 0，此电路称为“一致判别电路”。

二、编码器

在数字电路中，经常要把输入的各种信号（如十进制数、文字、符号等）转换成若干位二进制码，这种转换过程称为编码。能够完成编码功能的组合逻辑电路称为编码器，常见的有二进制编码器、二—十进制编码器等。

1．二进制编码器

能够将各种输入信息编成二进制代码的电路称为二进制编码器。1 位二进制代码可以表示 1、0 两种不同的输入信号，2 位二进制代码可以表示 00、01、10、11 四种不同的输入信号。二进制编码器逻辑电路如图 7-3-5 所示。

思考：为什么 I_0 未画在图 7-3-5 中，且未出现在表达式中？

【提示】编码器在任何时刻只能对一个输入信号进行编码，不允许有两个或两个以上的输入信号同时请求编码，否则输出编码会发生混乱。这就是说，I_0，I_1，…，I_7 这 8 个编码信号是相互排斥的。在 I_1～I_7 为 0 时，输出就是 I_0 的编码，故 I_0 未画。

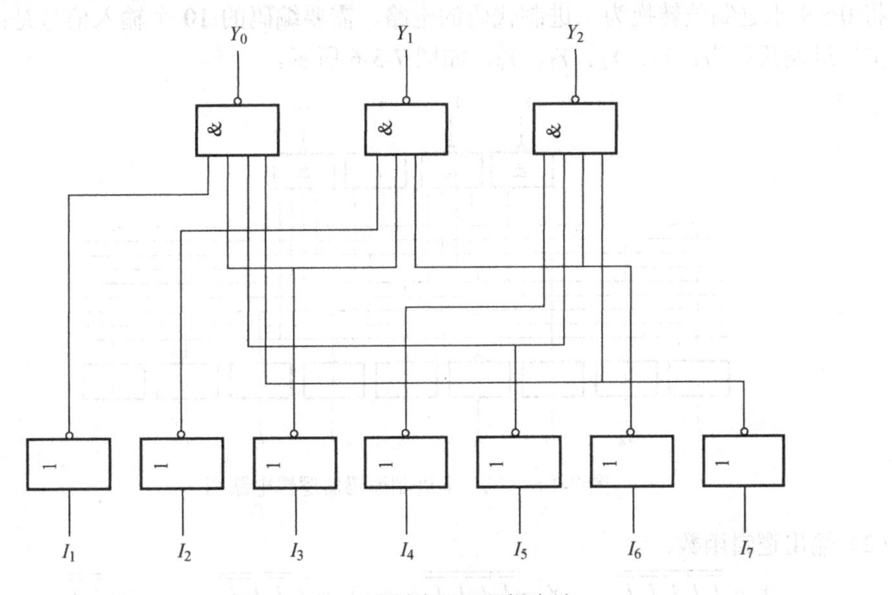

图 7-3-5 二进制编码器逻辑电路

（1）输入：I_0～I_7 为 8 个需要编码的信号；输出：Y_2、Y_1、Y_0 为三位二进制代码。由于该编码器有 8 个输入端、3 个输出端，故称 8 线—3 线编码器。

（2）输出逻辑函数：

$$Y_0=\overline{\overline{I_1 I_3 I_5 I_7}} \qquad Y_1=\overline{\overline{I_2 I_3 I_6 I_7}} \qquad Y_2=\overline{\overline{I_4 I_5 I_6 I_7}}$$

（3）二进制编码器真值表见表 7-3-1。

表 7-3-1　二进制编码器真值表

输入								输出		
I_0	I_1	I_2	I_3	I_4	I_5	I_6	I_7	Y_2	Y_1	Y_0
1	0	0	0	0	0	0	0	0	0	0
0	1	0	0	0	0	0	0	0	0	1
0	0	1	0	0	0	0	0	0	1	0
0	0	0	1	0	0	0	0	0	1	1
0	0	0	0	1	0	0	0	1	0	0
0	0	0	0	0	1	0	0	1	0	1
0	0	0	0	0	0	1	0	1	1	0
0	0	0	0	0	0	0	1	1	1	1

（4）分析。

输入信号为高电平有效（有效：表示有编码请求），输出代码编为原码（对应自然二进制数）。

2. 二—十进制编码器

人们习惯用十进制，而数字电路只识别二进制，因此需要相互转换，如键盘编码器。

（1）二—十进制编码器。

将 0～9 十进制数转换为二进制代码的电路。需要编码的 10 个输入信号是：I_0～I_9，输出 4 位二进制代码为：Y_3、Y_2、Y_1、Y_0，如图 7-3-6 所示。

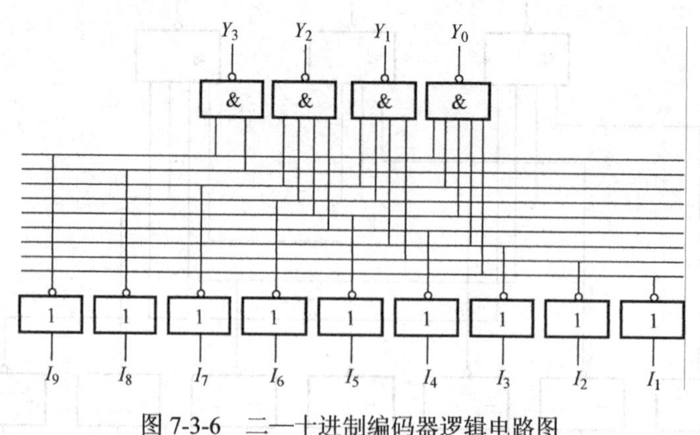

图 7-3-6　二—十进制编码器逻辑电路图

（2）输出逻辑函数：

$$Y_0=\overline{\overline{I_1 I_3 I_5 I_7 I_9}} \qquad Y_1=\overline{\overline{I_2 I_3 I_6 I_7}} \qquad Y_2=\overline{\overline{I_4 I_5 I_6 I_7}} \qquad Y_3=\overline{\overline{I_8 I_9}}$$

（3）二—十进制编码器真值表见表 7-3-2。

表 7-3-2 二—十进制编码器真值表

输入										输出			
I_0	I_1	I_2	I_3	I_4	I_5	I_6	I_7	I_8	I_9	Y_3	Y_2	Y_1	Y_0
1	0	0	0	0	0	0	0	0	0	0	0	0	0
0	1	0	0	0	0	0	0	0	0	0	0	0	1
0	0	1	0	0	0	0	0	0	0	0	0	1	0
0	0	0	1	0	0	0	0	0	0	0	0	1	1
0	0	0	0	1	0	0	0	0	0	0	1	0	0
0	0	0	0	0	1	0	0	0	0	0	1	0	1
0	0	0	0	0	0	1	0	0	0	0	1	1	0
0	0	0	0	0	0	0	1	0	0	0	1	1	1
0	0	0	0	0	0	0	0	1	0	1	0	0	0
0	0	0	0	0	0	0	0	0	1	1	0	0	1

（4）分析。

当编码器某一个输入信号为 1 而其他输入信号都为 0 时，则有一组对应的数码输出，如 $I_7=1$ 时，$Y_3\,Y_2\,Y_1\,Y_0=0111$。输出数码各位的权从高位到低位分别为 8、4、2、1。因此，图 7-3-6 所示电路为 8421BCD 码编码器。由表 7-3-2 可看出，该编码器输入 I_0～I_9 这 10 个编码信号也是相互排斥的。

三、译码器

通用译码器有二进制译码器和二—十进制译码器。

1．二进制译码器

二进制译码器：将输入二进制代码译成相应输出信号的电路。MSI 译码器 CT74LS138 有 3 个输入端、8 个输出端，因此又称为 3 线—8 线译码器。

（1）二进制译码器逻辑电路如图 7-3-7 所示。

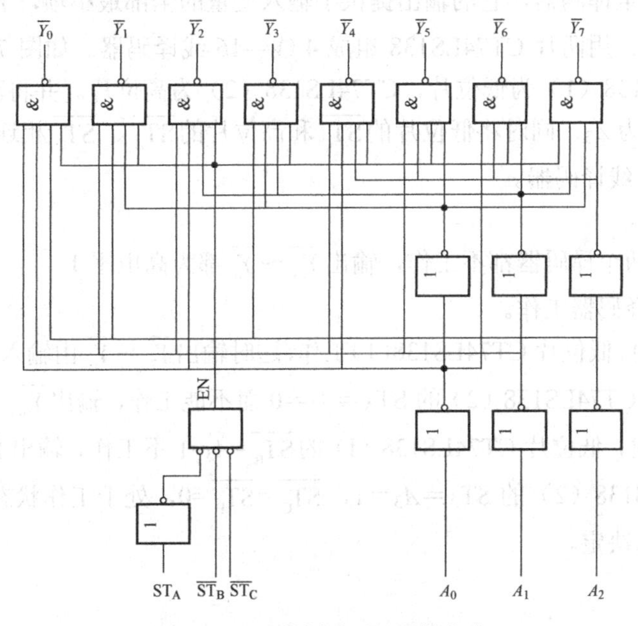

图 7-3-7　二进制译码器逻辑电路

输入端：A_2、A_1、A_0，为二进制代码；输出端：$\overline{Y_7}\sim\overline{Y_0}$（低电平有效）。

使能端：ST_A（高电平有效）、$\overline{ST_B}$（低电平有效）和$\overline{ST_C}$（低电平有效），且$EN=ST_A ST_B ST_C=ST_A(\overline{\overline{ST_B}+\overline{ST_C}})$。

（2）3 线—8 线译码器 CT74LS138 的真值表见表 7-3-3 所示。

表 7-3-3　3 线—8 线译码器 CT74LS138 的真值表

输　入					输　出							
ST_A	$\overline{ST_B}+\overline{ST_C}$	A_2	A_1	A_0	$\overline{Y_0}$	$\overline{Y_1}$	$\overline{Y_2}$	$\overline{Y_3}$	$\overline{Y_4}$	$\overline{Y_5}$	$\overline{Y_6}$	$\overline{Y_7}$
×	1	×	×	×	1	1	1	1	1	1	1	1
0	×	×	×	×	1	1	1	1	1	1	1	1
1	0	0	0	0	0	1	1	1	1	1	1	1
1	0	0	0	1	1	0	1	1	1	1	1	1
1	0	0	1	0	1	1	0	1	1	1	1	1
1	0	0	1	1	1	1	1	0	1	1	1	1
1	0	1	0	0	1	1	1	1	0	1	1	1
1	0	1	0	1	1	1	1	1	1	0	1	1
1	0	1	1	0	1	1	1	1	1	1	0	1
1	0	1	1	1	1	1	1	1	1	1	1	0

（3）逻辑功能。

① 当 $ST_A=0$，或$\overline{ST_B}+\overline{ST_C}=1$ 时，$EN=0$，译码器禁止译码，输出$\overline{Y_7}\sim\overline{Y_0}$ 都为高电平 1。

② 当 $ST_A=1$ 且$\overline{ST_B}+\overline{ST_C}=1$ 时，$EN=1$，译码器工作，输出低电平 0 有效。这时，译码器输出$\overline{Y_7}\sim\overline{Y_0}$ 由输入二进制代码决定输出逻辑函数式。

（4）全译码器：二进制译码器的输出将输入二进制代码的各种状态都译出来了。因此，二进制译码器又称全译码器，它的输出提供了输入变量的全部最小项，$\overline{Y_i}=m_i$。

（5）功能扩展：用两片 CT74LS138 组成 4 线—16 线译码器。如图 7-3-8 所示，利用使能端，将 CT74LS138（1）为低位片，CT74LS138（2）为高位片。并将高位片的 ST_A 和低位片的$\overline{ST_B}$ 相连作为 A_3，同时将低位片的$\overline{ST_C}$ 和高位片的$\overline{ST_B}$、$\overline{ST_C}$ 相连，作为使能端 E，便组成了 4 线—16 线译码器。

工作情况如下。

当 $E=1$ 时，两个译码器都不工作，输出$\overline{Y_{15}}\sim\overline{Y_0}$ 都为高电平 1。

当 $E=1$ 时，译码器工作。

① 当 $A_3=0$ 时，低位片 CT74LS138(1)工作，这时输出$\overline{Y_7}\sim\overline{Y_0}$ 由输入二进制代码 $A_2A_1A_0$ 决定。由于高位片 CT74LS138（2）的 $ST_A=A_3=0$ 而不能工作，输出$\overline{Y_{15}}\sim\overline{Y_0}$ 都为高电平 1。

② 当 $A_3=1$ 时，低位片 CT74LS138（1）的$\overline{ST_B}=A_3=1$ 不工作，输出$\overline{Y_7}\sim\overline{Y_0}$ 都为高电平 1。高位片 CT74LS138（2）的 $ST_A=A_3=1$，$\overline{ST_C}=\overline{ST_B}=0$，处于工作状态，输出$\overline{Y_{15}}\sim\overline{Y_0}$ 由输入二进制 $A_2A_1A_0$ 决定。

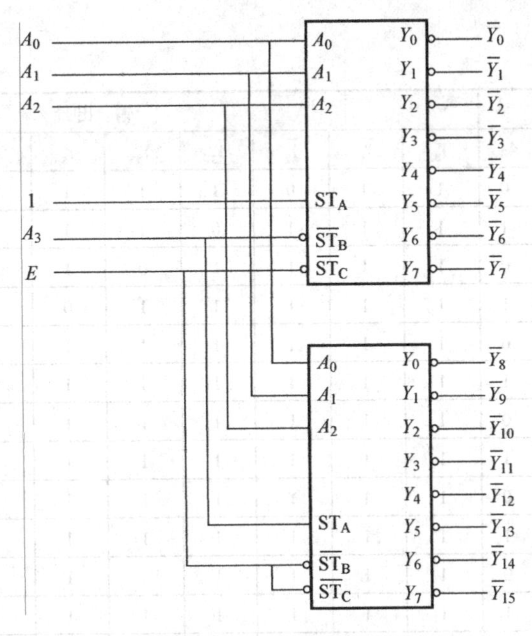

图 7-3-8　4 线—16 线译码器逻辑电路

2．二—十进制译码器

思考：若要对 8421BCD 码进行译码，输出信号应有多少个？

二—十进制译码器：将 4 位 BCD 码的 10 组代码翻译成 0～9 相对应的输出信号电路。由于它有 4 个输入端，10 个输出端，所以又称 4 线—10 线译码器。

（1）逻辑图。

4 线—10 线译码器逻辑电路如图 7-3-9 所示。

输入端：A_3、A_2、A_1、A_0，为 4 位 8421BCD 码，输出端：$\overline{Y_9} \sim \overline{Y_0}$（低电平有效）。

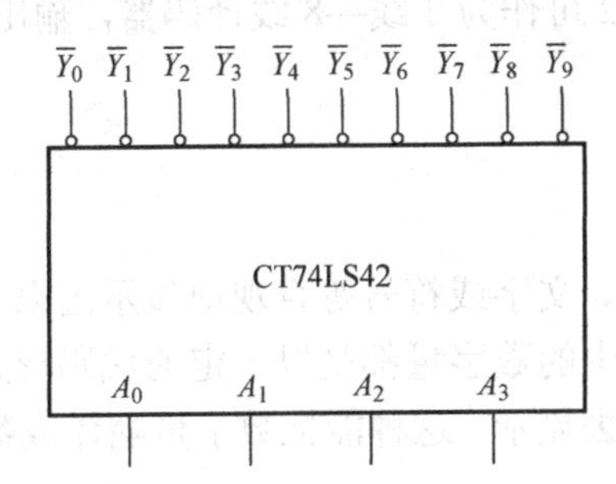

图 7-3-9　4 线—10 线译码器逻辑电路

（2）真值表（代码 1010～1111 没有使用，称为伪码）。

4 线—10 线译码器 CT74LS42 的真值表见表 7-3-4。

表 7-3-4　4 线—10 线译码器 CT74LS42 的真值表

十进制数	输　入				输　出									
	A_3	A_2	A_1	A_0	$\overline{Y_0}$	$\overline{Y_1}$	$\overline{Y_2}$	$\overline{Y_3}$	$\overline{Y_4}$	$\overline{Y_5}$	$\overline{Y_6}$	$\overline{Y_7}$	$\overline{Y_8}$	$\overline{Y_9}$
0	0	0	0	0	0	1	1	1	1	1	1	1	1	1
1	0	0	0	1	1	0	1	1	1	1	1	1	1	1

续表

十进制数	输入				输出									
	A_3	A_2	A_1	A_0	$\overline{Y_0}$	$\overline{Y_1}$	$\overline{Y_2}$	$\overline{Y_3}$	$\overline{Y_4}$	$\overline{Y_5}$	$\overline{Y_6}$	$\overline{Y_7}$	$\overline{Y_8}$	$\overline{Y_9}$
2	0	0	1	0	1	1	0	1	1	1	1	1	1	1
3	0	0	1	1	1	1	1	0	1	1	1	1	1	1
4	0	1	0	0	1	1	1	1	0	1	1	1	1	1
5	0	1	0	1	1	1	1	1	1	0	1	1	1	1
6	0	1	1	0	1	1	1	1	1	1	0	1	1	1
7	0	1	1	1	1	1	1	1	1	1	1	0	1	1
8	1	0	0	0	1	1	1	1	1	1	1		0	1
9	1	0	0	1	1	1	1	1	1	1	1	1	1	0
伪码	1	0	1	0	1	1	1	1	1	1	1	1	1	1
	1	0	1	1	1	1	1	1	1	1	1	1	1	1
	1	1	0	0	1	1	1	1	1	1	1	1	1	1
	1	1	0	1	1	1	1	1	1	1	1	1	1	1
	1	1	1	0	1	1	1	1	1	1	1	1	1	1
	1	1	1	1	1	1	1	1	1	1	1	1	1	1

（3）逻辑函数式：

$\overline{Y_0}=\overline{\overline{A_3}\,\overline{A_2}\,\overline{A_1}\,\overline{A_0}}$，$\overline{Y_1}=\overline{\overline{A_3}\,\overline{A_2}\,\overline{A_1}A_0}$，$\overline{Y_2}=\overline{\overline{A_3}\,\overline{A_2}A_1\overline{A_0}}$，$\overline{Y_3}=\overline{\overline{A_3}\,\overline{A_2}A_1A_0}$，$\overline{Y_4}=\overline{\overline{A_3}A_2\overline{A_1}\,\overline{A_0}}$，

$\overline{Y_5}=\overline{\overline{A_3}A_2\overline{A_1}A_0}$，$\overline{Y_6}=\overline{\overline{A_3}A_2A_1\overline{A_0}}$，$\overline{Y_7}=\overline{\overline{A_3}A_2A_1A_0}$，$\overline{Y_8}=\overline{A_3\overline{A_2}\,\overline{A_1}\,\overline{A_0}}$，$\overline{Y_9}=\overline{A_3\overline{A_2}\,\overline{A_1}A_0}$

由式可知，当输入伪码 1010～1111 时，输出$\overline{Y_9}$～$\overline{Y_0}$都为高电平 1，不会出现低电平 0。因此，译码器不会产生错误译码。

（4）功能变化：CT74LS42 可作为 3 线—8 线译码器，输出$\overline{Y_8}$和$\overline{Y_9}$不用，作为使能端使用。

四、数字显示译码器

在数字系统中，常将数字、文字或符号等直观地显示出来。能够显示数字、文字或符号的器件称为显示器。数字电路中的数字量都是以一定的代码形式出现的，所以这些数字量要先经过译码，才能送到显示器去显示。这种能把数字量翻译成数字显示器所能识别的信号的译码器为数字显示译码器。

数字显示译码器有多种类型。按显示方式分，有字型重叠式、点阵式、分段式等。按发光物质分，有半导体显示器（又称为发光二极管（LED）显示器）、荧光显示器、液晶显示器、气体放电管显示器等。目前应用较广泛的是由发光二极管构成的七段数字显示器。

1．七段数字显示器

1）构成

如图 7-3-10 所示为发光二极管构成的七段数字显示器。它将 7 个发光二极管（小数点也是一个发光二极管，共 8 个）按一定的方式排列起来，七段 a、b、c、d、e、f、g（小数点 DP）各对应一个发光二极管，利用不同发光段的组合，显示不同的阿拉伯数字。

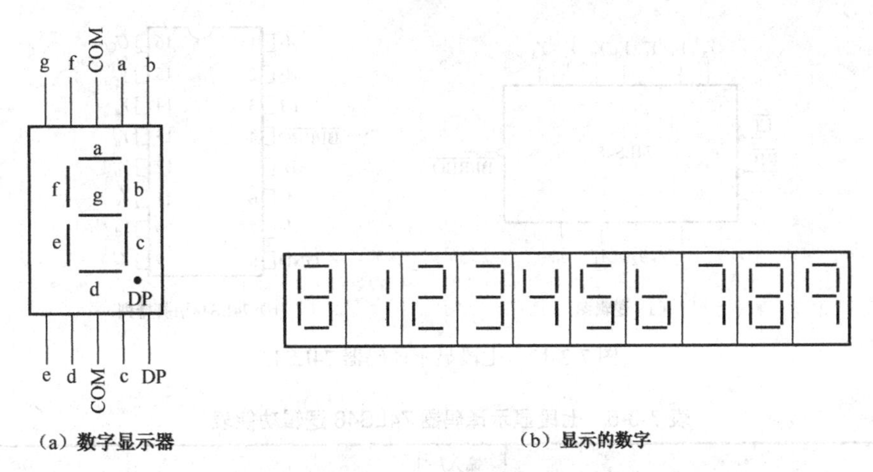

（a）数字显示器　　（b）显示的数字

图 7-3-10　七段数字显示器

2）分类

根据 7 个发光二极管的连接形式不同，七段数字显示器分为共阴极和共阳极两种接法。

图 7-3-11（a）是共阳极接法，它将 7 个发光二极管的阳极连在一起作为公共端，使用时要接高电平。发光二极管的阴极经过限流电阻接到输出低电平有效的七段译码器相应的输出端。

图 7-3-11（b）所示是共阴极接法，它将 7 个发光二极管的阴极连在一起作为公共端，使用时要接低电平。发光二极管的阳极经过限流电阻接到输出高电平有效的七段译码器相应的输出端。

改变限流电阻的阻值，可改变发光二极管电流的大小，从而控制显示器的发光亮度。

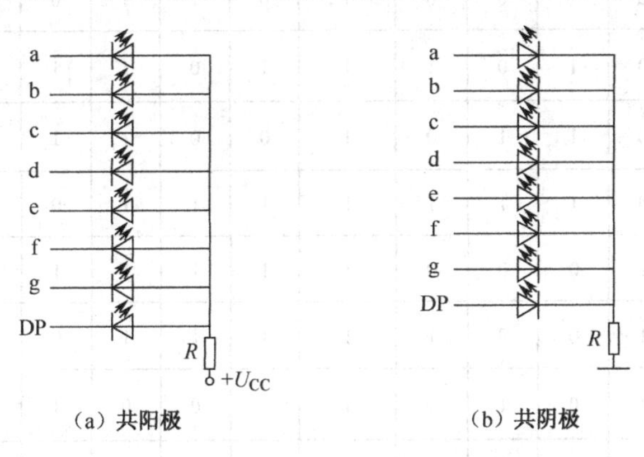

（a）共阳极　　（b）共阴极

图 7-3-11　七段数字显示器的内部接法

2. 七段显示译码器 74LS48

由七段显示器可知，要显示十进制数字，就必须将十进制数的代码进行译码，译码后的输出电流点亮相应的字段。七段显示译码器可以完成上述的译码功能。

配合各种七段显示器有多种七段显示译码器。适用于共阴极显示器的有 74LS48、74LS49 等；适用于共阳极显示器的有 74LS47 等。

1）功能

七段显示译码器 74LS48 是常用的、具有驱动能力的集成七段显示译码器，如图 7-3-12 所示，其功能表见表 7-3-5。

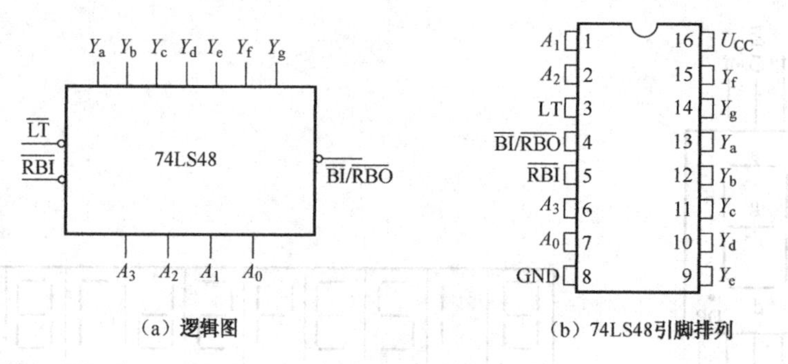

（a）逻辑图　　（b）74LS48引脚排列

图 7-3-12　七段显示译码器 74LS48

表 7-3-5　七段显示译码器 74LS48 逻辑功能表

十进制或功能	输入						输入/输出	输出							显示字形
	$\overline{LT}$	$\overline{RBI}$	A_3	A_2	A_1	A_0	$\overline{BI}/\overline{RBO}$	Y_a	Y_b	Y_c	Y_d	Y_e	Y_f	Y_g	
0	1	1	0	0	0	0	1	1	1	1	1	1	1	0	
1	1	×	0	0	0	1	1	0	1	1	0	0	0	0	
2	1	×	0	0	1	0	1	1	1	0	1	1	0	1	
3	1	×	0	0	1	1	1	1	1	1	1	0	0	1	
4	1	×	0	1	0	0	1	0	1	1	0	0	1	1	
5	1	×	0	1	0	1	1	1	0	1	1	0	1	1	
6	1	×	0	1	1	0	1	0	0	1	1	1	1	1	
7	1	×	0	1	1	1	1	1	1	1	0	0	0	0	
8	1	×	1	0	0	0	1	1	1	1	1	1	1	1	
9	1	×	1	0	0	1	1	1	1	1	0	0	1	1	
10	1	×	1	0	1	0	1	0	0	0	1	1	0	1	
11	1	×	1	0	1	1	1	0	0	1	1	0	0	1	
12	1	×	1	1	0	0	1	0	1	0	0	0	1	1	
13	1	×	1	1	0	1	1	1	0	0	1	0	1	1	
14	1	×	1	1	1	0	1	0	0	0	1	1	1	1	
15	1	×	1	1	1	1	1	0	0	0	0	0	0	0	全暗
灭灯	×	×	×	×	×	×	0	0	0	0	0	0	0	0	全暗
灭零	1	0	0	0	0	0	0	0	0	0	0	0	0	0	全暗
试灯	0	×	×	×	×	×	1	1	1	1	1	1	1	1	

由表 7-3-5 可知，$A_3\,A_2\,A_1\,A_0$ 为显示译码器的输入端，Y_a～Y_g 为输出端，输出高电平有效，可以直接驱动共阴极显示器。例如，当输入为 0101 时，译码输出 Y_a、Y_c、Y_d、Y_f、Y_g 为 1，其他为 0，点亮共阴极七段显示器的 a、c、d、f、g 段，显示器显示数字 5。74LS48 除了输入端、输出端外，还设置了一些辅助控制端：试灯输入 $\overline{LT}$、灭零输入 $\overline{RBI}$、灭灯输入/灭零输出 $\overline{BI}/\overline{RBO}$。

2）工作情况

（1）正常译码显示：从功能表的第 1～10 行可见，只要 $\overline{LT}$=1，$\overline{BI}/\overline{RBO}$=1，译码器方可对输入为十进制 0～9 的对应二进制码 0000～1001 进行译码，产生显示器显示 0～9 所需的七段显示码。

（2）试灯输入 $\overline{LT}$：本输入端用于测试显示器的好坏，低电平有效。从功能表的最后 1 行可见，当 $\overline{LT}$=0，$\overline{BI}/\overline{RBO}$=1，无论输入怎样，若七段均完好，$Y_a$～$Y_g$ 输出全为 1，显示器的七段应全亮。

（3）灭零输入端 $\overline{RBI}$：本输入端用于消隐无效的 0，低电平有效。比较功能表的第 1 行和倒数第 2 行可见：当 $\overline{LT}$=1，而输入为 0 的二进制码 0000 时，只有当 $\overline{RBI}$=1 时，才产生 0 的七段显示码；如果此时 $\overline{RBI}$=0，则译码器的 Y_a～Y_g 输出全为 0，该位输出不显示，即 0 字被熄灭，且使 $\overline{BI}/\overline{RBO}$=0。当输入不为 0 时，该位正常显示。

（4）灭灯输入/灭零输出 $\overline{BI}/\overline{RBO}$：这是一个双功能的输入/输出端，可以作为输入端使用，也可以作为输出端使用。作为输入端使用时，当 $\overline{BI}$=0，不管输入如何，显示器不显示数字；作为输出端使用时，当 $\overline{LT}$=1，且 $\overline{RBI}$=0，译码输入 $A_3\,A_2\,A_1\,A_0$=0000 时，$\overline{RBO}$=0，用以指示该位正处于灭零状态。

将 $\overline{BI}/\overline{RBO}$ 和 $\overline{RBI}$ 配合使用，可以实现多位数码显示系统的灭 0 控制。在多位数码显示系统中，只要在整数部分把高位的 $\overline{RBO}$ 与低位的 $\overline{RBI}$ 相连，在小数部分将低位的 $\overline{RBO}$ 与高位的 $\overline{RBI}$ 相连，就可以把前后多余的 0 熄灭。

整数部分只有高位是 0，且被熄灭的情况下，次高位才有灭 0 输入信号。同理，小数部分只有低位是 0，且被熄灭的情况下，次低位才有灭 0 输入信号。例如，090.50 可显示为 90.5，如图 7-3-13 所示。

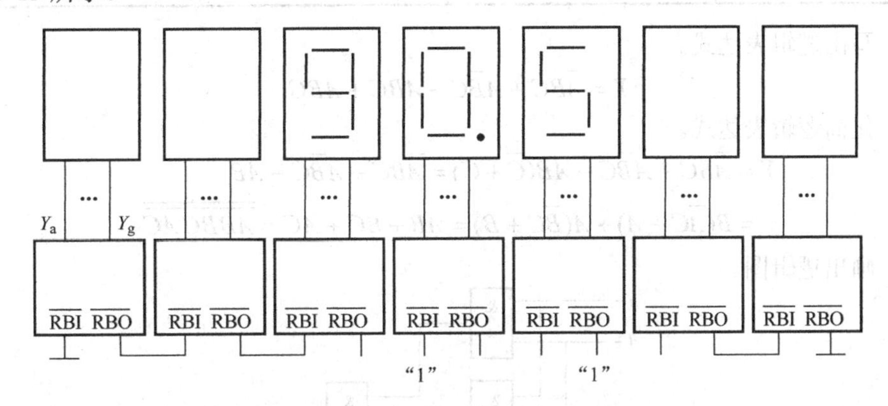

图 7-3-13　具有灭零控制的数字显示系统

五、组合逻辑电路的设计

1. 组合逻辑电路的特点

电路任一时刻的输出状态只取决于该时刻各输入状态的组合，而与电路的原状态无关。组合电路就是由门电路组合而成，电路中没有记忆单元，没有反馈通道。

2. 组合逻辑电路的设计步骤

根据设计要求→列出真值表→写出逻辑表达式（或填写卡诺图）→逻辑化简和变换→画出逻辑图。

3. 举例

用与非门实现三人表决器功能。

解：

（1）功能分析。

表决器功能是多数人赞成为成功，少数人赞成为失败。

设三个人变量为 A、B、C，同意为“1”，不同意为“0”；表决结果为 Y，成功为“1”，不成功为“0”。

（2）列写真值表。

输　入			输　出
A	B	C	Y
0	0	0	0
0	0	1	0
0	1	0	0
0	1	1	1
1	0	0	0
1	0	1	1
1	1	0	1
1	1	1	1

（3）写出逻辑表达式。

$$Y=\overline{A}BC+A\overline{B}C+AB\overline{C}+ABC$$

（4）化简逻辑表达式。

$$Y=\overline{A}BC+A\overline{B}C+AB(\overline{C}+C)=\overline{A}BC+A\overline{B}C+AB$$

$$=B(\overline{A}C+A)+A(\overline{B}C+B)=AB+BC+AC=\overline{\overline{\overline{AB}\,\overline{BC}\,\overline{AC}}}$$

（5）画出逻辑图。

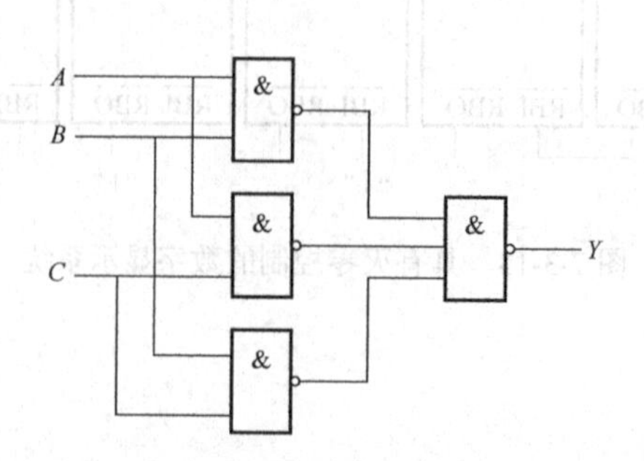

基本 *RS* 触发器

1. 基本 *RS* 触发器的结构

基本 *RS* 触发器又称 *RS* 锁存器，它是构成各种触发器最简单的基本单元。

基本 *RS* 触发器可以用两个与非门交叉连接而成。如图 7-3-14（a）所示为基本 *RS* 触发器的逻辑图，图 7-3-14（b）是其逻辑符号。

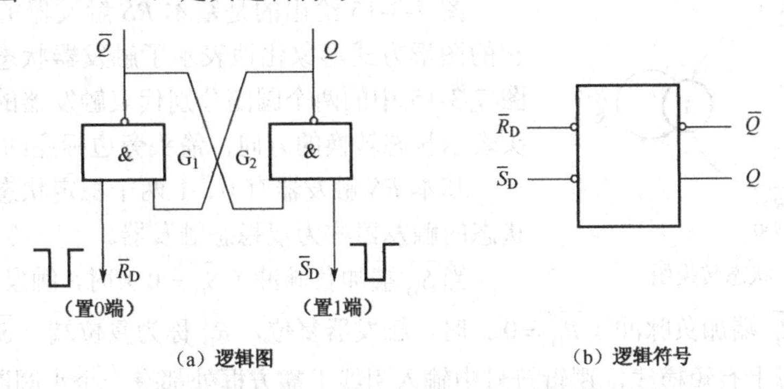

图 7-3-14　基本 *RS* 触发器的结构

2. 逻辑表达式

根据与非门的逻辑关系，触发器的逻辑表达式为

$$\begin{cases} Q^{n+1} = S + \overline{R}Q^n \\ \overline{R} + \overline{S} = 1 \end{cases}$$

3. 工作原理

基本触发器有两个互补的输出端 Q 与 $\overline{Q}$，两者的逻辑状态在正常条件下保持反相。一般用 Q 端的状态表示触发器状态。$\overline{R_D}$、$\overline{S_D}$ 为触发器的两个输入端，根据输入信号 $\overline{R_D}$、$\overline{S_D}$ 状态不同，输入信号有四种不同的组合。

（1）当 $\overline{S_D}=0$、$\overline{R_D}=1$ 时，$Q=1$，$\overline{Q}=0$，称为置位状态或“1”态。

（2）当 $\overline{S_D}=1$、$\overline{R_D}=0$ 时，G1 门与 G2 门的状态与（1）相反，$Q=0$，$\overline{Q}=1$，称为复位状态或“0”态。

（3）当 $\overline{R_D}=\overline{S_D}=1$ 时，两个与非门原工作状态不受影响，触发器输出保持不变，相当于把 $\overline{S_D}$ 端某一时刻的电平信号存储起来了，这就是它具有的记忆功能。

（4）当 $\overline{R_D}=\overline{S_D}=0$ 时，两个与非门输出都为“1”，达不到 Q 与 $\overline{Q}$ 状态反相的逻辑要求，并且当两个输入信号负脉冲同时撤去（回到 1）后，触发器状态将不能确定是 1 还是 0，因此，使用时应禁止该情况的发生。

4. 基本 *RS* 触发器的功能分析

1）功能表

根据以上分析，基本 *RS* 触发器的功能表见表 7-3-6。

表 7-3-6　基本 *RS* 触发器的功能表

$\overline{R}_D$	$\overline{S_D}$	Q
0	1	置 0
1	0	置 1
1	1	保持
0	0	不定

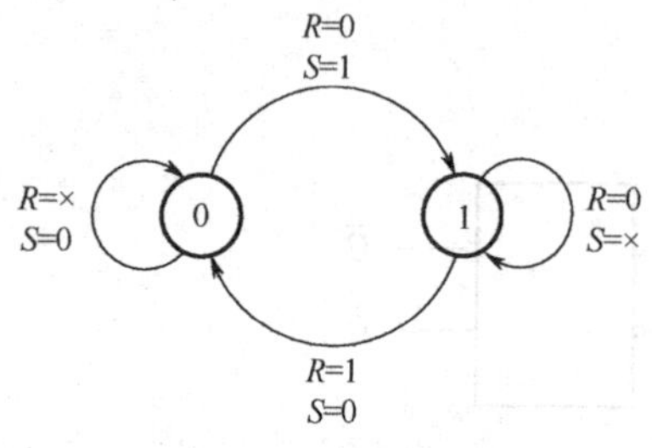

图 7-3-15　状态转换图

2）状态转换图

图 7-3-15 给出的是基本 *RS* 触发器的状态转换图。它的图形方式形象化地表示了触发器状态转换的规律。图 7-3-15 中的两个圆圈分别代表触发器的两个状态，箭头表示状态转换的方向，箭头旁边标注的是转换条件。

基本 *RS* 触发器有 0、1 两个稳定状态，有两个稳定状态的触发器称为双稳态触发器。

当 $\overline{S_D}$ 端加负脉冲（$\overline{S_D}=0$）时，触发器置位，$\overline{S_D}$ 称为置位端；当 $\overline{R_D}$ 端加负脉冲（$\overline{R_D}=0$）时，触发器复位，$\overline{R_D}$ 称为复位端。$\overline{S_D}$、$\overline{R_D}$ 都是低电平有效，字母上有短横线，逻辑符号中输入引线上靠方框处都有一个小圆圈。

5．74LS279 简介

74LS279 的引脚和功能如图 7-3-16 所示。

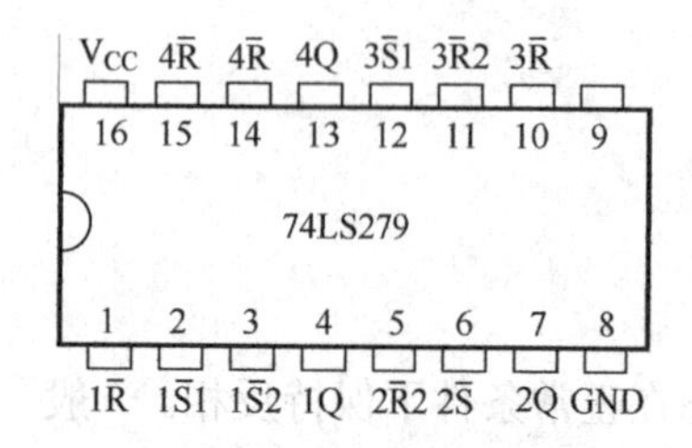

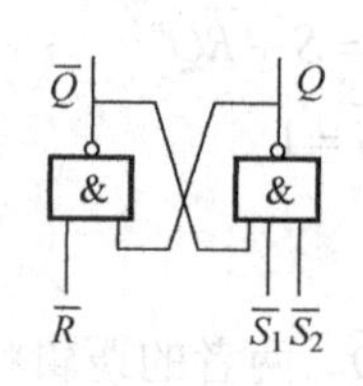

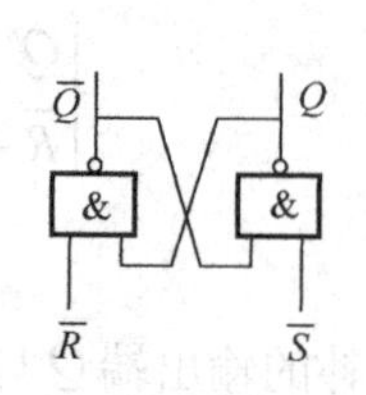

真值表

输入			输出
$\overline{S}_1$	$\overline{S}_2$	$\overline{R}$	Q
0	0	0	禁止
0	×	1	1
×	0	0	1
1	1	1	0
1	1	1	不变

图 7-3-16　74LS279 的引脚和功能

任务实施

制作四路抢答器

1．所需工具及元器件

1）准备工具

制作抢答器工具准备如图 7-3-17 所示。

电烙铁及焊锡

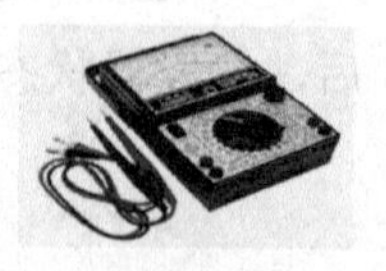

万用表

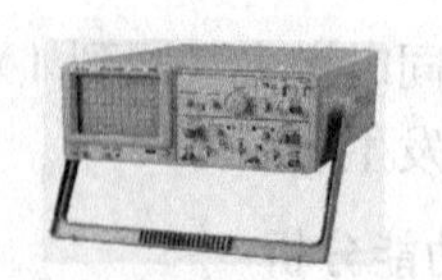

示波器

万能板

图 7-3-17　制作抢答器工具准备

2）购置元器件

四路抢答器元器件清单见表 7-3-7。

表 7-3-7　四路抢答器元器件清单

器件名称	器件规格	器件数量
七段译码器	74LS48	1
触发器	74LS219	1
编码器	74LS148	1
七段数字显示器	LED	1
发光二极管	VD	1
双投开关	SW	1
按钮开关	CH	8
电阻	10kΩ	9
电阻	510Ω	1

2．组装

1）识读四路抢答器电路原理电路图

四路抢答器电路如图 7-3-18 所示。

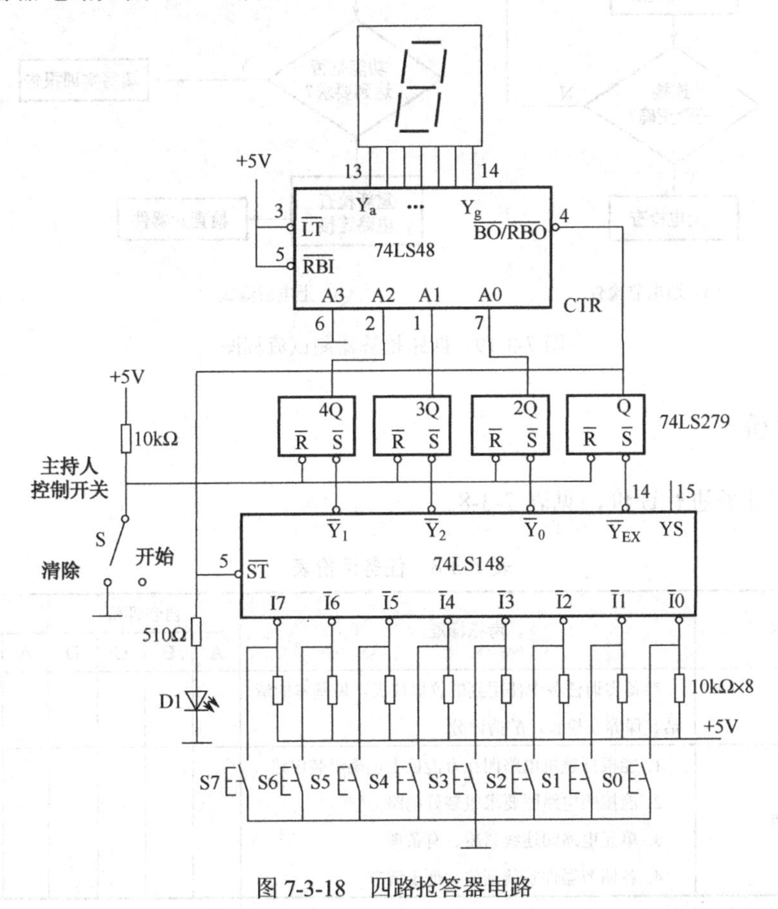

图 7-3-18　四路抢答器电路

2）检测元器件

3）按组装工艺组装

焊接组装工艺要求如下。

（1）电阻、发光二极管均采用水平安装，贴紧电路板。电阻的色环方向应该一致。

（2）插件装配美观、均匀、端正、整齐、不能歪斜，要高矮有序。

（3）所有插入焊片孔的元器件引线及导线均采用直脚焊，剪脚留头在焊面以上（1±0.5）mm，焊点要求圆滑、光亮、防止虚焊、搭焊和散锡。

按照图 7-3-18 进行电路的焊接连接（在逻辑测试仪上或万能板上布放元器件，搭接或焊接电路）。

3．功能测试

功能测试主要包括通电前检查和上电后测试。其测试流程如图 7-3-19 所示。

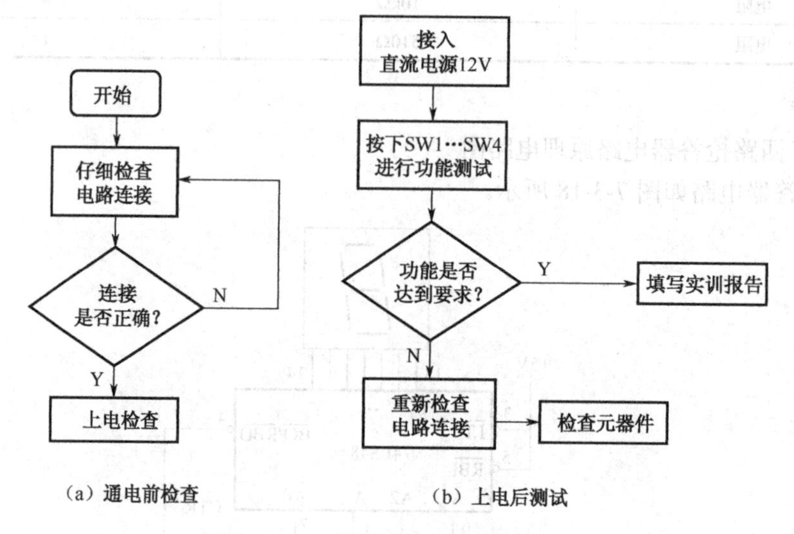

（a）通电前检查　　（b）上电后测试

图 7-3-19　四路抢答器测试流程图

任务评价

对本学习任务进行评价，见表 7-3-8。

表 7-3-8　任务评价表

考核内容	考核标准	自我评价				小组评价			
		A	B	C	D	A	B	C	D
准备工作	准备实训任务中使用到的仪器仪表，做基本的清洁、保养及检查，酌情评分								
电路组装	1. 能根据整机电路图在万能板上正确组装电路 2. 能按照电路图要求组装好电路 3. 单元电路间连线紧凑、有条理 4. 各调节器件安装到位、便于调节								

续表

考核内容	考核标准	自我评价				小组评价			
		A	B	C	D	A	B	C	D
装配与焊接工艺	1．元器件布局合理 2．焊点焊接质量可靠，光滑圆润，焊锡用量适中								
操作规范及职业素质	1．制作过程中注重环保、节约耗材 2．遵守安全操作规范								
功能实现	1．整机电路能正常工作 2．各调节器件能实现调节功能								
完成报告	按照报告要求完成、内容正确								
安全文明生产	违反安全文明操作规程为 D 等								
整理工位	整理工具，清洁工位								
总备注	造成设备、工具人为损坏或人身伤害的，本学习任务不计成绩								
综合评价	自我评价		等级		签名				
	小组评价		等级		签名				
教师评价	签名： 日期：								

任务 4　制作 24s 倒计时器

任务目标

知识目标

（1）了解集成移位寄存器、计数器的基本功能及应用。

（2）熟悉 *RS* 触发器、*JK* 触发器、*D* 触发器的逻辑功能。

（3）了解典型 555 定时器电路工作原理。

（4）掌握计数器的工作原理。

能力目标

（1）掌握时序逻辑电路的分析方法。

（2）装调 24s 倒计时器。

任务分析

组合逻辑电路的输出状态只取决于当时的输入状态，而时序逻辑电路有两个互补输出端，其输出状态不仅取决于当时的输入状态，还与电路的原来状态有关，这说明时序逻辑电路具有记忆功能。

在数字系统中，既有能够进行逻辑运算和算术运算的组合逻辑电路，也要有具有记忆功能的时序逻辑电路。组合电路的基本单元是门电路，时序电路的基本单元是触发器。

一、触发器

1. 集成双稳态触发器

1）双稳态触发器的基本特点

在本项目任务 3 的知识拓展中，如图 7-3-14 所示为由两个与非门电路，加上交叉反馈线耦合而成的具有双稳态记忆的器件，它有两个互补输出端。

当触发器输入信号不变时，其输出处于稳定状态；只要输入信号变化，则触发器才可能发生改变，形成新的稳定状态。

2）触发器的种类

触发器按类型，可分为以下三大类。

（1）根据有无时钟脉冲触发可分为两类：基本无时钟触发器与时钟控制触发器。

（2）根据电路结构不同可分为四种：同步 *RS* 触发器、主从触发器、维持阻塞触发器和边沿触发器。

（3）根据逻辑功能不同可分为五种：*RS* 触发器、*JK* 触发器、*D* 触发器、*T* 触发器、T' 触发器。

在分析触发器的功能时，一般采用功能表、特性方程和状态图来描述其功能。研究触发方式时，主要是分析输入信号的加入与触发脉冲之间的时间关系。

2. 常用触发器逻辑功能分析

1）基本 *RS* 触发器

在本项目任务 3 的知识拓展中已经详细分析了，这里不再重复。

2）钟控 *RS* 触发器

钟控触发器又称为同步 *RS* 触发器。

若触发器无时钟，其特点是：只要输入信号发生变化，触发器的状态就会立即发生变化。在实际使用中，常常要求系统中的各触发器按一定的时间节拍同触发器翻转，即受时钟脉冲 CP 的控制。

图 7-4-1 为钟控 *RS* 触发器的结构。它是在基本 *RS* 触发器前加入了一个由控制门 G_3、G_4 构成的导引电路。其中，CP 是时钟脉冲；控制端 *R*、*S* 为信号输入端；$\overline{R_D}$、$\overline{S_D}$ 是直接复位端和直接置位端，它们不受时钟脉冲及 G_3、G_4 门的控制，一般在工作之初，首先使触发器处于某一给定状态，在工作过程中 $\overline{R_D}$、$\overline{S_D}$ 处于“1”态。

由图 7-4-1（a）可知，当 CP=0，G_3、G_4 门被封锁时，输入信号 *R*、*S* 不起作用，G_3、G_4 门输出均为 1。又因 $\overline{R_D}=1$、$\overline{S_D}=1$，输出不变，即 $Q^{n+1}=Q^n$。其中，Q^n 表示时钟正脉冲到来之前的状态，称为现态；Q^{n+1} 表示时钟脉冲到来之后的状态，称为次态。

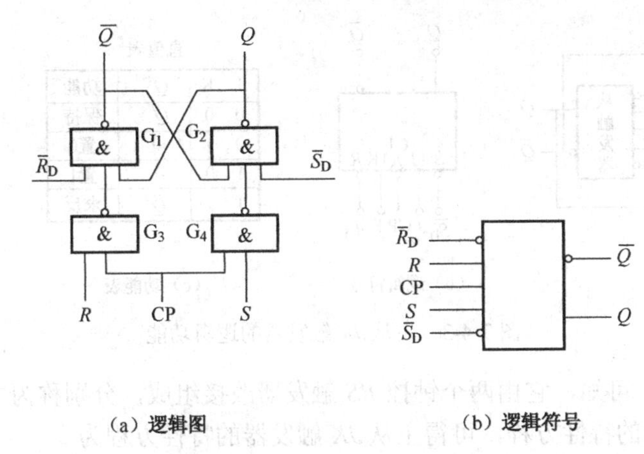

（a）逻辑图　　（b）逻辑符号

图 7-4-1　钟控 *RS* 触发器的结构

CP=1，G_3、G_4门打开，输入信号 *R*、*S* 起作用，经与非门 G_3、G_4 将 *R*、*S* 端的信号传送到基本 *RS* 触发器的输入端，触发器触发翻转。由于当 *R*=*S*=1 时，触发器为不定状态，因此在实际使用中应当避免出现这种情况。通过类似于基本触发器的分析，可得其功能表，见表 7-4-1。

表 7-4-1　钟控 RS 触发器的功能表

R	*S*	*Q*
0	1	置 1
1	0	置 0
1	1	不定
0	0	保持

根据功能表，钟控 *RS* 触发器的逻辑功能特征方程为

$$\begin{cases} Q^{n+1} = S + \overline{R}Q^n \\ RS = 0 \end{cases}$$

钟控 *RS* 触发器状态转换图和工作波形如图 7-4-2 所示。

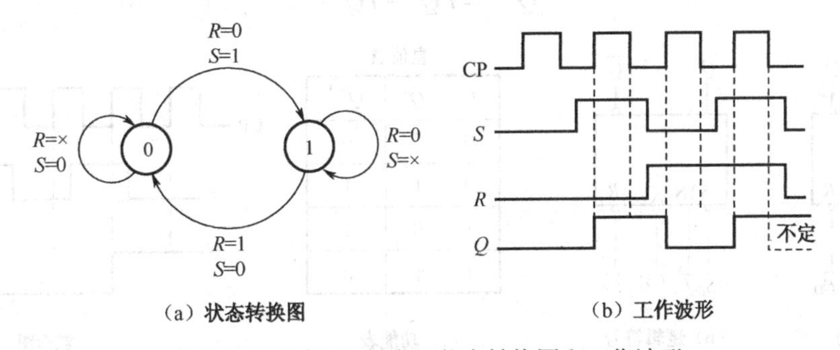

（a）状态转换图　　（b）工作波形

图 7-4-2　钟控 *RS* 触发器状态转换图和工作波形

3）*JK* 触发器

JK 触发器结构有多种。图 7-4-3 为主从 *JK* 触发器的逻辑功能。

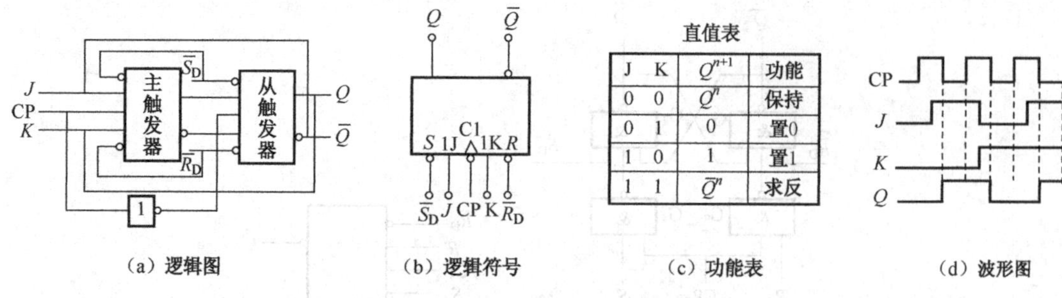

直值表

J	K	Q^{n+1}	功能
0	0	Q^n	保持
0	1	0	置0
1	0	1	置1
1	1	$\overline{Q^n}$	求反

（a）逻辑图　（b）逻辑符号　（c）功能表　（d）波形图

图 7-4-3　主从 *JK* 触发器的逻辑功能

由图 7-4-3（a）可知，它由两个钟控 *RS* 触发器改接组成，分别称为主触发器和从触发器。根据 *RS* 触发器的特性方程，可得主从 *JK* 触发器的特性方程为

$$Q^{n+1} = J\overline{Q^n} + \overline{K}Q^n$$

JK 触发器的工作分以下两步完成。

（1）当 CP=1 时，主触发器接收输入信号，*J*、*K* 变化一次，从触发器状态不变。

（2）当 CP 下跳时，将主触发器的状态送给从触发器输出。

在 *J*=*1*、*K*=1 的情况下，每一脉冲时钟到来时，触发器的状态发生翻转，与原状态相反，此时 *JK* 触发器具有计数功能。

由图 7-4-3（d）可见，主从 *JK* 触发器是在 CP 从 1 跳变为 0 时翻转的，称时钟脉冲下降沿触发。这种在时钟脉冲边沿触发的触发器称为边沿触发器，而由时钟脉冲的高电平或低电平触发的触发器（如 *RS* 触发器）称为电平触发器。在逻辑符号中，输入端处有“>”标记时表示边沿触发，下降沿触发再加小圆圈表示。边沿触发器能够避免电平触发器在计数时可能会发生“空翻”现象。

3．触发器应用举例

1）*T* 触发器

如果将 *JK* 触发器的 *J*=*K*=*T*，则可得到 *T* 触发器，如图 7-4-4 所示。由功能表得 *T* 触发器的特征方程：

$$Q^{n+1} = T\overline{Q^n} + \overline{T}Q^n$$

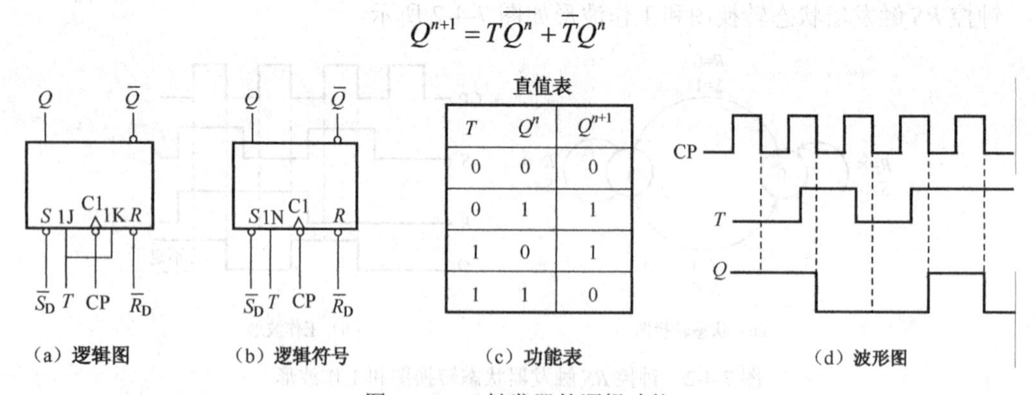

直值表

T	Q^n	Q^{n+1}
0	0	0
0	1	1
1	0	1
1	1	0

（a）逻辑图　（b）逻辑符号　（c）功能表　（d）波形图

图 7-4-4　*T* 触发器的逻辑功能

由图 7-4-4（d）可知，*T* 触发器的功能是 *T*=1 时，为计数状态；*T*=0 时，为得数状态。

2）*T′* 触发器

当 *T* 触发器的 *T*=1 时，每来一个 CP 脉冲，触发器的状态翻转一次，实现计数功能，这

就构成了 T' 触发器，又称为翻转触发器，其特征方程为

$$Q^{n+1}=\overline{Q^n}$$

T' 触发器也可由 D 触发器转换得到。

3）D 触发器

如图 7-4-5 所示为 D 触发器的逻辑功能。D 触发器是通过在 JK 触发器的输入端增加一些门电路来实现将控制信号直接加到 J 端，并同时通过非门加到 K 端，时钟脉冲 CP 经非门加到主从 JK 触发器的 CP 端，就构成了由上升沿触发的 D 触发器。它是一种应用很广的触发器。D 触发器的逻辑功能如下。

CP=0 时，触发器的状态不变。

当 CP 由 0 变 1 时，触发器翻转。

触发翻转后，在 CP=1 时输入信号被封锁。

在时钟脉冲到来之前，即 CP=0 时，触发器状态维持不变；当时钟脉冲到来后，即 CP=1 时，输出等于时钟脉冲到来之前的输入信号，即

$$Q^{n+1}=D$$

因此，D 触发器又称为数据锁存器。

D 触发器逻辑符号及波形图如图 7-4-5（b）、（d）所示。

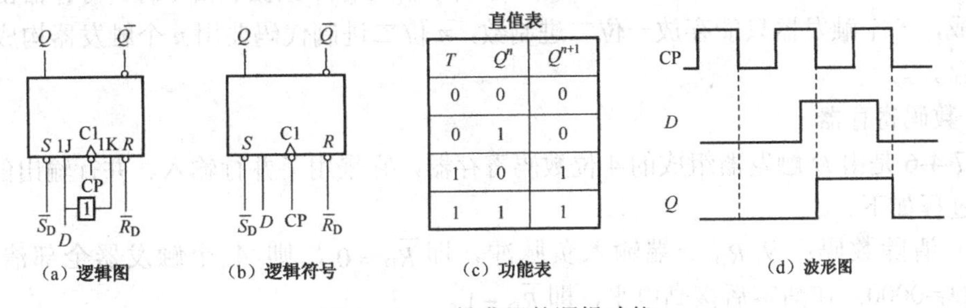

T	Q^n	Q^{n+1}
0	0	0
0	1	0
1	0	1
1	1	1

图 7-4-5　D 触发器的逻辑功能

4．触发器小结

（1）基本 RS 触发器及性质是触发器电路的基础。同步触发器是最简单的时钟触发器，因为具有空翻的缺点，所以适用性不强，但它是时钟触发器的组成部分。实用的集成时钟触发器有主从型、边沿触发型和主从边沿触发型（含维持阻塞结构）。它们的电路结构各不相同，各具有特点，但各种结构的电路都可以构成 RS、D、JK、T、T' 五种功能的触发器，而且这些功能可以相互转换。

（2）在使用触发器时，必须注意电路的功能及触发方式，这是分析时序逻辑电路的两个重要依据。

（3）电平触发的同步触发器有空翻现象，只能用在时钟脉冲高或低有效电平作用期间、输入信号不变的场合。

（4）边沿触发方式分上升沿、下降沿触发。边沿触发器无空翻，抗干扰能力强，但使用这种触发器时，对时钟脉冲的边沿要求严格，不允许其边沿时间过长，否则电路也将无法正常工作。

主从触发器也无空翻现象，但因采取双拍工作方式（TTL 主从触发器 CP=l 时主触发器动作；CP=0 时从触发器动作），主触发器可能误动作，所以抗干扰能力较弱。使用时，时钟

脉冲宽度要窄（即脉宽持续时间要短），并要求输入信号不得在主触发器存储信号阶段变化。

（5）触发器是构成寄存器、计数器、脉冲信号发生器、存储器等时序逻辑电路的基本单元电路，在有时序要求的控制系统中有大量的应用。

二、寄存器与锁存器

数字系统中，经常要求一次传送或储存多位二进制代码信息。为实现这一目的，可将几个触发器并行使用，组成“寄存器”或“锁存器”的逻辑电路。各个触发器（数据端）要传送或储存的数据是独立的，但共用一个控制信号。

集成数据寄存器、锁存器品种很多，下面主要介绍4位数码寄存器、4位左移位寄存器、8位寄存器74LS374和8位锁存器74LS373。

寄存器和锁存器都具有保存数据的功能，可以作为数据缓存器使用。但是寄存器是用同步时钟信号控制的，而锁存器则是用电位信号控制。除控制方式不同外，还与控制信号和数据之间的时间有关。如果数据提前于控制信号，并要求同步操作，可用寄存器来存放数据。若数据有效电平滞后于控制信号有效电平，则只能使用锁存器。

1. 寄存器

寄存器是一种重要的数字电路元器件，常用来暂时存放数据、指令等。寄存器由若干触发器组成，一个触发器只能存放一位二进制数，n位二进制代码要用n个触发器构成n位寄存器储存。

1）数码寄存器

图7-4-6是由D触发器组成的4位数码寄存器，它采用了并行输入、并行输出的方法，其工作过程如下。

（1）清除数码：从$\overline{R}_D$一端输入负脉冲，即$\overline{R}_D=0$，则4个触发器全部清零，即$Q_3Q_2Q_1Q_0$=0000。在清零后接高电平，即$\overline{R}_D=1$。

（2）寄存数码：当在CP上升沿时寄存器接收数码。假如要寄存一个$A_3A_2A_1A_0$=1101。将数码1101加到对应数码输入端，即$D_3D_2D_1D_0=A_3A_2A_1A_0$=1101。CP上升沿时，各触发器$Q^{n+1}=D$，则$Q_3Q_2Q_1Q_0=D_3D_2D_1D_0=A_3A_2A_1A_0$=1101。

（3）保存数码：当CP处于低电平，即CP=0时，各触发器处于保持状态，$Q_3Q_2Q_1Q_0$数值不变。当无输出信号时，即Q_{out}=0，$Q_3Q_2Q_1Q_0$被封锁，$Q_3'Q_2'Q_1'Q_0'$ =0000。

（4）输出数码：当Q_{out}=1时，输出的4个与门打开，$Q_3Q_2Q_1Q_0$输出，$Q_3'Q_2'Q_1'Q_0'=Q_3Q_2Q_1Q_0=A_3A_2A_1A_0$。

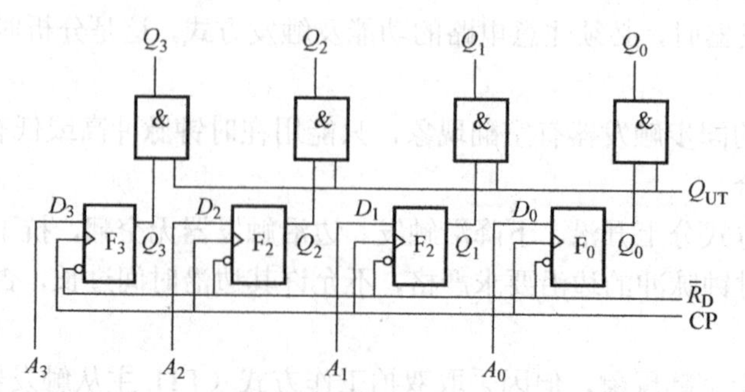

图7-4-6　由D触发器组成的4位数码寄存器

2）移位寄存器

移位寄存器不仅具有存放数码的功能，而且还有移位的功能。所谓移位就是每当一个时钟脉冲到来时，触发器的状态向左或向右移一位。

图 7-4-7 是由 JK 触发器组成的 4 位左移位寄存器。F_0 接成 D 触发器，数码由 D 端输入，其工作过程如下。

（1）清零：使 $\overline{R_D}=0$，各触发器为零，$Q_3Q_2Q_1Q_0$=0000。

（2）移位操作：使 R_D=1，从 D 端串行输入 4 位二进制数，$A_3A_2A_1A_0$（1101）。在 CP 脉冲作用下，数码移入寄存器中。

（3）输出：若从 4 个触发器的 $Q_3Q_2Q_1Q_0$ 端输出则为并行输出。如果再输入 4 个脉冲，4 个数字依次从 Q_3 端出，则可串行输出。

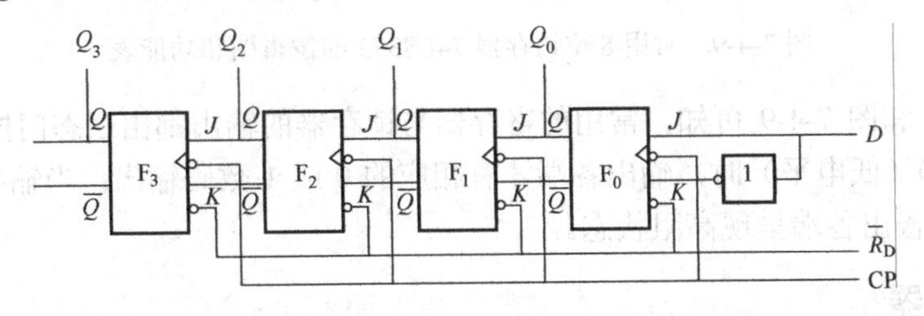

图 7-4-7　由 JK 触发器组成的 4 位左移位寄存器

左移位寄存器状态表见表 7-4-2。

表 7-4-2　左移位寄存器状态表

移位脉冲个数	移位寄存器状态				工作过程
	Q_3	Q_2	Q_1	Q_0	
0	0	0	0	0	清零
1	0	0	0	1	左移 1 位
2	0	1	1	0	左移 2 位
3	1	1	0	0	左移 3 位
4	1	0	0	1	左移 4 位

常用 8 位寄存器 74LS374 的逻辑图和功能表如图 7-4-8 所示。

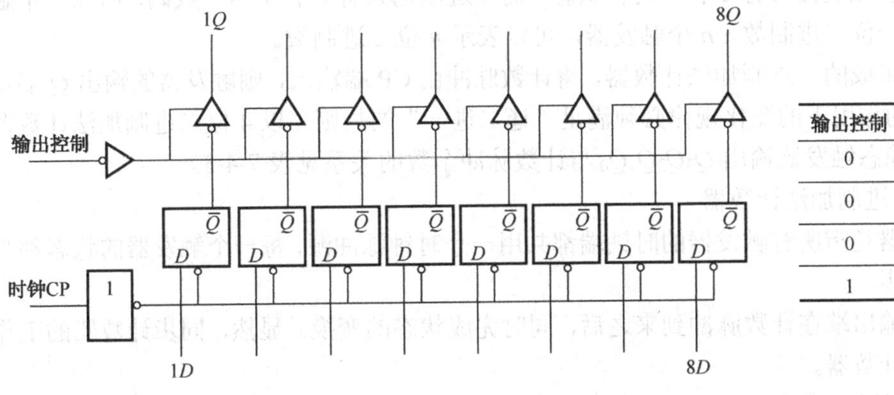

功能表

输出控制	CP	D	输出
0	↑	1	1
0	↑	0	0
0	0	×	Q'
1	×	×	高阻

图 7-4-8　常用 8 位寄存器 74LS374 的逻辑图和功能表

2. 数据锁存器

常用 8 位锁存器 74LS373 的逻辑图和功能表如图 7-4-9 所示。

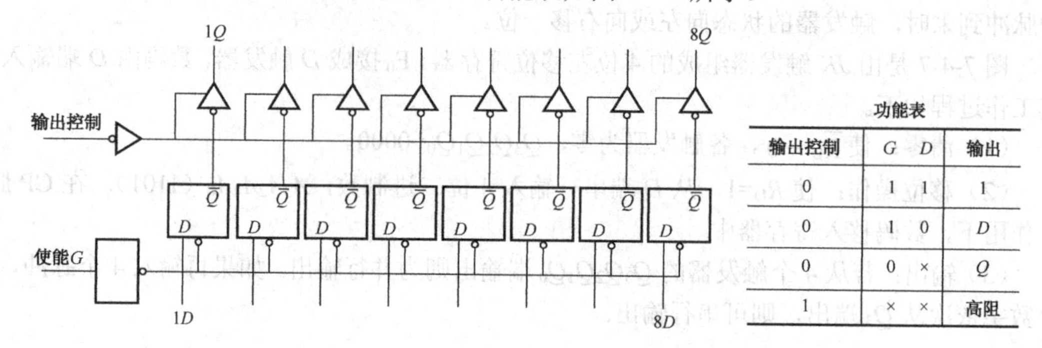

输出控制	G	D	输出
0	1	1	1
0	1	0	D
0	0	×	Q
1	×	×	高阻

图 7-4-9　常用 8 位锁存器 74LS373 的逻辑图和功能表

由图 7-4-8 和图 7-4-9 可知，常用的寄存器与锁存器的输出都由三态门控制，只有在输出控制信号为 0（低电平）时，输出各端才有相应的 0 或 1 数码输出；当输出控制信号为 1（高电平）时，输出各端呈现高阻状态。

三、计数器

在数字电路和计算机中，计数器是最基本的部件之一，它能累计输入脉冲的个数。当输入脉冲的频率一定时，又可作为定时器使用。计数器可以进行加法计数，也可以进行减法计数。以进位制来分，有二进制计数器、十进制计数器等。

计数器的功能：记忆输入脉冲的个数，用于定时、分频、产生节拍脉冲及进行数字运算等。

计数器的分类：同步计数器和异步计数器；加法计数器、减法计数器和可逆计数器；有时也用计数器的计数容量（或称模数 M）来区分各种不同的计数器，如二进制计数器、十进制计数器、二－十进制计数器等。

下面以同步计数器、异步计数器及中规模集成计数器为例，分析计数器电路的工作原理，了解其应用问题。

1. 二进制计数器

由于双稳态触发器具有 0 和 1 两种状态，而二进制也只有 0 和 1 两个数码，所以一个触发器可以代表一位二进制数。n 个触发器，可以表示 n 位二进制数。

由触发器组成的二进制加法计数器，将计数脉冲由 CP 端输入，则触发器的输出 Q 端在每个 CP 脉冲的作用下的变化规律必须满足“逢二进一”的规则。以 4 位二进制加法计数器为例，4 个双稳态触发器输出 $Q_3Q_2Q_1Q_0$ 与计数脉冲个数的关系见表 7-4-3。

1）同步二进制加法计数器

同步计数器是指所有触发器的时钟端都共用一个时钟脉冲源，每一个触发器的状态都与该时钟脉冲同步。

计数器的输出端在计数脉冲到来之后，同时完成状态的变换。显然，同步计数器的工作速度高于异步计数器。

JK 触发器的特征方程：

$$Q^{n+1} = J\overline{Q^n} + \overline{K}Q^n$$

驱动方程：

$$J_0=K_0=1；J_1=K_1=Q_0；J_2=K_2=Q_1Q_0；J_3=K_3=Q_2Q_1Q_0$$

状态方程：

$$Q_0^{n+1}=\overline{Q_0^n}，Q_1^{n+1}=Q_0\overline{Q_1^n}+\overline{Q_0}Q_1^n，Q_2^{n+1}=Q_1Q_0\overline{Q_2^n}+\overline{Q_1Q_0}Q_2^n，Q_3^{n+1}=Q_2Q_1Q_0\overline{Q_3^n}+\overline{Q_2Q_1Q_0}Q_3^n$$

二进制加法计数器状态表见表 7-4-3。

表 7-4-3 二进制加法计数器状态表

计数脉冲数	二进制数				十进制数
	Q_3	Q_2	Q_1	Q_0	
0	0	0	0	0	0
1	0	0	0	1	1
2	0	0	1	0	2
3	0	0	1	1	3
4	0	1	0	0	4
5	0	1	0	1	5
6	0	1	1	0	6
7	0	1	1	1	7
8	1	0	0	0	8
9	1	0	0	1	9
10	1	0	1	0	10
11	1	0	1	1	11
12	1	1	0	0	12
13	1	1	0	1	13
14	1	1	1	0	14
15	1	1	1	1	15
16（进位）	0	0	0	0	0

由表 7-4-3 可得，4 位同步二进制加法计数器的各触发器 J、K 端满足以下逻辑关系：

第 1 位触发器 F_0，每来一个计数脉冲翻转一次，$J_0=K_0=1$；

第 2 位触发器 F_1，在 $Q_0=1$ 时，再来一个计数脉冲翻转一次，$J_1=K_1=Q_0$；

第 3 位触发器 F_2，在 $Q_1=Q_0=1$ 时，再来一个计数脉冲翻转一次，$J_2=K_2=Q_1Q_0$；

第 4 位触发器 F_3，F_3 在 $Q_2=Q_1=Q_0=1$ 时，再来一个计数脉冲翻转一次，$J_3=K_3=Q_2Q_1Q_0$。

由此可得，由 4 位 JK 触发器构成的 4 位同步二进制计数器如图 7-4-10 所示。

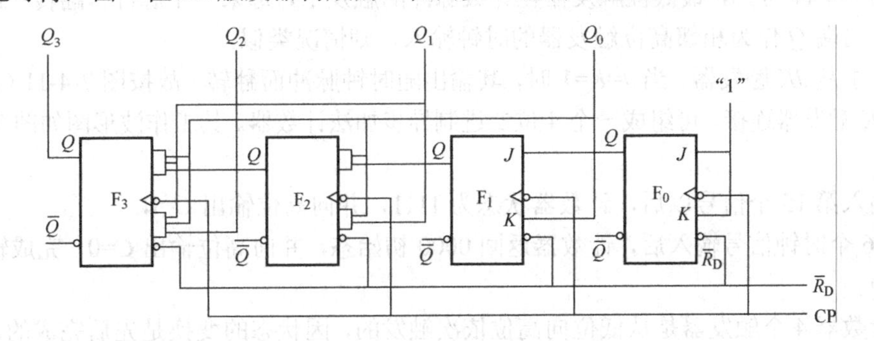

图 7-4-10 4 位同步二进制计数器

2）异步二进制加法计数器

异步计数器是指各触发器的触发信号不是来自同一个时钟脉冲源，或者说各触发器不是同时触发的计数器。

异步计数器是把时钟信号当作触发器的输入信号来处理。因为，只有触发器具备时钟触发信号，其次态才满足特征方程，而没有时钟触发信号的触发器将保持原来状态不变。

各触发器的时钟信号表达式：

$$\mathrm{CP}_0=\mathrm{CP}，\mathrm{CP}_1=Q_0，\mathrm{CP}_2=Q_1，\mathrm{CP}_3=Q_2。$$

时钟信号引入触发器的特征方程：

$$Q_i^{n+1}=\overline{Q_i^n}\quad \mathrm{CP}_i=Q_{i-1}\ （i=1，2，3）$$

最终，它们都是通过状态表和状态图来分析说明电路的逻辑功能。异步二进制加法计数器和工作波形如图 7-4-11 所示。

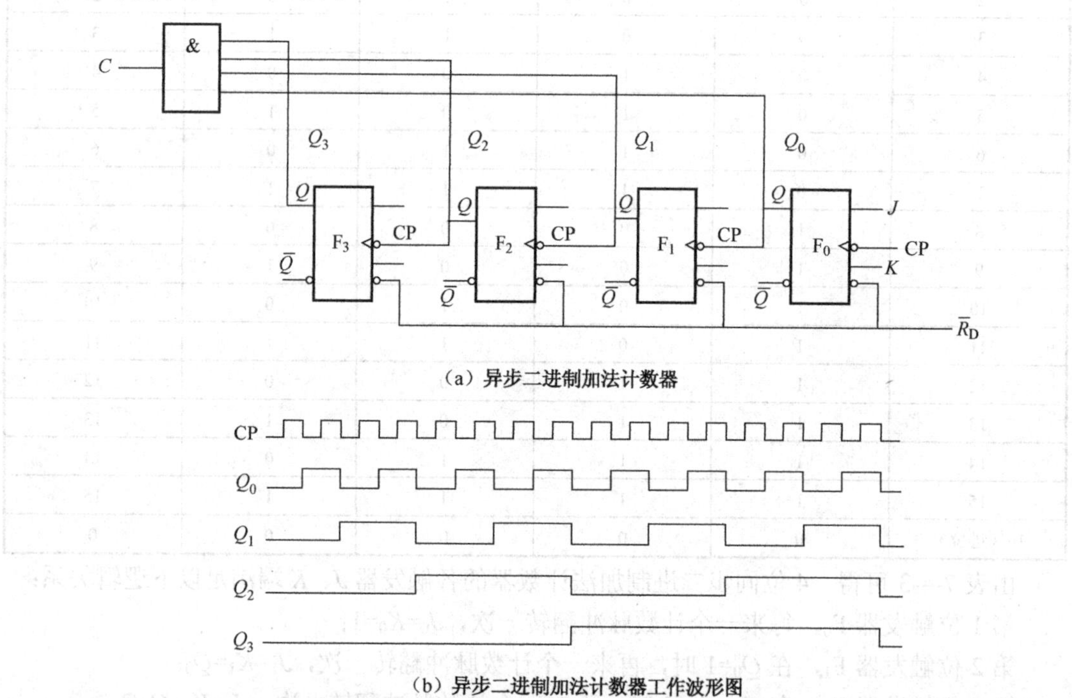

（a）异步二进制加法计数器

（b）异步二进制加法计数器工作波形图

图 7-4-11　异步二进制加法计数器和工作波形

由图 7-4-11 可知，最低位触发器在计数脉冲的触发下，每来一个脉冲，翻转一次。而若把低位输出端 Q 作为相邻高位触发器的时钟输入，则情况类似。

对于主从 JK 触发器，当 J=K=1 时，其输出随时钟脉冲而翻转。故按图 7-4-11（a）所示，将 4 个 JK 触发器连接，可组成一个 4 位二进制异步加法计数器。其工作波形图如图 7-4-9（b）所示。

当输入第 15 个信号以后，计数器状态为 1111，并向高位输出 C=l，

第 16 个时钟信号输入后，计数器返回 0000 初始态，并向高位输出 C=0，完成输出一个进位脉冲。

该计数器 4 个触发器是从低位向高位依次触发的，因状态的变换是先后完成的，故称为异步计数器。

2. 十进制计数器

为符合人们的日常习惯，常常在某些场合采用十进制计数器。若用 8421 BCD 码表示十进制数，计数时，在计数器为 1001（9）之后，再来一个脉冲应变为 0000，即每 10 个脉冲循环一次。

JK 触发器的特征方程：

$$Q^{n+1}=J\overline{Q^n}+\overline{K}Q^n$$

驱动方程：

$$J_0=K_0=1;\ J_1=Q_0\overline{Q_3},\ K_1=Q_0;\ J_2=K_2=Q_1Q_0;\ J_3=Q_2Q_1Q_0,\ K_3=Q_0$$

状态方程：

$$Q_0^{n+1}=\overline{Q_0^n},\quad Q_1^{n+1}=Q_0\overline{Q_3}\overline{Q_1}^n+\overline{Q_0}Q_1^n,\quad Q_2^{n+1}=Q_1Q_0\overline{Q_2^n}+\overline{Q_1Q_0}Q_2^n,$$

$$Q_3^{n+1}=Q_2Q_1Q_0\overline{Q_3^n}+\overline{Q_0}Q_3^n$$

同步十进制加法计数器的各组成触发器 *J*、*K* 端逻辑关系如下：

第 1 位触发器 F_0，每来一个计数脉冲翻转一次，$J_0=K_0=1$；

第 2 位触发器 F_1，在 $Q_0=1$ 时，再来一个计数脉冲翻转一次，而在 $Q_3=1$ 时不得翻转 $J_1=Q_0\overline{Q_3}$，$K_1=Q_0$；

第 3 位触发器 F_2，在 $Q_1=Q_0=1$ 时，再来一个计数脉冲翻转一次，$J_2=K_2=Q_1Q_0$；

第 4 位触发器 F_3，在 $Q_2=Q_1=Q_0=1$ 时，再来一个计数脉冲翻转一次，且第 10 个脉冲时应由“1”翻转为“0”，$J_3=Q_2Q_1Q_0$，$K_3=Q_0$。

同步十进制加法计数器逻辑图和工作波形图如图 7-4-12 所示。

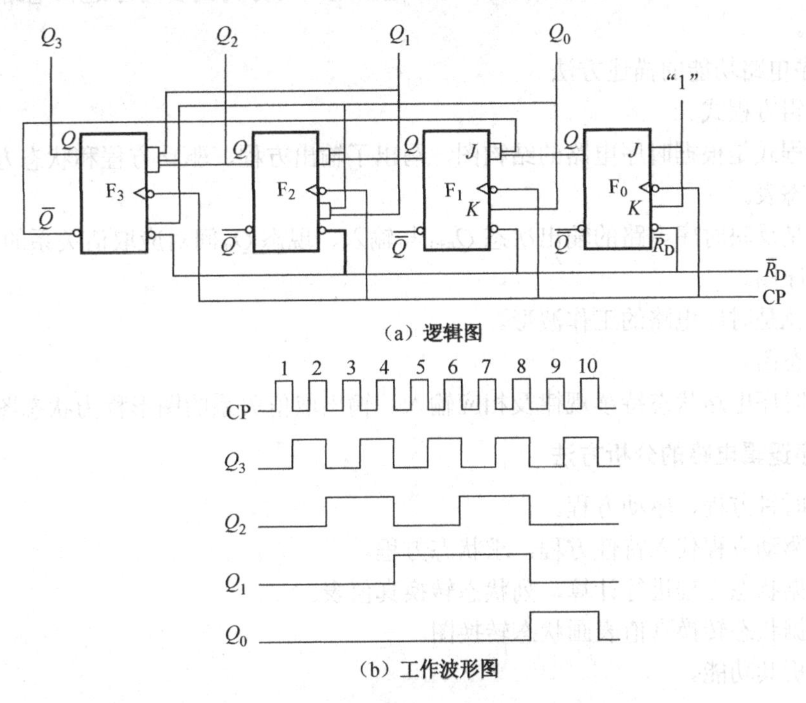

（a）逻辑图

（b）工作波形图

图 7-4-12　同步十进制计数器逻辑图和工作波形图

通常构成相同模数的计数器，采用异步方式的电路比采用同步方式的电路结构简单。但异步计数器相对工作速度较低，因为异步计数器的各级触发器是以串行方式连接的，最终输出状态取决于各级触发器传输延迟时间之和，所以在高速数字系统，大都采用同步时序方式；另外，因为是异步触发或控制信号的时序不同，使得异步时序电路在电路状态译码期间，会出现竞争—冒险现象，这在具体应用中应该引起注意。

计数器除了原本的计数功能外，还常用于构成脉冲分配器和脉冲序列信号发生器。所谓脉冲分配器是指将输入脉冲经过计数、译码，把输入脉冲的分频信号分别送到各路输出的逻辑电路，它是一种多信号输出电路。所谓序列信号发生器通常由移位寄存计数器构成，是用来产生规定的串行脉冲序列信号的逻辑电路，它是一种单信号输出电路。脉冲分配器和序列信号发生器在计算机系统和通信系统中有广泛的应用。

四、时序逻辑电路小结

1．时序逻辑电路的特征

1）时序逻辑电路的结构与特点

由于时序逻辑电路的基本单元是触发器。因此，时序逻辑电路任一时刻的输出状态不仅与当前的输入信号有关，还与电路原来的状态有关。故其电路结构具有以下特点。

（1）时序电路由组合逻辑电路和存储电路组成。

（2）存储电路输出的状态必须反馈到输入端，与输入信号一起共同控制组合电路的输出。

2）时序逻辑电路的分类

根据电路中触发器的状态变化特点，时序逻辑电路可分为同步时序逻辑电路和异步时序电路两大类。

3）时序电路功能的描述方法

（1）逻辑方程式。

逻辑方程式是根据时序电路的结构图，写出了输出方程、驱动方程和状态方程。

（2）状态表。

状态表是反映时序电路的输出次态 Q_{n+1} 与输入、现态 Q_n 间对应取值关系的表格。

（3）时序图。

时序表就是时序电路的工作波形。

（4）状态图。

能反映时序电路状态持续规律及相应输入、输出取值关系的图形称为状态图。

2．时序逻辑电路的分析方法

（1）求时钟方程、驱动方程。

（2）将驱动方程代入特性方程，求状态方程。

（3）根据状态方程进行计算，列状态转换真值表。

（4）根据状态转换真值表画状态转换图。

（5）分析其功能。

3．应用举例

例题：分析图 7-4-13 时序逻辑电路的功能。

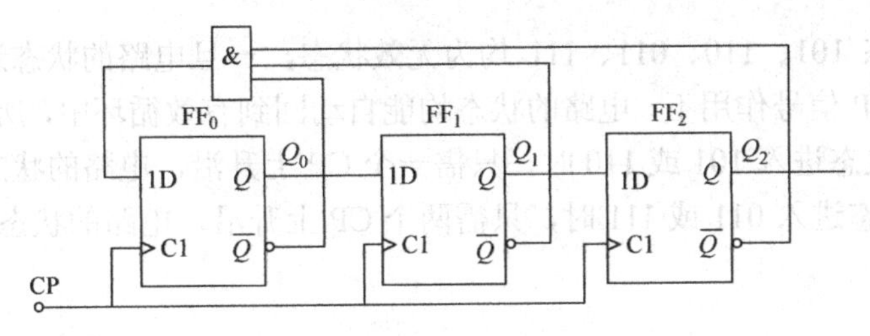

图 7-4-13 例题逻辑图

解：

（1）求时钟方程、驱动方程。

时钟方程：$CP_3=CP_2=CP_3=CP$ （同步时序电路）

驱动方程：$D_0=\overline{Q_2^n}\ \overline{Q_1^n}\ \overline{Q_0^n}$ $D_1=Q_0^n$ $D_2=Q_1^n$

（2）将驱动方程代入特性方程，得状态方程：

$$Q_2^{n+1}=D_2=Q_1^n \quad Q_1^{n+1}=D_1=Q_0^n \quad Q_0^{n+1}=D_0=\overline{Q_2^n}\ \overline{Q_1^n}\ \overline{Q_0^n}$$

（3）根据状态方程进行计算，列状态转换真值表。

依次设定电路的现态 $Q_2Q_1Q_0$，代入状态方程计算，得到次态，见表 7-4-4。

表 7-4-4 状态转换真值表

计数脉冲 CP	Q_2^n	Q_1^n	Q_0^n	Q_2^{n+1}	Q_1^{n+1}	Q_0^{n+1}
↑	0	0	0	0	0	1
↑	0	0	1	0	1	0
↑	0	1	0	1	0	0
↑	0	1	1	1	1	0
↑	1	0	0	0	0	0
↑	1	0	1	0	1	0
↑	1	1	0	1	0	0
↑	1	1	1	1	1	0

（4）根据状态转换真值表画状态转换图，如图 7-4-14 所示。

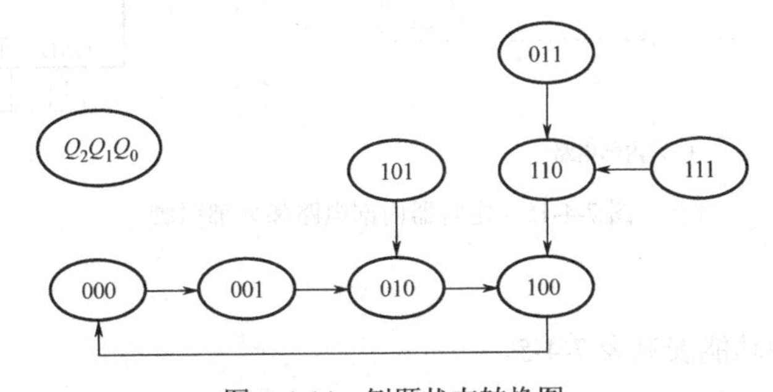

图 7-4-14 例题状态转换图

（5）功能分析。

电路有 4 个有效状态，4 个无效状态，为四进制加法计数器，能自启动。所谓自启动是指当电路的状态进入无效状态时，在 CP 信号作用下，电路能自动回到有效循环中，称电路能自启动，否则称电路不能自启动。

上例中，状态 101、110、011、111 均为无效状态，一旦电路的状态进入其中任意一个无效状态时，在 CP 信号作用下，电路的状态均能自动回到有效循环中，所以电路能自启动。例如，若电路的状态进入 101 或 110 时，只需一个 CP 上升沿，电路的状态就能回到 010 或 100；若电路的状态进入 011 或 111 时，只需两个 CP 上升沿，电路的状态就能回到 100。

知识拓展

一、555 定时器功能分析

555 集成定时器是一种多用途的数字—模拟混合集成电路，它具有使用灵活、适用范围广的特点，它只需外接少量几个阻容元器件就可以组成各种不同用途的脉冲电路，如多谐振荡器、单稳态电路和施密特触发器等。除此之外，555 集成定时器在测量与控制、仪器仪表、声响报警、家用电器、电子玩具等许多领域中都得到了应用。

555 集成定时器产品型号繁多，但所有双极性产品型号最后的 3 位数码都是 555，所有 CMOS 产品最后的 4 位数码都是 7555，而且，它们的外部引脚排列和功能都相同。

1. 555 定时器的电路组成

定时器内部电路和外部引脚如图 7-4-15 所示。

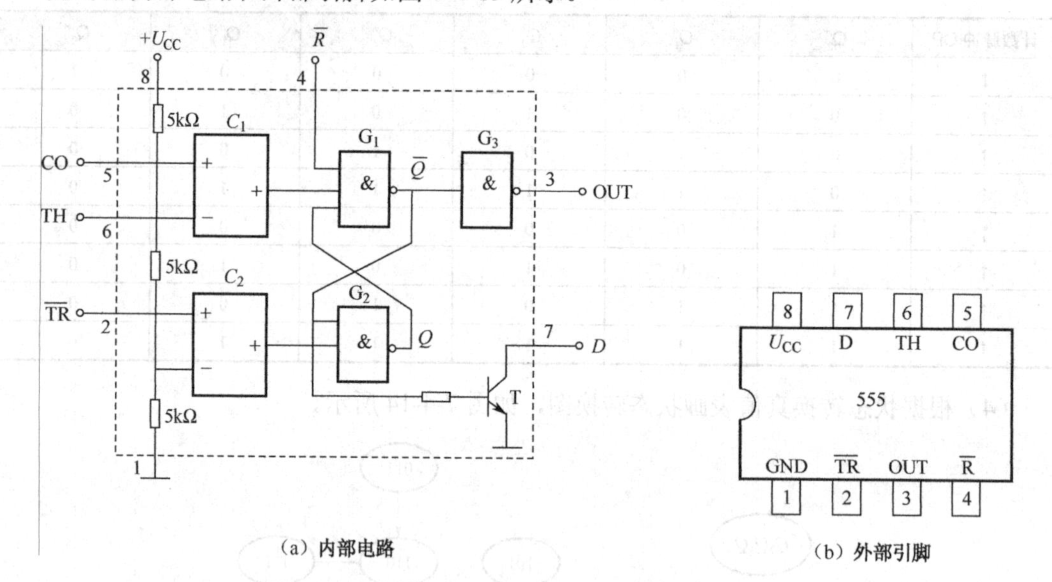

（a）内部电路　　（b）外部引脚

图 7-4-15　定时器内部电路和外部引脚

2. 引脚功能表

555 定时器引脚功能表见表 7-4-5。

表 7-4-5　555 定时器引脚功能表

序号	标号	功能描述
1	GND	接地端
2	$\overline{TR}$	低电平触发端

续表

序号	标号	功能描述
3	OUT	输出端
4	$\overline{R}$	复位端
5	CO	控制端
6	TH	阈值输入端
7	D	放电端
8	U_{CC}	电源端
注：电源工作电压范围 4.5～16V		

3. 基本功能表

555 定时器基本功能表见表 7-4-6。

表 7-4-6 555 定时器基本功能表

$\overline{R}$	TH	$\overline{TR}$	OUT	VT
0	任意	任意	0	导通
1	大于 $2/3U_{CC}$	大于 $1/3U_{CC}$	0	导通
1	小于 $2/3U_{CC}$	大于 $1/3U_{CC}$	保持原状态	保持原状态
1	小于 $2/3U_{CC}$	小于 $1/3U_{CC}$	1	截止
1	大于 $2/3U_{CC}$	小于 $1/3U_{CC}$	1	截止
说明：VT 导通，为电路提供了放电通道；VT 截止，将堵塞放电通道				

4. 555 定时器的应用——多谐振荡器

多谐振荡器具有两个暂稳态，它无须外加触发信号，就可在两个暂稳态之间自动转换，产生一定频率和一定带宽的矩形脉冲。多谐振荡器经常用作脉冲信号发生器。下面介绍用 555 定时器构成的多谐振荡器。

用电路仿真软件对多谐振荡器进行仿真，如图 7-4-16 所示。

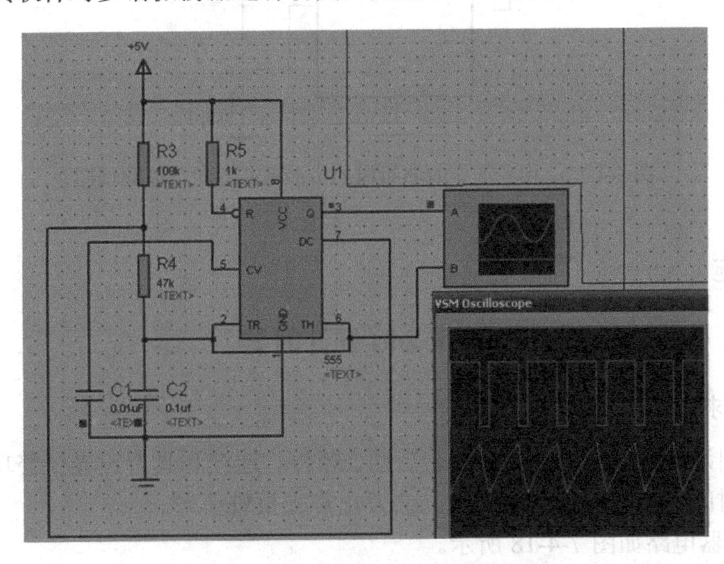

图 7-4-16 多谐振荡器的模拟仿真

从波形图可知：电路无须外加输入信号，可自行产生振荡脉冲。电路有两个暂态，一个暂态是555定时器输出高电平，VT截止，电容进行充电的过程。另一个暂态是当电容充电到其两端电压 u_c 大于或等于 $2/3U_{CC}$ 时，555定时器输出转换为低电平，VT导通，电容放电。

当电容电压下降到小于或等于 $1/3U_{CC}$ 时，555定时器输出又变为高电平，VT截止，电容重新开始充电，回到前一次暂态，重复上述过程，形成振荡脉冲。

二、功能测试

1. 555电路的功能测试

（1）按照所给电路图在逻辑仪上进行元器件的合理布局设计。

（2）根据电路图正确连接电路。

2. 由555定时器组成的多谐振荡器的功能测试

（1）按图7-4-16所示进行模拟仿真，观察输出波形。

（2）在仿真电路上通过改变电容，来观察输出波形变化。

（3）通过观察得出相应的结论。

（4）在逻辑测试仪上按照图7-4-17连接电路，在已经连接好的实际电路上，用示波器测量 u_o 波形，分别读出 T、t_{w1}、t_{w2} 并与理论值对比，计算矩形波频率。

理论计算公式为 $t_{w1}=0.7(R_1+R_2)C$，$t_{w2}=0.7R_2C$，$T=0.7(R_1+2R_2)C$。

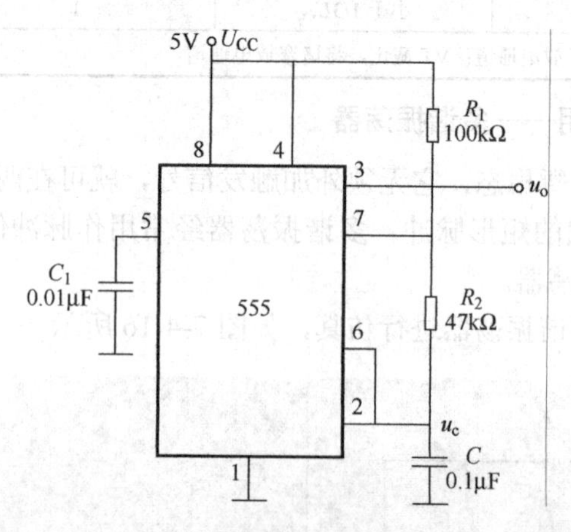

图7-4-17　由555定时器组成的多谐振荡器的功能测试图

制作24s倒计时器

1. 任务要求

制作24s倒计时器，可以直接清零、启动、暂停、连续和具有声光报警功能，同时用七段数码管显示时间，当计时器减到零时，会发出声光报警信号。

24s倒计时器电路如图7-4-18所示。

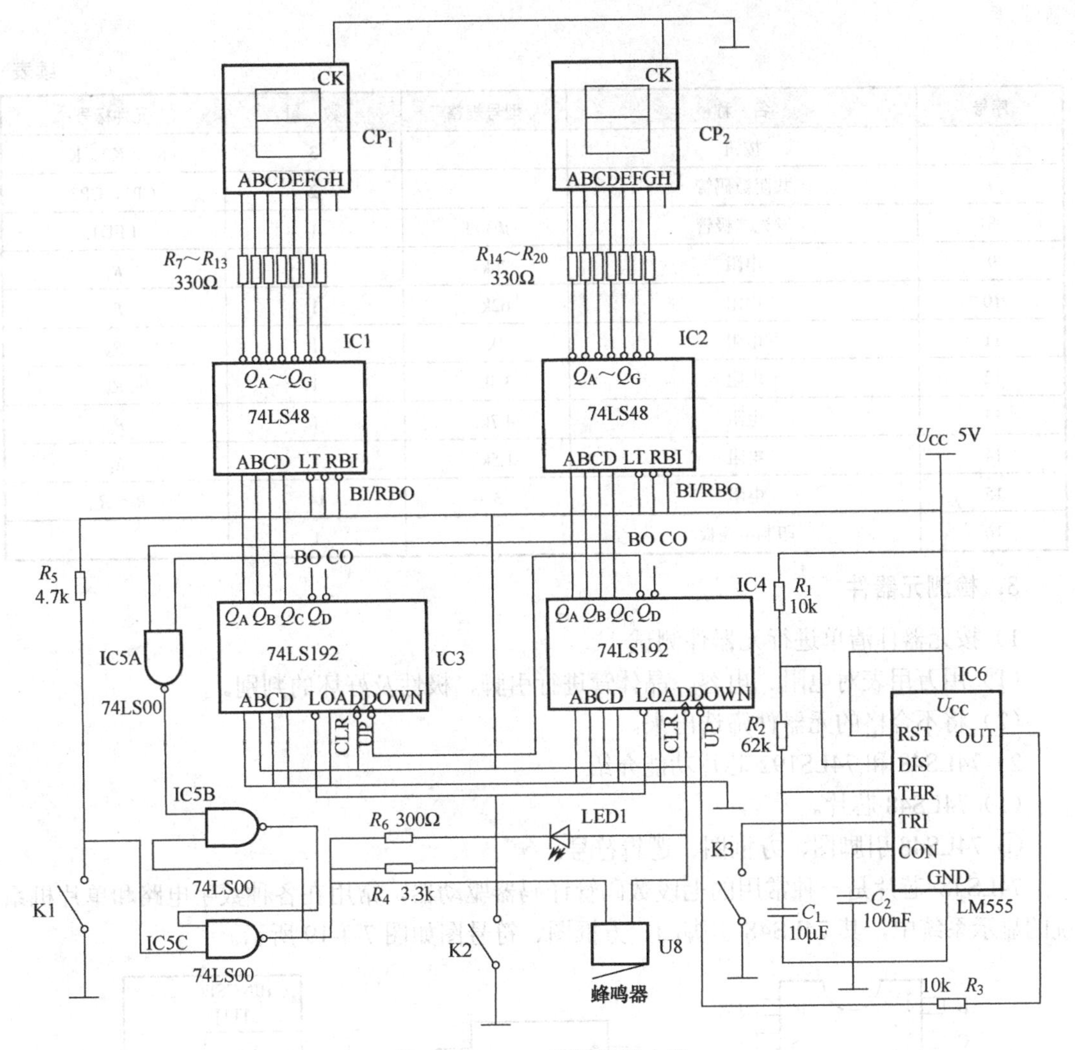

图 7-4-18　24s 倒计时器电路

2．准备工具和元器件

1）测试设备

数字万用表 1 块、30W 电烙铁 1 只等工具；万能线路板 1 块、LM358、BTA16-800 等元器件。

2）元器件清单

24s 倒计时器电路元件清单见表 7-4-7。

表 7-4-7　24s 倒计时器电路元件清单

序号	名　称	型号规格	数　量	元件标号
1	BCD-7 段译码器	74LS48	2	IC1、IC2
2	可预置 BCD 可逆计时器	74LS192	2	IC3、IC4
3	2 输入端四与非门	74LS00	1	IC5
4	555 定时器	LM555	1	IC6
5	蜂鸣器		1	U8

续表

序号	名　称	型号规格	数　量	元件标号
6	按钮		3	K1、K2、K3
7	共阴数码管		2	CP1、CP2
8	发光二极管	Φ3 红	1	LED1
9	电阻	20k	1	R_1
10	电阻	62k	1	R_2
11	电阻	1k	1	R_3
12	电阻	3.3k	1	R_4
13	电阻	4.7k	1	R_5
14	电阻	1.5k	1	R_6
15	电阻	330	14	R_7～R_{20}
16	印制电路板		1	

3．检测元器件

1）按元器件清单进行元器件测试

（1）用万用表对电阻、电容、晶体管进行引脚、极性及好坏的判别。

（2）将不合格的元器件筛选出来。

2）74LS48 和 74LS192 芯片功能介绍

（1）74LS48 芯片。

① 74LS48 引脚图、方框图、逻辑符号。

74LS48 芯片是一种常用的七段数码管译码器驱动器，常用在各种数字电路和单片机系统的显示系统中，其 74LS48 引脚图、方框图、符号图如图 7-4-19 所示。

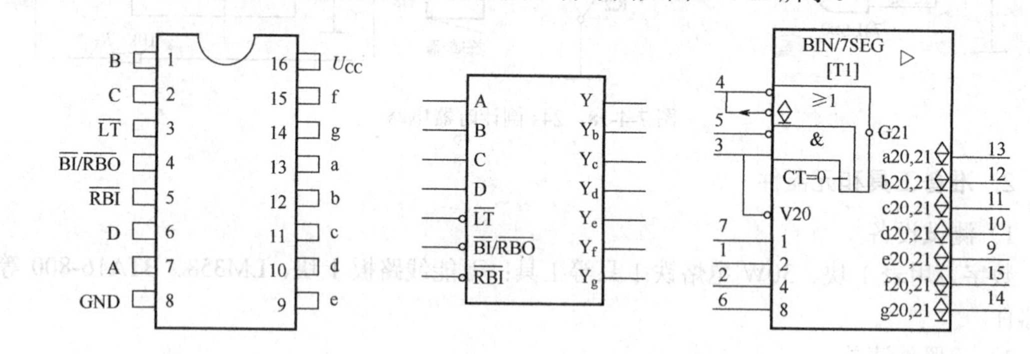

图 7-4-19　74LS48 引脚图、方框图、符号图

② 74LS48 功能表。

74LS48 功能表见表 7-4-8。

表 7-4-8　74LS48 功能表

十进制或功能	输入						$\overline{BI}/\overline{RBO}$	输出						
	$\overline{LT}$	$\overline{RBI}$	A_3	A_2	A_1	A_0		Y_a	Y_b	Y_c	Y_d	Y_e	Y_f	Y_g
0	1	1	0	0	0	0	1	1	1	1	1	1	1	0
1	1	×	0	0	0	1	1	0	1	1	0	0	0	0

续表

十进制或功能	输入						$\overline{BI}/\overline{RBO}$	输出						
	$\overline{LT}$	$\overline{RBI}$	A_3	A_2	A_1	A_0		Y_a	Y_b	Y_c	Y_d	Y_e	Y_f	Y_g
2	1	×	0	0	1	0	1	1	1	0	1	1	0	1
3	1	×	0	0	1	1	1	1	1	1	1	0	0	1
4	1	×	0	1	0	0	1	0	1	1	0	0	1	1
5	1	×	0	1	0	1	1	1	0	1	1	0	1	1
6	1	×	0	1	1	0	1	0	0	1	1	1	1	1
7	1	×	0	1	1	1	1	1	1	1	0	0	0	0
8	1	×	1	0	0	0	1	1	1	1	1	1	1	1
9	1	×	1	0	0	1	1	1	1	1	0	0	1	1
10	1	×	1	0	1	0	1	0	0	0	1	1	0	1
11	1	×	1	0	1	1	1	0	0	1	1	0	0	1
12	1	×	1	1	0	0	1	0	1	0	0	0	1	1
13	1	×	1	1	0	1	1	1	0	0	1	0	1	1
14	1	×	1	1	1	0	1	0	0	0	1	1	1	1
15	1	×	1	1	1	1	1	0	0	0	0	0	0	0
灭灯 $\overline{BI}$	×	×	×	×	×	×	0	0	0	0	0	0	0	0
灭零 $\overline{RBI}$	1	0	0	0	0	0	0	0	0	0	0	0	0	0
试灯 $\overline{LT}$	0	×	×	×	×	×	1	1	1	1	1	1	1	1

③ 74LS48 功能描述。

正常译码显示：只要灭灯输入信号（$\overline{BI}$/RBO）和试灯输入信号（$\overline{LT}$）为高电平（$\overline{BI}$/RBO 也可悬空，下同），就可对输入为十进制数 1～15 的二进制码（0001～1111）进行译码，产生显示 1～15 所需的七段显示码（其中 10～15 用特殊符号显示）。如果 $\overline{LT}$、$\overline{RBI}$ 和 $\overline{BI}$/RBO 均为高电平，则译码器对输入十进制数 0 的二进制码（0000）进行译码。

灭灯输入：当灭灯输入（$\overline{BI}$）直接接低电平时，不管其他各输入端为何状态，各段输出 $Y_a \sim Y_g$ 均为低电平，数码管所有发光段均熄灭。不需要显示时，利用这一功能使数码管熄灭，可以降低显示系统的功耗。

灭零输入：当灭零输入（$\overline{RBI}$）和 A_3、A_2、A_1、A_0 输入端为低电平，而试灯测试输入（$\overline{LT}$）为高电平时，所有各段输出 $Y_a \sim Y_g$ 均为低电平，使数码管全灭，不显示 0 字形，同时灭零输出（$\overline{RBO}$）变为低电平（响应条件），用以指示译码器正处于灭零状态。

试灯测试功能：当试灯测试输入（$\overline{LT}$）加入低电平，并且 $\overline{BI}/\overline{RBO}$ 端为开路或保持高电平时，所有各段输出 $Y_a \sim Y_g$ 均为高电平，数码管显示数字“8”。利用这一功能可用来检查 74LS48 和数码管 7 个发光段的好坏。

$\overline{BI}/\overline{RBO}$ 是线与逻辑，作为灭灯输入（$\overline{BI}$）或灭零输出（$\overline{RBO}$）之用，或兼作两者之用。

（2）74LS192 芯片。

① 74LS192 引脚图、方框图、逻辑符号。

74LS192 芯片是双时钟方式的十进制可逆计数器（BCD 二进制）。74LS192 的引脚和逻辑符号如图 7-4-20 所示。

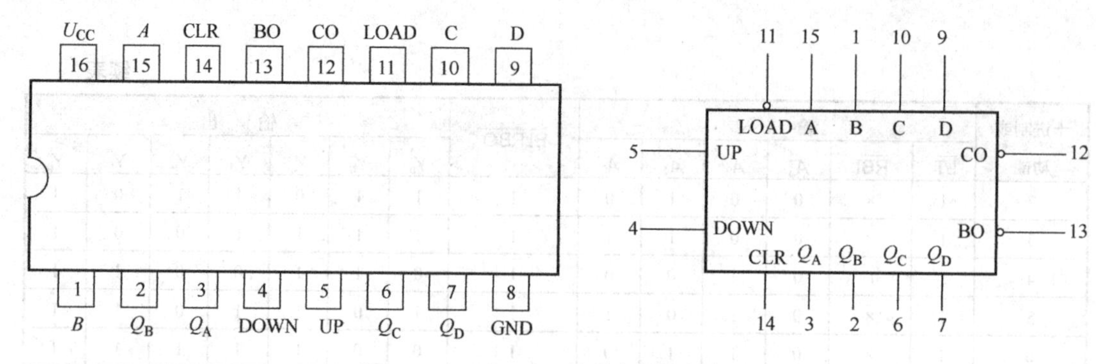

图 7-4-20 74LS192 的引脚和逻辑符号

② 74LS192 功能表。

74LS192 功能表见表 7-4-9。

表 7-4-9 74LS192 功能表

输入								输出			
CLR	$\overline{LOAD}$	DOWN	UP	D	C	B	A	Q_D	Q_C	Q_B	Q_A
1	×	×	×	×	×	×	×	0	0	0	0
0	0	×	×	d	c	b	a	d	c	b	a
0	1		1	×	×	×	×	加计数			
0	1	1		×	×	×	×	减计数			

③ 74LS192 功能描述。

DOWN 为加计数时钟输入端，UP 为减计数时钟输入端。

LOAD 为预置输入控制端，异步预置。

CLR 为复位输入端，高电平有效，异步清除。

CO 为进位输出，1001 状态后负脉冲输出，

BO 为借位输出，0000 状态后负脉冲输出。

4．制作倒计时器

1）制作步骤

（1）根据电路原理图对照印制电路板装配图进行识读，找出各个元器件所在位置。

（2）按元器件清单清点元器件，使用万用表进行质量检测。对发光二极管和蜂鸣器的引脚进行判别，并对按钮引脚和好坏特性进行测定。

（3）按照工艺要求进行元器件的预加工成形。根据装配图和插件规范，将各元器件按其在印制电路板上布设位置进行安装。

（4）进行元器件正确焊接，印制电路板的焊接质量要满足工艺要求。

（5）可按功能分步调试。

① 调试秒脉冲电路，用示波器观察波形，并测定周期，K3 控制秒脉冲输出（即计数暂停）。

② 调试译码显示电路。

③ 调试倒计时电路的预置 24s 倒计时功能。

④ K1 启动控制、K2 手动复位控制功能、蜂鸣器在倒计时到 0s 时鸣叫。

2）电路调试步骤

（1）秒脉冲信号。

（2）数码显示。

（3）24s 倒计时。

（4）控制，蜂鸣。

任务评价

对本学习任务进行评价，见表 7-4-10 所示。

表 7-4-10 任务评价表

考核内容	考核标准	自我评价				小组评价			
		A	B	C	D	A	B	C	D
准备工作	准备实训任务中使用到的仪器仪表，做基本的清洁、保养及检查，酌情评分								
元器件测试	1. 用万用表对电阻、电容、晶体管进行引脚、极性及好坏的判别 2. 将不合格的元器件筛选出来								
电路组装	1. 能根据整机电路图在万能板上正确组装电路 2. 能按照电路图要求组装好电路 3. 单元电路间连线紧凑、有条理 4. 各调节器件安装到位、便于调节								
装配与焊接工艺	1. 元器件布局合理 2. 焊点焊接质量可靠，光滑圆润，焊锡用量适中								
电路调试	1. 秒脉冲信号 2. 数码显示 3. 24s 倒计时 4. 控制，蜂鸣								
操作规范及职业素质	1. 制作过程中注重环保、节约耗材 2. 遵守安全操作规范								
功能实现	1. 整机电路能正常工作 2. 各调节器件能实现调节功能								
完成报告	按照报告要求完成、内容正确								
安全文明生产	违反安全文明操作规程为 D 等								
整理工位	整理工具，清洁工位								
总备注	造成设备、工具人为损坏或人身伤害的，本学习任务不计成绩								

综合评价					
综合评价	自我评价		等级		签名
	小组评价		等级		签名
教师评价	签名： 日期：				

项目总结

（1）数制是计数进位制的简称。日常生活中采用的是十进制数，在数字电路中和计算机中采用的有二进制、八进制、十六进制等。通常，把用一组四位二进制码来表示一位十进制数的编码方法称为二—十进制码，也称为BCD码，其编码方法简称为码制。

（2）基本的逻辑门电路有与、或、非门，它们可以组合成复合逻辑门电路，常用的复合逻辑门电路有与非门、或非门、与或非门。其逻辑表达式为

$$Y=\overline{AB}\text{，}\ Y=\overline{A+B}\text{，}\ Y=\overline{AB+CD}$$

（3）CMOS和TTL集成门电路输入端有多余的处理方法。

- CMOS电路

① CMOS与门、与非门电路的多余输入端就应采用高电平，即可通过限流电阻（500Ω）接电源。

② CMOS或门和或非门电路多余输入端的处理方法应是将多余输入端接低电平，即通过限流电阻（500Ω）接地。

- TTL电路

① TTL与门和与非门电路将多余输入端接高电平，即通过限流电阻与电源相连接；多余的输入端悬空；通过大电阻（大于1kΩ）接地；多余输入端也可与使用的输入端并联使用。

② TTL或门、或非门电路多余输入端的处理应采用接低电平、接地；输入端接小于1kΩ（500Ω）的电阻接地。

（4）组合逻辑电路的特点：电路任一时刻的输出状态只取于该时刻各输入状态的组合，而与电路的原状态无关。

（5）组合逻辑电路的设计步骤：根据设计要求→列出真值表→写出逻辑表达式（或填写卡诺图）→逻辑化简和变换→画出逻辑图。

（6）时序逻辑电路的特征：时序逻辑电路任一时刻的输出状态不仅与当前的输入信号有关，还与电路原来的状态有关。

（7）时序逻辑电路的分类：根据电路中触发器的状态变化特点，时序逻辑电路可分为同步时序逻辑电路和异步时序电路两大类。

（8）时序电路功能的描述方法有逻辑方程式、状态表、时序图和状态图四种。

（9）时序逻辑电路的分析一般步骤有求时钟方程、驱动方程，求状态方程，列状态转换真值表，画状态转换图，分析功能五步。

（10）集成电路装配应注意认清方向，找准第一引脚，不要倒插，所有IC的插入方向一般应保持一致，用力要适度均匀，不能使引脚弯曲或折断。

思考与练习题

一、判断题

1.（　　）8421BCD码、2421BCD码和余3码都属于有权码。

2.（　　）二进制计数中各位的基是2，不同数位的权是2的幂。

3.（　　）格雷码相邻两个代码之间至少有一位不同。

4.（　　）输入全为低电平“0”，输出也为“0”时，必为“与”逻辑关系。

5.（　　）“或”逻辑关系是“有 0 出 0，见 1 出 1”。

6.（　　）$\overline{A+B}=\overline{A}\cdot\overline{B}$ 是逻辑代数的非非定律。

7.（　　）在数字电路中，门电路是用得最多的器件，它可以组成计数器、分频器、寄存器、移位寄存器等多种电路。

8.（　　）移位寄存器每当时钟的后沿到达时，输入数码移入 C0，同时每个触发器的状态也移给了下一个触发器。

9.（　　）在数字电路中，触发器是用得最多的器件，它可以组成计数器、分频器、寄存器、移位寄存器等多种电路。

10.（　　）*RS* 触发器有一个输入端，*S* 和 *R*；一个输出端，*Q* 和 $\overline{Q}$。

11.（　　）TTL 逻辑门电路也称为晶体管—晶体管逻辑电路，它们的输入端和输出端都采用了晶体管的结构形式，因此也称为双极型数字集成电路。

12.（　　）逻辑代数的基本公式和常用公式中同互补律为 $A+A=1$，$A^2=1$。

13.（　　）*JK* 触发电路中，当 $J=1$、$K=1$、$Q^n=1$ 时，触发器的状态置 1。

二、选择题

1. 与非门电路的与非门逻辑关系中，下列正确的表达式是（　　）。

A．$A=1$、$B=0$、$Y=0$　　B．$A=0$、$B=1$、$Y=0$

C．$A=0$、$B=0$、$Y=0$　　D．$A=1$、$B=1$、$Y=0$

2. *RS* 触发电路中，当 $R=S=0$ 时，触发器的状态（　　）。

A．置 1　　B．置 0　　C．不变　　D．不定

3. *RS* 触发电路中，当 $R=1$、$S=0$ 时，触发器的状态（　　）。

A．置 1　　B．置 0　　C．不变　　D．不定

4. 逻辑函数中的逻辑“与”和它对应的逻辑代数运算关系为（　　）。

A．逻辑加　　B．逻辑乘　　C．逻辑非　　D．以上都不对

5. 和逻辑式 $\overline{AB}$ 表示不同逻辑关系的逻辑式是（　　）。

A．$\overline{A}+\overline{B}$　　B．$\overline{A}\cdot\overline{B}$　　C．$\overline{A}\cdot B+\overline{B}$　　D．$A\cdot\overline{B}+\overline{A}$

6. 具有“有 1 出 0、全 0 出 1”功能的逻辑门是（　　）。

A．与非门　　B．或非门　　C．异或门　　D．同或门

7. 一个 2 输入端的门电路，当输入为 1 和 0 时，输出不是 1 的门是（　　）。

A．与非门　　B．或门　　C．或非门　　D．异或门

8. 多余输入端可以悬空使用的门是（　　）。

A．与门　　B．TTL 与非门　　C．CMOS 与非门　　D．或非门

9. 在或非门 *RS* 触发器中，当 $R=S=1$ 时，触发器状态（　　）。

A．置 1　　B．置 0　　C．不变　　D．不定

10. 一个异步三位二进制加法计数器，当第 8 个 CP 脉冲过后，计数器的状态为（　　）。

A．000　　B．010　　C．110　　D．101

11．与非门的逻辑功能为（　　）。

A．入 0 出 0，全 1 出 1　　B．入 1 出 0，全 0 出 0

C．入 0 出 0，全 1 出 0　　D．入 1 出 0，全 0 出 1

12．基本 *RS* 触发器组成的数码寄存器清零时，须在触发器（　　）。

A．*R* 端加一正脉冲　　B．*R* 端加一负脉冲

C．*S* 端加一正脉冲　　D．*S* 端加一负脉冲

三、简答题

1．将下列二进制数转换为等值的十进制数

（1）$(01101)_2$；（2）$(10100)_2$；（3）$(101.011)_2$。

2．试说明能否将与非门、或非门、异或门当成反相器使用。如果可以，各输入端如何连接？

3．设如图 7-4-21 所示各触发器的初态为 Q=0，试画出在 CLK 信号连续作用下各触发器输出的电压波形。

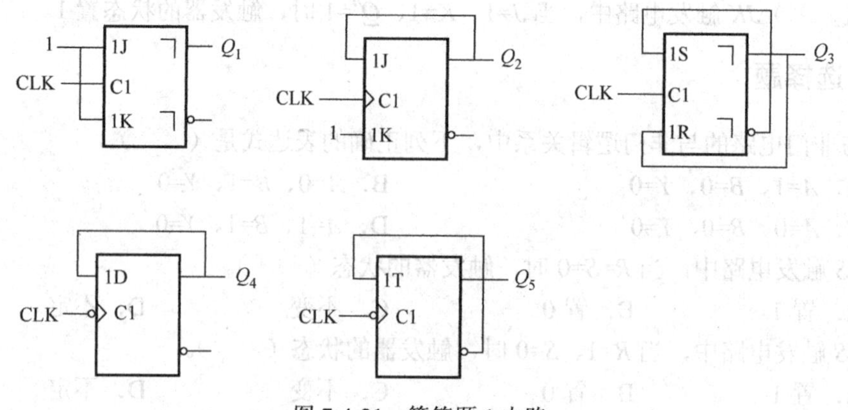

图 7-4-21　简答题 1 电路

4．分析如图 7-4-22 所示时序电路的逻辑功能，写出电路的驱动方程、状态方程和输出方程，画出电路的状态转换图和时序图。

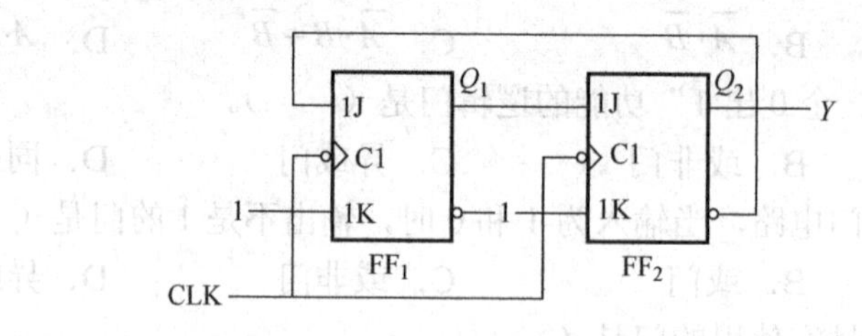

图 7-4-22　简答题 2 电路

附录A　维修电工国家职业资格标准（2009年版）

维修电工国家职业技能标准

（2009年修订）

1. 职业概况

1.1　职业名称

维修电工。

1.2　职业定义

从事机械设备和电气系统线路及器件等的安装、调试、维护、修理的人员。

1.3　职业等级

本职业共设五个等级，分别为初级（国家职业资格五级）、中级（国家职业资格四级）、高级（国家职业资格三级）、技师（国家职业资格二级）、高级技师（国家职业资格一级）。

1.4　职业环境

室内外，常温。

1.5　职业能力特征

具有一定的学习、理解、观察、判断、推理和计算能力，手指、手臂灵活，动作协调。

1.6　基本文化程度

初中毕业。

1.7　培训要求

1.7.1　培训要求

全日制职业学校教育，根据其培养目标和教学计划确定。晋级培训期限：初级不少于400标准学时；中级不少于400标准学时；高级不少于400标准学时；技师不少于300标准学时；高级技师不少于300标准学时。

1.7.2 培训教师

培训初级、中级、高级的教师应具有本职业技师及以上职业资格证书或相关专业中级及以上专业技术职务任职资格；培训技师的教师应具有本职业高级技师职业资格证书或相关专业高级专业技术职务任职资格；培训高级技师的教师应具有本职业高级技师职业资格证书2年以上或相关专业高级专业技术职务任职资格。

1.7.3 培训场地设备

理论知识培训场地应具有可容纳30名以上学员的标准教室（配多媒体设备），实训操作培训场地应具备能满足实训要求的实训室，且有相应的维修电工实训设施和必要的仪器仪表、工具。

1.8 鉴定要求

1.8.1 适用对象

从事或准备从事本职业的人员。

1.8.2 申报条件

——初级（具备以下条件之一者）

（1）经本职业初级正规培训达规定标准学时数，并取得结业证书。

（2）在本职业连续见习工作2年以上。

（3）本职业学徒期满。

——中级（具备以下条件之一者）

（1）取得本职业初级职业资格证书后，连续从事本职业工作2年以上，经本职业中级正规培训达规定标准学时数，并取得结业证书。

（2）取得本职业初级职业资格证书后，连续从事本职业工作5年以上。

（3）连续从事本职业工作7年以上。

（4）取得经人力资源和社会保障行政部门审核认定的、以中级技能为培养目标的中等及以上职业学校本职业（专业）毕业证书。

——高级（具备以下条件之一者）

（1）取得本职业中级职业资格证书后，连续从事本职业工作3年以上，经本职业高级正规培训达规定标准学时数，并取得结业证书。

（2）取得本职业中级职业资格证书后，连续从事本职业工作7年以上。

（3）取得高级技工学校或经人力资源和社会保障行政部门审核认定的、以高级技能为培养目标的高等职业学校本职业（专业）毕业证书。

（4）取得本职业中级职业资格证书的大专以上本专业或相关专业毕业生，连续从事本职业工作2年以上。

1.8.3 鉴定方式

分为理论知识考试和技能操作考核。理论知识考试采用闭卷笔试方式，技能操作考核采用现场实际操作方式。理论知识考试和技能操作考核均实行百分制，成绩皆达60分及以上者为合格。技师、高级技师还须进行综合评审。

1.8.4　考评人员与考生配比

理论知识考试考评人员与考生配比为 1∶15，每个标准教室不少于 2 名考评人员；技能操作考核考评员与考生配比 1∶5，且不少于 3 名考评员；综合评审委员不少于 5 人。

1.8.5　鉴定时间

理论知识考试时间不少于 90min；技能操作考核时间：初级不少于 150min；中级不少于 150min；高级不少于 180min；技师不少于 240min；高级技师不少于 240min；综合评审时间不少于 45min。

1.8.6　鉴定场所设备

理论知识考试在标准教室进行；技能操作考核在具有相应维修电工鉴定设施和必要仪器仪表、工具的场所进行。

2. 基本要求

2.1　职业道德

2.1.1　职业道德基本知识

2.1.2　职业守则

（1）遵守法律、法规和有关规定。

（2）爱岗敬业，具有高度的责任心。

（3）严格执行工作程序、工作规范、工艺文件和安全操作规程。

（4）工作认真负责，团结合作。

（5）爱护设备及工具。

（6）着装整洁，符合规定；保持工作环境清洁有序，文明生产。

2.2　基础知识

2.2.1　电工基础知识

（1）直流电基本知识。

（2）电磁基本知识。

（3）交流电路基本知识。

（4）常用变压器与异步电动机。

（5）常用低压电器。

（6）一般生产设备的基本电气控制电路。

（7）电工读图基本知识。

2.2.2　电子技术基础知识

（1）二极管及其基本应用。

（2）三极管及其基本应用。

（3）整流稳压电路。

2.2.3　常用电工仪器仪表使用知识

（1）电工测量基础知识。

（2）常用电工仪表及其使用。

（3）常用电工仪器及其使用。

2.2.4 常用电工工具、量具使用知识

（1）常用电工工具及其使用。

（2）常用电工量具及其使用。

2.2.5 常用材料选型知识

（1）常用导电材料的分类及应用。

（2）常用绝缘材料的分类及应用。

（3）常用磁性材料的分类及应用。

2.2.6 安全知识

（1）电工安全基本知识。

（2）安全距离、安全色和安全标志等电器安全基本规定。

（3）触电急救和电气消防知识。

（4）电器安全装置。

（5）接地知识。

（6）防雷知识。

（7）安全用具。

（8）电气作业操作规程和安全措施。

2.2.7 其他相关知识

（1）钳工划线钻孔等基础知识。

（2）供电和用电知识。

（3）现场文明生产要求。

（4）环境保护知识。

（5）质量管理知识。

2.2.8 相关法律法规知识

（1）《中华人民共和国劳动合同法》相关知识。

（2）《中华人民共和国电力法》相关知识。

3. 工作要求

本标准对初级、中级、高级、技师和高级技师的技能要求依次递进，高级别涵盖低级别的要求。

3.1 初级

职业功能	工作内容	技能要求	相关知识
一、电器安装和线路敷设	（一）电工仪表及工具选用	1. 能根据工作任务正确选用工具、量具 2. 能根据测量目的和要求选用电工仪表 3. 能使用万用表、兆欧表、电压表、电流表、钳形表、功率表、电能表对电压、电流、电阻、功率、电能等进行测量	1. 旋具、验电器、剥线钳、电工刀等常用工具的用途和使用方法 2. 钢直尺、钢卷尺等常用量具的使用方法 3. 万用表、兆欧表、电压表、电流表、钳形表、功率表、电能表等常用电工仪表的结构与原理 4. 万用表、兆欧表、电压表、电流表、钳形表、功率表、电能表的选用及使用方法

续表

职业功能	工作内容	技能要求	相关知识
	（二）低压电器及电工材料的选用	1. 能识别常用低压电器的图形符号和文字符号 2. 能识别刀开关、熔断器、断路器、接触器、热继电器、中间继电器、主令电器、漏电保护器、指示灯的规格型号，并了解其用途 3. 能根据规格型号和安全载流量选用电线电缆 4. 能根据使用场合选用电线管、金属线槽、塑料线槽等 5. 能识别低压电缆接头、接线端子	1. 电线电缆分类、性能及应用知识 2. 电工常用线材、管材的基本类型及选用知识 3. 电工辅料的类型及选用知识 4. 常用低压电气的结构、原理及其应用 5. 常用低压电器图形符号和文字符号
	（三）动力、照明及控制电路的安装与配管	1. 能根据安装对象和安装要求确定安装位置 2. 能按规范要求进行低压电器及配电箱的安装 3. 能进行直径 25mm 以下电线铁管煨弯、固定、穿线 4. 能进行电线保护管、塑料电线管的切割、穿线、连接和敷设 5. 能采用金属线槽、拖链带保护电线电缆	1. 设备、元器件的安装规范及注意事项 2. 电线管施工规范 3. 金属线槽、拖链带的施工规范 4. 穿管电线安全载流量计算方法
	（四）动力、照明及控制电路的接线与调试	1. 能选择线号和标注线号 2. 能根据工艺规范进行导线的直线连接和分支连接 3. 能根据线径选择和压接接线端子 4. 能根据规范要求接地 5. 能对导线绝缘进行恢复 6. 能对动力配电线路进行接线及调试 7. 能安装照明装置并对照明线路进行接线与调试 8. 能对三相交流异步电动机的主电路、基本控制电路进行接线与调试	1. 接线工艺要求和规范 2. 单芯导线的一般连接方法 3. 多芯导线的一般连接方法 4. 导线在接线盒内的连接方法 5. 接地接零知识 6. 室内电气布线的要求与方法
二、继电控制电路装调维修	（一）低压电器及电动机的拆装维修	1. 能拆装和修理按钮、指示灯、接触器、继电器 2. 能分辨三相交流异步电动机绕组的头尾 3. 能分辨变压器的同名端 4. 能拆装和保养 10kW 以下三相交流异步电动机	1. 变压器的结构与原理 2. 同名端的概念及判断方法 3. 交流电动机的结构、原理及其应用 4. 低压电器与变压器拆装工艺 5. 电动机绝缘检测方法
	（二）照明等低压线路的维修	1. 能进行线路绝缘测量和接地装置故障排除 2. 能进行照明电路的检查、故障排除 3. 能进行单相电风扇电路的检查、故障排除 4. 能进行插座线路的检查、故障排除 5. 能进行电能表线路的检查、故障排除	1. 日光灯等照明器具的结构与原理 2. 照明电路的组成及其控制原理 3. 单相、三相有功电能表的结构及原理 4. 单相电风扇结构与原理

续表

职业功能	工作内容	技能要求	相关知识
	（三）动力控制电路的维修	1. 能进行三相笼型异步电动机启动控制电路的检查、调试、故障排除 2. 能进行三相笼型异步电动机正、反转控制电路的检查、调试、故障排除 3、能进行三相笼型异步电动机多处启动控制电路的检查、调试、故障排除 4. 能进行三相笼型异步电动机三角形启动控制电路的检查、调试、故障排除 5. 能进行三相笼型异步电动机电磁抱闸制动控制电路的检查、调试、故障排除	1. 电气原理图阅读与分析方法 2. 三相笼型异步电动机启动控制电路原理 3. 三相笼型异步电动机正、反转控制电路原理 4. 三相笼型异步电动机多处启动控制电路原理 5. 三相笼型异步电动机三角形启动控制电路原理 6. 三相笼型异步电动机电磁抱闸制动控制电路原理
三、基本电子电路装调维修	（一）电子元件的识别	1. 能识别常用电子元器件的图形符号和文字符号 2. 能识别整流、基本放大电路中常用的电阻器、电容器、电感器、二极管、三极管等器件 3. 能用万用表对上述电子元器件进行检测	1. 常用电子元器件的图形符号和文字符号知识 2. 常用电子元器件的参数 3. 电阻器、电容器、电感器选型手册 4. 二极管、三极管的选型方法
	（二）电子焊接作业	1. 能按焊接对象不同选择合适的焊接工具 2. 能进行焊前处理 3. 能安装焊接主要由电阻器、电容器、二极管、三极管等组成的单面印刷线路板 4. 能识别虚焊、假焊	1. 电子焊接工艺知识 2. 电烙铁、焊丝的分类和选择 3. 助焊剂选用知识
	（三）电子电路的调试与维修	1. 能进行半波、全波整流稳压电路的调试、测量与维修 2. 能进行基本放大电路的调试、测量与维修 3. 能进行电池充电器电路的调试、测量与维修	1. 半导体器件的特性、工作原理及简单应用 2. 简单直流稳压电路的组成及原理 3. 基本放大电路的组成及原理 4. 电池充电器电路的组成及原理

3.2 中级

职业功能	工作内容	技能要求	相关知识
一、继电控制电路装调维修	（一）低压电气选用	1. 能选用熔断器、断路器、接触器、热继电器、中间继电器、主令电器、指示灯及控制变压器 2. 能选用计数器、压力继电器等器件	1. 常用低压电气的选用方法 2. 计数器、压力继电器的工作原理和选型方法
	（二）继电器、接触器线路装调	1. 能进行三相绕线转子异步电动机启动电路的安装、调试、运行 2. 能进行多台三相交流异步电动机顺序控制电路的安装、调试、运行 3. 能进行三相交流异步电动机位置控制电路的安装、调试、运行 4. 能进行三相交流异步电动机能耗制动、反接制动控制电路的安装、调试、运行	1. 三相绕线转子异步电动机启动电路原理 2. 多台三相交流异步电动机顺序控制电路原理 3. 三相交流异步电动机位置控制电路原理 4. 三相交流异步电动机制动控制电路原理

续表

职业功能	工作内容	技能要求	相关知识
	（三）机床电器控制电路维修	1. 能进行 M7130 平面磨床类似难度的电气控制电路故障检查、分析及排除 2. 能进行 C6150 车床类似难度的电气控制电路故障检查、分析及排除 3. 能进行 Z3040 摇臂钻床类似难度的电气控制电路故障检查、分析及排除	1. M7130 平面磨床电气控制电路组成、原理及常见故障 2. C6150 车床电气控制电路组成、原理及常见故障 3. Z3040 摇臂钻床电气控制电路组成、原理及常见故障 4. 机床故障现象分析及排除故障的方法
二、自动控制电路装调维修	（一）传感器装调	1. 能识别、安装、调整光电开关 2. 能识别、安装、调整接近开关 3. 能识别、安装、调整磁性开关 4. 能识别、安装、调整增量型光电编码器	1. 光电开关、接近开光、磁性开关的工作原理和应用知识 2. 增量型光电编码器的工作原理和应用知识
	（二）可编程序控制器控制电路装调	1. 能进行可编程序控制器安装接线 2. 能对可编程序控制器输入输出外围线路进行接线 3. 能掌握编程软件或便携式编程器中的任一种方法从可编程序控制器中读取程序 4. 能掌握编程软件或便携式编程器中的任一种方法为可编程序控制器下载程序 5. 能用基本指令编写和修改三相交流异步电动机正、反转、星—三角启动控制电路等类似难度程序	1. 可编程序控制器的结构与工作原理 2. 从软、硬件方面了解可编程序控制器提高抗干扰能力的措施 3. 常用基本指令的含义及应用 4. 编程软件的主要功能和使用 5. 便携式编程器的基本功能及使用方法 6. 可编程序控制器输入/输出端的接线规则
	（三）变频器、软启动器的认识和维护	1. 能识别交流变频器、软启动器的操作面板、电源输入端、电源输出端及控制端 2. 能按照交流变频器使用手册对照出错代码，确认故障类型	1. 交流变频器的组成和应用基础知识 2. 软启动器的组成和应用基础知识
三、基本电子电路装调维修	（一）仪表仪器选用	1. 能选用单、双臂电桥并进行测量 2. 能使用信号发生器、示波器对波形的幅值、频率进行测量	1. 单、双臂电桥的结构与使用方法 2. 信号发生器的结构与工作原理 3. 示波器的结构使用方法
	（二）电子元件选用	1. 能为稳压电路选用集成电路 2. 能为单相调光、调速电路选用晶闸管	1. 三端稳压集成电路知识 2. 晶闸管的选用方法
	（三）电子线路装调维修	1. 能对应用 78、79 系列三端稳压集成电路的电路进行安装、调试、故障排除 2. 能进行 *RC* 阻容放大电路的安装、调试、故障排除 3. 能进行单相晶闸管整流电路的安装、调试、故障排除 4. 能测绘上述电路各点的波形图	1. 三端稳压集成电路的应用 2. *RC* 阻容放大电路原理 3. 晶闸管、单结晶体管的结构与参数 4. 单结晶体管触发电路原理 5. 单相晶闸管整流电路原理

3.3 高级

职业功能	工作内容	技能要求	相关知识点
一、继电控制电路装调维修	(一)继电器、接触器控制电路的分析和测绘	1. 能进行多台三相交流异步电动机控制方案分析与选择 2. 能测绘T68镗床、X62W铣床等类似难度的电气控制电路的位置图、接线图	电气图测绘的步骤和方法
	(二)机床电气控制电路维修	1. 能进行单钩桥式起重机类似难度的电气控制电路故障检查及排除 2. 能进行X62W铣床类似难度的电气控制电路故障检查及排除 3. 能进行T68镗床类似难度的电器控制电路故障检查及排除	1. 单钩桥式起重机电气控制电路组成、原理及常见故障 2. X62W铣床电器控制电路组成、原理及常见故障 3. T68镗床电器控制电路组成、原理及常见故障
二、可编程序控制系统装调维修	(一)可编程序控制系统读图分析与程序编制	1. 能使用基本指令编写程序 2. 能用可编程序控制器控制程序改造原来由继电器组成的控制电路	1. 基本指令表 2. 可编程序控制器编程技巧
	(二)可编程序控制系统调试	1. 能使用输入/输出器件模拟生产现场的信号进行基本指令为主的程序调试 2. 能使用编程软件或仿真软件来模拟现场信号进行基本指令为主的程序调试 3. 能进行基本指令为主程序的现场调试	1. 用编程软件对程序进行监控与调试的方法 2. 程序错误的纠正步骤与方法
	(三)可编程序控制器故障排除	1. 能按可编程序控制器面板指示灯及借助编程软件判断可编程序控制器的故障 2. 能判别可编程序控制器输入/输出模块故障 3. 能排除可编程序控制器外围的各种开关、传感器、执行机构、负载等外围设备故障	1. 可编程序控制器硬件故障类型和解决方法 2. 可编程序控制器常见外围故障类型和解决方法
三、交直流传动系统装调维修	(一)交直流传动系统读图与分析	1. 能读懂交直流传动系统原理图，分析系统组成及各部分的作用 2. 能分析交直流传动系统中各控制单元的工作原理及整个系统的工作原理	1. 自动控制基本知识 2. 直流调速系统原理 3. 交流变频调速系统原理
	(二)交直流传动系统装调	1. 能对直流调速系统进行安装、接线、调试、运行、测量 2. 能对应用交流变频器的调速系统进行安装、接线、调试、运行、测量 3. 能对步进电动机驱动系统进行安装、接线、调试、运行	1. 直流调速装置应用知识 2. 交流变频器应用知识 3. 步进电动机及步进电动机驱动系统应用知识
	(三)交直流传动系统维修	1. 能分析并排除直流调速装置外为主电路的故障 2. 能分析并排除变频器、软启动器外围主电路的故障 3. 能分析并排除步进电动机驱动器主电路的故障	1. 直流调速系统常见故障及解决方法 2. 变频器调速系统常见故障及解决方法 3. 步进电动机驱动器系统常见故障及维修方法

续表

职业功能	工作内容	技能要求	相关知识点
四、应用电子电路调试维修	(一)电子线路读图、测绘、分析	1. 能测绘由运放组成的应用电路 2. 能阅读与分析由分立元件、运放组成的常用应用电路 3. 能测绘常用的由组合逻辑电路和时序逻辑电路组成的应用电路 4. 能阅读与分析常用的由555集成电路组成的应用电路	1. 常用电子单元电路原理 2. 集成运放的线性应用与非线性应用知识 3. 组合逻辑电路原理 4. 时序逻辑电路原理 5. 555集成电路应用知识 6. 电子电路测绘方法
	(二)电子线路调试	1. 能使用示波器对集成运放的常用电路进行调试并测量电路中的波形 2. 能对以为寄存器的常用电路进行调试并测量电路中的波形 3. 能对计数、译码、显示的常用电路进行调试并测量电路中的波形	1. 集成运放应用电路的常见故障 2. 组合逻辑电路故障排除知识 3. 组合时序逻辑电路故障排除知识
	(三)电子线路维修	1. 能对常用的由分立元器件组成的应用电路的故障进行分析排除 2. 能对常用的由运放组成的应用电路的故障进行分析及排除 3. 能对常用的中、小规模集成数字应用电路的故障进行分析及排除	1. 集成运放应用电路的常见故障 2. 组合逻辑电路故障排除知识 3. 组合时序逻辑电路故障排除知识
	(四)电力电子线路读图、测绘、分析	1. 能测绘分析晶体管触发电路等电子线路并绘出其原理图 2. 能分析三相可控整流电路的组成与工作原理 3. 能绘制三相可控整流主电路与触发电路的工作波形	1. 晶体管触发电路的组成及工作原理 2. 三相半波可控整流电路的组成及工作原理 3. 三相半控桥式整流电路的组成及工作原理 4. 三相全控桥式整流电路的组成及工作原理 5. 三相可控整流电路的计算方法
	(五)电力电子线路装调维修	1. 能使用示波器对三相可控整流电路主电路与触发电路进行调试及波形测量 2. 能对三相可控整流电路主电路与触发电路进行维修	1. 可控整流电路的调试方法 2. 可控整流电路的波形分析知识 3. 晶闸管主电路及触发电路同步方法 4. 集成触发电路的组成与工作原理

4. 比重表

4.1 理论知识

项目			初级（%）	中级（%）	高级（%）
基本要求	职业道德		5	5	5
	基础知识		20	15	10
相关知识	电器安装和线路敷设		30	—	—
	基本电子电路装调维修		25	20	—
	继电控制电路装调维修		20	25	15
	自动控制电路装调维修		—	35	—
	应用电子电路调试维修		—	—	20
	可编程序控制系统装调维修		—	—	25
	交直流传动系统装调维修		—	—	25
	伺服系统调试维修		—	—	—
	电气自动控制系统调试维修		—	—	—
	工业控制网络调试维修	二模块选一	—	—	—
	数控机床电气系统维修		—	—	—
	培训与管理		—	—	—
合　计			100	100	100

4.2 技能操作

项目			初级（%）	中级（%）	高级（%）
技能要求	电器安装和线路敷设		40	—	—
	基本电子电路装调维修		30	30	—
	继电控制电路装调维修		30	35	25
	自动控制电路装调维修		—	35	—
	应用电子电路调试维修		—	—	25
	可编程序控制系统装调维修		—	—	25
	交直流传动系统装调维修		—	—	25
	伺服系统调试维修		—	—	—
	电气自动控制系统调试维修		—	—	—
	工业控制网络调试维修	二模块选一	—	—	—
	数控机床电气系统维修		—	—	—
	培训与管理		—	—	—
合　计			100	100	100

附录B 维修电工国家职业资格考试样卷（中级工）

职业技能鉴定国家题库
维修电工中级工理论知识试题（样卷一）

注 意 事 项

1. 考试时间：120min。
2. 本试卷依据2009年颁布的《维修电工 国家职业标准》命制。
3. 请首先按要求在试卷的标封处填写您的姓名、准考证号和所在单位名称。
4. 请仔细阅读各种题目的回答要求，在规定位置填写您的答案。
5. 不要在试卷上乱写乱画，不要在标封区填写无关的内容。

	一	二	总分
得分			

得分	
评分人	

一、判断题（第1题～第160题。将判断结果填入括号中，正确的填“√”，错误的填“×”。每题0.5分，满分80分。）

1.（　　）事业成功的人往往具有较高的职业道德。
2.（　　）职业纪律是企业的行为规范，企业纪律具有随意性的特点。
3.（　　）职业道德是一种强制性的约束机制。
4.（　　）要做到办事公道，在处理公私关系时，要公私不分。
5.（　　）领导亲自安排的工作一定要认真负责，其他工作可以马虎一点。
6.（　　）在分析电路可先任意设定电压的参考方向，再根据计算所得值的正、负来确定电压的实际方向
7.（　　）变压器是根据电磁感应原理而工作的，它能改变交流电压和直流电压。

8.（　　）二极管由一个 PN 结、两个引脚封装组成。

9.（　　）稳压管的符号和普通二极管的符号是相同的。

10.（　　）晶体管可以把小电流放大成大电流。

11.（　　）负反馈能改善放大电路的性能指标，但放大倍数并没有受到影响。

12.（　　）测量电流时，要根据电流大小选择适当的电流表，不能使电流大于电流表的最大量程。

13.（　　）测量电压时，要根据电压大小选择适当的电压表，不能使电压大于电压表的最大量程。

14.（　　）喷打是利用燃烧对工件进行加工的工具，常用于锡焊。

15.（　　）导线可分为铜导线和铝导线两大类。

16.（　　）劳动者具有在劳动中活动安全和劳动卫生保护的权利。

17.（　　）TTL 逻辑门电路的高电平、低电平与 CMOS 逻辑门电路的高、低电平值是一样的。

18.（　　）双向晶闸管一般用于交流调压电路。

19.（　　）集成运放只能应用于普通的运算电路。

20.（　　）振荡电路当电路达到谐振时，回路的等效阻抗最大。

21.（　　）共发射极放大电路中，三极管的集电极静态电路与集电极电阻无关。

22.（　　）输入电阻大、输出电阻小的是共集电极放大电路的特点之一。

23.（　　）共基极放大电路的输出信号与输入信号的相位是同相的。

24.（　　）多级放大电路中，后级放大电路的输入电阻就是前级放大电路的输出电阻。

25.（　　）影响放大电路上限频率的因素主要有三极管的结间电容。

26.（　　）采用直流负反馈的目的是稳定静态工作点，采用交流负反馈的目的是改善放大电路的性能。

27.（　　）放大电路中，凡是并联反馈，其反馈量都是取自输出电路。

28.（　　）正、反馈与负反馈的判断通常是采用“稳态极性法”来进行判断的。

29.（　　）电压串联负反馈可以提高输入电阻、减小输出电阻。

30.（　　）运算放大器的输入级都采用差动放大。

31.（　　）在运放参数中输入电阻数值越大越好。

32.（　　）运放组成的同相比例放大电路，其反馈组态为电压串联负反馈。

33.（　　）用运算放大器组成的电平比较器电路工作于线性组态。

34.（　　）根据功率放大电路中三极管静态工作点在交流负载线上的位置不同，功率放大电路可分为两种。

35.（　　）电源电压为±12V 的 OCL 电路，输出端的静态电压应该调整到 6V。

36.（　　）正弦波振荡电路由放大电路加上选频网络和正、反馈电路组成。

37.（　　）*RC* 桥式振荡电路中同时存在正、反馈与负反馈。

38.（　　）从交流通路来看，三点式 *LC* 振荡电路中电感或电容的中心抽头应该与接地端相连。

39.（　　）与电感三点式振荡电路相比较，电容三点式振荡电路的振荡频率可以做得更高。

40.（　　）串联型稳压电源中，放大环节的作用是为了扩大输出电流的范围。

41.（　　）采用三段式集成稳压电路 7809 的稳压电源，其输出可以通过外接电路扩大输出电流，也能扩大输出电压。

42.（　　）与门的逻辑功能：全 1 出 0，全 0 出 1。

43.（　　）74 系列 TTL 集成门电路的电源电压可以取 3～18V。

44.（　　）普通晶闸管之间 P 层的引出极是门极。

45.（　　）三相半波可控整流电路，带大电感负载，无续流二极管，在 $\alpha=60^{\circ}$ 时的输出电压为 $0.58U_2$。

46.（　　）在常用晶闸管触发电路的输出级中采用脉冲变压器可起阻抗匹配作用，降低脉冲电压，增大输出电流，从而可靠触发晶闸管。

47.（　　）使用通用示波器测量波形的峰—峰值时，应将 Y 轴微调旋钮置于中间位置。

48.（　　）三极管特性图示仪能测量三极管的共基极输入、输出特性。

49.（　　）低频信号发生器输出信号的频率通常在 1Hz ～200kHz（或 1MHz）范围内可调。

50.（　　）三极管毫伏表测量前应选择适当的量程，通常应不大于被测电压值。

51.（　　）三端集成稳压电路有三个接线端，分别是输入端、接地端和输出端。

52.（　　）一般万用表可以测量直流电压、交流电压、直流电流、电阻、功率等物理量。

53.（　　）熔断器用于三相异步电动机的过载保护。

54.（　　）按钮盒行程开关都是主令电器，因此两者可以互换。

55.（　　）电气控制线路中指示灯的颜色与对应功能的按钮颜色一般是相同的。

56.（　　）控制变压器与普通变压器的不同之处是效率高。

57.（　　）三相异步电动机的位置控制电路中一定有转速继电器。

58.（　　）C6150 车床快速移动电动机的正、反转控制线路具有接触器互锁功能。

59.（　　）短路电流很大的场合宜选用直流快速断路器。

60.（　　）控制变压器与普通变压器的工作原理相同。

61.（　　）M7130 平面磨床中，冷却泵电动机 M2 必须在砂轮电动机 M1 运行后才能启动。

62.（　　）低压电器按在电气线路中地位和作用可分为低压配电电器和低压开关电器两大类。

63.（　　）金属栅片灭弧是把电弧分成并接的短电弧。

64.（　　）在交流接触器中，当电器容量较小时，可采用双端口结构触点来熄灭电弧。

65.（　　）直流接触器一般采用磁吹式灭弧装置。

66.（　　）交流接触器吸引线圈只有交流吸引线圈，没有直流吸引线圈。

67.（　　）接触器为保证触点磨损后人能保持可靠的接触，应保持一定数值的超程。

68.（　　）过电流继电器在正常工作时，线圈通过的电流在额定值范围内，衔铁吸引，常开触点闭合。

69.（　　）电磁式电流继电器的动作值与释放值可用调整压力弹簧的方法来调整。

70.（　　）欠电压继电器在额定电压时，衔铁不吸合，常开触点断开。

71.（　　）热继电器误动作是因为其电流整定值太大造成的。

72.（　　）熔断器的安秒特性曲线是表征流过熔体的电流与熔体的熔断时间的关系。

73.（　　）高压熔断器和低压熔断器的熔体，只要熔体额定电流一样，两者可以互用。

74.（　　）低压熔断器欠电压脱扣器的额定电压应等于线路额定电压。

75.（　　）三极管时间继电器按构成原理分为整流式和感应式两类。

76.（　　）当控制电路要求延时精度高时应选用三极管时间继电器。

77.（　　）一般速度继电器转轴转速达到 120r/min 以上时，触点动作，当转速低于 60r/min 时，触点即复位。

78.（　　）三极管接近开关采用最多的是电磁感应型三极管接近开关。

79.（　　）Y—△减压启动自动控制线路是按时间控制原则来控制。

80.（　　）交流接触器具有欠电压保护作用。

81.（　　）按钮、接触器双重连锁的正、反转控制电路中，双重连锁的作用是防止电源的相间短路。

82.（　　）为了能在多地控制同一台电动机，多地的启动按钮、停止按钮应采用启动按钮常开触点并接，停止按钮的常闭触点串联的方法。

83.（　　）三相笼型异步电动机减压启动可采用定子绕组串电阻减压启动、星形三角形减压启动、自耦变压器减压启动及延边星形减压启动等方法。

84.（　　）在机床电气控制中，反接制动就是改变输入电动机的电源相序，使电动机反向旋转。

85.（　　）电动机控制一般原则有行程控制原则、时间控制原则 、速度控制原则及电流控制原则。

86.（　　）按钮、接触器双重连锁的正、反转控制电路，从正转到反转操作过程是先按下停止按钮，再按下反转按钮。

87.（　　）按钮、接触器双重连锁的正、反转控制电路中双重连锁的作用是防止电源的相间短路，按下反转按钮就可从正转到反转。

88.（　　）速度继电器安装时，应将其转子装在被控制电动机的同一根轴上。

89.（　　）C6150 车床冷却泵电动机的电气控制电路通过热继电器进行电动机过载保护。

90.（　　）C6150 车床电气控制电路电源电压为交流 220V 。

91.（　　）M7130 平面磨床砂轮电动机启动后才能开动冷却泵电路。

92.（　　）M7130 平面磨床采用多台电动机驱动，通常设有液压泵电动机、冷却泵电动机及砂轮电动机等。

93.（　　）M7130 平面磨床电磁吸盘控制电路具有过电压保护及欠电流保护功能。

94.（　　）交流接触器吸引线圈的额定电压是根据被控电路的控制电路电压来选择。

95.（　　）交流接触器的额定电压是根据被控电路的主电路电压来选择。

96.（　　）当交流接触器的电磁圈通电时，常闭触点先断开，常开触点后闭合。

97.（　　）直流电动机按照励磁方式可分自励、并励、串励和复励四类。

98.（　　）直流电动机弱磁调速时，励磁电流越大，转速越高。

99.（　　）直流电机按磁场的励磁方式可分成并励式、复励式、串励式和他励式等。

100.（　　）复励式直流电机主极磁绕组分成两组，一组与电枢绕组并联、一组与电枢绕组串联。

101.（　　）在直流电动机中产生换向磁场的装置是换向极。

102.（　　）直流电动机的主极磁场是主磁极产生的磁场。

103.（　　）直流电动机电枢绕组可分为叠绕组、蛙形绕组和波绕组。

104.（　　）直流电动机电枢绕组可分为叠绕组和波绕组，叠绕组又可分为单叠绕组及复叠绕组。

105.（　　）三相异步电动机启动瞬间时，电动机的转差率 $s=1$。

106.（　　）三相笼型异步电动机减压启动方法有串联电阻减压启动、Y—△减压启动、延边三角形减压启动及自耦变压器减压启动。

107.（　　）电动机采用Y—△减压启动时，定子绕组接成星形启动的线电流是接成三角形启动的 1/3。

108.（　　）电动机采用Y—△减压启动的启动转矩是全压启动的 1/3。

109.（　　）绕线转子异步电动机转子绕组串接电阻启动控制线路中，与启动按钮串联的接触器常闭触点作用是为了保证转子绕组中接入全部电阻启动。

110.（　　）绕线转子异步电动机转子绕组串接频敏变阻器启动，当启动电流过小、启动太慢时，应换接抽头，使频敏变阻器匝数增加。

111.（　　）电动机采用自耦变压器减压启动，当启动电压是额定电压的 80%时，启动转矩是额定电压下启动时的 0.64 倍。

112.（　　）电动机采用自耦变压器减压启动，当自耦变压器降压系数为 $K=0.6$ 时，启动转矩是额定电压下启动时的 0.36 倍。

113.（　　）绕线转子异步电动机转子绕组接电阻启动可以减小启动电流、增大启动转矩。

114.（　　）异步电动机的变转差率调速方法有转子回路串电阻调速、调压调速和串级调速。

115.（　　）异步电动机转子回路串电阻调速属于变转差率调速。

116.（　　）采用Y/ＹＹ接法的双速电动机调速属于恒转速调速。

117.（　　）能耗制动是在电动机切断三相电源同时，把直流电源通入定子绕组，使电动机迅速地停下来。

118.（　　）反接制动是在电动机需要停车时，采取对调电动机定子绕组的两相电源线，使电动机迅速地停下来。

119.（　　）电阻分相启动单相异步电动机有工作绕组和启动绕组，电阻与启动绕组串联使工作绕组的电流和启动绕组中的电流有近 90°的相位差，从而使转子产生的启动转矩并实现启动。

120.（　　）欠电流继电器在正常工作时，线圈通过的电流在正常范围内，衔铁吸和，常开触点闭合。

121.（　　）欠电流继电器是当线圈通过的电流降低到某一整定值时，衔铁不吸和，常开触点断开。

122.（　　）旋紧电磁式电流继电器的反力弹簧，会使吸合电流与释放电流增大。

123.（　　）过电压继电器是当电压超过规定电压时，衔铁吸和，一般动作电压为

105%～120%额定电压。

124.（　　）按运行方式和功率转换关系，同步电机可分成同步发电机、同步电动机及同步补偿机。

125.（　　）调节同步电动机转子的直流励磁电流，便能调节功率因数 cosφ。

126.（　　）欠电压继电器在额定电压时，衔铁吸和，常开触点闭合。

127.（　　）对于三角形接法的电动机来说，应采用带断相保护的热继电器，起断相保护作用。

128.（　　）变压器工作时，其一次绕组、二次绕组电流之比与一次绕组、二次绕组的匝数之比成正比关系。

129.（　　）当 $K>1$，$N_1>N_2$，$U_1>U_2$ 时，变压器为升压变压器。

130.（　　）三相电力变压器的二次侧输出电压一般可以通过分接头开关来调节。

131.（　　）一台三相变压器的联结组别为 Yd—11，则变压器的高压绕组为三角形接法。

132.（　　）电压互感器相当于空载运行的降压变压器。

133.（　　）电流互感器使用时铁芯及二次绕组的一端不接地。

134.（　　）直流电机既可作为电动机运行，又可作为发动机运行。

135.（　　）直流电动机的机械特性是在稳定运行的情况下，电动机的转速与电磁转矩之间的关系。

136.（　　）直流发电机的运行特性有外特性和空载特性两种。

137.（　　）异步电动机的额定功率是指电动机在额定工作状态运行时的输入功率。

138.（　　）异步电动机的工作方式（定额）有连续、短时和断续三种。

139.（　　）三相异步电动机的转速取决于电源频率和极对数，而与转差率无关。

140.（　　）所谓变极调速就是改变电动机定子绕组的接法，从而改变定子绕组的极对数 P，实现电动机的调速。

141.（　　）使用兆欧表测量绝缘电阻时，应使兆欧表达到 180r/min 以上。

142.（　　）同步电动机采用异步启动法时，先从定子三相绕组通入三相交流电源，当转速达到同步转速时，向转子励磁绕组中通入直流励磁电流，将电动机牵入同步运行状态。

143.（　　）若按励磁方式来分，直流测速发电机可分为永磁式和他励式两大类。

144.（　　）在自动控制系统中，把输入的信号转换成电动机轴上的角位移或角速度的装置称为测速电动机。

145.（　　）步进电动机是一种把脉冲信号转变成直线位移或角位移的设备。

146.（　　）调整频敏变阻器的匝数比和铁芯与铁间的气隙大小，就可改变启动电流和启动转矩的大小。

147.（　　）异步电动机的变频调速装置，其功能是将电网的恒压恒频交流电变换为变压变频交流电，对交流电动机供电，实现交流无极调速。

148.（　　）变压变频调速系统中，调速时要同时调节定子电源的电压和频率。

149.（　　）直流电动机处于制动运行状态时，其电磁转矩与转速方向相反，电动机将吸收的机械能转变为电能。

150.（　　）在要求有大的启动转矩、负载变化且转速允许变化的场合，如电气机车等，易采用并励直流电动机。

151.（　　）直流发电机—直流电动机自动调速系统采用变电枢电压调速时，最高转速等于或大于额定转速。

152.（　　）C6150 车床走刀箱操作手柄只有正转、停止、反转三个挡位。

153.（　　）对直流发电机和电动机来说，换向器作用不相同。对直流电动机来说，换向器的作用是完成直流电动势、电流转换成交流电动势、电流。

154.（　　）按国家标准，换向火花有 1 极、3 极和 3.5 级等。

155.（　　）当电枢电流不变时，直流电动机的电磁转矩和磁通成正比关系。

156.（　　）短时工作方式（定额）的异步电动机的的短时运行时间有 15min、30min、60min 和 90min 几种。

157.（　　）有一台异步电动机，其额定频率 f_N=50Hz，n_N=730r/min，该电动机的极数为 8，同步转速为 750r/min 。

158.（　　）三相异步电动机转子的转速越低，电动机的转差率越大，转子感应电动势越大，频率越高。

159.（　　）一般衡量异步电动机启动性能的主要要求是启动电流尽可能小、启动转矩尽可能大。

得分	
评分人	

二、单项选择（第 160 题～第 199 题。选择一个正确的答案，将相应的字母填入题内的括号中。每题 0.5 分，满分 20 分。）

160. 职业道德是指从事一定职业劳动的人们，在长期的职业活动中形成的（　　）。

A. 行为规范　B. 操作程序　C. 劳动技能　D. 思维习惯

161. 市场经济条件下，不符合爱岗敬业要求的是（　　）的观念。

A. 树立职业理想　B. 强化职业责任　C. 干一行爱一行　D. 多转行多受锻炼

162. 在企业经营活动中，下列选项中的（　　）不是职业道德功能的表现。

A. 激励作用　B. 决策能力　C. 规范行为　D. 遵纪守法

163. 下列选项中属于职业道德作用的是（　　）。

A. 增强企业的凝聚力　B. 增强企业的离心力

C. 决定企业的经济效益　D. 增强企业员工的独立性

164. 有关文明生产的说法，（　　）是正确的。

A. 为了及时下班，可以直接拉断电源总开关

B. 下班时没有必要搞好工作现场的卫生

C. 工具使用后应按规定放置到工具箱中

D. 电工工具不全时，可以冒险带电作业

165.（　　）的方向规定由该点指向参考点。

A. 电压　B. 电位　C. 能量　D. 电能

166. 电功常用的单位有（　　）。

A. 焦耳　B. 伏安　C. 度　D. 瓦

167．支路电流法是以支路电流为变量列写节点电流方程及（　　）方程。

A．回路电压　　B．电路功率　　C．电路电流　　D．回路电位

168．（　　）是表明“流过任意节点的瞬间电流的代数和为零”。

A．基尔霍夫第二定律　　B．叠加原理

C．基尔霍夫第一定律　　D．戴维南定理

169．一电压源的电压是 10V，可把它等效变换成电流是 5A 的电流源，则电压源的内阻是（　　）。

A．1Ω　　B．2Ω　　C．2.5Ω　　D．2Ω

170．关于正弦交流电相量的叙述，以下说法不正确的是（　　）。

A．模表示正弦量的有效值　　B．幅角表示正弦量的初相

C．幅角表示正弦量的相位　　D．相量只表示正弦量与复数间的对应关系

171．*RL* 串联电路中总电压与电流相位关系为（　　）。

A．电压落后电流阻抗角　　B．电压超前电流阻抗角

C．电压超前电流 90°　　D．电压落后电流 90°

172．处于截止状态的三极管，其工作条件为（　　）。

A．射结正偏，集电结反偏　　B．射结反偏，集电结反偏

C．射结正偏，集电结正偏　　D．射结反偏，集电结正偏

173．铁磁材料在磁化过程中，当外加磁场 *H* 不断增加，而测得的磁场强度几乎不变的性质称为（　　）。

A．磁滞性　　B．剩磁性　　C．高导磁性　　D．磁饱和性

174．在 *RC* 串联电路中，总电压与电流的相位差，与电路元件 *R*、*C* 的参数及（　　）有关。

A．电压、电流的大小　　B．电压、电流的相位

C．电压、电流的方向　　D．电源频率

175．（　　）时，三个相电压等于线电压且三相电流相等。

A．三相负载三角形联结　　B．对称三相负载三角形联结

C．对称三相负载星形联结　　D．对称三相负载星形联结

176、三相对称电路的线电压比对应相电压（　　）。

A．超前 30°　　B．超前 60°　　C．滞后 30°　　D．滞后 60°

177．当二极管外加电压时，反向电流很小，且不随（　　）变化。

A．正向电流　　B．正向电压　　C．电压　　D．反向电压

178．射极输出器的输出电阻小，说明该电路的（　　）。

A．带负载能力强　　B．带负载能力差

C．减轻前级或信号源负载　　D．取信号能力强

179．云母制品属于（　　）。

A．固体绝缘材料　　B．液体绝缘材料

C．气体绝缘材料　　D．导体绝缘材料

180．跨步电压触电，触电者的症状是（　　）。

A．脚发麻　　B．脚发麻、抽筋并伴有跌倒在地

C. 腿发麻　　D. 以上都是

181. 危险环境下使用的手持电动工具的安全电压为（　　）。

A. 9V　　B. 12V　　C. 24V　　D. 36V

182. 电器通电后，出现冒烟、烧焦气味或着火时，应立即（　　）。

A. 逃离现场　　B. 泡沫灭火器灭火

C. 用水灭火　　D. 切断电源

183. 盗窃电能者，由电力管理部门责令停止违法行为，追缴电费并处应交电费（　　）以上的罚款。

A. 3 倍　　B. 10 倍　　C. 4 倍　　D. 5 倍

184. 符合有“1”得“0”，全“0”得“1”的逻辑关系的逻辑门是（　　）。

A. 或门　　B. 与门　　C. 非门　　D. 或非门

185. 理想集成运放输出电阻为（　　）。

A. 10Ω　　B. 100Ω　　C. 0　　D. 1kΩ

186. 分压式偏置共射放大电路，稳定工作点效果受（　　）影响。

A. R_C　　B. R_B　　C. R_E　　D. U_{ce}

187. 三端集成稳压器件 CW317 的输出电压为（　　）V。

A. 1.25　　B. 5　　C. 20　　D. 1.25～37

188. 行程开关的文字符号是（　　）。

A. QS　　B. SQ　　C. SA　　D. KM

189. 交流接触器的作用是（　　）接通和断开负载。

A. 频繁地　　B. 偶尔　　C. 手动　　D. 不能

190. 读图的基本步骤有：看图样说明，（　　），看安装接线图。

A. 看主电路　　B. 看电路图　　C. 看辅助电路　　D. 看交流电路

191. C6150 车床主轴电动机通过（　　）控制正、反转。

A. 手柄　　B. 接触器　　C. 断路器　　D. 热继电器

192. 三相异步电动机的启停控制线路中需要有（　　）、过载保护和失电压保护功能。

A. 短路保护　　B. 超速保护　　C. 失磁保护　　D. 零速保护

193. Z3040 摇臂钻床中的局部照明灯由控制变压器供给（　　）安全电压。

A. 交流 6V　　B. 交流 10V　　C. 交流 30V　　D. 交流 24V

194. 三相异步电动机的优点是（　　）。

A. 调速性能好　　B. 交直流两用　　C. 功率因数高　　D. 结构简单

195. 三相异步电动机工作时，其电磁转矩是由旋转磁场与（　　）共同作用产生的。

A. 定子电流　　B. 转子电流　　C. 转子电压　　D. 电源电压

196. 下面描述的选项中，（　　）是电工安全操作的内容。

A. 及时缴纳电费　　B. 禁止电动自行车上高架桥

C. 上班带好雨具　　D. 高、低压各型开关调试时，悬挂标志牌，防止误合闸

197. C6150 车床（　　）的正、反转控制线路具有接触器互锁功能。

A. 冷却电动机　　B. 主轴电动机　　C. 快速移动电动机　　D. 润滑油泵电动机

198．设计多台电动机顺序控制线路的目的是保证操作过程的合理性和（　　）。

A．工作的安全可靠　　B．节约电能的要求

C．降低噪声的要求　　D．减小振动的要求

199．能耗制动时产生的制动力矩大小与通入定子绕组中的直流电流大小有关，一般情况可取能耗制动的直流电流为（　　）倍电动机的空载电流。

A．0.5～1　　B．.1.5～2　　C．3.5～4　　D．5～6

维修工中级理论知识试题（样卷）参考答案

一、判断题

1．√	2．×	3．×	4．×	5．×
6．√	7．×	8．√	9．×	10．×
11．×	12．√	13．√	14．√	15．√
16．√	17．×	18．√	19．×	20．×
21．√	22．√	23．√	24．×	25．√
26．√	27．√	28．×	29．√	30．√
31．√	32．√	33．×	34．×	35．√
36．√	37．√	38．×	39．√	40．×
41．√	42．×	43．×	44．√	45．√
46．√	47．×	48．√	49．√	50．×
51．√	52．×	53．×	54．×	55．√
56．×	57．×	58．√	59．×	60．√
61．√	62．×	63．×	64．√	65．√
66．×	67．√	68．×	69．×	70．×
71．×	72．√	73．×	74．√	75．×
76．√	77．×	78．×	79．√	80．√
81．√	82．√	83．×	84．×	85．√
86．×	87．√	88．√	89．√	90．×
91．√	92．√	93．√	94．√	95．√

96. √	97. ×	98. ×	99. √	100. √
101. √	102. √	103. √	104. √	105. √
106. √	107. √	108. √	109. √	110. ×
111. √	112. √	113. √	114. √	115. √
116. √	117. √	118. √	119. √	120. √
121. √	122. √	123. √	124. √	125. √
126. √	127. √	128. ×	129. ×	130. √
131. ×	132. √	133. ×	134. √	135. √
136. ×	137. ×	138. √	139. ×	140. √
141. ×	142. √	143. √	144. √	145. ×
146. √	147. √	148. √	149. √	150. √
151. ×	152. ×	153. ×	154. √	155. ×
156. √	157. √	158. √	159. √	—

二、单项选择

160. A	161. D	162. B	163. A	164. C
165. B	166. C	167. A	168. C	169. B
170. C	171. B	172. B	173. D	174. D
175. B	176. A	177. C	178. A	179. A
180. D	181. B	182. D	183. D	184. D
185. C	186. C	187. D	188. B	189. A
190. B	191. B	192. A	193. D	194. D
195. B	196. D	197. B	198. A	199. C

职业技能鉴定国家题库
维修电工中级操作技能考核试题（样卷二）

注 意 事 项

1．本试卷依据 2009 年颁布的《维修电工 国家职业标准》命制。
2．本试卷试题如无特别注明，则为全国通用。
3．请考生仔细阅读试题的具体考核要求，并按要求完成操作。
4．操作技能考核时要遵守考场纪律，服从考场管理人员指挥，以保证考核安全顺利进行。
5．考试完成时间：240min。

第一题 继电—接触控制线路安装与调试（40 分，考核时间 140min）

1．试题内容

安装和调试三相异步电动机双重连锁正、反转启动能耗制动的控制电路，其原理图如下图所示。

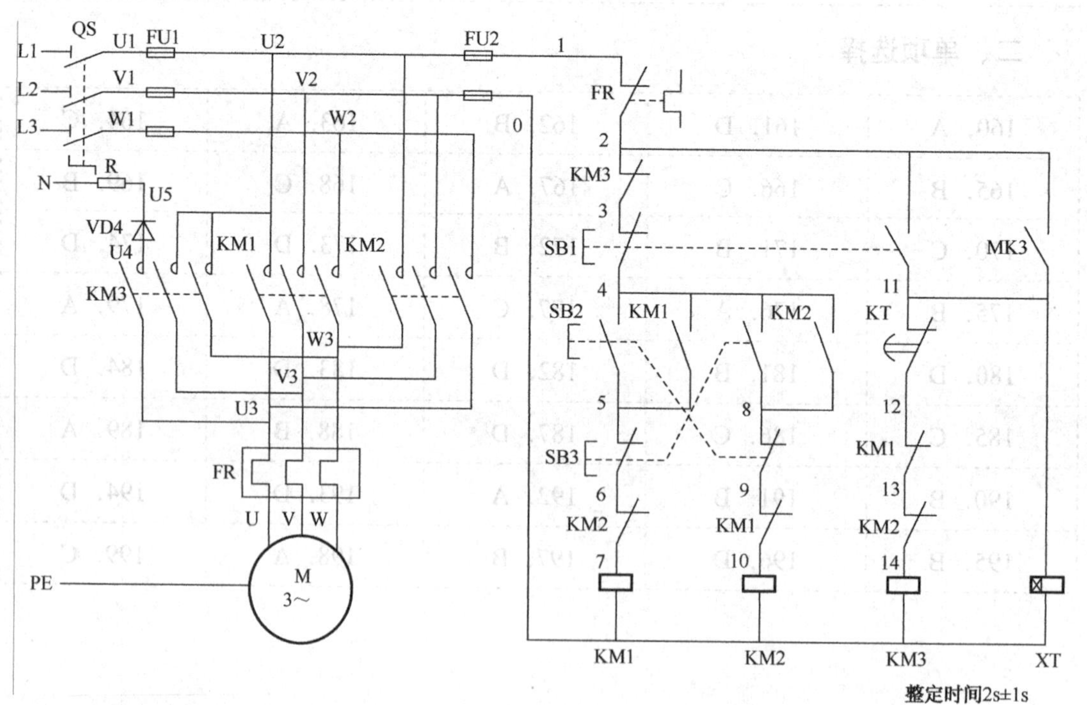

2．考核要求

（1）按原理图进行正确熟练地安装；元器件在配线板上布置要合理，安装要正确、紧固，配线要求紧固、美观，导线要进入线槽，正确使用工具和仪表。

（2）按钮盒不固定在板上，电源和电动机配线、按钮接线要接到端子排上，进出线槽的导线要有端子标号，引出端要用别径压端子。

（3）安全文明操作。

3. 注意事项

（1）满分 40 分，考试时间 140min。

（2）在考核过程中，考评员要进行监护，注意安全。

4. 答题所需仪器、仪表工具和器材

序号	名称	型号与规格	单位	数量	备 注
1	三相四线电源	～3×380/220 V、20 A	处	1	
2	单相交流电源	～220 V 和 36 V、5 A	处	1	
3	三相电动机	Y112M-4，4 kW、380 V、△联结；或自定	台	1	
4	配线板	500 mm×600 mm×20 mm	块	1	
5	组合开关	HZ10-25/3	个	1	
6	交流接触器	CJ10-10，线圈电压 380 V 或 CJ10-20，线圈电压 380 V	只	4	
7	热继电器	JR16-20/3，整定电流 10～16 A	只	1	
8	时间继电器	JS7-4A，线圈电压 380 V	只	1	
9	整流二极管	2CZ30，15 A、600 V	只	1	
10	熔断器及熔芯配套	RL1-60/20	套	3	
11	熔断器及熔芯配套	RL1-15/4	套	2	
12	三联按钮	LA10-3H 或 LA4-3H	个	2	
13	接线端子排	JX2-1015，500 V、10 A、15 节或配套自定	条	1	
14	木螺钉	ϕ 3×20 mm；ϕ 3×15 mm	个	30	
15	平垫圈	ϕ 4 mm	个	30	
16	圆珠笔	自定	支	1	
17	塑料软铜线	BVR-2.5 mm^2，颜色自定	m	20	
18	塑料软铜线	BVR-1.5 mm^2，颜色自定	m	20	
19	塑料软铜线	BVR-0.75 mm^2，颜色自定	m	5	
20	别径压端子	UT2.5-4，UT1-4	个	20	
21	行线槽	TC3025，长 34 cm，两边打 ϕ 3.5 mm 孔	条	5	
22	异型塑料管	ϕ 3 mm	M	0.2	
23	电工通用工具	验电笔、钢丝钳、螺钉旋具（一字形和十字形）、电工刀、尖嘴钳、活扳手、剥线钳等	套	1	
24	万用表	自定	块	1	
25	兆欧表	型号自定，或 500 V、0～200 MΩ	台	1	
26	钳形电流表	0～50 A	块	1	
27	劳保用品	绝缘鞋、工作服等	套	1	

第二题　电气设备线路故障排除（40 分，考核时间 40min）

1. 试题内容

检修双速交流异步电动机自动变速控制电路，其原理图如下图所示。

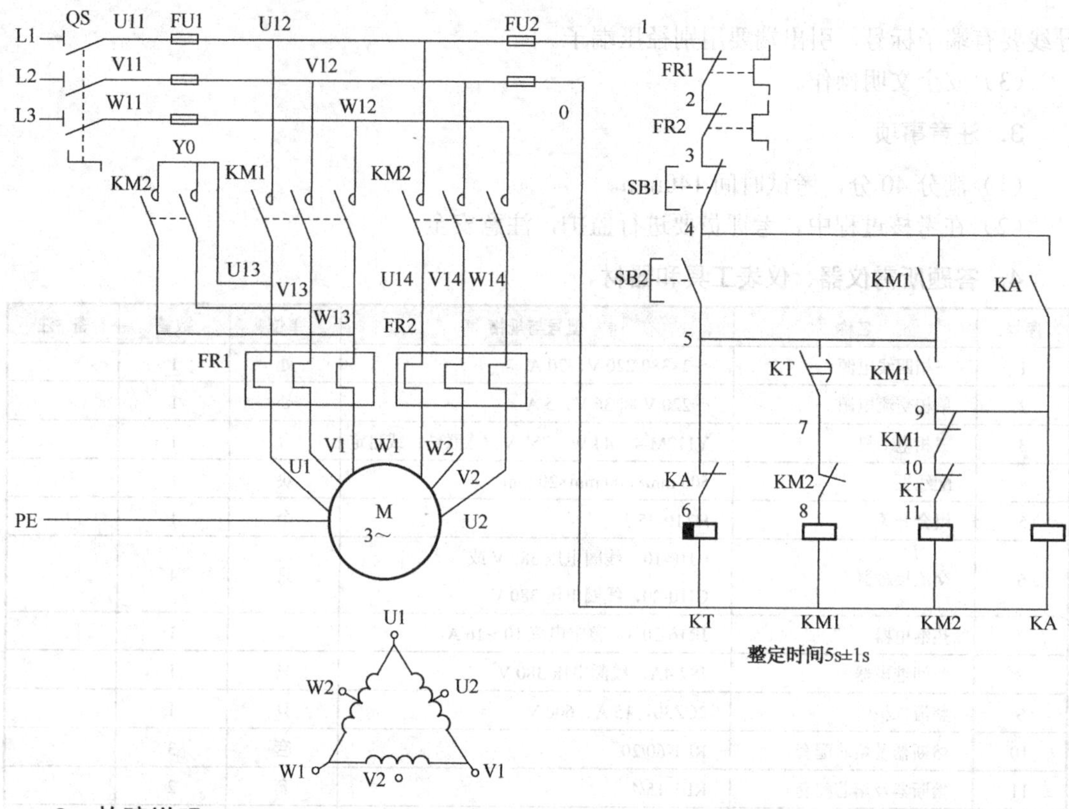

2．故障说明

在其电路板上，设隐蔽故障3处，其中主回路1处，控制回路2处。考生向考评员询问故障现象时，考评员可以将故障现象告诉考生，考生必须单独排除故障。

3．考核要求

（1）从设置故障开始，考评员不得进行提示。

（2）根据故障现象，在电气控制线路图上分析故障可能产生的原因，确定故障发生的范围，填写检修报告。

（3）排除故障过程中如果扩大故障，在规定时间内可以继续排除故障。

（4）正确使用工具和仪表。

电气设备线路故障排除及检修报告

项目	检修报告栏	备注
故障现象与部位		
故障分析		
故障检修过程		

4．注意事项

（1）满分40分，考试时间40min。

（2）在考核过程中，要注意安全。

（3）故障检修得分未达20分，本次鉴定操作考核视为不通过。

5. 答题所需仪器、仪表工具和器材

序号	名称	型号与规格	单位	数量	备注
1	配线板	模拟双速交流异步电动机自动变速控制电路配线板	块	1	
2	配线板配套电路图	双速交流异步电动机自动变速控制电路配套电路图	套	1	
3	故障排除所用材料	和相应的设备配套	套	1	
4	双速交流异步电动机	自定	台	1	
5	三相四线电源	～3×380/220 V、20 A	处	1	
6	电工通用工具	验电笔、钢丝钳、旋具（一字形和十字形）、电工刀、尖嘴钳、活扳手、剥线钳等	套	1	
7	万用表	自定	块	1	
8	兆欧表	型号自定，或 500 V、0～200 MΩ	台	1	
9	钳形电流表	0～50 A	块	1	
10	黑胶布	自定	卷	1	
11	透明胶布	自定	卷	1	
12	圆珠笔	自定	支	1	
13	劳保用品	绝缘鞋、工作服等	套	1	

第三题 电子线路安装与调试（20 分，考核时间 60min）

1. 试题内容

安装并调试台灯调光开关电路，其原理图如下图所示。

2. 考核要求

（1）装接前要先检查元器件的好坏，核对元器件的数量和规格，如在调试中发现元器件损坏，则按损坏元器件扣分。

（2）在规定时间内，按原理图进行正确熟练地安装，正确连接仪器与仪表，能正确进行调试。

（3）正确使用工具和仪表，装接质量要可靠，装接技术要符合工艺要求。

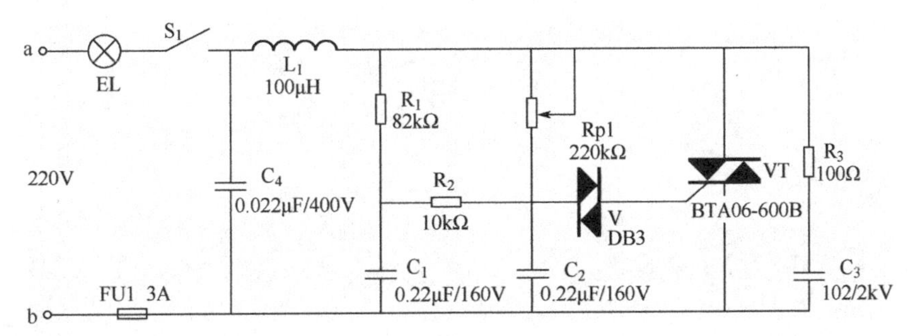

3. 注意事项

（1）满分 20 分，考试时间 60min。

（2）做到安全文明操作。

4. 答题所需仪器、仪表工具和器材

序号	名称	型号规格	数量	备注
1	涤纶电容器	0.22μF/160V	2	
2	瓷片电容器	102/2kV	1	
3	涤纶电容器	0.022μF/400V	1	
4	熔断器（含座）	1A	1	
5	电阻	10kΩ	1	
6	电阻	82kΩ	1	
7	电阻	100Ω	1	
8	带磁芯电感	100μH	1	
9	带开关电位器	220kΩ	1	
10	双向晶闸管	BTA06-600B	1	
11	双向触发二极管	DB3	1	
12	电工通用工具	验电笔、钢丝钳、旋具（一字形和十字形）、电工刀、尖嘴钳、电烙铁、剥线钳、镊子等	1	
13	万用表	自定	1	
14	其他：电灯（220V/60W）、电源线（若干）、印制电路板等			

职业技能鉴定国家题库
维修电工中级操作技能考核准备通知单（考生）

一、常用电工组装工具一套：验电笔、钢丝钳、旋具（一字形和十字形）、电工刀、尖嘴钳、剥线钳、镊子、剪刀、斜口钳、活扳手、万用表、电烙铁、防静电腕带等。

二、准考证、身份证、签字笔等答题文具。

三、劳保用品（工作服、安全帽、绝缘手套等）。

职业技能鉴定国家题库
维修电工中级操作技能考核评分记录表

第一题　继电—接触控制线路安装与调试（40%）

序号	考核内容	考核标准	评分标准	配分	得分
1	相关理论知识	提出2～4个相关问题	答错1个问题扣2～4分	8	
2	识读电路原理图	认真读懂电路图	读不懂电路图扣2分，不读图扣4分	4	
3	元器件对照检测	对照、检测	对照、检测错误每处扣1分，不做此项扣4分	4	
4	按图进行接线并检查	接线正确，检查无错误	接线错误每处扣2分，检查时错误扣4分	4	
5	布线	布线美观	布线不美观扣2分，导线乱敷设扣3分	4	
6	通电运行	操作规范，一次性运行通过	操作不规范每处扣2分，一次运行未通过扣4分，发生短路且造成损坏，取消评价资格	8	
7	万用表的使用	使用正确	使用错误每次扣2分，不会使用扣4分，由于使用不当造成损坏，取消评价资格	4	
8	安全文明操作	规范操作	有一项不合格扣1～2分，发生严重事故，取消评价资格	4	
备注	规定时间140min。提前完成不加分，不允许超时		合　计	40	
			考评员签字：	日期：	

第二题　电气设备线路故障排除（40%）

序号	考核内容	考核标准	评分标准	配分	得分
1	调查研究	对每个故障现象进行调查研究	排除故障前不进行调查研究扣1分	4	
2	故障分析	在电气控制线路图上分析故障原因的思路正确	错标或不标故障范围每个故障点扣1分，不能标注最小故障范围，每个故障点扣1分	12	
3	故障排除	正确使用工具和仪表，找出故障点并排除	实际排除故障中思路不清楚，每个故障扣1分，每少查出一次故障点扣1分，每少排除一次故障点扣1.5分，排除故障方法不正确，每处1.5分	24	
4	其他	操作有误，要从总分中扣分	排除故障时，产生新的故障后不能自行修复，每个扣4分，已经修复，每个扣2分，损坏电动机扣4分		
备注	规定时间40min。提前完成不加分，不允许超时。		合　计	40	
			考评员签字：	日期：	

第三题　电子线路安装与调试（20%）

序号	考核内容	考核标准	评分标准	配分	得分
1	相关理论知识	提出2～4个相关问题	答错1个问题扣2～4分	4	
2	按原理图检查电子元器件和印制电路板	检测电子元器件	不会检测扣1分，不进行检查口2分	2	
3	按图进行电路焊接	焊点光滑，无虚焊，元器件排列整齐	焊点毛糙扣1分，出现虚焊每点扣1分，排列不规范扣1分	4	
4	通电调试并测量	调试方法正确，输出波形正确	调试方法不正确扣2分，输出波形不正确扣4分，无输出波形且不能排除故障扣6分	6	
5	仪器仪表使用	仪器仪表使用正确，读数误差小	仪器仪表使用错误扣1分，不会使用扣2分，读数误差大每个扣1分，由于使用不当造成损坏，取消评价资格	2	
6	安全文明操作	规范操作	有一项不合格扣1分，发生严重事故，取消评价资格	2	
备注	规定时间60min。提前完成不加分，不允许超时		合　计	20	
			考评员签字：	日期：	

维修电工中级职业技能鉴定技能考核评分总表

序号	试题名称	配分	得分	备注
1	继电—接触控制线路安装与调试	40		
2	电气设备线路故障排除	40		
3	电子线路安装与调试	20		
合　计				

评分人：　　　　　　年　　月　　日　　　　　　核分人：　　　　年　　　　月

附录C 维修电工国家职业资格考试样卷（高级工）

职业技能鉴定国家题库
维修电工高级工理论知识试题（样卷）

注 意 事 项

1．考试时间：120min。
2．本试卷依据2009年颁布的《维修电工 国家职业标准》命制。
3．请首先按要求在试卷的标封处填写您的姓名、准考证号和所在单位名称。
4．请仔细阅读各种题目的回答要求，在规定位置填写您的答案。
5．不要在试卷上乱写乱画，不要在标封区填写无关的内容。

	一	二	总分
得分			

得分	
评分人	

一、单项选择（第1题～第160题。选择一个正确的答案，将相应的字母填入题内的括号中。每题0.5分，满分80分。）

1．从业人员在职业交往活动中，符合仪表端庄具体要求的是（　　）。
A．着装华贵　　B．适当化妆或戴饰品
C．饰品俏丽　　D．发型要突出个性

2．企业创新要求员工努力做到（　　）。
A．不能墨守成规，但也不能标新立异
B．大胆地破除现有的结论，自创理论体系
C．大胆地试、大胆地闯，敢于提出新问题

D. 激发人的灵感，遏制冲动和情感

3. 职业纪律是从事这一职业的员工应该共同遵守的行为准则，它包括的内容有（　　）。

A. 交往规则　　B. 操作程序　　C. 群众观念　　D. 外事纪律

4. 严格执行安全操作规程的目的是（　）。

A. 限制工人的人身自由

B. 企业领导刁难工人

C. 保证人身和设备的安全及企业的正常生产

D. 增强领导的权威性

5. 市场经济条件下，职业道德最终将对企业起到（　　）的作用。

A. 决策科学化　　B. 提高竞争力

C. 决定经济效益　　D. 决定前途与命运

6. 下列选项中属于企业文化功能的是（　　）。

A. 整合功能　　B. 技术培训功能　　C. 科学研究功能　　D. 社交功能

7. 正确阐述职业道德与人生事业关系的选项是（　）。

A. 没有职业道德的人，任何时刻都不会获得成功

B. 具有较高的职业道德的人，任何时刻都会获得成功

C. 事业成功的人往往并不需要较高的职业道德

D. 职业道德是获得人生事业成功的重要条件

8. 在直流电路中，基尔霍夫第二定律的正确表达式是（　）。

A. $\sum =0$　　B. $\sum U=0$　　C. $\sum IR=0$　　D. $\sum E=0$

9. 共发射级放大电路中，当负载电阻增大时，其电压放大倍数的值将（　）。

A. 不变　　B. 减小　　C. 增大　　D. 迅速下降

10. 在铁磁物质组成的磁路中，磁阻是非线性的原因是（　）是非线性的。

A. 磁导率　　B. 磁通　　C. 电流　　D. 磁场强度

11. 线圈自感电动势的大小与（　　）无关。

A. 线圈中电流的变化率　　B. 线圈的匝数

C. 线圈周围的介质　　D. 线圈的电阻

12. 互感器线圈的极性一般根据（　）来判定。

A. 右手定则　　B. 左手定则　　C. 楞次定律　　D. 同名端

13. 关于正弦交流电相量的叙述，以下说法正确的是（　　）。

A. 模表示正弦量的最大值　　B. 模表示正弦量的瞬时值

C. 幅角表示正弦量的相位　　D. 幅角表示正弦量的初相

14、两个阻抗 Z_1、Z_2 串联时的总阻抗是（　　）。

A. Z_1+Z_2　　B. $Z_1{}^2Z_2$　　C. $Z_1{}^2Z_2/(Z_1+Z_2)$　　D. $1/Z_1+1/Z_2$

15. 串联谐振时电路中（　）。

A. 阻抗最大、电流最大　　B. 电感及电容上的电压总是小于总电压

C. 电抗值等于电阻值　　D. 电压的相位超前于电流

16. 并联谐振时电路中（　）。

A. 电感及电容支路的电流总是小于总电流

B．电感及电容支路的电流可能超过总电流

C．总阻抗最小、总电流最大

D．电源电压的相位超前于总电流

17．某元件两端的交流电压（　　）流过它的交流电，则该元件为容性负载。

A．超前于　　B．相位等同于

C．滞后于　　D．可能超前也可能滞后

18．流过电容的交流电流超前于（　　）。

A．电容中的漏电流　　B．电容上累计的电荷

C．电容上的充放电电压　　D．电容两端的交流电压

19．在 *RC* 串联电路中（　　）与总电流之间的相位差与电路元件 *R*、*C* 的参数及电源频率有关。

A．电阻 *R* 上的电压　　B．电容 *C* 上的电压

C．电容 *C* 中的电流　　D．总电压

20．*RL* 串联电流中（　　）超前电流 90°。

A．电阻元件两端电压　　B．电感元件两端电压

C．总电压　　D．*R* 或 *L* 两端电压

21．两个阻抗并联的电路，它的总阻抗的计算形式（　　）。

A．为两个阻抗之和　　B．为两个阻抗之差

C．与并联电阻计算方法一样　　D．与并联电阻计算方法一样

22．称三相负载三角形联结时，相电压等于线电压，（　　）。

A．相电流等于线电流的 1.732 倍　　B．相电流等于线电流

C．线电流等于相电流的 3 倍　　D．线电流等于相电流的 1.732 倍

23．在负载星形联结的三相对称电路中，中性线电流（　　）。

A．等于相电流的 1.732 倍　　B．等于相电流

C．等于相电流的 3 倍　　D．等于零

24．在三相四线制中性点接地供电系统中，相电压是指（　　）的电压。

A．相线之间　　B．中性线对地之间

C．相线对零线间　　D．相线对地间

25．三相对称负载，三角形联结，若每相负载的阻抗为 38Ω，接在线电压为 380V 的三相交流电路中，则电路的相电流为（　　）。

A．22A　　B．10A　　C．17.3A　　D．5.79A

26．维修电工以电气原理图、装接线图和（　　）最为重要。

A．展开接线图　　B．剖面图　　C．平面布置图　　D．立体图

27．定子绕组串电阻的减压启动是指电动机启动时，把电阻串接在电动机定子绕组与电源之间，通过电阻的分压作用来（　　）定子绕组上的启动电压。

A．提高　　B．减少　　C．加强　　D．降低

28．Y-D 减压启动是指电动机启动时，把定子绕组联结成 Y，以降低启动电压，限制启动电流。待电动机启动后，再把定子绕组改成（　　），使电动机全压运行。

A．YY　　B．Y　　C．DD　　D．D

29. 按钮连锁正、反转控制线路的优点是操作方便，缺点是容易产生电源两相短路事故。在实际工作中，经常采用按钮、触器双重连锁（　）控制线路。

A. 点动　　B. 自锁　　C. 顺序启动　　D. 正、反转

30. 若被测电流超过测量机构的允许值，就需要在表头上（　）一个称为分流器的低值电阻。

A. 正接　　B. 反接　　C. 串联　　D. 并联

31. 电动机是使用最普遍的电气设备之一，一般在 70%~5%额定负载下运行时（　）。

A. 效率最低　　B. 功率因数小

C. 效率最高，功率因数大　　D. 效率最低，功率因数小

32、主回路和控制回路的导线颜色应尽可能有区别，但接地线应与其他导线的颜色有明显的区别，应使用（　）。

A. 黄绿色　　B. 黑绿　　C. 黑　　D. 红

33.（　）的工频电流通过人体时，人体尚可摆脱，称为摆脱电流。

A. 0.1mA　　B. 1mA　　C. 5mA　　D. 10mA

34. 人体（　）是最危险的触电形式。

A. 单相触电　　B. 两相触电　　C. 接触电压触电　　D. 跨步电压触电

35. 潮湿场所的电气设备使用时的安全电压为（　）。

A. 9V　　B. 12V　　C. 24V　　D. 36V

36. 电气设备维修值班一般应有（　）以上。

A. 1 人　　B. 2 人　　C. 3 人　　D. 4 人

37. 车床已经使用多年，存在控制箱线路混乱，导线绝缘老化，接触器、（　）触点严重烧损现象。

A. 热继电器　　B. 继电器　　C. 中间继电器　　D. 按钮

38. 下列不属于大修工艺内容的是（　）。

A. 主要电气设备、电气元件的检查、修理工艺及应达到的质量标准

B. 试车程序及需要特别说明的事项

C. 施工中的安全措施

D. 外观质量

39. M7130 平面磨床的主电路中有三台电动机，使用了（　）热继电器。

A. 3 个　　B. 4 个　　C. 1 个　　D. 2 个

40. M7130 平面磨床控制电路中串接着转换开关 QS2 的常开触点和（　）。

A. 欠电流继电器 KUC 的常开触点　　B. 欠电流继电器 KUC 的常闭触点

C. 过电流继电器 KUC 的常开触点　　D. 过电流继电器 KUC 的常闭触点

41. M7130 平面磨床中，砂轮电动机和液压泵电动机都采用了接触器（　）控制电路。

A. 自锁反转　　B. 自锁正转　　C. 互锁正转　　D. 互锁反转

42. M7130 平面磨床中，冷却泵电动机 M2 必须在（　）运行后才能启动。

A. 照明变压器　　B. 伺服驱动器

C. 液压泵电动机 M3　　D. 砂轮电动机 M1

43．M7130 平面磨床中电磁吸盘吸力不足的原因之一是（　　）。

A．电磁吸盘的线圈内有匝间短路　　B．电磁吸盘的线圈内有开路

C．整流变压器开路　　D．整流变压器短路

44．M7130 平面磨床中，砂轮电动机的热继电器经常动作，轴承正常，砂轮进给量正常，则须要检查和调整（　　）。

A．照明变压器　　B．整流变压器　　C．热继电器　　D．液压泵电动机

45．C6150 车床主轴电动机通过（　　）控制正、反转。

A．手柄　　B．接触器　　C．断路器　　D．热继电器

46．C6150 车床控制线路中变压器安装在配电板的（　　）。

A．左方　　B．右方　　C．上方　　D．下方

47．C6150 车床主轴电动机反转、电磁离合器 YC1 通电时，主轴的转向为（　　）。

A．正转　　B．反转　　C．高速　　D．低速

48．Z3040 摇臂钻床的液压泵电动机由按钮、行程开关、时间继电器和接触器等构成的（　　）控制电路来实现。

A．单相启动停止　B．自动往返　　C．正、反转短时　D．减压启动

49．Z3040 摇臂钻床中，主轴箱与立柱的夹紧和放松控制按钮安装在（　　）。

A．摇臂上　　B．主轴箱移动手轮上

C．主轴箱外壳　　D．底座上

50．Z3040 摇臂钻床中的局部照明灯由控制变压器供给（　　）安全电压。

A．交流 6V　　B．交流 10V　　C．交流 30V　　D．交流 24V

51．Z3040 摇臂钻床中液压泵电动机正、反转具有（　　）功能。

A．接触器互锁　　B．双重互锁　　C．按钮互锁　　D．电磁阀互锁

52．Z3040 摇臂钻床中摇臂不能夹紧的原因可能是（　　）。

A．调整行程开关 SQ2 位置　　B．时间继电器定时不合适

C．主轴电动机故障　　D．液压系统故障

53．晶体管型号 KS20-8 中的 8 表示（　　）。

A．允许的最高电压为 800V　　B．允许的最高电压为 80V

C．允许的最高电压为 8V　　D．允许的最高电压为 8kV

54．双向晶闸管是（　　）半导体结构。

A．四层　　B．五层　　C．三层　　D．两层

55．理想集成运放输出电阻为（　　）。

A．10Ω　　B．100Ω　　C．0　　D．1kΩ

56．为了增加带负载能力，常用共集电极放大电路的（　　）特性。

A．输入电阻大　B．输入电阻小　C．输出电阻大　　D．输出电阻小

57．能用于传递交流信号且具有阻抗匹配的耦合方式是（　　）。

A．阻容耦合　　B．变压器耦合　　C．直接耦合　　D．电感耦合

58．音频集成功率放大器的电源电压一般为（　　）V。

A．5　　B．10　　C．5～8　　D．6

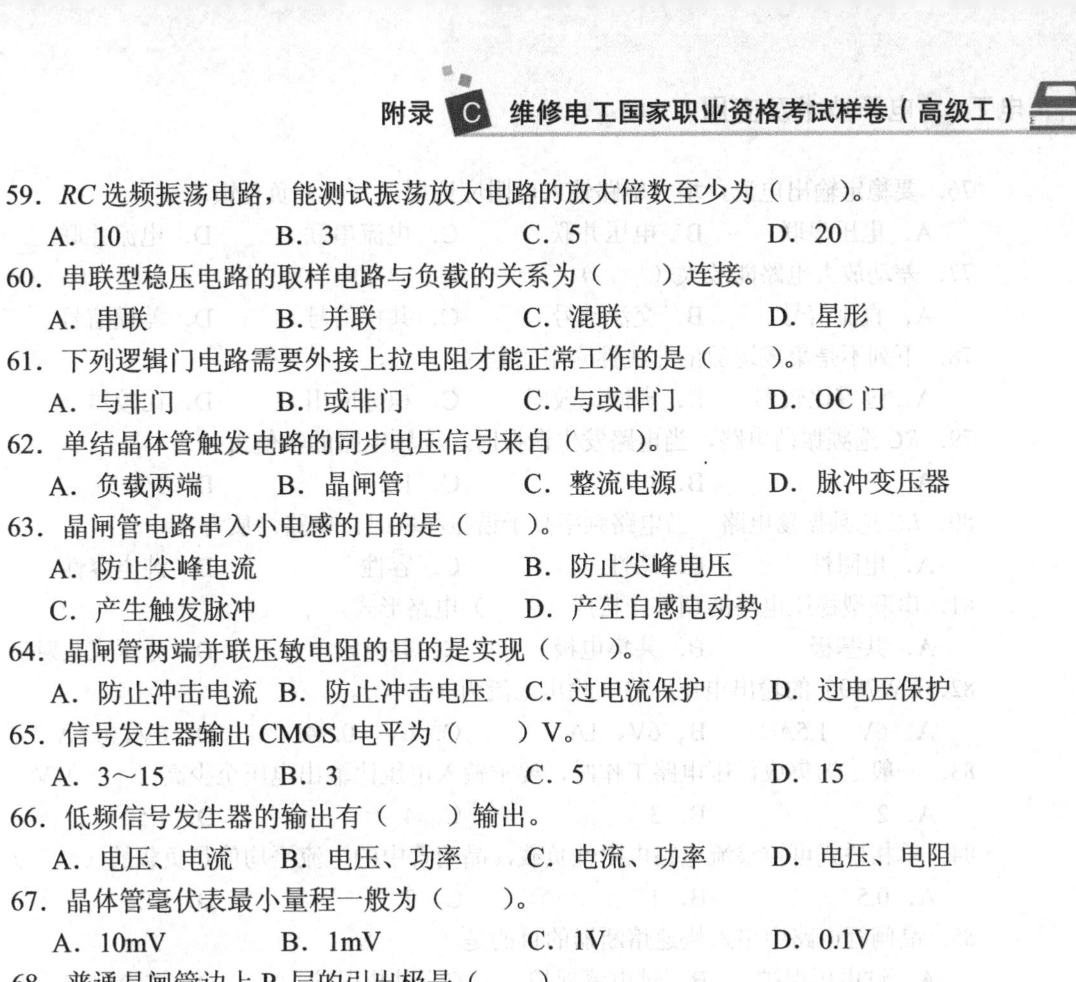

59．RC 选频振荡电路，能测试振荡放大电路的放大倍数至少为（　　）。

A．10　　B．3　　C．5　　D．20

60．串联型稳压电路的取样电路与负载的关系为（　　）连接。

A．串联　　B．并联　　C．混联　　D．星形

61．下列逻辑门电路需要外接上拉电阻才能正常工作的是（　　）。

A．与非门　　B．或非门　　C．与或非门　　D．OC 门

62．单结晶体管触发电路的同步电压信号来自（　　）。

A．负载两端　　B．晶闸管　　C．整流电源　　D．脉冲变压器

63．晶闸管电路串入小电感的目的是（　　）。

A．防止尖峰电流　　B．防止尖峰电压

C．产生触发脉冲　　D．产生自感电动势

64．晶闸管两端并联压敏电阻的目的是实现（　　）。

A．防止冲击电流　　B．防止冲击电压　　C．过电流保护　　D．过电压保护

65．信号发生器输出 CMOS 电平为（　　）V。

A．3～15　　B．3　　C．5　　D．15

66．低频信号发生器的输出有（　　）输出。

A．电压、电流　　B．电压、功率　　C．电流、功率　　D．电压、电阻

67．晶体管毫伏表最小量程一般为（　　）。

A．10mV　　B．1mV　　C．1V　　D．0.1V

68．普通晶闸管边上 P 层的引出极是（　　）。

A．漏极　　B．阴极　　C．门极　　D．阳极

69．普通晶闸管的额定电流是以工频（　　）电流的平均值来表示的。

A．三角波　　B．方波　　C．正弦半波　　D．正弦全波

70．单结晶体管的结构中有（　　）个基极。

A．1　　B．2　　C．3　　D．4

71．集成运放输入电路通常由（　　）构成。

A．共射放大电路　　B．共集电极放大电路

C．共基极放大电路　　D．差动放大电路

72．分压式偏置共射放大电路，当温度升高时，其静态值 I_{BQ} 会（　　）。

A．增大　　B．变小　　C．不变　　D．无法确定

73．固定偏置共射放大电路出现截止失真，是（　　）。

A．R_B 偏小　　B．R_B 偏大　　C．R_c 偏小　　D．R_c 偏大

74．多级放大电路之间，常用共集电极放大电路，是利用其（　　）特性。

A．输入电阻大、输出电阻大　　B．输入电阻小、输出电阻大

C．输入电阻大、输出电阻小　　D．输入电阻小、输出电阻小

75．输入电阻最小的放大电路是（　　）。

A．共射极放大电路　　B．共集电极放大电路

C．共基极放大电路　　D．差动放大电路

76．要稳定输出电流，增大电路输入电阻应选用（　　）负反馈。

A．电压串联　　B．电压并联　　C．电流串联　　D．电流并联

77．差动放大电路能放大（　　）。

A．直流信号　　B．交流信号　　C．共模信号　　D．差模信号

78．下列不是集成运放的非线性应用的是（　　）。

A．过零比较器　　B．滞回比较器　　C．积分应用　　D．比较器

79．*RC* 选频振荡电路，当电路发生谐振时，选频电路的幅值为（　　）。

A．2　　B．1　　C．1/2　　D．1/3

80．*LC* 选频振荡电路，当电路频率高于谐振频率时，电路性质为（　　）。

A．电阻性　　B．感性　　C．容性　　D．纯电容性

81．串联型稳压电路的调整管接成（　　）电路形式。

A．共基极　　B．共集电极　　C．共射极　　D．分压式共射极

82．CW7806 的输出电压、最大输出电流为（　　）。

A．6V、1.5A　　B．6V、1A　　C．6V、0.5A　　D．6V、0.1A

83．一般三端集成稳压电路工作时，要求输入电压比输出电压至少高（　　）V。

A．2　　B．3　　C．4　　D．1.5

84．单相桥式可控整流电路电阻性负载，晶闸管中的电流平均值是负载的（　　）倍。

A．0.5　　B．1　　C．2　　D．0.25

85．晶闸管电路中串入快速熔断器的目的是（　　）。

A．过电压保护　　B．过电流保护　　C．过热保护　　D．过冷保护

86．晶闸管两端（　　）的目的是防止电压尖峰。

A．串联小电容　　B．并联小电容　　C．并联小电感　　D．串联小电感

87．TTL 与非门电路高电平的产品典型值通常不低于（　　）V。

A．3　　B．4　　C．2　　D．2.4

88．分压式偏置共射放大电路，更换 β 大的管子，其静态 U_{CEQ} 会（　　）。

A．增大　　B．变小　　C．不变　　D．无法确定

89．直流单臂电桥测量几欧姆电阻时，比率应选为（　　）。

A．0.001　　B．0.01　　C．0.1　　D．1

90．可编程序控制器在硬件设计方面采用了一系列措施，如干扰的（　　）。

A．屏蔽、隔离和滤波　　B．屏蔽和滤波

C．屏蔽和隔离　　D．隔离和滤波

91．对于复杂的 PLC 梯形图设计时，一般采用（　　）。

A．经验法　　B．顺序控制设计法

C．子程序　　D．中断程序

92．西门子 MM420 变频器的主电路电源端子（　　）须经交流接触器和保护用断路器与三相电源连接。但不宜采用主电路的通、断进行变频器的运行与停止操作。

A．X、Y、Z　　B．U、V、W　　C．L1、L2、L3　　D．A、B、C

93．PLC 编程软件通过计算机可以对 PLC 实行（　　）。

A．编程　　B．运行控制　　C．监控　　D．以上都是

94．根据主轴控制梯形图，下列指令正确的是（　　）。

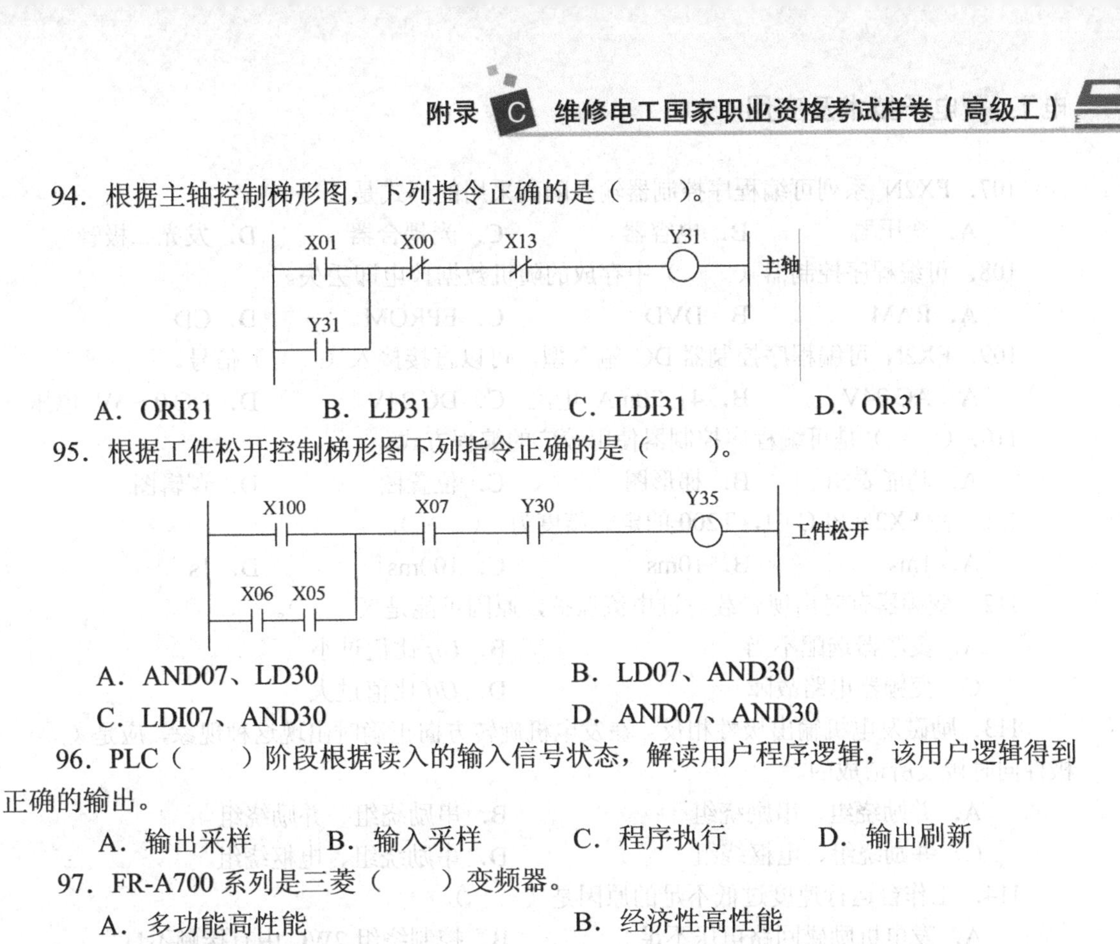

A．ORI31　　B．LD31　　C．LDI31　　D．OR31

95．根据工件松开控制梯形图下列指令正确的是（　　）。

A．AND07、LD30　　B．LD07、AND30

C．LDI07、AND30　　D．AND07、AND30

96．PLC（　　）阶段根据读入的输入信号状态，解读用户程序逻辑，该用户逻辑得到正确的输出。

A．输出采样　　B．输入采样　　C．程序执行　　D．输出刷新

97．FR-A700 系列是三菱（　　）变频器。

A．多功能高性能　　B．经济性高性能

C．水泵和风机专用型　　D．节能型轻负载

98．PLC 的组成部分不包括（　　）。

A．CPU　　B．存储器　　C．外部传感器　　D．I/O 口

99．计算机对 PLC 进行程序下载时，须要使用配套的（　　）。

A．网络线　　B．接地线　　C．电源线　　D．通信电缆

100．可编程序控制器的梯形图规定串联和并联的触点数是（　　）。

A．有限的　　B．无限的　　C．最多 8 个　　D．最多 16 个

101．FX2N 系列可编程序控制器输入常开点用（　　）指令。

A．LD　　B．LDI　　C．OR　　D．ORI

102．可编程序控制器采用了一系列可靠性设计，如（　　）、掉电保护、故障诊断和信息保护及恢复等。

A．简单设计　　B．简化设计　　C．冗余设计　　D．功能设计

103．可编程序控制器采用大规模集成电路构成的（　　）和存储器来组成逻辑部分。

A．运算器　　B．微处理器　　C．控制器　　D．累加器

104．可编程序控制器系统由（　　）、扩展单元、编程器、用户程序、程序存入器等组成。

A．基本单元　　B．键盘　　C．鼠标　　D．外围设备

105．FX2N 系列可编程序控制器定时器用（　　）表示。

A．X　　B．Y　　C．T　　D．C

106．可编程序控制器由（　　）组成。

A．输入部分、逻辑部分和输出部分　　B．输入部分和逻辑部分

C．输入部分和输出部分　　D．逻辑部分和输出部分

107．FX2N 系列可编程序控制器输入隔离采用的形式是（　　）。

A．变压器　　B．电容器　　C．光耦合器　　D．发光二极管

108．可编程序控制器（　　）中存放的随机数据掉电即丢失。

A．RAM　　B．DVD　　C．EPROM　　D．CD

109．FX2N 可编程序控制器 DC 输入型，可以直接接入（　　）信号。

A．AC 24V　　B．4～20mA 电流　　C．DC 24V　　D．DC 0～5V 电压

110．（　　）是可编程序控制器使用较广的编程方式。

A．功能表图　　B．梯形图　　C．位置图　　D．逻辑图

111．在 FX2N PLC 中，T200 的定时精度为（　　）。

A．1ms　　B．10ms　　C．100ms　　D．1s

112．变频器有时出现轻载时过电流保护，原因可能是（　　）。

A．变频器选配不当　　B．U/f 比值过小

C．变频器电路故障　　D．U/f 比值过大

113．励磁发电机输出极性相反。在发电机旋转方向正确时出现这种现象，应是（　　）极性同时接反所造成的。

A．并励绕组、串励绕组　　B．串励绕组、并励绕组

C．并励绕组、电枢绕组　　D．串励绕组、电枢绕组

114．工作台运行速度过低不足的原因是（　　）。

A．发电机励磁回路电压不足　　B．控制绕组 2WC 中有接触不良

C．电压负反馈过强等　　D．以上都是

115．换向时冲程过大，首先检查减速制动回路工作是否正常；减速开关（F—SQ_D、R—SQ_D）和继电器 KA_D 工作是否良好。另外，（　　）能引起越位过大。

A．电压负反馈较弱　　B．电压负反馈较高

C．截止电压低　　D．截止电压高

116．伺服驱动过载可能是负载过大；或加减速时间设定过小；或（　　）；或编码器故障：编码器反馈脉冲与电动机转角不成比例地变化、有跳跃。

A．使用环境温度超过了规定值　　B．伺服电动机过载

C．负载有冲击　　D．编码器故障

117．晶体管用（　　）挡测量基极和集电极、发射极之间的正向电阻值

A．R×10Ω　　B．R×100Ω　　C．R×1kΩ　　D．R×10kΩ

118．如果发电机的端电压达到额定值而其电流不足额定值，则须（　　）线圈的匝数。

A．减小淬火变压器一次　　B．增大淬火变压器一次

C．减小淬火变压器二次　　D．增大淬火变压器二次

119．振荡回路中的电容器要定期检查，检测时应采用（　　）进行。

A．万用表　　B．兆欧表

C．接地电阻测量仪　　D．电桥

120．启动电容器 CS 上所充的电加到由炉子 L 和补偿电容 C 组成的并联谐振电路两端，产生（　　）电压和电流。

A．正弦振荡　　B．中频振荡　　C．衰减振荡　　D．振荡

121．逆变电路为了保证系统能够可靠换流，安全储备时间 t_β 必须大于晶闸管的（　　）。

A．引前时间　　B．关断时间　　C．换流时间　　D．$t_f - t_r$

122．（　　）不是输入全部不接通而且输入指示灯均不亮的原因。

A．公共端子螺钉松动　　B．单元内部有故障

C．远程 I/O 站的电源未通　　D．未加外部输入电源

123．弱磁调速是从 n_0 向上调速，调速特性为（　　）输出。

A．恒电流　　B．恒效率　　C．恒转矩　　D．恒功率

124．过渡时间 T 从控制或扰动作用于系统开始，到被控制量 n 进入（　　）稳定值区间为止的时间称为过渡时间。

A．±2　　B．±5　　C．±10　　D．±15

125．交磁电机扩大机是一种旋转式的（　　）放大装置。

A．电压　　B．电流　　C．磁率　　D．功率

126．电流正、反馈是在（　　）时，起着补偿作用，其补偿程度与反馈取样电阻 R_v 的分压比有关。

A．程序运行　　B．负载发生变化　　C．电机高速　　D．电机低速

127．非独立励磁控制系统在（　　）的调速是用提高电枢电压来提升速度的，电动机的反电动势随转速的上升而增加，励磁回路由励磁调节器维持励磁电流为最大值不变。

A．低速时　　B．高速时　　C．基速以上　　D．基速以下

128．在变频器的输出侧切勿安装（　　）。

A．移相电容　　B．交流电抗器　　C．噪声滤波器　　D．测试仪表

129．剩磁消失而不能发电应重新充磁。直流电源电压应低于额定励磁电压，一般取（　　）V 左右，充磁时间约为 2～3 min。

A．60　　B．100　　C．127　　D．220

130．停车爬行时的（　　）是产生爬行的根本原因。

A．振荡　　B．反馈　　C．剩磁　　D．惯性

131．伺服驱动过电流可能是驱动装置输出 L1、L2、L3 之间短路；或（　　）；或功率开关晶体管 Vl～V6 损坏；或加速过快。

A．使用环境温度超过了规定值　　B．伺服电动机过载

C．负载有冲击　　D．编码器故障

132．晶体管的集电极与发射极之间的正、反向阻值都应大于（　　），如果两个方向的阻值都很小，则可能是击穿了。

A．0.5kΩ　　B．1kΩ　　C．1.5kΩ　　D．2kΩ

133．振荡回路中电流大，且频率较高。在此回路中所采用的紧固件最好为（　　）。

A．电磁材料　　B．绝缘材料　　C．非磁性材料　　D．磁性材料

134．对触发脉冲要求有（　　）。

A．一定的宽度，且达到一定的电流　　B．一定的宽度，且达到一定的功率

C．一定的功率，且达到一定的电流　　D．一定的功率，且达到一定的电压

135．用双综示波器观察逆变桥相邻两组晶闸管（V1、V2 或、V3、V4）的触发脉冲相位差是否为（ ）。

A．60°　　B．90°　　C．120°　　D．180°

136．SP100-C3 型高频设备半高压接通后，阳极有电流。产生此故障的原因有（ ）。

A．阳极槽路电容器

B．栅极电路上旁路电容器

C．栅极回馈线圈到栅极这一段有断路的地方

D．以上都是

137．直流电动机调压调速就是在（ ）恒定的情况下，用改变电枢电压的方法来改变电动机的转速。

A．励磁　　B．负载　　C．电流　　D．功率

138．要调节异步电动机的转速，可从（ ）入手。

A．变极调速　　B．变频调速　　C．转差率调速　　D．以上都是

139．在系统中加入了（ ）环节以后，不仅能使系统得到下垂的机械特性，而且也能加快过渡过程，改善系统的动态特性。

A．电压负反馈　　B．电流负反馈

C．电压截止负反馈　　D．电流截止负反馈

140．反电枢可逆电路由于电枢回路（ ），适用于要求频繁启动而过渡过程时间短的生产机械，如可逆轧钢机、龙门刨等。

A．电容小　　B．电容大　　C．电感小　　D．电感大

141．由一组（ ）电路判断控制整流器触发脉冲通道的开放和封锁，这就构成了逻辑无环流可逆调速系统。

A．逻辑　　B．延时　　C．保护　　D．零电流检测器

142．转矩极性鉴别器常常采用运算放大器经正、反馈组成的（ ）电路检测速度调节器的输出电压 u_n。

A．多沿震荡　　B．差动放大　　C．施密特　　D．双稳态

143．可控环流可逆调速系统中控制系统采用有（ ）的速度控制方式，并带有可控环流环节。

A．电流内环　　B．速度内环　　C．电压内环　　D．电压外环

144．不是按经济型数控机床的驱动和定位方式划分的是（ ）。

A．闭环连续控制式　　B．交流点位式

C．半闭环连续控制式　　D．步进电动机式

145．可逆电路按控制方式可分为有（ ）可逆系统。

A．并联和无并联　B．并联和有环流　C．并联和无环流　D．环流和无环流

146．脉动环流产生的原因是整流电压和逆变电压（ ）不等。

A．平均值　　B．瞬时值　　C．有效值　　D．最大值

147．并联谐振式逆变器的换流（ ）电路并联。

A．电感与电阻　　B．电感与负载　　C．电容与电阻　　D．电容与负载

148. 串联谐振逆变器输入是恒定的电压，输出电流波形接近于（　　），属于电压型逆变器。

A. 锯齿波　　B. 三角波　　C. 方波　　D. 正弦波

149. 电压型逆变器中间环节采用大电容滤波，（　　）。

A. 电源阻抗很小，类似电压源　　B. 电源呈高阻，类似电流源

C. 电源呈高阻，类似电压源　　D. 电源呈低阻，类似电流源

150. 为了减少触发功率与控制极损耗，通常用（　　）信号触发晶闸管。

A. 交流或直流　　B. 脉冲　　C. 交流　　D. 直流

151. 脉冲整形主要由晶体管 V14、V15 实现，当输入正脉冲时，V14 由导通转为关断，而 V15 由关断转为导通，在 V15 集电极输出（　　）脉冲。

A. 方波　　B. 尖峰　　C. 触发　　D. 矩形

152. 雷击引起的交流侧过电压从交流侧经变压器向整流元件移动时，可分为两部分：一部分是电磁过渡分量，能量相当大，必须在变压器的一次侧安装（　　）。

A. 阻容吸收电路　　B. 电容接地

C. 阀式避雷器　　D. 非线性电阻浪涌吸收器

153. 快速熔断器是防止晶闸管损坏的最后一种保护措施，当流过（　　）倍额定电流时，熔断时间小于 20ms，且分断时产生的过电压较低。

A. 4　　B. 5　　C. 6　　D. 8

154. 采用电压上升率 du/dt 限制办法后，电压上升率与桥臂交流电压（　　）成正比的作用。

A. 有效值　　B. 平均值　　C. 峰值　　D. 瞬时值

155. 高频电源的核心部件是电子管振荡器，振荡器的核心部件是（　　）。

A. 真空三极管　　B. 高频三极管　　C. 晶闸管　　D. 可关断晶闸管

156. 真空三极管的放大过程与晶体三极管的放大过程不同点是，真空三极管属于（　　）控制型。

A. 可逆　　B. 功率　　C. 电压　　D. 电流

157. 当 LC 并联电路的固有频率等于电源频率时，并联电路发生并联谐振，此时并联电路具有（　　）。

A. 阻抗适中　　B. 阻抗为零　　C. 最小阻抗　　D. 最大阻抗

158.（　　）材质制成的螺栓、螺母或垫片，在中频电流通过时，会因涡流效应而发热，甚至局部熔化。

A. 黄铜　　B. 不锈钢　　C. 塑料　　D. 普通钢铁

159. （　　）不是调节异步电动机转速的参数。

A. 变极调速　　B. 开环调速　　C. 转差率调速　　D. 变频调速

160. 可用交磁电机扩大机作为 G—M 系统中直流发电机的励磁，从而构成（　　）。

A. G—M 系统　　B. AG—M 系统

C. AG—G—M 系统　　D. CNC—M 系统

得分	
评分人	

二、判断题：（第 161 题 ~ 第 200 题。将判断结果填入括号中，正确的填“√”，错误的填“×”。每题 0.5 分，满分 20 分。）

161.（　　）爱岗敬业作为职业道德的内在要求，指的是员工只要热爱自己特别喜欢的工作岗位。

162.（　　）电工在维修有故障的设备时，重要部件必须加倍爱护，而像螺钉、螺帽等通用件可以随意放置。

163.（　　）职业活动中，每位员工都必须严格执行安全操作规程。

164.（　　）串联稳压电路的输出电压可以任意。

165.（　　）非门的逻辑功能可概括为“有 0 出 1，有 1 出 0”。

166.（　　）克服零点漂移最有效的措施是采用交流负反馈电路。

167.（　　）硅稳压管稳压电路只适应于负载较小的场合，且输出电压不能任意调节。

168.（　　）电容元件换路定律的应用条件是电容的电流 I_c 有限。

169.（　　）*RL* 电路过渡过程的时间常数 $t=R/L$。

170.（　　）C6150 车床电气控制电路电源电压为交流 220V。

171.（　　）Z3040 摇臂转床控制电路电源电压为交流 220V。

172.（　　）M7130 平面磨床砂轮电动机的电气控制电路采用过电流继电器作为电动机过载保护。

173.（　　）PLC 编程软件通过计算机，可以对 PLC 实施编程、运行控制、监控。

174.（　　）PLC 程序检查包括代码检查、语法检查。

175.（　　）晶体管输出型 PLC 所带负载只能是额定直流电源供电。

176.（　　）PLC 总体检查时，首先检查电源指示灯是否亮。如果不亮，则检查输入/输出是否正常。

177.（　　）对于晶闸管输出型 PLC 要注意负载电源为 DC 24V 。

178.（　　）用于感应电动机变频调速的控制装置统称为“变频器”。

179.（　　）交—交变频装置通常只适用于低速大功率拖动系统。

180.（　　）交—直—交变频器主电路中的滤波电抗器的功能是当负载变化时使直流电流保持平稳。

181.（　　）具有矢量控制功能的西门子变频器型号是 MM420。

182.（　　）西门子 MM440 变频器可通过 USS 串行接口来控制其启动、停止（命令信号源）及频率输出大小。

183.（　　）光电开关的抗光、电、磁干扰能力强，使用时可以不考虑环境条件。

184.（　　）电磁感应式接近开关由感应头、振荡器、继电器等组成。

185.（　　）磁性开关由电磁铁和继电器构成。

186.（　　）可编程序控制器运行时，一个扫描周期主要包括三个阶段。

187.（　　）高速脉冲输出不属于可编程序控制器的技术参数。

188.（ ）用计算机对 PLC 进行程序下载时，须要使用配套的通信电缆。

189.（ ）FX 编程器在使用双功能键时，键盘中都有多个选择键。

190.（ ）通用变频器主电路的中间直流环节所使用的大电容或大电感是电源与异步电动机之间交换有功功率所必需的储能缓冲元件。

191.（ ）软启动器主要由带电压闭环控制的晶闸管交流调压电路组成。

192.（ ）CPU 是 PLC 的重要组成部分。

193.（ ）磁性开关由电磁铁和继电器构成。

194.（ ）FX2N 控制的电动机正、反转线路，交流接触器线圈电路中无须使用触点硬件互锁。

195.（ ）新一代光电开关器件具有延时、展宽、外同步、抗互干扰等智能化功能，但是存在响应速度低、精度差及寿命短等缺点。

196.（ ）传感器是工业自动化的眼睛，是各种控制系统的重要组成部分。

197.（ ）磁性式接近开关是根据光电感应原理工作的。

198.（ ）由一个发光器和一个收光器组成的光电开关就称为对射式光电开关。

199.（ ）PLC 技术、CAD / CAM 和工业机器人已成为加工工业自动化的三大支柱。

200.（ ）示波器中的扫描发生器实际上是一个正弦波振荡器。

维修工高级理论知识试题（样卷）参考答案

一、单项选择

1. B	2. C	3. D	4. C	5. B
6. A	7. D	8. B	9. C	10. A
11. D	12. D	13. D	14. A	15. A
16. B	17. C	18. D	19. D	20. B
21. D	22. B	23. D	24. C	25. B
26. C	27. D	28. D	29. D	30. D
31. C	32. A	33. D	34. B	35. D
36. B	37. B	38. D	39. A	40. A
41. B	42. C	43. A	44. C	45. B
46. D	47. A	48. C	49. B	50. D
51. D	52. D	53. A	54. A	55. C

56. B	57. B	58. A	59. B	60. B
61. D	62. A	63. A	64. D	65. A
66. B	67. B	68. D	69. C	70. B
71. B	72. B	73. B	74. C	75. C
76. C	77. D	78. C	79. D	80. C
81. B	82. A	83. A	84. A	85. B
86. B	87. D	88. C	89. A	90. A
91. B	92. C	93. D	94. D	95. D
96. D	97. A	98. C	99. D	100. B
101. A	102. C	103. B	104. A	105. C
106. A	107. C	108. A	109. C	110. B
111. B	112. D	113. C	114. D	115. A
116. C	117. A	118. A	119. B	120. C
121. B	122. B	123. D	124. B	125. D
126. B	127. D	128. A	129. B	130. C
131. B	132. D	133. C	134. B	135. D
136. D	137. A	138. D	139. D	140. C
141. A	142. C	143. A	144. A	145. D
146. B	147. D	148. D	149. A	150. B
151. D	152. C	153. B	154. C	155. A
156. C	157. D	158. D	159. B	160. C

二、判断题

161. ×	162. ×	163. √	164. ×	165. √
166. ×	167. √	168. √	169. ×	170. ×
171. ×	172. ×	173. √	174. √	175. √
176. ×	177. √	178. √	179. √	180. √
181. √	182. √	183. ×	184. ×	185. ×

186. √	187. ×	188. √	189. ×	190. ×
191. ×	192. √	193. √	194. ×	195. √
196. √	197. ×	198. √	199. √	200. √

职业技能鉴定国家题库
维修电工高级操作技能考核试题（样卷）

注 意 事 项

1．本试卷依据2009年颁布的《维修电工 国家职业标准》命制。
2．本试卷试题如无特别注明，则为全国通用。
3．请考生仔细阅读试题的具体考核要求，并按要求完成操作。
4．操作技能考核时要遵守考场纪律，服从考场管理人员指挥，以保证考核安全顺利进行。
5．考试完成时间：280min。

第一题　继电控制电路装调维修（25分，考核时间40min）

1．试题内容

识读工作台自动往返控制电路原理图，其原理图如下图所示。

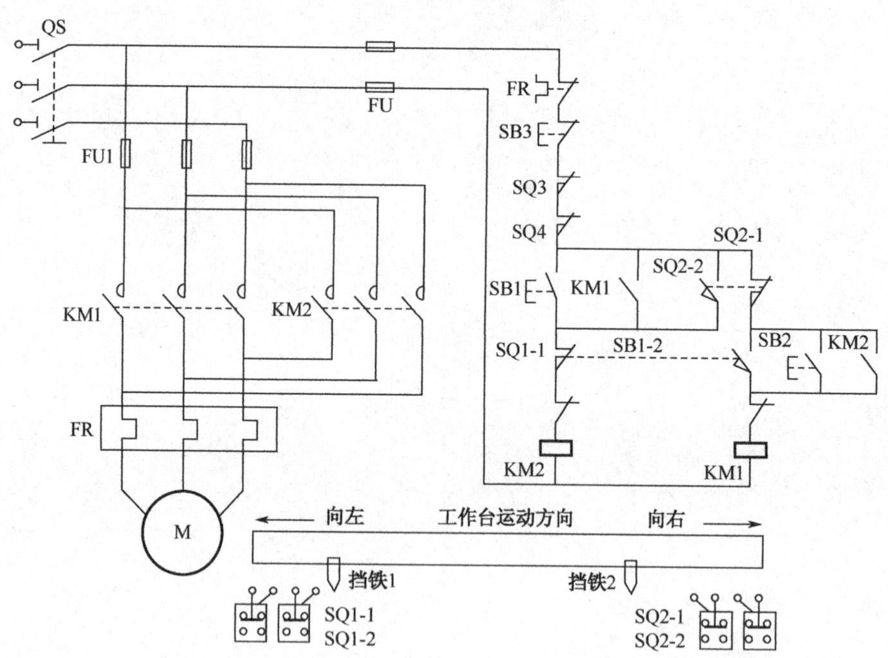

2．考核要求

（1）按照规定根据原理图说明各元器件符号名称；说明主回路工作原理；说明控制回路工作原理；根据用电设备的性质和容量，选择元器件及导线规格。

（2）必须穿戴劳动保护用品。

（3）必备的工具、用具应准备齐全。

（4）正确使用工具、用具。

（5）符合安全文明生产。

3．注意事项

（1）满分 25 分，考试时间 40min。

（2）在考核过程中，考评员要进行监护，注意安全。

4．答题所需仪器、仪表工具和器材

序号	名　　称	元器件符号
1	三相四线电源	
2	单相交流电源	
3	三相电动机	M
4	组合开关	QS
5	交流接触器	KM1、MK2
6	热继电器	FR
7	主回路熔断器	FU1
8	操作回路熔断器	FU2
9	正转按钮	SB1
10	反转按钮	SB2
11	停止按钮	SB3
12	限位	SQ1、SQ2
13	终端保护限位	SQ3、SQ4
14	电工通用工具	验电笔、钢丝钳、螺钉旋具（一字形和十字形）、电工刀、尖嘴钳、活扳手、剥线钳等
15	万用表	自定
16	兆欧表	型号自定
17	钳形电流表	
18	劳保用品	绝缘鞋、工作服等

第二题　应用电子电路调试维修（25 分，考核时间 40min）

1．试题内容

检修电气设备中直流稳压电路。

2．故障说明

在直流稳压电路上设隐蔽故障 2 处。由考生单独排除故障。考生向考评员询问故障现象时，考评员可以将故障现象告诉考生。

3．考核要求

（1）从设故障开始，考评员不得进行提示。

（2）正确使用电工工具、仪器和仪表。

（3）根据故障现象，在电子线路图分析故障可能产生的原因，确定故障发生的范围，填写检修报告。

（4）排除故障过程中如果扩大故障，在规定时间内可以继续排除故障。

（5）在考核过程中，带电进行检修时，注意人身和设备的安全。

电子设备线路故障排除故障检修报告

项目	检修报告栏	备注
故障现象与部位		
故障分析		
故障检修过程		

4．注意事项

（1）满分 25 分，考试时间 40min。

（2）在考核过程中，要注意安全。

（3）故障检修得分未达 12 分，本次鉴定操作考核视为不通过。

5．答题所需仪器、仪表工具和器材

序号	名　称	规　格	单位	数量	备　注
1	双踪示波器	SR8 型	台	1	
2	万用表	自定	块	1	
3	电工通用工具	验电笔、钢丝钳、螺丝刀（包括十字口、一字口）、电工刀、尖嘴钳、活扳手等	套	1	
4	圆珠笔	自定	个	1	
5	演草纸	自定	张	2	
6	劳保用品	绝缘鞋、工作服等	套	1	
7	电气设备中直流稳压电路	自定	台	1	
8	电路图	与电气设备中直流稳压电路相配套电路图	套	1	
9	故障排除所用的设备及材料	与相应稳压电源的配套	套	1	
10	单相交流电源	~220 V 和 36 V、5 A	处	1	

第三题　交直流传动系统装调维修（25 分，考核时间 40min）

1．试题内容

拆装并检测电动机。

2．考核要求

（1）在规定时间内，拆装并检测电动机。装配后电动机转动应灵活。

（2）正确使用工具和仪表，装接质量要可靠，装接技术要符合工艺要求。

（3）做好全面检查和记录。

3．注意事项

（1）满分 25 分，考试时间 80min。

（2）做到安全文明操作。

4. 设备、材料、工具准备

鼠笼式电动机、拉力器、铁榔头、铜棒、套筒扳手、一字螺钉旋具、十字螺钉旋具、钢丝钳、尖嘴钳、断线钳、电工刀、扳手等。

第四题 可编程控制系统装调维修（25 分，考核时间 120min）

1. 试题内容

用 PLC 进行控制线路设计，并进行安装与调试。

任务描述：电镀生产线采用专用行车，行车架装有可升降的吊钩；行车和吊钩各有一台电动机拖动；行车进退和吊钩升降由限位开关控制；生产线定位三槽位；工作循环为：工件放入镀槽→电镀 5s 后，提起停放 10s→放入回收液槽浸 15s 提起后，停 6s→放入清水槽清洗 8s 提起后，停 12s→行车返回原点。

要求：工作方式设置为自动循环；有必要的电气保护和连锁；自动循环时按下图所示顺序动作。

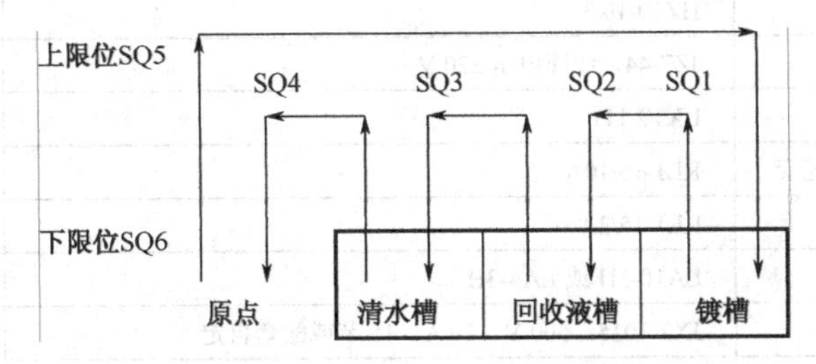

2. 考核要求

（1）电路设计：根据任务，设计主电路电路图，列出 PLC 控制 I/O 口（输入/输出）元件地址分配表，根据加工工艺，设计梯形图及 PLC 控制 I/O 口（输入/输出）接线图，根据梯形图，列出指令表。

（2）安装与接线。

① 将熔断器、接触器、转换开关、PLC 装在一块配电板上，而将方式转换开关、行程开关、按钮等装在另一块配电板上。

② 按 PLC 控制 I/O 口（输入/输出）接线图在模拟配电板上正确安装，元器件在配电板上布置合理，安装要准确、紧固，配线导线要紧固、美观，导线要进行线槽，导线要有端子标号，引出端要用别径压端子。

（3）PLC 键盘操作：熟练操作 PLC 键盘，能正确地将所编程序输入 PLC；按照被控设备的动作要求进行模拟调试，达到设计要求。

（4）通电试验：正确使用电工工具及万用表，进行仔细检查，最好通电试验一次成功，并注意人身和设备安全。

3. 注意事项

（1）满分 25 分，考试时间 120min。

（2）做到安全文明操作。

4．答题所需仪器、仪表工具和器材

序号	名称	型号与规格	单位	数量	备 注
1	三相四线电源	～3×380/220 V、20 A	处	1	
2	万用表	自定	块	1	
3	电工通用工具	验电笔、钢丝钳、螺钉旋具（一字形和十字形）、电工刀、尖嘴钳、活扳手、剥线钳等	套	1	
4	圆珠笔	自定	支	1	
5	演草纸	自定	张	2	
6	劳保用品	绝缘鞋、工作服等	套	1	
7	可编程序控制器	FX2-48MR 或自定	台	1	
8	便携式编程器	FX2-20P 或自定	台	1	
9	绘图工具	自定	套	1	
10	纸	B4	张	4	
11	配线板	600 mm×600 mm×20 mm	块	2	
12	组合开关	HZ10-10/3	个	1	
13	中间继电器	JZ7-44，线圈电压 220 V	只	4	
14	位置开关	LX19-111	只	6	
15	熔断器及熔芯配套	RL1-15/10A	套	3	
16	熔断器及熔芯配套	RL1-15/2A	套	3	
17	三联按钮	LA10-3H 或 LA4-3H	个	2	
18	接线端子排	JX2-1015，500 V、10 A、15 节或配套自定	条	4	
19	木螺钉	ϕ 3×20 mm；ϕ 3×15 mm	个	30	
20	平垫圈	ϕ 4 mm	个	30	
21	塑料软铜线	BVR-0.5 mm^2，颜色自定	m	30	
22	塑料软铜线	BVR-1.5 mm^2，颜色自定	m	20	
23	别径压端子	UT1-4	个	50	
24	行线槽	TC3025，长自定，两边打 ϕ 3.5 mm 孔（与配线板配套）	条	10	
25	异型塑料管	ϕ 3.5 mm	m	1	

职业技能鉴定国家题库
维修电工高级操作技能考核准备通知单（考生）

一、常用电工组装工具一套（验电笔、钢丝钳、旋具（一字形和十字形）、电工刀、尖嘴钳、剥线钳、镊子、剪刀、斜口钳、活扳手、万用表、电烙铁、防静电腕带等）。

鼠笼式电动机、拉力器、铁榔头、铜棒、套筒扳手、断线钳、扳手等。

便携式编程器。

二、准考证、身份证、签字笔等答题文具。

三、劳保用品（工作服、安全帽、绝缘手套等）。

职业技能鉴定国家题库
维修电工高级操作技能考核评分记录表

第一题　继电控制电路装调维修（25%）

序号	考核内容	考核标准	评分标准	配分	得分
1	相关理论知识	提出2～4个相关问题	答错1个问题扣2～4分	8	
2	识读电路原理图	认真读懂电路图	读不懂电路图扣6分，不读图扣12分	13	
3	安全文明操作	规范操作	有一项不合格扣1～2分，发生严重事故，取消评价资格	4	
备注	规定时间40min。提前完成不加分，不允许超时		合　计	25	
			考评员签字：	日期：	

第二题　应用电子电路调试维修（25%）

序号	考核内容	考核标准	评分标准	配分	得分
1	调查研究	对每个故障现象进行调查研究	排除故障前不进行调查研究扣1分	5	
2	故障分析	在子线路图上分析故障原因思路正确	错标或不标故障范围，每个故障点扣1分，不能标注最小故障范围，每个故障点扣1分	8	
3	故障排除	正确使用工具和仪表，找出故障点并排除	实际排除故障中思路不清楚，每个故障扣1分，每少查出一次故障点扣1分，每少排除一次故障点扣1.5分，排除故障方法不正确，每处扣1.5分	12	
4	其他	操作有误，要从总分中扣分	排除故障时，产生新的故障后不能自行修复，每个扣4分，已经修复，每个扣2分		
备注	规定时间40min。提前完成不加分，不允许超时		合　计	25	
			考评员签字：	日期：	

第三题　交直流传动系统装调维修（25%）

序号	考核内容	考核标准	评分标准	配分	得分
1	准备工作	准备电机拆卸工具、常用电工工具	少准备一件扣1分	2	
2	拆卸前检查、记录拆引线	做好全面检查和记录 做好标记 正确拆除引线 检查电机转动情况	拆卸前未做好记录和检查扣1分 未做记录扣1分 未拆除引线扣1分 未检查扣1分	3	

续表

序号	考核内容	考核标准	评分标准	配分	得分
3	电机拆卸解体	正确拆卸皮带轮或联轴器及地脚螺栓，将电动机移位 正确拆卸风罩、风扇 正确拆卸轴承盖、端盖 正确抽出转子 正确拆卸轴承及内盖 拆卸顺序正确 不能损坏零部件，不能碰伤绕组	拆皮带轮或联轴器时，操作不当扣1分;轴头中心孔被破坏扣1分 拆卸风扇或风罩时操作方法不当扣1分 拆卸轴承盖或端盖时操作方法不当扣1分 碰伤铁芯或线圈扣1分 拆卸前后轴承和轴承内盖，操作不当扣0.5分;未检查、清洗轴承扣0.5分 拆卸顺序有误一处扣0.5分 损坏一个零部件、碰伤绕组扣0.5分	8	
4	电机装配	检查各部件是否完好正常：检查定子；检查转子；检查端盖及其他配件 装配方法与步骤正确（装配与拆卸顺序相反） 检查润滑油是否适量 紧固螺钉 装配后转动应灵活	检查定子扣压；检查转子扣1分；检查端盖及其他配件扣1分 装配方法与步骤不正确扣2分 碰伤绕组扣1分 损坏零部件扣1分 未检查润滑油是否适量扣1分 紧固螺钉方法不当扣2分 装配后转动不灵活扣1分，经调整后仍不灵活扣1分	8	
5	安全文明生产	遵守国家或企业有关安全规定；在规定时间内完成	每违反一项规定总分中扣5分，严重违规者停止操作	4	
备注	规定时间80min。提前完成不加分，不允许超时		合　计	25	
			考评员签字：	日期：	

第四题　可编程序控制系统装调维修（25%）

序号	考核内容	考核标准	评分标准	配分	得分
1	电路设计	根据任务，设计主电路电路图，列出PLC控制I/O口(输入/输出）元器件地址分配表，根据加工工艺，设计梯形图及PLC控制I/O（输入/输出）口（输入/输出）接线图，根据梯形图，列出指令表	电路电路图设计不全或有错，每处扣1分；输入、输出地址遗漏或搞错，每处扣0.5分；梯形图表达不正确或画得不规范，每处扣1分；接线图表达不正确或画得不规范，每处扣1分；指令表有错，每条扣1分	13	
2	安装与接线	按PLC控制I/O口(输入/输出）接线图在模拟配电板上正确安装，元器件在配电板上布置合理，安装要准确、紧固，配线导线要紧固、美观，导线要进行线槽，导线要有端子标号，引出端要用别径压端子	元器件布置不合理，不整洁，不均匀，每个扣0.5分；元器件安装不牢固，漏装木螺钉，每处扣0.5分；损坏元器件扣2分；布线不进行现场，不美观，主电路、控制电路每根扣0.5分；接点松动，露铜太长，标记线号不清，损伤导线绝缘层，每处扣0.1分；不按PLC输入/输出接线图接线，每处扣1分	6	

续表

序号	考核内容	考核标准	评分标准	配分	得分
3	程序输入与调试	熟练操作 PLC 键盘，能正确地将所编程序输入 PLC；按照被控设备的动作要求进行模拟调试，达到设计要求	不会操作 PLC 键盘指令扣 1 分；不会用删除、插入、修改等命令，每项扣 1 分；一次试车不成功，扣 2 分，二次试车不成功，扣 3 分，三次试车不成功，扣 4 分	6	
备注	规定时间 120min。提前完成不加分，不允许超时		合　计	25	
			考评员签字：	日期：	

维修电工高级职业技能鉴定技能考核评分总表

序号	试题名称	配分	得分	备注
1	继电控制电路装调维修	25		
2	应用电子电路调试维修	25		
3	交直流传动系统装调维修	25		
4	可编程序控制系统装调维修	25		
合　计				

评分人：　　　　　　　　　年　月　日　　　　　　　　　　　　　　核分人：　　　　　年　月

参 考 答 案

项目1　思考与练习题参考答案

一、填空题

1．电伤和电击；2．单相触电、两相触电和跨步电压触电；3．通过人体电流的大小、持续时间的长短、电流通过人体的途径、电流的频率。

二、选择题

1．C；2．B；3．B。

三、简答题

1．答：一般而言，称36V以下的电压为安全电压。以工频电流为例，当1mA左右的电流通过人体时，会产生麻刺等不舒服的感觉；10～30mA的电流通过人体，会产生麻痹、剧痛、痉挛、血压升高、呼吸困难等症状，但通常不致有生命危险；电流达到50mA以上，就会引起心室颤动而有生命危险；100mA以上的电流，足以致人于死亡。

2．答：进行口对口人工呼吸时采取的重要步骤如下。

（1）平躺，解开紧身衣物，看、听、试，偏头张嘴，食指、中指勾出异物，扶正头部，仰头抬额。

（2）人工呼吸：一手虎口压住下巴，另一只手掌根压住眉心，张伤员的嘴、捏鼻，对嘴吹2s，抬头松手呼3s，频率为12次/分钟。

3．答：主要防范措施：相线必须接有开关；进行电气接线时，应考虑减小触电的可能性；合理选择照明电压，合理选用导线与熔丝；必须保证电气设备由一定的绝缘电阻，正确安装电气设备，尽量避免带电作业；做好电气设备的保护接地和保护接零；严格按安全工作的一系列规程、规范和制动进行电气作业。

4．答：发生电气火灾时，最重要的是必须首先切断电源，然后立即扑救和报警。在灭火时，应选用二氧化碳灭火器、1211 灭火器或黄砂等灭火器材来灭火，以防救火者触电。救火时不要随便与电线或电气设备接触。特别要留心地上的电线，应将其绝缘物品妥善处理好。对无法确切判断有电还是无电的电线、电缆，一律按带电体对待，以免在扑救中触电。

5．答：为了保证仪表精确和可靠安全工作而设置的接地，叫工作接地。包括信号回路接地、屏蔽接地、本安仪表接地。其目的是提供电位参考点、抑制干扰、防爆等。

6．答：现场变送器与控制室仪表仅用两根导线，这两根导线既是电源线，又是信号线。与四线制相比，优点如下。

（1）可节省大量电缆线和安装费用。

（2）有利于安全防爆。

项目 2　思考与练习题参考答案

一、判断题

1. √；2. √；3. √；4. ×。

二、选择题

1. A；2. B；3. D；4. A；5. D。

三、简答题

1. 解：（1）3 个电阻串联：总电阻公式为 $R_{CZ} = R_1 + R_2 + R_3 = 5+3+1 = 9\Omega$；

（2）3 个电阻并联：总电阻公式为 $\frac{1}{R_{BZ}} = \frac{1}{R_1} + \frac{1}{R_2} + \frac{1}{R_3}$， $R_{BZ} = \frac{15}{23}\Omega$。

2. 答：先预估待测电流的大小，再选择最接近的量程挡位，若无法估计，应从大至小逐级选择合适挡位。

3. 答：先预估待测压的大小，再选择最接近的量程挡位，若无法估计，应从大至小逐级选择合适挡位。

4. 答：（1）要正确判断所测直流电路的正、负极，将表笔对应接入。

（2）测量直流电路使用的电压挡位时，先预估待测值的大小，再选择最接近的量程挡位，若无法估计，应从大至小逐级选择合适挡位。

项目 3　思考与练习题参考答案

一、填空题

1. 南（S）极和　北（N）　极，排斥，吸引。

2. 最大值（振幅）、频率（或角频率）和初相角（或初相位）。

3. $7\sqrt{2}$ A，有效值是 7 A，角频率是 314 rad/s，频率是 50 Hz，周期是 0.02 s，初相是 60°。

4. “三相制”。

5. 星形 联结和三角形联结。

6. 一次绕组（原绕组或初级绕组），同侧称为 一次侧（或原边）；与负载相连的绕组称为二次绕组（副绕组或次级绕组），同侧称为 二次侧（或副边）。

7. 电流互感器 和电压互感器。

8. 相 线接到灯头的顶级上。

9. 启动荧光灯管。

二、选择题

1. A；2. B；3. C；4. B；5. C；6. B；7. A；8. A；9. D；10. A；11. A；12. B；13. D；14. B。

三、判断题

1. ×；2. ×；3. √；4. ×；5. ×；6. ×。

四、简答题

1. 解：一次侧的容量为 150V·A×80%=120W，能向 120W/40W=3 台 “36V/40W” 的设备供电。

2．答：要注意遵守插座孔排列的规定，对单相双孔插座，在双孔垂直排列时，上孔为相线，下孔为零线；水平排列时，相线在右孔，零线在左孔；单相三孔插座，保护接地线在上孔，相线在右孔，零线在左孔，接线时决不允许在插座内将保护接地与零线直接相接。

3．答：（1）照度达到照明标准。

（2）空间亮度得到合理分布，以达到柔和的视觉环境。

（3）兼顾经济、安全、美观、便于施工及维修。

4．答：（1）连接牢靠、接头电阻小、机械强度高。

（2）防止接头的老化腐蚀。

（3）绝缘性能好。

5．答：（1）根据被测对象，正确选择不同类型的钳形电流表。测量交流电流时，应选用交流钳形电流表。测直流电流时，应选用交、直流两用钳形电流表。

（2）选择适当的量程。选择量程应大于被测电流值，不能用小量程测大电流，当不知电流大小时，必须用最大量程测试。

（3）被测导线必须置于钳口中部，钳口必须闭紧严密。

（4）变换量程时，必须先将钳口打开，不允许在测量过程中不打开钳口变换量程。

（5）不允许用钳形电流表去测量高压电路的电流。测量 380V 以下的线路和设备应保持 0.3m 以上的距离，操作人员要穿戴整齐，带好绝缘手套，测量时要有人监护。钳形电流表不允许在绝缘不良或裸露导线上测量。总之，要避免发生事故。

（6）测量后，应把量程的切换开关放在最大电流量程挡位。

6．答：（1）低压验电器只能用在电压 500V 以下。

（2）测试时只能用一个手指触及笔尾的金属体，笔尖触及带电体，人体任何其他部位注意与被测带电体的距离，一般应穿绝缘鞋。

（3）氖泡小窗应背光朝向自己，氖泡发光则表示有电。

（4）验电前应先在已知有电的带电体上验证一下，检查验电器是否完好，防止因氖泡损坏而造成误判。

（5）注意不要把验电笔笔尖同时搭在两相相线上，造成相间短路。

（6）有些设备，特别是仪表，其外壳往往因感应而带电，虽用验电器测试有电，但不一定会造成触电危险。这时，应用其他方法测试（如用万用表测量）来判断是真正带电还是感应带电。

项目 4　思考与练习题参考答案：

一、判断题

1．×；2．√；3．√；4．√；5．×；6．×；7．√；8．√；9．×；10．√；11．×；12．×；13．√；14．×；15．√；16．√；17．×；18．×；19．×；20．×；21．√；22．×；23．×；24．×；25．×；26．×；27．√；28．√；29．×。

二、选择题

1．C；2．A；3．C；4．B；5．B；6．B；7．B；8．A；9．C；10．C；11．C；12．D。

三、简答题

1．解：设计电路如图 4-3-1 所示。

2．答：电气控制线路中的单元线路称为环节，异步电动机电气控制线路中常用的环节有按钮点动控制环节、单向启动控制环节、Y-△启动控制环节、频敏变阻器启动控制环节、正、反转控制环节、自动往返控制环节、反接制动控制环节、能耗制动控制环节、再生发电控制环节、机械制动控制环节和串电阻环节等。

3．答：常用的控制方法如下。

（1）倒顺开关正、反转控制。

（2）接触器连锁的正、反转控制。

（3）按钮连锁的正、反转控制。

（4）按钮、接触器双重连锁的正、反转控制。

4．答：（1）对电动机定、转子绕组绝缘检测，相间及对地绝缘电阻不小于0.5MΩ。

（2）检查轴承，保证润滑。

（3）检查电动机启动设备和线路，接线正确，接触良好。

（4）对绕线转子电动机应检查集电环和电刷，提升机构和电刷压力应正常。

5．答：（1）三相电阻减压启动。

（2）电抗器减压启动。

（3）自耦变压器减压启动。

（4）星三角减压启动。

（5）延边三角形减压启动。

6．答：（1）机械摩擦（包括定、转子扫膛）。

（2）缺相运行，可断电重启，若不能启动，则有可能一相缺相。

（3）滚动轴承缺油或损坏。

（4）电动机接线错误。

（5）绕线转子异步电动机转子线圈断路。

（6）轴伸弯曲。

（7）转子或传动带轮不平衡。

（8）联轴器松动。

（9）安装基础不平或有缺陷。

7．答：（1）轴承损坏，应换新。

（2）润滑脂牌号不对或过多、过少。

（3）滑动轴承润滑油不够或有杂质，或油环卡住，应修复。

（4）轴承与轴配合过松或过紧。

（5）轴承与端盖配合过松或过紧。

（6）电动机两侧端盖或轴承盖没装配好，重新装平。

（7）传动带过紧或过松。

（8）联轴器不对中，应进行调整。

8．答：（1）过载：使定子电流过大。

（2）缺相运行：电源断相或开关触点接触不良。

（3）电源电压过低或接法错误（如Y联结误接成△联结）。

（4）定子绕组有接地或相间、匝间短路。

（5）绕线转子线圈接线头松动或笼型转子断条。

（6）转子扫膛。

（7）通风不畅。

9．答：PLC 控制系统目前广泛在工业生产自动化控制中使用，其与传统的继电器控制系统相比有如下优点。

（1）功能强，性能价格比高。一台小型 PLC 内有成百上千个可供用户使用的编程元件，有很强的功能，可以实现非常复杂的控制功能。可编程序控制器可以通过通信联网，实现分散控制，集中管理。

（2）硬件配套齐全，用户使用方便，适应性强。可编程序控制器产品已经标准化、系列化、模块化，配备有品种齐全的各种硬件装置供用户选用。用户能灵活方便地进行系统配置，组成不同的功能、不规模的系统。可编程序控制器的安装接线也很方便，一般用接线端子连接外部接线。PLC 有很强的带负载能力，可以直接驱动一般的电磁阀和交流接触器。

（3）可靠性高，抗干扰能力强。传统的继电器控制系统中使用了大量的中间继电器、时间继电器。由于触点接触不良，容易出现故障，PLC 用软件代替大量的中间继电器和时间继电器，仅剩下与输入和输出有关的少量硬件，接线可减少继电器控制系统的 1/10～1/100，因触点接触不良造成的故障大为减少。

（4）系统的设计、安装、调试工作量少。PLC 用软件功能取代了继电器控制系统中大量的中间继电器、时间继电器、计数器等器件，使控制柜的设计、安装、接线工作量大大减少。

（5）编程方法简单。梯形图是使用得最多的可编程序控制器的编程语言，其电路符号和表达方式与继电器电路原理图相似，梯形图语言形象直观，易学易懂，熟悉继电器电路图的电气技术人员只要花几天时间就可以熟悉梯形图语言，并用来编制用户程序。

（6）维修工作量少，维修方便。PLC 的故障率很低，且有完善的自诊断和显示功能。PLC 或外部的输入装置和执行机构发生故障时，可以根据 PLC 上的发光二极管或编程器提供的位置迅速查明故障的原因，用更换模块的方法可以迅速排除故障。

（7）体积小，能耗低。对于复杂的控制系统，使用 PLC 后，可以减少大量的中间继电器和时间继电器，小型 PLC 的体积相当于几个继电器大小，因此可将开关柜的体积缩小到原来的 1/2～1/10。

项目五　思考与练习题参考答案：

一、填空题

1．橙蓝银；

2．正极，负极；

3．0.01μF；

4．1k 挡位，正 极，负极。断路，短路；

5．2 个 PN 结，具有阴极、阳极和控制 极三个电极；

6．即晶闸管主电路加正向电压和晶闸管控制电路加合适的正向电压；

7．交流 转变为 直流；

8．击穿 区；

9．-7 V，8 V；

10．正、反馈，没有。

二、选择题

1．A；2．C；3．C；4．C；5．A。

三、简答题

1．答：当晶闸管承受正向电压且在门极有触发电流时晶闸管才能导通，导通后流过晶闸管的电流由电源和负载决定，负载上电压等于电源电压，当晶闸管承受反向电压或者流过晶闸管的电流为零时，晶闸管关断。

2．解：因$V_L = 0.9V_2$，则$V_2 = \frac{V_L}{0.9} = \frac{6}{0.9} \approx 6.7\text{V}$；

流过二极管的平均电流$I_V = \frac{1}{2}I_O = \frac{0.4}{2} = 0.2\text{A}$；

二极管承受的反向电压$V_R = \sqrt{2}V_2 = 1.41 \times 6.7 \approx 9.4\text{V}$；

桥堆的额定工作电流和允许的最高反向电压应符合整流电路要求。

项目6　思考与练习题参考答案

一、填空题

1．弱，电强；

2．放大区，正偏，反偏，静态工作点；

3．共基极、共集电极、共发射极；

4．I_{BQ}、I_{CQ}和U_{CEQ}；

5．一部分，输入端的过程；

6．输入端和输出端之间的电路；

7．IC或者U来表示；

8．输入级、中间级、输出级和偏置电路四部分组成；

9．5 V；

10．直接。

二、判断题

1．×；2．√；3.√；4.×；5.×；6.×；7.√。

三、选择题

1．C；2．D；3．D；4．A；5．A；6．C；7．D。

四、简答题

1．解：(1) ① 画出直流通路，如右图所示。

② 静态工作点的估算。

可以根据放大电路的直流通路来求得。

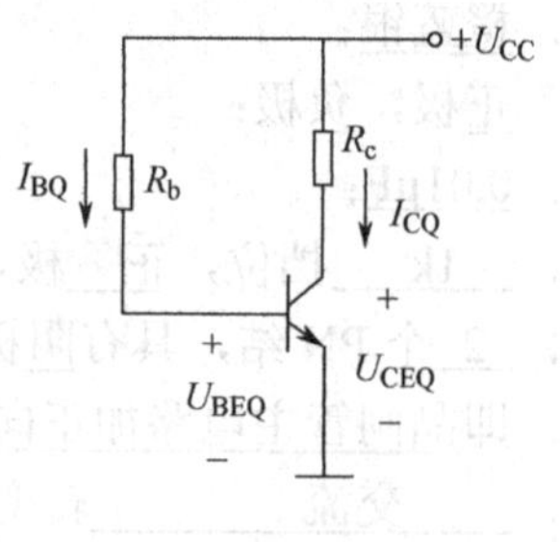

$$I_{BQ} = \frac{U_{CC} - U_{BEQ}}{R_b} = \frac{20 - 0.7}{400} \approx 0.05\text{mA}$$

$$I_{CQ} = \beta I_{BQ} = 50 \times 0.05 = 2.5\text{mA}$$

$$U_{CEQ} = U_{CC} - R_c I_{CQ} = 20 - 4 \times 2.5 = 10\text{V}$$

（2）① 画交流通路，如下图所示。

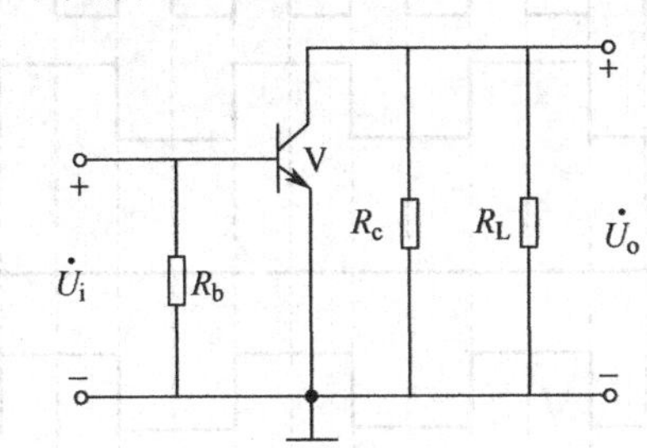

② 交流参数的估算。

可以根据放大器的交流通路来求得。

$$r_{be}=300+\frac{26}{I_{EQ}(\text{mA})}=300+\frac{26}{2.5}\approx 310\Omega$$

$$r_i\approx r_{be}=310\Omega$$

$$r_o\approx R_c=4\text{k}\Omega$$

$$A_u=-\frac{\beta R_L'}{r_{be}}=-\frac{50\times 2000}{310}\approx -333$$

项目7　思考与练习题参考答案：

一、判断题

1．×；2．√；3．×；4．×；5．×；6．×；7．×；8．×；9．√；10．×；11．√；12．×；13．×。

二、选择题

1．D；2．C；3．B；4．B；5．B；6．A；7．B；8．B；9．D；10．A；11．C；12．B。

三、简答题

1．解：

（1）$(01101)_2=13$

（2）$(10100)_2=20$

（3）$(101.011)_2=5.375$

2．解：与非门、或非门、异或门可以接成反相器使用。输入端的接法如下图所示。

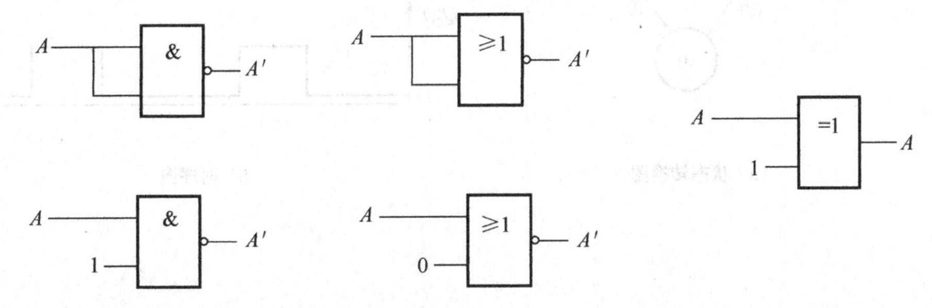

3．解：根据每个触发器的逻辑功能和触发方式，画出输出端 Q 电压波形，如下图所示。

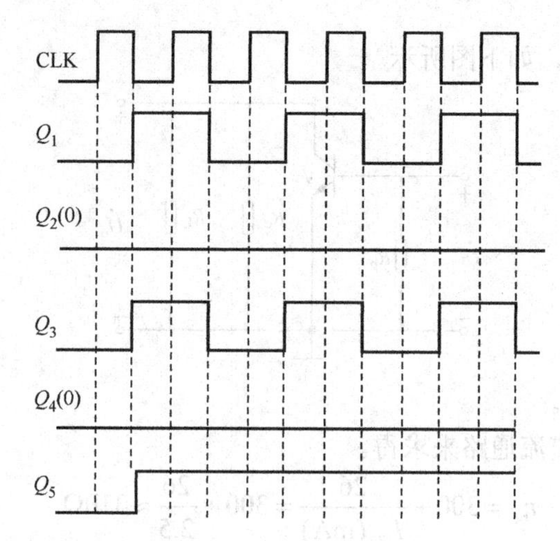

4．解：从给定的电路写出它的驱动方程：

$$\begin{cases} J_1 = \overline{Q_2}, K_1 = 1 \\ J_2 = Q_1, K_2 = 1 \end{cases}$$

将上述驱动方程代入 JK 触发器的特性方程：

$$Q^{n+1} = J\overline{Q}^n + \overline{K}Q^n,$$

得到电路的状态方程：

$$\begin{cases} Q_1^{n+1} = \overline{Q_1^n Q_2^n} \\ Q_2^{n+1} = Q_1^n \overline{Q_2^n} \end{cases}$$

输出方程：

$$Y = Q_2$$

根据状态方程和输出方程画出状态转换图和时序图，如下图所示。

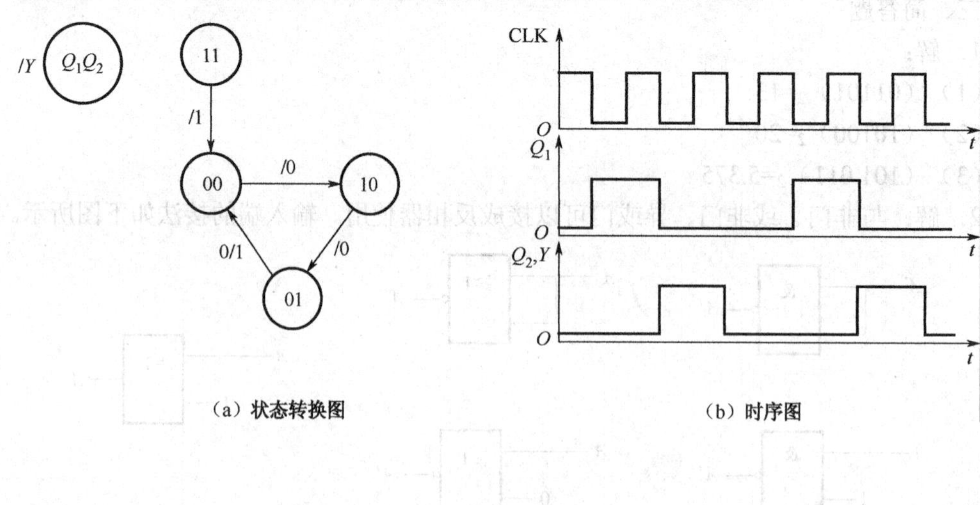

（a）状态转换图　　　　（b）时序图

反侵权盗版声明